U0241047

"十三五"国家重点出版物出版规划项目

世界名校名家基础教育系列

Textbooks of Base Disciplines from World's Top Universities and Experts

yaleopencourses

oyc.yale.edu

耶鲁大学开放课程

基础物理

力学、相对论和热力学

[美] R. SHANKAR 著

刘兆龙 李军刚 译

机械工业出版社

Preface to Fundamentals of Physics, in Chinese

It is every author's wish that his works be available to the widest audience. This translation does that and more by allowing the student to focus on the physics without simultaneously confronting a foreign language. I thank and congratulate Dr. Zhang Jinkui of China Machine Press for a most successful completion of this mission.

My special thanks go to Professor Liu Zhaolong for her impeccable translation. In addition to preserving the content (including colloquialisms) she corrected some errors that had gone undetected by me and others. It was my pleasure to meet and thank her personally this June when I attended a conference in Beijing organised by China Machine Press.

I will close by wishing all the readers the best of luck in physics.

R. Shankar

August 28, 2017

Yale

每一位作者都希望自己的作品能够拥有最广泛的读者，此中译本使学生专注于物理，不必在学习的同时面对外语，从而实现并超越了这一愿望。我感谢并且祝贺机械工业出版社的张金奎博士，他非常成功地完成了这项工作。

我特别感谢刘兆龙教授完美的工作。除了保持原内容（包括一些口语）以外，她还改正了被我和其他人漏掉的几处错误。我很高兴与她相识。今年6月，在北京参加由机械工业出版社组织的会议期间，我当面向她表示了感谢。

最后，祝愿所有读者在物理学领域中好运！

R. Shankar

译者的话

Yale

本套书（《基础物理》和《基础物理Ⅱ》）出自耶鲁大学约翰·伦道夫·霍夫曼物理学教授 R. Shankar 之手。Shankar 教授是美国艺术与科学院院士，研究领域为量子场论，早期曾从事粒子物理方面的研究，曾荣获美国物理学会利林菲尔德奖。Shankar 教授不仅是一位著名的物理学家，还是一名深受学生喜爱的物理教师。在耶鲁大学的课堂上，他的课受到学生的好评和欢迎，他录制的课堂视频也在网上广泛传播[㊀]。

《基础物理》共 24 章，包括力学、相对论、振动与波动流体、热力学等内容，并介绍了一些必备的数学知识。它的姊妹篇《基础物理Ⅱ》涉及电磁学、光学、量子力学等。在这两本书中，Shankar 教授精选出物理学的主干内容，将之与相应的物理思想、物理方法、物理直觉和对物理学的热爱一起呈现给读者。他的书就像他的课一样，追求高水准，既深入严谨，又清晰简练。即使在数学工具的运用方面，Shankar 教授也不做任何妥协，在书中循循善诱且坚决地使用了级数、复数等数学知识，使学生明白数学语言对于物理描述的重要性和必要性。

尽管如此，本套书并不枯燥刻板，在讲授物理知识和方法时，Shankar 教授从物理学家的角度出发，深入浅出，或是给出巧妙的比喻，或是讲述一些令人发笑的想法，以帮助读者理解，其中不乏智者的幽默与诙谐。他还常在书中给出一些学生曾提出过的问题或是学生对某些问题的答案，以缩短读者与作者间的距离。读 Shankar 教授的书，常常会让人感到仿佛有个智者坐在对面，将基础物理学的精华向你娓娓道来。这套书秉承了作者的课堂风格，逻辑性强，富于想象且睿智活泼。

书中的插图也颇具特点。现在，大部分教材都会追求精美的插图，甚至不惜采用彩图来加强效果，可是 Shankar 教授却采用了非常质朴的插图，这些图简洁达意，不做任何渲染，使人联想起教师们在黑板上面向学生手绘出的那些图。他说这样做是为了降低书的价格。由此，你感受到 Shankar 教授的爱心与幽默了吧？

在翻译这套书时，译者力图保持 Shankar 教授的写作风格，使用的语言接近口语，更像教师们的课堂用语，以期给读者亲切自然之感。Shankar 教授的书中自然地融入了一些英文的双关语，带有美国文化的烙印，个别地方还使用了英制单位，为了帮助读者理解，译者和编辑在必要的地方给出了相应的注释。

㊀ 网易公开课搜索“耶鲁大学　基础物理”可免费观看全课程双语字幕视频。——编辑注

本书由北京理工大学物理学院的刘兆龙教授（第1~19章）和李军刚副教授（第20~24章）翻译。在翻译过程中，Shankar教授对于译者提出的各个问题都给予了认真耐心的解答，我们在此致以真诚的谢意！译者非常感谢北京理工大学的学生们，他们激励着我们的翻译工作，使我们更加确信此工作的意义。我们还非常感谢本书的编辑张金奎的帮助和他为本书的出版所付出的努力！

真诚欢迎读者就本书翻译的不妥之处提出宝贵的意见和建议！

译　者

2017年7月于北京中关村

前言

Yale

在我的职业生涯中，我发现教科书的篇幅几乎已经增大为原来的3倍，然而学生们的脑袋却没有按照这个比例增大。我和别处的同行们始终认为必须要做一件事，这就是精选基础内容，形成从篇幅上来说易读的教材。我在耶鲁大学讲授“基础物理”这门课程时，实现了这个目标，本书具备这一特点。它包括牛顿力学、相对论、流体、波动、振动以及热力学的基础理论，这些都是不能被删减掉的。阅读本书只需具备最基本的微分与积分概念，这些我还经常会在讲授中进行复习。本书面向物理学、化学及工程专业的大学生，也适用于优秀的高中生以及各行各业、各个年龄段的自学人员。

本书的章节或多或少地源于我的24讲课程，有些小的修改，不过延续着我的课堂风格。我经常会引入一些学生们问过的问题，或是给出学生们对一些问题的答案，我相信这对读者是有益的。书中采用了简单的插图，用于表达要点，也不会增加书的价格。方程式均为精心编排，学起来比看视频容易得多。配套的练习题和测试题，对于学习物理和确认自己是否学好了物理是不可或缺的，连同其解答可以在耶鲁大学网站（http://oyc.yale.edu/physics）上找到，向所有人免费开放。也可以在线观看我的讲课，比如YouTube，iTunes（https:// itunes. apple.com/us/ itunes-u/physics-video/id341651848? mt = 10），以及Academic Earth等。㊀

本书连同耶鲁网站上配备的相应资料，可独立地作为一门课程的或者是自学者的资源，当然有些教师也将之作为授课的补充，以提供更多的习题和解题案例。

我想对在线观看我课程的人说：“你们已经观看了视频，现在来读一读这本书吧！”拥有纸质教材的好处是，即使在飞机起飞和降落时，你依然能够阅读。

我在讲课时常提及我所著的《基础数学训练》这本书，该书由斯普林格（Springer）出版，受众是那些希望掌握物理学中所必需的大学数学知识的人。

本书的问世要感谢很多人。最开始时，时任耶鲁学院院长、现任耶鲁大学校长的彼得·沙洛维（Peter Salovey）问我是否介意在我物理200㊁课程的教室内放置摄像机，使这门课程成为第一批由惠留特基金会（Hewlett Foundation）资助的耶鲁公

㊀ 网易公开课可免费观看全课程双语字幕视频。——编辑注

㊁ 耶鲁大学这门课程的编号。——译者注

开课。我的回答是：我还尚未遇到过不喜欢的摄像机。于是录制开始进行了。这之后的关键人物是 Diana E. E. Kleiner，Dunham 教授，主讲艺术与经典史。她在许多方面鼓励并指导我，而且力促我编写这本书。尽管最初并不情愿，但我很快就发现，在以这种新形式传授我所最爱的学科时，自己充满了享受。在耶鲁大学出版社，Joe Calamia 是我的朋友、智者以及向导，Liz Casey 进行了专业的编辑，他不仅仅纠正了我文中的文法错误（例如在一段很长的句子中，以第一人称过去时开始却以第三人称将来时结束）、语法和标点错误（我随意地加了不少标点符号），还确保每个句子的含义都是清晰的。

还有两位研究生 Barry Bradlyn 和 Alexey Shkarin 以及两位本科生 Qiwei Claire Xue 和 Dennis Mou 对书稿进行了校对。

我的家人，从我的妻子 Uma，到我孙辈的小 Stella，都一直以各种方式鼓励着我。

值此本书付梓之际，谨向耶鲁大学的同学们聊表谢忱。近 40 年来，我每个星期都有那么两三天就是为他们而从床上爬起来的。感谢他们的友谊以及好奇心。近年来的学生，经常是非物理专业的，但是他们乐于接受我的观点，即物理学是充满魅力的学科。为了这个学科和我的学生，我这样做着，从未感到疲倦。

R. Shankar

目录

Yale

力学的体系

1.1 绪论以及有益的建议

本书适用于为期一学年的课程的上学期。这门课程介绍了物理学中所有的主要观点，从伽利略和牛顿开始，直到20世纪物理学的巨大革命——相对论和量子力学。本书所面向的学习群体十分广泛。事实上，我一直都惊讶于我的学生们有如此广泛的学习兴趣。不知道你们今后将会从事什么职业，所以，我呈现给大家的是使我们物理界中所有人都着迷的内容。有些内容你们将来可能用不上，但是现在并不能预知是哪些。你们中的有些人将来可能会成为医生，搞不明白我的课程为什么要涵盖相对论以及量子力学。这么说吧，如果你是医生，而你的病人正以光速从你面前逃离，你得知道该做什么。或者，如果你是儿科医生，你得知道为什么你面前的病人总是坐不住。按照量子力学理论，非常小的物体不能同时具有确定的位置和动量。无论你将来会不会成为物理学家，都应该知道人类探究物理世界所取得的伟大进展。

现在的课本大多有1200页左右。但是，我学物理那会儿，教材只有400页左右。就我目前所见，没有哪个学生的脑袋是我的3倍大，因此我觉得你们消化不了那些书中的全部知识。我选取了非常基础的部分来讲授，所以你们需要通过我的授课来找出哪些知识是教学大纲中的而哪些不是。否则，你们很可能去学那些不要求的部分。我们可不希望这样，对么?

要想学好物理，必须做练习题。如果在线观看我在黑板上做的事情或者是看书中的推导，会觉得一切都是顺理成章的。似乎你自己也能完成这些并明白其中的道理。但是，你会发现，只有亲自动手练习，才能检验出自己是否真的学会了。在http：//oyc. yale. edu/physics/phys-200这个网站上，有很多练习题并附有解答。你们不必一个人完成这些练习题。学物理不是这样做的。我现在正在与其他两个人一起撰写一篇论文。当参与像在日内瓦或者费米实验室中进行的那种大型对撞机实验时，我实验室的同事会与400多人甚至1000多人共同完成论文。成为一个合作组的成员完全没有问题，但是必须确保你尽力做好了自己的工作，确保每个人都为寻找答案和理解问题做出了贡献。

这门课程要用到微积分，要求你们具备微积分的基础知识，例如函数、导数、基本函数的导数、基本积分、积分中的变量替换等。以后，还会用到多元函数，因为这不在预备知识之列，所以到时候我会讲一讲。你们必须具备三角学知识，知道正弦函数、余弦函数以及简单的三角恒等式。你不可以说："我去查一查。"你的生日和社会安全号才是你要查的，三角函数和恒等式必须一直记得。

1.2 运动学与动力学

现在我们学习牛顿力学。站在前人的肩膀，尤其是伽利略的肩膀上，艾萨克·牛顿把我们送上了探索各种力学现象的道路，一走就是几个世纪，直到发现了电磁学定律，到达了麦克斯韦方程组这一巅峰。现在我们关注的是力学，比如说台球、卡车、弹珠等物体的运动。你会发现只需用信封背面的那点儿地方就可以写下整个这一学期所学的物理定律。本课程的核心教学目标就是让你们反反复复地看到，从那几条定律出发，可以演绎出一切。即使你们不打算成为物理学家，我也会鼓励你们以物理学家的方式进行思考。跟上我推理的思路，是学好这门课程的捷径。这样，你们不用在脑子里记太多的东西。开始时，还只有四五个公式，这时你能完全记住它们，解题时一个个地试用，直到解出来为止。几个星期后，会出现几百个公式，你没法全部记住它们，也不能挨着个儿去试试哪个管用了。你必须要弄懂其中的逻辑关系。

物理学的目标是由现在预测未来。我们会从一个整体中选取某些要研究的部分，称之为"系统"。接下来我们会问："要预知它的未来，我们需要知道它在初始状态（比如现在）的哪些信息呢?"例如：我扔给你一块糖，你接住了，可以运用牛顿力学对此进行讨论。我做过什么呢？我从手里扔出了一块糖，初始条件是我扔出这块糖的地点和速度。这是你可以亲眼见证的。你知道它将上升，沿抛物线轨迹运动，所以你的手在正确的时间移动到了正确的位置接住了它。这个例子就是牛顿力学的研究范畴，你的大脑毫不费力地完成了必要的估算。

你所需要知道的只是糖果的初始位置和初始速度，与它是红色的还是蓝色的没有关系。假设我扔给你的是一只大猩猩，那么它的颜色和心情也无关紧要。这些与物理无关。如果有一个人从高楼上跳下来，我们关心的是他落地的时刻和速度。我们并不问他为什么会在今天结束一切，这是心理学关心的问题。所以，我们并不是要对所有问题做出解答。我们问的是关于非生命体的非常有限的问题，并且夸耀一下我们对未来的预测是多么地准确。

牛顿理论可以由当前预测未来，它包括两个部分：运动学与动力学。运动学完整地描述了系统现在的状态。要了解现在的系统，运动学就提供了你所需的清单。例如，说到一支粉笔，你想知道的是它的位置以及它正以多快的速度运动。而动力学论述的是粉笔为什么上升，为什么下降，等等。由于受重力的作用，它会落地。

在运动学的部分，不用问任何事情背后的原因，只要简单地描述物体的运动情况即可。然而，动力学告诉你那些描述运动的量如何以及为什么会随时间变化。

我会用自己所喜欢的方法来讲授运动学理论：由最简单的例子出发，逐渐加入一些元素，使之越来越复杂。在初始阶段，有些人可能会说："嗯，这个我以前见过，大概没什么可学的新东西。"这样说也有可能是对的。我并不知道你们已经学了多少，但是，你们在高中时学到的物理知识与专业物理学家们对它的看法很可能是不同的。我们的侧重点以及所感兴趣的事情通常是不同的，而且要做的题目将会更难。

1.3　平均量与瞬时量

我们来研究这样的物体，从数学角度来看，它是一个点，没有体积。如果你把它转动一下，看起来还是一样的。不像土豆，你把土豆转动一下，它看上去会不同。关于土豆，只描述它的位置是不够的，你还要说出它的"鼻子"朝向何方[㊀]。对于这种占据一定空间的物体，我们以后再讨论。现在，我们要研究的是一个不占据空间的物体，一个点，它可以在整个空间移动。关于它的运动，我们也进行简化。假设它只沿 x 轴运动。因此，你们可以这样想，有个珠子，穿在一根线上，只能向前或向后移动。这大概是最简单的了，我没法再降低维数，也不能将物体再简化了，它已经被抽象为一个数学点了。

为了描述这个点的运动，我们选择一个原点，记为 $x=0$，然后沿 x 轴设置标度，用以测量距离。这样，我们就可以说这个点在 $x=5$ 处。当然，还得有单位。长度的单位是米，时间的单位是秒。有些时候，我可能会略去单位，我有权这样做，但是你们不行。正确的单位是必需的。如果没有单位，例如，你说答案是42，那么我们不能肯定你是对的还是错的。

我们回过头来说这个物体。在给定的时刻，它在空间上占有一个位置。我们可以用位置-时间图来描述它的运动。图1.1所示就是这种典型的图。尽管其上的曲线既有上升又有下降，但是，这个物体一直是在水平方向上，沿空间的 x 轴来来回回地运动。图1.1的 A 点，显示它沿着从左向右的方向通过原点；稍后至 B 点，它又沿向左的方向回到原点。可以用微积分语言这样表述，x 是时间的函数，$x=x(t)$，这条图线对应于某个一般的无名函数。当然，也会用到一些已经命名的函数，比如说，$x(t)=t$，$x(t)=t^2$，$x(t)=\sin t$，$\cos t$，等等。

设一个物体的平均速度为 $\bar{v}$，其定义为

$$\bar{v}=\frac{x(t_2)-x(t_1)}{t_2-t_1} \tag{1.1}$$

㊀　这里的意思是指土豆是如何放置的。——编辑注

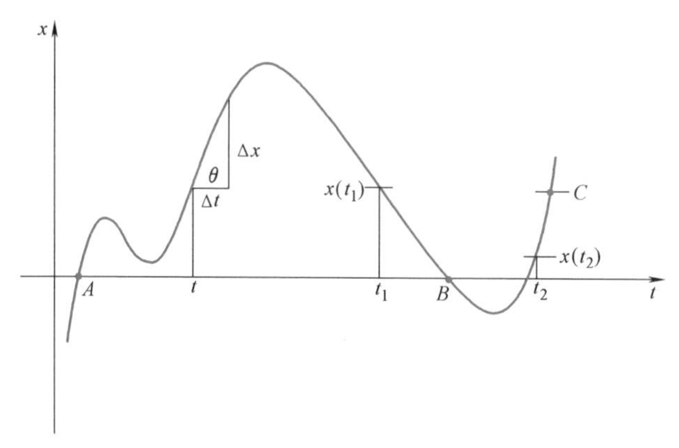

图 1.1　一个粒子的轨迹。位置 $x(t)$，以纵轴表示；时间 t，以横轴表示。

其中 $t_2>t_1$，我们选择了这两个时刻，测量物体在其间的平均速度。在图 1.1 中，对于 t_1 和 t_2 时刻，末态的 $x(t_2)$ 小于初态的 $x(t_1)$，所以这段时间间隔的平均速度 $\bar{v}<0$。

有了平均速度 $\bar{v}$，你不一定能了解故事的全部。例如，你在 t_1 时刻从 $x(t_1)$ 处开始运动，t_2 时刻在 C 点，纵坐标值与初态相同，那么平均速度是零。如果有一个质点静止，从来没有运动过，其平均速度也为零。这两种情况下的平均速度是相同的！

平均加速度 $\bar{a}$，类似地，涉及速度之差：

$$\bar{a}=\frac{v(t_2)-v(t_1)}{t_2-t_1} \tag{1.2}$$

现在我们来看一个重要的概念，在某个时刻的速度，或者说瞬时速度 $v(t)$。从图 1.1 看出，某个质点在 t 到 $t+\Delta t$ 时间间隔内移动的距离为 Δx。该过程中的平均速度为$\frac{\Delta x}{\Delta t}$。而你想知道的是 t 时刻的速度。对于速度，我们都有一种基于直觉的概念。当你在驾车时，仪表盘的指针显示 60 mile/h[⊖]，这就是你此时的速度。虽说在速度的这个定义中似乎是涉及两个不同的时刻——初始时刻和终止时刻，可是我们想说的是某个时刻的速度。我们可以这样计算，取物体在此刻和在稍后某个时刻的两个位置，用这两个位置之差比上发生位置变化所用的时间间隔，再令时间间隔越来越小，即可由这个比值获得物体在某个时刻的速度了。从图 1.1 可以看到，当我们这么做时，尽管 $\Delta x\to 0$ 且 $\Delta t\to 0$，但这两者的比值变为了 θ 角的正切值。因此，物体在 t 时刻的速度为

$$v(t)=\lim_{\Delta t\to 0}\frac{\Delta x}{\Delta t}=\frac{\mathrm{d}x}{\mathrm{d}t} \tag{1.3}$$

你求了一次导数，还可以继续进行更多次求导。对速度求导可以得到加速度，还可用位置的二阶导数表示它：

⊖ 1 mile = 1.609 km。——编辑注

$$a(t)=\frac{\mathrm{d}v}{\mathrm{d}t}=\frac{\mathrm{d}^2x}{\mathrm{d}t^2} \tag{1.4}$$

你应该会求一些简单函数的导数，如 $x(t)=t^n\left(\frac{\mathrm{d}x}{\mathrm{d}t}=nt^{n-1}\right)$，还要会求三角函数、对数函数、指数函数的导数。如果不会的话，你应该在深入学习之前把这个缺漏补上。

1.4　匀加速运动

现在我们集中讨论这样一类问题：加速度 $a(t)$ 是一个常量，以 a 表示，与时间无关。尽管不是最一般的运动，但它还是很值得研究的。在地表面附近下落的物体，加速度都相同，为 $a=-9.8\mathrm{m}\cdot\mathrm{s}^{-2}=-g$。如果我告诉你某个质点的加速度为 a，你能否给出它的位置 $x(t)$ 呢？你猜一猜一个二阶导数为 a 的函数 $x(t)$ 是什么样的。这叫作积分，是微分的逆运算。积分运算有很多规则，这些规则使我们可以由一些已知的解求出待解的问题，但它与微分的运算过程是不同的。给你一个函数，你知道该怎样进行求导运算：给自变量一个增量，求出函数的增量，用它除以自变量的增量，再令增量趋近于零，求出这个比值即可。现在，运算是逆向的。我们的方法是做猜测，这样的猜测已经进行了300多年了，我们已经很擅长这个运算了。那些成功的猜测结果被列为积分表公开出版了。这个表在我家里、办公室里都放了一份，甚至在我车里也留了一份，以备不时之需。

那么，我来说出自己的猜测。我想找一个函数，对它求两次导后，变成了一个常数 a。我知道，每进行一次求导，t 的指数就减小1。最终，我想要 t 的指数为零。很明显，开始时，我应该试试形似 t^2 的函数。遗憾的是，我们知道，t^2 并非正确答案，因为它的二阶导数是2，而我们想要的是 a。因此我把那个试探函数乘以$\frac{1}{2}a$。$x(t)=\frac{1}{2}at^2$ 的二阶导数为 a。

对于以这个函数描述的质点来说，其加速度确实为 a，但它是最一般的答案吗？你们都知道这只不过是许多答案中的一个。举个例子，我可以在刚才给出的答案后加上个数字，例如96，对其求二阶导数，结果相同。其实，96不过是一个常用的常数，我用 c 表示那个常数。根据微积分基础知识可知，给定导数求其对应的函数时，将一个解加上常数，就可以得到另外一个解。但是，如果仅要满足二阶导数为常数的条件，那么你也可以在解中加上任意为 t 的一次方的项，因为这项会在求二阶导数的过程中消失。如果仅要求函数的三阶导数为常数的话，那么还可以加上一些 t 的二次方项，而保持其导数的数值不变。

因此，若质点的加速度 a 为常量，那么表达这个质点位置的最一般的数学式为

$$x(t)=\frac{1}{2}at^2+bt+c \tag{1.5}$$

其中，b 和 c 均为任意常数。

别忘了，图中 $x(t)$ 所描述的质点是沿水平方向运动的。我也可以研究上下运动的质点，对它进行描述时，我称其纵轴方向的坐标为 $y(t)$。你必须明确，在微积分中，用 x 还是 y 来做表示符号是任意的。如果已知 y 的二阶导数为 a，那么答案为

$$y(t)=\frac{1}{2}at^2+bt+c \tag{1.6}$$

现在，让我们回到式（1.5）中来。从数学上说，你确实能够如同我们刚才所做的那样，添加 $bt+c$，但是你应该问问你自己，“作为一个物理学家，加上这两项，我可以做什么呢？” b 和 c 的用途是什么呢？它们应该取什么值呢？如果仅仅知道质点的加速度为 a，你是无法确定质点的位置的。例如，一个质点在重力的作用下具有加速度 g，则

$$y(t)=-\frac{1}{2}gt^2+bt+c \tag{1.7}$$

式（1.7）适用于每一个在重力作用下下落的物体，然而它们却各有各的规律。一个物体与另一个物体的区别在于初始高度，$y(0)\equiv y_0$，以及初始速度 $v(0)\equiv v_0$。这些就是数字 b 和 c 要告诉我们的东西。令式（1.7）中右侧的时间 $t=0$，那么等式的左边就给出了起始高度 y_0：

$$y_0=0+0+c \tag{1.8}$$

由此，我们知道 c 就是**初始坐标值**。将其代入式（1.7），得

$$y(t)=-\frac{1}{2}gt^2+bt+y_0 \tag{1.9}$$

为使用初始速度这一信息，我们先求出对应于此运动轨迹的速度

$$v(t)=\frac{\mathrm{d}y}{\mathrm{d}t}=-gt+b \tag{1.10}$$

令 $t=0$，比较等式两端，得

$$v_0=b \tag{1.11}$$

因此，b 即为**初始速度**。把 b 和 c 换成 v_0 和 y_0，可以使式（1.11）的物理意义更加清晰：

$$y(t)=-\frac{1}{2}gt^2+v_0t+y_0 \tag{1.12}$$

与此类似，对于加速度为常数 a 的运动轨迹 $x(t)$，有了具体的初始位置 x_0 以及初始速度 v_0，轨迹方程为

$$x(t)=\frac{1}{2}at^2+v_0t+x_0 \tag{1.13}$$

对于所有加速度为 a 的物体来说，其位置函数是这种形式。因此，我扔出一块糖，你把它接住了，你在心里估计了初始位置和速度并计算它的轨迹，用你的手接

住了糖果（尽管糖在三维空间中运动，但思路是一样的）。

还有一个常用的公式，可以把某个时间段的末速度 $v(t)$ 与初始速度 v_0 以及运动的距离联系在一起，公式中不出现时间。方法是消去式（1.13）中的 t。将式子改写为

$$x(t)-x_0=\frac{1}{2}at^2+v_0t \tag{1.14}$$

等式两端对 t 求导：

$$v(t)=at+v_0 \tag{1.15}$$

解出 t：

$$t=\frac{v(t)-v_0}{a} \tag{1.16}$$

代入式（1.14），有

$$x(t)-x_0=\frac{1}{2}a\left[\frac{v(t)-v_0}{a}\right]^2+v_0\left[\frac{v(t)-v_0}{a}\right] \tag{1.17}$$

$$=\frac{v^2(t)-v_0^2}{2a} \tag{1.18}$$

通常将它改写为

$$v^2-v_0^2=2a(x-x_0) \tag{1.19}$$

其中，v 和 x 为 t 时刻的值。

1.5　例题

我们来做一道标准题，以确保自己会应用这些公式，会从现在预测未来的运动。图 1.2 所示为一栋楼，它的高度为 $y_0=15$ m。

我从楼顶以 $v_0=10$ m/s 的初速度抛出一块石头。注意我是相对于地面测量的 y 值。石头先上升到 T 点，然后下落，如图 1.2 所示。关于这块石头，你有任何问题，都可以来问我，我都能解答。你可以问：过了 9 s 它到哪儿了，过了 8 s 它的速度是多少，等等。我需要的只是给定两个初始条件，y_0 以及 v_0。为简单起见，取 $a=-g=-10\ \text{m}\cdot\text{s}^{-2}$。在抛出后的任意时刻，石头的位置为

$$y=15+10t-5t^2 \tag{1.20}$$

当然，使用这个结果的时候你必须要谨慎一些。

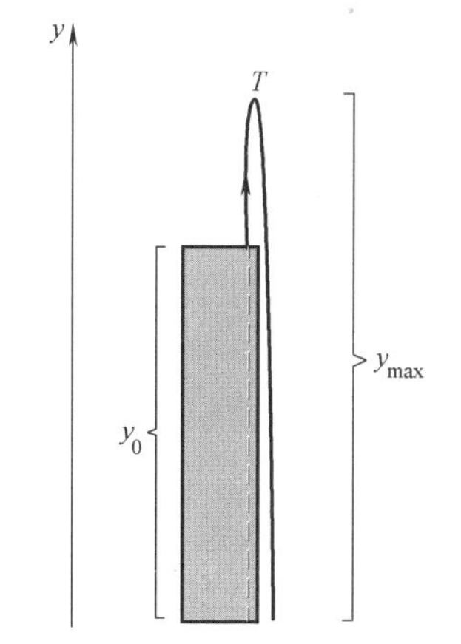

图 1.2　从高为 $y_0=15$ m 的楼顶上，我以 $v_0=10$ m/s 的初速度向上扔出了一块石头。图中虚线表示的是将时间倒回到抛出前的轨迹。

例如，如果令 t 等 10 000 年，那么你得到的是什么呢？你会发现 y 是一个极大的负数。这个推导可是有缺陷的，因为一旦石头触地，$a=-10\ \mathrm{m\cdot s^{-2}}$这个基本前提就不存在了，所以这个公式也就不成立了。现在，如果你在石头落地的地方挖一个深度为 d 的洞，那么 y 就可以取$-d$。这意味着当使用一个公式时，你必须记住导出这个公式的前提条件。

如果你想知道这块石头在任意时刻 t 的速度，只要将式（1.20）求导，得

$$v(t)=10-10t \tag{1.21}$$

我们挑出几个更细节些问题。图中掉头点 T 的高度 y_{max}是多少？由式（1.20），若已知 t，就可以求得 y，但我们并不知道它掉头的时刻 t^*。因此，你还要加入自己知道的其他条件，这就是在最高点，它既不上升也不下降。所以，在最高点有：$v(t^*)=0$。由式（1.21）得

$$0=10-10t^*$$

可以得出

$$t^*=1\ \mathrm{s} \tag{1.22}$$

这样，我们就知道，它向上运动了 1 s，然后掉头回来了。现在，我们就可以求出 y_{max}了：

$$y_{max}=y(t^*)=y(1)=(15+10-5)\ \mathrm{m}=20\ \mathrm{m} \tag{1.23}$$

那么它在什么时刻到达地面呢？这等于在问什么时刻 $y=0$，也就是位于原点。当 $y=0$ 时有

$$0=15+10t-5t^2 \tag{1.24}$$

这个二次方程的解为

$$t=3\ \mathrm{s} \quad 或 \quad t=-1\ \mathrm{s} \tag{1.25}$$

为什么给出两个解呢？t 能取负值么？首先，不要为负时间而感到困扰。$t=0$ 是我把表调为零的那个时刻，我刚才测量的时间是向前的，但是昨天就会是 $t=-1$ 天，对么？因此，负的时间不会带来任何麻烦，与说公元前 300 年的含义是相似的。关键是这个等式不能表明我进了一栋楼、扔了一块石头还是其他什么。那它表达的是什么呢？它表达的是，一个质点在 $t=0$ 时刻的高度 $y=15\ \mathrm{m}$、速度 $v=10\ \mathrm{m/s}$，在重力的作用下以$-10\ \mathrm{m\cdot s^{-2}}$的加速度下落。这就是由它所知道的全部了。如果这就是全部的话，那么在一个没有建筑物或者其他什么东西的情景下，随着时间无论是向前推移还是往回追溯，它都会持续运动着，于是在我设置好的 $t=0$ 这个时刻的前 1 s，质点是位于地面上的。还可以这样理解。如果你在我抛那块石头的前 1 s 从地面以某个速率扔出一块石头，这个速率我们可以计算出来［由式（1.21）可知 $v(-1)=20\ \mathrm{m/s}$］，那么，在我实验开始的那个时刻，你的石头已经到达楼顶处，其高度就是楼顶的高度 $y=15\ \mathrm{m}$，其速率 $v_0=10\ \mathrm{m/s}$。所以，有些时候，这种附加解是非常有趣的，对于这种附加解，你应该总是听听数学上的解释。

在从事相对论量子力学研究时，保罗·狄拉克想求出一个粒子所具有的能量，他发现粒子的能量 E 与其动量 p、质量 m 和光速 c 之间的关系为

$$E^2=p^2c^2+m^2c^4 \tag{1.26}$$

与我们在相对论中遇到的一个关系式一致。这个二次方程式有两个解

$$E=\pm\sqrt{p^2c^2+m^2c^4} \tag{1.27}$$

你可能想要留下那个带正号的解，因为你知道能量不能为负值。粒子在运动，因而它具有能量，这就是那个能量。在经典力学中，这确实是正确的。但是，对于量子力学，数学家们告诉狄拉克：“在量子理论中，你不能忽略那个负能量的解；数学表明它可以存在。”现在，我们已经知道，第二个解也就是那个负的解表明，如果存在着粒子，那么就一定存在着反粒子。通过恰当的解读后，那些负能量的粒子描述的是具有正能量的反粒子。

所以，方程式的含义是深刻的。如果你用数学公式表达某些规律，就必须要遵从其数学解，没有其他选择。狄拉克就是这样，他并不是要寻找反粒子，他是在研究电子。理论表明二次方程具有两个根，从数学上讲，第二个根与第一个根是同等重要的。为努力保留并解释这个根，狄拉克被引向了正电子，也就是电子的反粒子。

回到我们的问题上来，如果你只问石头的最高高度 $y_{\max}$，而非它到达那里的时间 t^*，还有一种简便的方法：

$$v^2=v_0^2+2a(y-y_0) \tag{1.28}$$

将 $v=0$，$v_0=10\ \mathrm{m/s}$ 和 $a=-10\ \mathrm{m\cdot s^{-2}}$代入，得

$$y_{\max}-y_0=5\ \mathrm{m} \tag{1.29}$$

也就是说，石头距地面的最高高度为 20 m。

你可以求出石头落地时（$y=0$）的速度：

$$v^2=[10^2+2\times(-10)(0-15)](\mathrm{m/s})^2=400\ (\mathrm{m/s})^2$$

也就是说速度为

$$v=\pm 20\ \mathrm{m/s} \tag{1.30}$$

当然，石头落地时我们应该取的根为$-20\ \mathrm{m/s}$。另一个根为$+20\ \mathrm{m/s}$，正如前面讲到的，它表示的是这块石头如果在 $y=0$ 处、$t=-1\ \mathrm{s}$ 时刻被抛出所应该具有的速度。

1.6　运用微积分推导 $v^2=v_0^2+2a(x-x_0)$

我想用另外一种方法推导式（1.19），$v^2=v_0^2+2a(x-x_0)$，说明微积分的巧妙应用。

我们先运用

$$\frac{\mathrm{d}v}{\mathrm{d}t}=a \tag{1.31}$$

式（1.31）两边乘以 v，之后并把右边的 v 写为$\frac{\mathrm{d}x}{\mathrm{d}t}$，得

$$v\frac{\mathrm{d}v}{\mathrm{d}t}=a\frac{\mathrm{d}x}{\mathrm{d}t} \tag{1.32}$$

现在，我要做一件你们可能会质疑的事情：这就是消去等式两端的 $\mathrm{d}t$。如果仔细地解释一下就知道，将等式两端消去 $\mathrm{d}t$ 这种运算，给出的答案是正确的。但是，你们可不能把$\frac{\mathrm{d}y}{\mathrm{d}x}$中的 d 消去。这样，得

$$v\mathrm{d}v=a\mathrm{d}x \tag{1.33}$$

式（1.33）告诉我们，在无限小时间间隔［t，$t+\mathrm{d}t$］内，变量 v 和 x 的增量分别为 $\mathrm{d}v$ 和 $\mathrm{d}x$，这些增量在 $\mathrm{d}t$，$\mathrm{d}v$，$\mathrm{d}x$ 均趋近于 0 的极限情况下，满足式（1.33）。$\mathrm{d}x$ 或 $\mathrm{d}v$ 在趋近于 0（相对于两者的比值来说）的极限下，当然是非常小的，式（1.33）退化为 0=0。然而，我们解读和运用式（1.33）的方法如下。在一个有限的时间间隔［t_1，t_2］内，变量 v 从 v_1 变为 v_2，而 x 从 x_1 变为 x_2。我们把［t_1，t_2］等分成 N 个宽度为 $\mathrm{d}t$ 的子区间，N 是非常非常大的。设在时间间隔［t，$t+\mathrm{d}t$］内，x 和 v 的增量分别为 $\mathrm{d}x$ 和 $\mathrm{d}v$，它们之间的关系满足式（1.33）。当 $N\to\infty$ 时，如果我们将式（1.33）两边的 N 个增量相加，所得的和会收敛于非零的极限值，也就是相应的积分值。

$$\int_{v_1}^{v_2} v\mathrm{d}v = a\int_{x_1}^{x_2}\mathrm{d}x \tag{1.34}$$

$$\frac{1}{2}v_2^2-\frac{1}{2}v_1^2=a(x_2-x_1) \tag{1.35}$$

因此，一定要懂得，为了从类似式（1.33）那样的式子出发获得有用的等式，最终要将其两侧在积分限内完成积分运算。令

$$v_2=v,\quad v_1=v_0,\quad x_2=x,\quad x_1=x_0 \tag{1.36}$$

就可以得到式（1.19）。

Yale

第2章 高维空间中的运动

2.1 回顾

在上一章中我们举了一个最简单的例子，即质点沿 x 轴以恒定加速度 a 运动。这个质点会怎样运动呢？答案是，在任意时刻 t，质点位置坐标为

$$x(t)=x_0+v_0t+\frac{1}{2}at^2 \tag{2.1}$$

式中，x_0 和 v_0 分别为质点的初始位置和初速度。对式（2.1）求导，得到

$$v(t)=v_0+at \tag{2.2}$$

对上式再一次求导，很容易验证，该质点的加速度确实是恒定值 a。式（2.2）以质点的初速度和加速度表示出了质点 t 时刻的速度。反过来，也可以用 v 表示时间 t：

$$t=\frac{v-v_0}{a} \tag{2.3}$$

将此式代入式（2.1），得到了不含时间的方程式：

$$v^2=v_0^2+2a(x-x_0) \tag{2.4}$$

要明确，v 和 x 对应同一时刻。

在上一章的最后，我应用微积分证明了这个结果。时常复习一下你的微积分知识是非常重要的。当一个学生说："我知道微积分。"有的时候这意味着这个学生会微积分，而有的时候这只意味着他或她曾经看到别人做过微积分。要解决这个问题，可以去找一本我写的书——《数学基本训练》（*Basic Training in Mathematics*）。这真是一个小小的尴尬：我并不想把我的书强加给你。然而，我也不想保留相关信息。如果你要学习任何以数学为工具的课程——例如化学、工程学甚至是经济学，你会发现这本书的内容非常有用。可别等它的视频了，不会有的。

2.2 二维空间中的矢量

接下来的难点是在更高维度的空间研究运动。现实生活中，万物都在三维

（$d=3$）空间中运动。但是，在大多数时间里，我只使用两个维度。一维和二维运动的差异非常大，而二维和更高维运动的差异却并非如此。之后，我们将遇到几个概念，它们在三维空间中有意义，但在三维以下的空间中没有意义。弦理论的研究者会告诉你，我们事实上需要 9 个空间维度再加上时间来描述超弦。

想象一个质点在 x-y 平面上运动，如图 2.1 所示。这可不是 x 随 t 变化的图像，也不是 y 随 t 变化的图像。这是质点在 x-y 平面上运动留下的真实轨迹。你也许要问："那时间轴到哪里去了？"可以用这样的方法标记时间，你想象这个质点随身携带着钟，并且每秒钟都做个标记。图中给出了四个这样的标记——代表 $t=1$ s，2 s，33 s 和 34 s。显然，质点在 33~34 s 之间运动得要比在 1~2 s 之间慢得多。

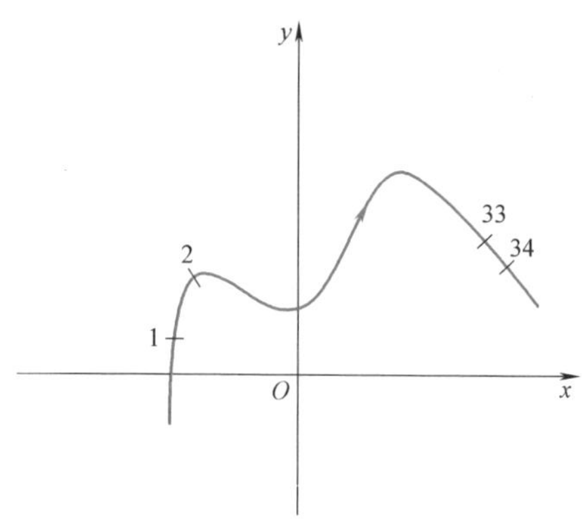

图 2.1　质点在二维（$d=2$）空间中的运动轨迹，
在轨迹上用 1，2，…，33，34 这些数标记出相等的时间间隔。

这个质点的运动学需要一对 x 和 y 值。把它们组合成一个整体会更方便，我们称之为矢量。说到运用矢量及其运算法则，最简单的内容就是平面运动。设想我去野营，第一天从大本营出发走了 5 km，第二天又走了另外的 5 km。那么我离大本营有多远呢？即使我保证只沿着 x 轴运动，你也无法回答这个问题。仅仅说我行走了 5 km 是不够的。我必须告诉你我是向右走还是向左走。所以我距离大本营可能是 10 km，0 km，−10 km。如果我不仅说我走了 5 km，而是具体到我是走了+5 km 还是−5 km，就可以消除一维空间中所有的不确定性。

但是在二维（$d=2$）空间中，方向有无穷多种可能性，不能仅靠左或右确定。例如，大本营位于原点，第一天我可以离开大本营，沿 $\boldsymbol{A}$ 走到点 1，如图 2.2（a）所示。第二段远足沿 $\boldsymbol{B}$ 到达点 2。$\boldsymbol{B}$ 起始于 $\boldsymbol{A}$ 的终点。这两条有向线段就是矢量的实例，我用它们表示位移或位置的变化。以后我们可以看到，可以用矢量来表示许多其他物理量。

矢量是具有起点和终点的有向线段。所以，我们说矢量具有大小和方向。大小是这个矢量的长度，方向是它相对于某固定方向的角度，通常取这个固定方向为 x 轴。记笔记时，如果你想表示出一个矢量，要在它上面加上个小箭线，像这样：

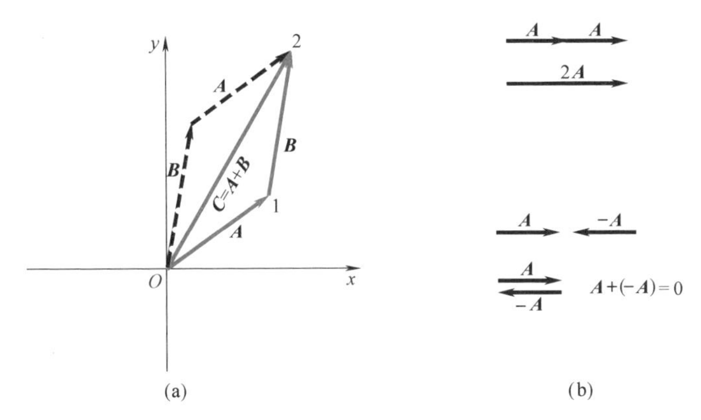

图 2.2　矢量加法。（a）矢量相加，$\boldsymbol{A}+\boldsymbol{B}=\boldsymbol{B}+\boldsymbol{A}$；（b）矢量的数乘（图中乘数为 2）和零矢量。

$\vec{A}$。在课本中，矢量用黑体表示：$\boldsymbol{A}$。如果你不在上面加上这个箭线，或不用黑体，那么你所表示的仅仅是一个数值 A。当应用矢量时，A 代表它的长度。

从图 2.2（a）我们可以看出，存在一个很自然的量——你可以称它为“$\boldsymbol{A}+\boldsymbol{B}$”。我第一天沿 $\boldsymbol{A}$ 走，第二天沿 $\boldsymbol{B}$ 走，我要是想一次性达到相同的地方，我从一开始应该怎样走呢？显然，我两日之旅的结果是 $\boldsymbol{C}$。我们称之为 $\boldsymbol{A}+\boldsymbol{B}$。它确实代表着两个矢量的和，就像我先给你 4 美元，再给你 5 美元，等价于一次性给你 9 美元。这里，我们讲的不是单一的数值，而是在平面上的位移，并且 $\boldsymbol{C}$ 确实代表着由 $\boldsymbol{A}$ 和 $\boldsymbol{B}$ 而引起的有效位移。

通过对位移的研究，得出两个矢量的加法规则：你先画出第一个矢量，然后从第一个矢量的终点开始接着画第二个矢量，两者的和起自从第一个矢量的起点止于第二个矢量的终点。

可以证明，$\boldsymbol{A}+\boldsymbol{B}=\boldsymbol{B}+\boldsymbol{A}$，如图 2.2 所示。你先画出 $\boldsymbol{B}$，然后从的 $\boldsymbol{B}$ 终点开始画 $\boldsymbol{A}$，最后的终点也是 2，$\boldsymbol{B}+\boldsymbol{A}$ 是图中两个虚箭线之和。

接下来，我要定义一个矢量，它的作用与数字 0 相似。其他数字与零相加后就等于这个数字本身。被称作零矢量或空矢量的矢量就有这样的性质，任何一个矢量加上它时都等于这个矢量本身。因此，你可以猜到这个矢量了——一个没有长度的矢量。我无法向你展示零矢量。如果你看到零矢量了，那一定是我搞错了。

看图 2.2（b）。如果我画了一个 $\boldsymbol{A}$，并且将之加上 $\boldsymbol{A}$ 上就得到 $\boldsymbol{A}+\boldsymbol{A}$。你一定同意，如果存在一个矢量可以叫作 $2\boldsymbol{A}$，那毫无疑问就是这个矢量了，它是把 $\boldsymbol{A}$ 伸长为原来的两倍。现在我们得到了数字与矢量相乘的概念。如果你将一个矢量乘以 2，那么所得矢量方向不变，长度为原来的两倍。我们可以推而广之，2.6 乘以一个矢量，所得矢量的长度是原矢量的 2.6 倍。所以，一个矢量乘以正数，意味着把它拉长（或缩短）了相应的倍数。

让我们接着往前走。考虑矢量$-\boldsymbol{A}$。对于$-\boldsymbol{A}$，我会有什么样的期望呢？我期望$-\boldsymbol{A}$加$\boldsymbol{A}$，应该为$\boldsymbol{0}$，它在矢量中起0的作用。$\boldsymbol{A}$加上什么才能得到零矢量呢？很显然，你得加上图2.2（b）中像$-\boldsymbol{A}$那样的一个矢量。因为，如果你从$\boldsymbol{A}$矢量的起点走到$-\boldsymbol{A}$矢量的终点，结果在结束时你还位于起点，你得到的是那个不可见的$\boldsymbol{0}$矢量。所以，给一个矢量冠以负号就是将它的方向反过来，指向与原来相反的方向。这就像以-1乘以一个矢量。一旦理解了这一点，你就可以求出-7.3与一个矢量之积了：就是先将这个矢量扩大到原来的7.3倍，再将方向反过来。矢量乘以一个数值称为数乘运算，而普通的数值称为标量。你还可以做更加复杂的运算。你可以用标量乘以一个矢量，再用另一个标量来乘另一个矢量，最后将它们加起来。现在，我们明确这些运算的意义了。你不需要死记硬背所有这些法则，唯一的法则就是“自然而然地去做”。对于普通的数值，仍然按原来的方法进行运算。

2.3 单位矢量

我们还回到那个x-y平面上。我将要介绍两个非常特殊的矢量。它们是单位矢量：$\boldsymbol{i}$和$\boldsymbol{j}$，分别指向x轴、y轴的正方向，均为单位长度，如图2.3所示。如果我还有第3个坐标轴，它垂直于纸面，那么我就会再画一个$\boldsymbol{k}$，但是我们现在还用不到这个。我敢说，你随便给我一个矢量，我都能够用一个数A_x乘以$\boldsymbol{i}$，加上一个数A_y乘以$\boldsymbol{j}$的形式写出它。你随意给我一个位于平面内的矢量，我都可以用$\boldsymbol{i}$的若干倍与$\boldsymbol{j}$的若干倍之和来表示它。这显然是很直观的，但我要对此加以证明，以排除任何疑虑。某个矢量为$\boldsymbol{A}$，由图2.3可以明显地看出，按照矢量的加法法则，它等于由水平虚箭线和竖直虚箭线所表示的两个矢量之和。水平的部分，与$\boldsymbol{i}$平行，必然是$\boldsymbol{i}$的倍数。将$\boldsymbol{i}$按照我们所需的倍数拉长。这个倍数为A_x，在这个例子中它恰好是正的，叫作$\boldsymbol{A}$的x分量、$\boldsymbol{A}$沿$\boldsymbol{i}$的投影或沿x的投影。同理，竖直部分是$\boldsymbol{j}A_y$。A_y是$\boldsymbol{A}$的y分量、$\boldsymbol{A}$沿$\boldsymbol{j}$的投影或沿y的投影。

因此，我将$\boldsymbol{A}$改写为如下形式：

$$\boldsymbol{A}=\boldsymbol{i}A_x+\boldsymbol{j}A_y \tag{2.5}$$

这对矢量$\boldsymbol{i}$和$\boldsymbol{j}$可以用来表达任意矢量，我们将之称为基矢或基底。

如果你给我某个矢量$\boldsymbol{A}$，它是一个长度为A、与x轴的夹角为θ的有向线段，那么我怎样求A_x、A_y呢？由三角学知识可得

$$A_x=A\cos\theta \tag{2.6}$$

$$A_y=A\sin\theta \tag{2.7}$$

反之，已知矢量的分量，可用下面的公式计算其长度和角度：

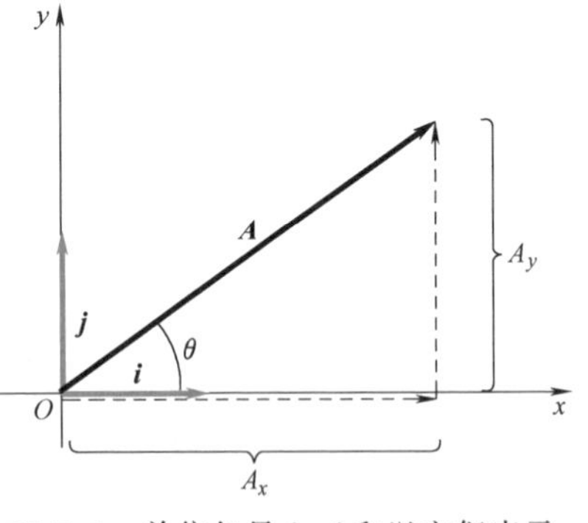

图2.3 单位矢量$\boldsymbol{i}$、$\boldsymbol{j}$和以它们表示的任一矢量$\boldsymbol{A}=\boldsymbol{i}A_x+\boldsymbol{j}A_y$。

$$A=\sqrt{A_x^2+A_y^2} \tag{2.8}$$

$$\theta=\arctan\frac{A_y}{A_x} \tag{2.9}$$

式（2.6）~式（2.9）很常用，请记住它们。

给我一组数（A_x，A_y），就像给我绘出一个箭线一样，因为可以通过勾股定理找到这个箭线的长度，并通过 $\tan\theta=\frac{A_y}{A_x}$确定其方向。你用 $\boldsymbol{A}$ 的两个分量或者箭线均可。实际上，我们会更多地用到这两个数值（A_x，A_y）。尤其是，如果要利用位置矢量（简称位矢）$\boldsymbol{r}$ 描述质点的位置，我们利用其分量把它表示为

$$\boldsymbol{r}=\boldsymbol{i}x+\boldsymbol{j}y \tag{2.10}$$

$\boldsymbol{r}$ 的增量是位移矢量，简称位移，例如图 2.2 中描述两次步行的 $\boldsymbol{A}$ 和 $\boldsymbol{B}$。

尽管除了位移矢量之外，我还没有给出其他矢量，但是现在，我们把类似于 $\boldsymbol{i}$ 的某个倍数加上 $\boldsymbol{j}$ 的某个倍数那样的量定义为矢量。如果我让你去做 $\boldsymbol{A}$ 和 $\boldsymbol{B}$ 两个矢量的加法，那么你有两种方式可供选择。你可以画出与 $\boldsymbol{A}$ 相应的箭线，再在它的以终点放上与 $\boldsymbol{B}$ 相应的箭线，然后按图 2.2 所示方法把它们相加。但是，你不用画图，按如下方法也能进行这个计算：

$$\boldsymbol{A}+\boldsymbol{B}=\boldsymbol{i}A_x+\boldsymbol{j}A_y+\boldsymbol{i}B_x+\boldsymbol{j}B_y \tag{2.11}$$

$$=\boldsymbol{i}(A_x+B_x)+\boldsymbol{j}(A_y+B_y) \tag{2.12}$$

所以，所求的和 $\boldsymbol{C}$ 是一个矢量，它的分量为（A_x+B_x，A_y+B_y）。

在上文中，我已经使用了矢量加法与顺序无关的结论。所以，我将所得的结果按照 $\boldsymbol{i}$ 和 $\boldsymbol{j}$ 进行了分类。因为 $\boldsymbol{i}A_x$、$\boldsymbol{i}B_x$都是沿 $\boldsymbol{i}$ 方向的矢量，它们的和也一定沿 $\boldsymbol{i}$ 方向且长度为 A_x+B_x。沿 $\boldsymbol{j}$ 方向的矢量也如此。

总之，如果

$$\boldsymbol{A}+\boldsymbol{B}=\boldsymbol{C} \tag{2.13}$$

那么

$$C_x=A_x+B_x \tag{2.14}$$

$$C_y=A_y+B_y \tag{2.15}$$

这可以概括为两个矢量相加的法则是将它们的分量分别相加。

有一个重要的结论：仅在 $A_x=B_x$且 $A_y=B_y$时，才有 $\boldsymbol{A}=\boldsymbol{B}$。如果两个矢量的 x、y 分量不相等，那么它们是不可能相等的。如果两个箭线是相等的，其中的一个不可能在 x 方向上更长、相应地在 y 方向上更短。一切都必须完全匹配。$\boldsymbol{A}=\boldsymbol{B}$ 这个矢量方程，实际上是 $A_x=B_x$和 $A_y=B_y$这两个方程的缩写。

2.4　坐标轴的选择与基矢

我在头脑中构想出一个矢量，它的分量分别为 3 和 5。你能给我画出这个矢量

么？你会马上说："这个矢量是 $3\boldsymbol{i}+5\boldsymbol{j}$。"你做了个假设，就是我会用 $\boldsymbol{i}$ 和 $\boldsymbol{j}$ 来表示这个矢量。我同意 $\boldsymbol{i}$ 和 $\boldsymbol{j}$ 有两个自然的方向。对于我们中的大多数而言，因为黑板上和手册中按这种方式给定了指向，所以我们很自然地使坐标轴沿着这方向。但是为什么其他人不能过来说："我要使用一套不同的坐标轴。x、y 轴或者说是 $\boldsymbol{i}$、$\boldsymbol{j}$ 并不是固定在绝对空间中的。它们是人为建立的，我们又没有与它们中的任何一个绑在一起。"

通常，以某种方式选择适合这个问题的坐标系是很自然的。如果你正在研究一发从地面发射的炮弹，取 x 轴沿水平方向，y 轴沿竖直方向是合理的。但是，从数学上讲，这不是必需的。旋转一下，以另外一套彼此垂直的单位矢量 $\boldsymbol{i}'$ 和 $\boldsymbol{j}'$ 作为另外的基矢，也可以经过重新标度和相加而给出平面内的任意一个矢量。例如，当研究沿斜面下滑的物体时，我们会使坐标轴分别平行于和垂直于斜面。

如果我在白纸上画一个箭线 $\boldsymbol{A}$，它有着自己的生命，不涉及任何坐标轴。同一个矢量 $\boldsymbol{A}$ 可以用旧基底 $\boldsymbol{i}$ 和 $\boldsymbol{j}$ 表示，也可以用新基底 $\boldsymbol{i}'$ 和 $\boldsymbol{j}'$ 表示。那新基底中的分量（A'_x，A'_y）与旧的基底中的分量有什么联系呢？这是一个非常简单的问题，但是我就想去解决它，使你们习惯于使用矢量。

为此，我们用到一幅使人"眼花缭乱"的图 2.4。这幅图绘出了原先的 x 轴、y 轴，和由它们逆时针旋转 ϕ 角而得到的 x' 轴和 y' 轴。同样，由原来的单位矢量 $\boldsymbol{i}$ 和 $\boldsymbol{j}$ 旋转后得到了单位矢量 $\boldsymbol{i}'$ 和 $\boldsymbol{j}'$。以虚线表示矢量 $\boldsymbol{A}$ 在两个基底中的分量，它们不过是矢量 $\boldsymbol{A}$ 在各个轴上的投影。我们想要得到（A'_x，A'_y）与（A_x，A_y）间的关系。

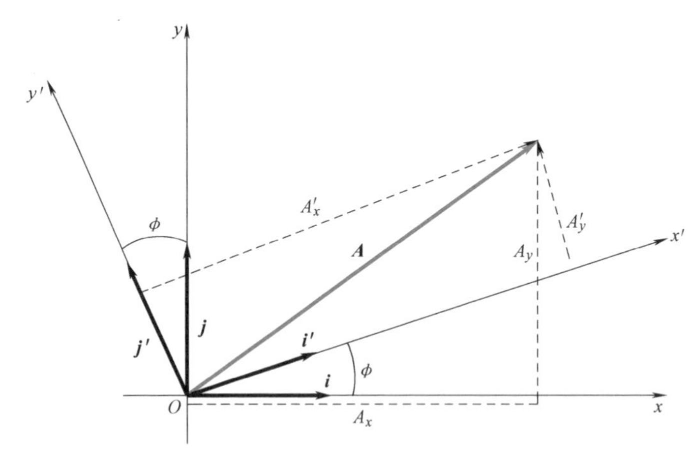

图 2.4　在一个坐标系中，矢量 $\boldsymbol{A}$ 被写作 $\boldsymbol{i}A_x+\boldsymbol{j}A_y$，在另一个坐标系中这个矢量被写作 $\boldsymbol{i}'A'_x+\boldsymbol{j}'A'_y$。虚线为矢量在两个坐标系中的分量。

由图，我们首先用 $\boldsymbol{i}$ 和 $\boldsymbol{j}$ 表示 $\boldsymbol{i}'$ 和 $\boldsymbol{j}'$：

$$\boldsymbol{i}'=\boldsymbol{i}\cos\phi+\boldsymbol{j}\sin\phi \tag{2.16}$$

$$\boldsymbol{j}'=\boldsymbol{j}\cos\phi-\boldsymbol{i}\sin\phi \tag{2.17}$$

下面是详细的解释。矢量 $\boldsymbol{i}'$的水平分量，等于它的长度（即1）乘以 $\cos\phi$；其竖直分量为1乘以 $\sin\phi$。那么 $\boldsymbol{j}'$如何呢？它与 $\boldsymbol{j}$ 的夹角为 ϕ，所以它的 y 分量等于 $\cos\phi$。最后，它的 x 分量或者水平分量是 $-\sin\phi$，这个负号是由于矢量向左，沿着 x 轴负向。现在剩下的工作就是消去 $\boldsymbol{A}=\boldsymbol{i}'A'_x+\boldsymbol{j}'A'_y$ 这个式子中的 $\boldsymbol{i}'$和 $\boldsymbol{j}'$，用 $\boldsymbol{i}$ 和 $\boldsymbol{j}$ 表示 $\boldsymbol{A}$ 矢量：

$$\boldsymbol{A}=\boldsymbol{i}'A'_x+\boldsymbol{j}'A'_y \tag{2.18}$$

$$=(\boldsymbol{i}\cos\phi+\boldsymbol{j}\sin\phi)A'_x+(\boldsymbol{j}\cos\phi-\boldsymbol{i}\sin\phi)A'_y \tag{2.19}$$

$$=\boldsymbol{i}(A'_x\cos\phi-A'_y\sin\phi)+\boldsymbol{j}(A'_x\sin\phi+A'_y\cos\phi) \tag{2.20}$$

$$=\boldsymbol{i}A_x+\boldsymbol{j}A_y \tag{2.21}$$

令式（2.20）和式（2.21）等号右侧 $\boldsymbol{i}$ 和 $\boldsymbol{j}$ 的系数分别相等，我们便得到了所需的数学表达式，以 A'_x和 A'_y表示出了 A_x和 A_y：

$$A_x=A'_x\cos\phi-A'_y\sin\phi \tag{2.22}$$

$$A_y=A'_x\sin\phi+A'_y\cos\phi \tag{2.23}$$

所以，你我都可以按照自己所喜欢的方式随意地设定基底。由我的基底逆时针旋转一个角度 ϕ，就得到了你的基底。同一个矢量 $\boldsymbol{A}$，一个独立于坐标轴而存在的有向线段，可以由你我以不同的分量将之表示出来。通过式（2.22）和式（2.23），你的带撇分量和我的联系在了一起。这就叫作矢量分量在旋转基底下的变换法则。

现在，你可以提出一个逆问题——如何用 A_x，A_y来表示 A'_x，A'_y呢？最快速的方法是用 $-\phi$ 替换 ϕ：如果我们由不带撇的坐标系旋转角 ϕ 得到带撇的坐标系，那么旋转 $-\phi$ 就从带撇的坐标系回到了不带撇的坐标系。运用 $\cos(-\phi)=\cos\phi$ 和 $\sin(-\phi)=-\sin\phi$，结果为

$$A'_x=A_x\cos\phi+A_y\sin\phi \tag{2.24}$$

$$A'_y=-A_x\sin\phi+A_y\cos\phi \tag{2.25}$$

这是正确的答案，但是我要你采用另一种方法来证明它，这常常会让一些学生困惑。

如果我告诉你：

$$3x+5y=21 \tag{2.26}$$

$$4x+6y=26 \tag{2.27}$$

你当然知道如何解出 x 和 y，对吧？你得把两个方程变一变，将第一个方程乘以6，第二个方程乘以5后相减，分离出未知数 x，等等。但当看到式（2.22）和式（2.23）时，你怎么没有意识到这其实是同一类问题呢？例如，你可以将式（2.22）乘以 $\cos\phi$、式（2.23）乘上 $\sin\phi$，然后相加，分离出 A'_x。对于任意的 ϕ，$\cos\phi$ 和 $\sin\phi$ 不过是一些数值。例如，如果令 $\phi=\frac{1}{3}\pi=60°$，则 $\cos\phi=\frac{1}{2}$，$\sin\phi=\frac{\sqrt{3}}{2}$。对于这个角度，方程为

$$A_x=\frac{1}{2}A'_x-\frac{\sqrt{3}}{2}A'_y \tag{2.28}$$

$$A_y=\frac{\sqrt{3}}{2}A'_x+\frac{1}{2}A'_y \tag{2.29}$$

如果将第二个等式乘以$\sqrt{3}$并把它加到第一个等式上，你就会得到

$$A_x+\sqrt{3}A_y=2A'_x \tag{2.30}$$

这意味着：

$$A'_x=\frac{1}{2}A_x+\frac{\sqrt{3}}{2}A_y \tag{2.31}$$

$$=A_x\cos\frac{\pi}{3}+A_y\sin\frac{\pi}{3} \tag{2.32}$$

与式（2.24）相符。更进一步地，将 $\cos\phi$ 和 $\sin\phi$ 看作是普通数值，由式（2.22）和式（2.23）做变换就可以得到式（2.24）和式（2.25）了。当然，运算过程中你会用到恒等式 $\sin^2\phi+\cos^2\phi=1$。

矢量分量的值依赖于其观察者。然而，有一个量却是恒定的，无论观察者是谁。这个量就是矢量的长度。一个矢量的长度与坐标轴的旋转无关，它是旋转操作下的不变量。运用式（2.24）和式（2.25）可以证明：

$$(A'_x)^2+(A'_y)^2=(A_x\cos\phi+A_y\sin\phi)^2+(-A_x\sin\phi+A_y\cos\phi)^2 \tag{2.33}$$

$$=A_x{}^2(\cos^2\phi+\sin^2\phi)+A_y{}^2(\cos^2\phi+\sin^2\phi) \tag{2.34}$$

$$=A_x{}^2+A_y{}^2 \tag{2.35}$$

A_xA_y项没有了，因为它的系数是 $2(\cos\phi\sin\phi-\sin\phi\cos\phi)$。

我想总结出最重要的一点。我们知道矢量是具有大小和方向的量。以更高的观点看来，矢量是（二维中的）一对数，在旋转坐标轴操作下，它按式（2.24）和式（2.25）进行变换。任何以这种方式变换的量都称为矢量。我们已经知道了位置矢量 $\boldsymbol{r}$ 和它的增量——位移（曾在远足的实例中使用过）。再多来些其他的矢量怎么样？可以证明，如果已知一个矢量，例如位置矢量，有很好的方法接着生成矢量。这就是下面的内容。

2.5 位置矢量 *r* 的导数

假设有个质点在 x-y 平面内运动，t 时刻的位置矢量为 $\boldsymbol{r}$；$t+\Delta t$ 时刻，位置矢量变为 $\boldsymbol{r}+\Delta\boldsymbol{r}$，如图 2.5 所示。$t$ 时刻，质点的位置为

$$\boldsymbol{r}=\boldsymbol{i}x(t)+\boldsymbol{j}y(t) \tag{2.36}$$

在 $t+\Delta t$ 时刻，位置为

$$\boldsymbol{r}+\Delta\boldsymbol{r}=\boldsymbol{i}(x(t)+\Delta x)+\boldsymbol{j}(y(t)+\Delta y) \tag{2.37}$$

所以，

$$\Delta \boldsymbol{r} = \boldsymbol{i}\Delta x + \boldsymbol{j}\Delta y \tag{2.38}$$

取极限得

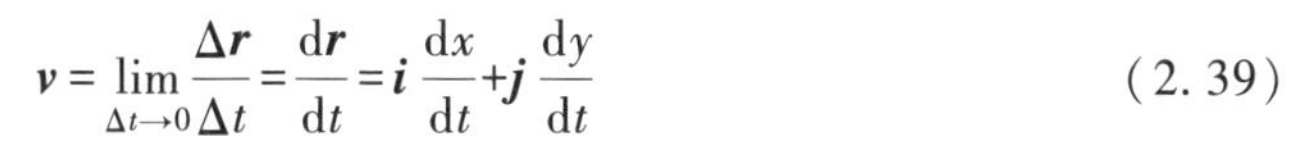

$$\boldsymbol{v} = \lim_{\Delta t \to 0} \frac{\Delta \boldsymbol{r}}{\Delta t} = \frac{\mathrm{d}\boldsymbol{r}}{\mathrm{d}t} = \boldsymbol{i}\,\frac{\mathrm{d}x}{\mathrm{d}t} + \boldsymbol{j}\,\frac{\mathrm{d}y}{\mathrm{d}t} \tag{2.39}$$

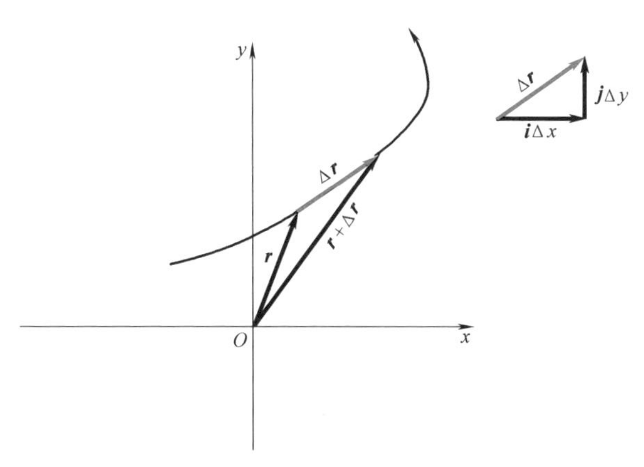

图 2.5　质点沿着某一条曲线路径由 t 时刻的 $\boldsymbol{r}$ 运动到 $t+\Delta t$ 时刻的 $\boldsymbol{r}+\Delta\boldsymbol{r}$。速度 $\boldsymbol{v}$ 是比值 $\frac{\Delta \boldsymbol{r}}{\Delta t}$ 在 $\Delta t \to 0$ 时的极限，$\frac{\Delta \boldsymbol{r}}{\Delta t}$ 平行于 $\Delta\boldsymbol{r}$，最终沿这条曲线的切线方向。

如果仅沿 x 轴运动，经过时间 Δt，你运动了 Δx，那么这两者的比在一定的极限下就给出了速度。当你在平面上运动时，你的位置和位置的增量都是矢量。

你能够看出来为什么一个矢量的导数还是矢量吗？因为，$\Delta\boldsymbol{r}$ 为两个时刻的矢量之差，它本身就是一个矢量。把它除以 Δt，也就是乘以 $1/\Delta t$。我们知道一个矢量与数相乘，不过是调整了它的大小。因此，这个极限将是具有方向的，我们称之为瞬时速度矢量。它与 $\boldsymbol{r}(t)$ 曲线相切，指向此时的运动方向。

假设一个质点的位置随时间变化的函数关系是已知的，将这个函数求导就可以得到质点的速度了。例如，我知道一个质点的位置：

$$\boldsymbol{r} = t^2\boldsymbol{i} + 9t^3\boldsymbol{j} \tag{2.40}$$

那么，它的速度为

$$\boldsymbol{v} = 2t\boldsymbol{i} + 27t^2\boldsymbol{j} \tag{2.41}$$

对速度求导，或者对位置矢量求二阶导数，可以计算出其加速度为

$$\boldsymbol{a} = \frac{\mathrm{d}\boldsymbol{v}}{\mathrm{d}t} = \frac{\mathrm{d}^2\boldsymbol{r}}{\mathrm{d}t^2} = 2\boldsymbol{i} + 54t\boldsymbol{j} \quad \text{（在这个例子中）} \tag{2.42}$$

你也可以将 $\boldsymbol{a}$ 与质量 m 相乘，注意质量是与旋转操作无关的标量，这样就得到了一个矢量 $m\boldsymbol{a}$。在牛顿力学中，$m\boldsymbol{a}$ 等于另一个矢量 $\boldsymbol{F}$，也就是力。

尽管我们是以矢量 $\boldsymbol{r}$ 这个例子为出发点的，但是现在我们明确了一个矢量的导

数一定是个矢量，其导数的导数还是个矢量。今后会学到相对论，那时你将发现会再次与一个矢量打交道，它对应于位置矢量，但是却有四个分量。将矢量乘以标量（如质量），或是将矢量对某个起着类似时间作用的参数求导，则可以生成更多的矢量。

我们来举例说明一下矢量的加法和微分。假设一架飞机在飞行，如图 2.6 所示。设 $\boldsymbol{r}_{pg}$ 为这架飞机上的某个定点，例如机尾，相对于地面上一个固定点的位置矢量。设飞机上有一个球，位于距飞机上的那个固定点的位置为 $\boldsymbol{r}_{bp}$。按照矢量相加的法则，球相对于地面的位置矢量为

$$\boldsymbol{r}_{bg}=\boldsymbol{r}_{bp}+\boldsymbol{r}_{pg} \tag{2.43}$$

对时间求导，采用同样的符号标记方法，得到了如下的速度合成法则：

$$\boldsymbol{v}_{bg}=\boldsymbol{v}_{bp}+\boldsymbol{v}_{pg} \tag{2.44}$$

这表明，地面上观察到的这个球的速度等于它相对于飞机的速度与飞机相对于地面的速度的矢量和。接着求导，可以得到加速度之间的关系：

$$\boldsymbol{a}_{bg}=\boldsymbol{a}_{bp}+\boldsymbol{a}_{pg} \tag{2.45}$$

取飞机匀速运动的特例，即 $\boldsymbol{a}_{pg}=0$，那么得

$$\boldsymbol{a}_{bg}=\boldsymbol{a}_{bp} \tag{2.46}$$

这个等式表明，在这种情况下，地面观察到的加速度与在飞机上观察到的加速度相同。我们学习相对论时，还会对此进行回顾。

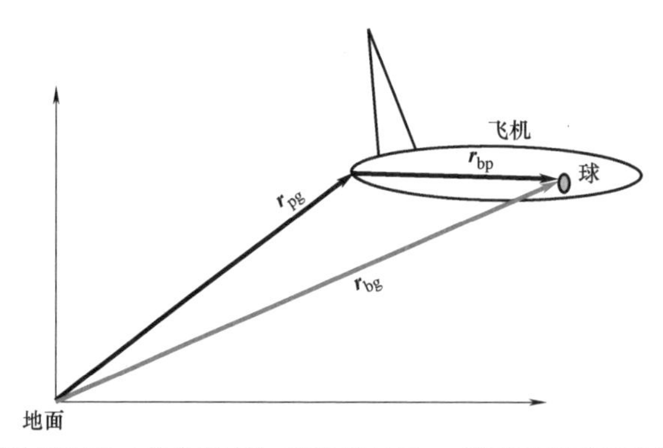

图 2.6 球相对于地面（某个原点）的位置矢量 $\boldsymbol{r}_{bg}$ 等于球相对于飞机（机尾）的位置矢量 $\boldsymbol{r}_{bp}$ 与飞机（机尾）相对于地面的位置矢量 $\boldsymbol{r}_{pg}$ 的矢量和。

2.6 在圆周运动中的应用

现在，我们来看一个具体的例子，演示如何通过微分运算推导一些有用的结论。我写出一个特殊的 $\boldsymbol{r}(t)$：

$$\boldsymbol{r}(t)=R(\boldsymbol{i}\cos\omega t+\boldsymbol{j}\sin\omega t) \tag{2.47}$$

式中，R 和 ω 为常数。是时间的函数会如何呢？这个质点做什么运动呢？来看这个矢量长度的平方：

$$r_x^2+r_y^2=R^2(\cos^2\omega t+\sin^2\omega t)=R^2 \tag{2.48}$$

这说明，质点沿半径为 R 的圆做圆周运动，如图 2.7 所示。它的 x 分量为 $R\cos\omega t$，y 分量为 $R\sin\omega t$，其中 ω 是常量。随着时间 t 的增大，角度 ωt 也在增大，而这个质点一圈圈地运动着。我们来讨论一下 ω。时间增大，角度也在增大，我们可以问问这个质点需要多长时间才能回到其出发点呢？假设出发点位于 x 轴上。随着 t 增大，ωt 也增大，经过时间 T，这个质点回到了出发点，T 要满足

$$\omega T=2\pi \tag{2.49}$$

因此，ω 与时间周期 T 间的关系为

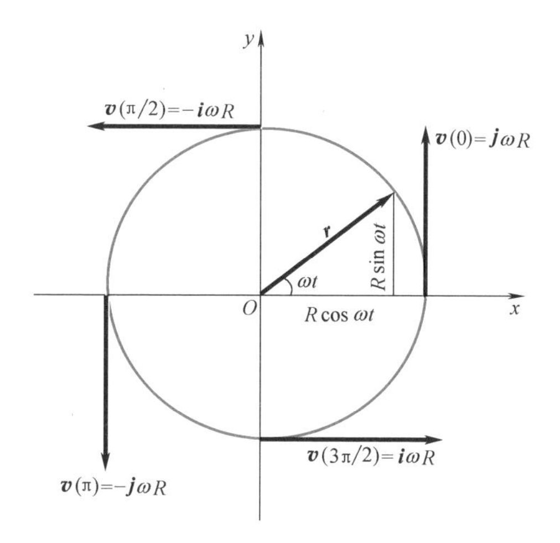

图 2.7　质点沿半径为 R 的圆做圆周运动，角速度为 ω。

$$\omega=\frac{2\pi}{T}=2\pi f \tag{2.50}$$

式中，$f=1/T$，是频率或者每秒运动的圈数，单位是 Hz（赫兹）。每一圈都转过了 2π，而且它每秒转 f 圈，所以有 $\omega=2\pi f$。ω 叫作**角频率**，单位是弧度每秒。

注意：一周对应于 2π，我用**弧度**（rad，可省略）作为角度的单位，而不是度。对于那些没有见过这个单位的人，要知道，它不过是另外一种计量角度的方法。现在，采用这种方法，计量一个完整圆周角，相应的角度等于 2π rad，而不像以前那样为 360°。因为 $2\pi\approx6.3$，所以，1 rad 约为 60°。随后你会明白采用弧度的好处。现在，要记住半个圆周角是 π rad，用以代替 180°；而 1/4 圆周角是 $\pi/2$ rad，等等。

这个质点运动得有多快呢？它沿圆周运动，角度以恒定的时间变化率 ω 增大，因此我们知道其速率是恒定的。我们计算一下速度，就可以核实这一点。

$$\boldsymbol{v}(t)=\frac{\mathrm{d}\boldsymbol{r}(t)}{\mathrm{d}t} \tag{2.51}$$

$$=R\left(\boldsymbol{i}\frac{\mathrm{d}\cos\omega t}{\mathrm{d}t}+\boldsymbol{j}\frac{\mathrm{d}\sin\omega t}{\mathrm{d}t}\right) \tag{2.52}$$

$$=R\omega(-\boldsymbol{i}\sin\omega t+\boldsymbol{j}\cos\omega t) \tag{2.53}$$

在 $t=0$ 时刻，速度为 $\boldsymbol{v}=R\omega\cos0\boldsymbol{j}$，因此它向上运动，速率为 $v=R\omega$。你可以自己核实一下，它随后在图中所示各时刻的速度。尽管速度的方向是变化的，但是速度的大小始终为 $R\omega$。从图 2.7 可以看到，速度的方向是沿圆周的切向。也可以这样来证明速率是恒定的，在任意时刻都是 v。

$$v^2=(\omega R)^2(\sin^2\omega t+\cos^2\omega t)=(\omega R)^2 \tag{2.54}$$

$$v=\omega R \tag{2.55}$$

记得：切向的速度 $v=\omega R$

我们求两次导来计算加速度和它的大小：

$$\boldsymbol{a}=-\omega^2R(\boldsymbol{i}\cos\omega t+\boldsymbol{j}\sin\omega t)=-\omega^2\boldsymbol{r} \tag{2.56}$$

$$a=\omega^2R \tag{2.57}$$

这是个重要的结论。它表明：**当一个质点以恒定速率 v、沿半径为 R 的圆做圆周运动时，其加速度指向圆心，被称为向心加速度，而大小为**

$$a=\omega^2R=\frac{(\omega R)^2}{R}=\frac{v^2}{R} \tag{2.58}$$

这个相应于恒定速率的加速度说明，速度是矢量，方向变化了，这个矢量就变化了。例如，汽车在赛道上行驶，速度表显示 60 mile/h，外行认为汽车没有加速。但是，从现在起，你要说它确确实实有大小为 v^2/R 的加速度，尽管没有人踩油门或是制动踏板。

假设这个质点并没有运动过整个圆周，仅通过了 1/4 圆周。当它在这四分之一圆周上运动时，加速度同样如此，方向依然指向圆心。换言之，实际上，不必运动了一周，才可以具有 v^2/R 的加速度。在任意时刻，只要你的运动轨道在某个部分近似地为圆周的一部分即可，并且，在公式 $a=v^2/R$ 中的加速度方向指向圆心，式中 R 是圆的半径，v 是瞬时切向速度。

2.7 抛体运动

来考虑这样的运动。一个质点在 $t=0$ 时刻的位置矢量和速度分别为 $\boldsymbol{r}_0$ 和 $\boldsymbol{v}_0$，加速度 $\boldsymbol{a}$ 为常矢量。它在任意时刻的位置如何？与一维的情况类似：

$$\boldsymbol{r}(t)=\boldsymbol{r}_0+\boldsymbol{v}_0t+\frac{1}{2}\boldsymbol{a}t^2 \tag{2.59}$$

一旦 $\boldsymbol{r}_0$ 和 $\boldsymbol{v}_0$ 已知，就可以知道质点在任意时刻的位置了。举个简单的例子。某辆汽车里的人决定开车冲出悬崖，如图 2.8（a）所示，我们想知道汽车何时在什么地点落地。

取原点坐标为（0，0），位于悬崖下。设悬崖的高度为 h，汽车在水平方向的初速率为 v_{0x}。式（2.59）其实是一对方程，一个是沿 x 方向的，另一个是沿 y 方向的；并且有 $\boldsymbol{a}=-\boldsymbol{j}g$、$\boldsymbol{v}_0=v_{0x}\boldsymbol{i}$ 以及 $\boldsymbol{r}_0=h\boldsymbol{j}$。分离各方向的分量，得

$$x(t)=0+v_{0x}t+0 \tag{2.60}$$

$$y(t)=h+0-\frac{1}{2}gt^2 \tag{2.61}$$

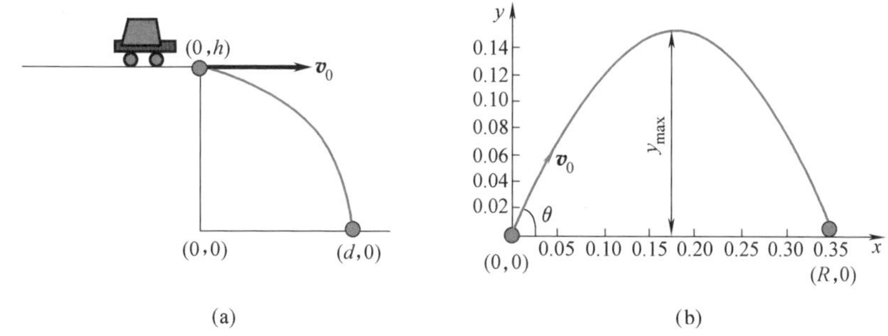

图 2.8　(a) 汽车在（0，h）点飞出，在（d，0）点落地。(b) 抛体被抛出的初速度为 $\boldsymbol{v}_0=(\boldsymbol{i}+\sqrt{3}\boldsymbol{j})$ m/s，射程为 $R=0.35$ m，到达的最大高度为 $y_{max}=0.15$ m。

注意这个推导结果，两个方向的坐标完全是彼此无关的。汽车撞击地面（$y=0$）的时刻 t^* 满足方程

$$0=h-\frac{1}{2}gt^{*2} \tag{2.62}$$

$$t^*=\sqrt{\frac{2h}{g}} \tag{2.63}$$

这恰好是它从悬崖顶上由静止翻下去掉到地面上所需要的时间。水平方向的速度一点儿也没有延迟它与地面的撞击（除非你考虑地球的曲率）。关于车的着地点，这个地点由 $(x(t^*),0)=(d,0)$ 给出，而

$$d=v_{0x}t^*=v_{0x}\sqrt{\frac{2h}{g}} \tag{2.64}$$

最后，抛体的运动由图 2.8（b）描绘出来。从（0，0）点以速度 $\boldsymbol{v}_0$ 按 θ 角将抛体射出。它将上升然后下降，同时也在水平方向有运动。它将落在何处？可以上升的最大高度是多少？落地时的速率有多大？要使它飞得最远的话，发射角应该取什么值呢？

这些答案都隐藏在方程，也就是式（2.59）中，用分量形式表示出这个方程

$$x(t)=0+v_{0x}t=v_0t\cos\theta \tag{2.65}$$

$$y(t)=0+v_{0y}t-\frac{1}{2}gt^2=v_0\sin\theta t-\frac{1}{2}gt^2 \tag{2.66}$$

你可以去解方程，但是，最好还是对要出现的事物有个认识。设想你有一门可以发射炮弹的大炮。它的炮口速率恒定，为 v_0，但是可以调整发射角度。你怎样瞄准才能使炮弹尽可能地打得远呢？有两种学派。一种是：瞄准敌人，水平发射。这样的话，炮弹会落到你的脚下，因为飞行时间为零（假设炮的高度为零）。另外一种是：使飞行时间最长，炮为竖直指向。这样的话，炮弹上升，在空中飞行很长时间后，落在你的头上击中你。正确的答案是，角度应该在 0°和 90°($=\pi/2$) 之间。直觉的猜测是 $45°=\pi/4$，可以证明这是对的。

我来演示一下怎样由这些方程证明这一点。用什么方法求射程呢？你看看炮弹在空中的飞行时间，再将之乘以水平方向的速度 $v_0\cos\theta$ 即可。还假设它触地所用的时间为 t^*。关于 y 方向的方程为

$$0=t^*\left(v_0\sin\theta-\frac{1}{2}gt^*\right) \tag{2.67}$$

它有两个解：

$$t^*=0 \quad 或 \quad \frac{2v_0\sin\theta}{g} \tag{2.68}$$

所以，炮弹有两次在地面上的机会。一次是在开始时。我们对这个平凡解不感兴趣。如果你感兴趣的时间为 $t^*\neq 0$，那么式（2.67）两侧除以 t^*，得

$$t^*=\frac{2v_0\sin\theta}{g} \tag{2.69}$$

射程为

$$R=v_{0x}t^*=v_0\cos\theta\cdot t^*=\frac{2v_0^2\sin\theta\cos\theta}{g}=\frac{v_0^2\sin 2\theta}{g} \tag{2.70}$$

推导中用到 $\sin 2\theta=2\sin\theta\cos\theta$。对于最大射程，我们要使 $\sin 2\theta$ 取最大值，这相应与 $2\theta=\pi/2$ 或者 $\theta=\pi/4=45°$。对于任一较小的射程，都对应着两个抛射角，因为 $\sin 2\theta=\sin(\pi-2\theta)$。

到达最大高度处的 y-坐标所用的时间为飞行时间的一半 $\frac{1}{2}t^*=(v_0\sin\theta)/g$

$$\begin{aligned}y_{\max}&=0+v_{0y}\left(\frac{1}{2}t^*\right)-\frac{1}{2}g\left(\frac{1}{2}t^*\right)^2\\&=(v_0\sin\theta)\frac{v_0\sin\theta}{g}-\frac{1}{2}g\left(\frac{v_0\sin\theta}{g}\right)^2=\frac{v_0^2\sin^2\theta}{2g}\end{aligned} \tag{2.71}$$

飞行时间的一半 $\frac{1}{2}t^*$ 也可以这样求解，令沿竖直方向的速度为零，有

$$0=v_0\sin\theta-g\frac{t^*}{2} \tag{2.72}$$

另外，它以何速度触地呢？当然，水平部分的速度为 $v_0\cos\theta$，因为水平方向没有加速度。沿竖直方向的初速度为 $v_0\sin\theta$，且以变化率 g 减小，

$$v_y=v_0\sin\theta-gt \tag{2.73}$$

在 t^* 时刻的值为

$$v(t^*)=v_0\sin\theta-g\frac{2v_0\sin\theta}{g}=-v_0\sin\theta \tag{2.74}$$

这是初始竖直速率的相反数。因此，末速度与初速度的大小相同，这是因为 $\boldsymbol{v}$ 的一个分量反向不会改变其大小。

这里有无尽的变化。你在地面上取一点（X，Y），想要抛体到达那里。你已知发射角，想求一求发射速率 v_0。怎么求解呢？设抛体到达（X，Y）所用的时间为 t^*。利用关于 x 分量的那个方程，令 $x(t^*)=X$，就可以求得 t^*；将所得的结果代入 y 分量的方程，$y(t^*)=Y$，便可解出 v_0。

有时，题目会被修改，结果感觉是人人都得被卷入其中。例如，现如今，下落的不是炮弹了，而是一只猴子或是一匹马，所以从事生命科学专业的人会说："嘿，我们应该学学物理学，因为它好像可以应用在我们的领域内。"所有那些舞动的生物都是很有趣的，颜色看上去很棒。但是，最终，你被告知，"将那匹马处理为质点。"如果把马当作了质点，还要那张彩色的图片有什么用呢？不过，我同意在很多情景中只有用到一匹马才行。教父要帮助强尼·方亭拿到合同[㊀]，他不能对军师这样说："喂，汤姆，把半个质点放到杰克的床上去。"这可是一种灾难性的近似。

顺便提一下，别忘了把图 2.8 中的汽车处理为质点。

㊀ 电影《教父》中的一个情节。——译者注

Yale

第3章 牛顿运动定律 I

3.1 牛顿运动定律概述

今天是你生命中一个重要的日子：你将学习牛顿定律，借助这个定律，你可以明白并且解释大量的现象。可以将如此之多的知识凝聚到三个定律之中，这实在太令人惊奇了。

也许，你的反应是这样的：我中学已经见过牛顿定律了，而且已经可以应用这些定律了。对于我来说，经历了生命中相当长的时间后，才意识到这些定律远远比初次见到它们时所想象的要深奥得多。将所有数字代入公式，并说："我知道牛顿定律了，我知道如何应用"是一回事儿，但是另外一回事儿是这样的。随着年龄的增长，你就有了更多的空暇时间来思考你所做的事情。我有幸这样做了，并且意识到这些定律的更多微妙之处。我想要分享所领悟到的一些内容。

第一定律，或是惯性定律的内容是，"如果一个物体不受到力的作用，它将保持自己的速度。"换句话说，在没有外力作用的条件下，静止的物体依旧静止，运动的物体则会保持自己的速度不变。没有外力时静止的物体依旧静止，这并不奇怪，司空见惯。我把板擦放在桌上。除非我对它做了什么，否则它将一直保持在原地不动。

伽利略和牛顿的伟大之处在于他们发现：物体以恒定的速度运动时，不需要力来维持，这在日常生活中是看不到的。任何东西似乎都会静止下来，除非你一直拉或是推它。但是，我们现在都知道了，物体停止运动的原因在于总是存在着摩擦力或是阻力。如果将冰球放在气垫上，推它一下，它似乎可以运动很长时间。伽利略和牛顿由此抽象出了这样一种理想情景，在其中完全去除了摩擦力，物体将无助地永远运动下去。假设到了外太空，你就能亲自验证一下了，如果你将一个物体抛出，并且不进行任何干预的话，那么这个物体会永远运动下去。保持恒定的速度是物体的天然属性。不是速度，而是速度的变化才需要力的作用。

惯性定律并非对所有物体都成立。举个生活中的例子。你登上飞机，经历常见的晚点之后，飞机开始在跑道上加速。就在这时，如果你将东西放在地板上的话，你知道它不再属于你。它会向后滑动，物理学家坐在最后一排，会得到所有东西。

在这个例子所说的参考系中，惯性定律不适用，物体不受外力却会加速运动。一旦飞机停止加速，惯性定律就开始生效。飞机降落减速时，所有东西向前滑，惯性定律就又不成立了。

如果牛顿的惯性定律对你成立，你就被称为惯性观察者，你所在的参考系叫作惯性参考系。起飞的飞机不是惯性参考系，但是巡航中的飞机却是。地球似乎是个相当好的惯性参考系，因为如果你将某个东西放在某处，它不过就是待在那里，除非那个东西是你的 iPod 并且那个地方是纽约中央车站。但这并不违背牛顿运动定律，而是违背了纽约城的法律。

尽管并非所有参考系都是惯性系，但是惯性系还是很多的。即使你只找到了一个惯性观察者，也就是说对于这一个人惯性定律是成立的，那么，我也会帮你找到无数其他人，对于他们惯性定律成立。这是些什么人呢？是相对于第一个惯性观察者做匀速运动的人。设想你在一辆火车中，以速度 $\boldsymbol{u}$ 经过我。我们二人观察某个不受力的物体。对于这个物体或其他物体的速度我们各说不一：相对于我静止的物体对你来说却以速度 $-\boldsymbol{u}$ 向后运动；所有静止于你那辆火车中的物体对于我来说都以速度 $\boldsymbol{u}$ 运动。长话短说，你和我对于任何物体相对于我们的速度各执一词，不能形成一致的结果。但是，我们对任意物体的加速度所做出的结论却是一致的，因为速度加上一个常量后不会改变加速度。将物体的速度与一个常量相加不会改变这样一个事实，即那些以匀速运动的物体仍然会保持恒定（但不同）的速度。因此，既不是每个观察者都是惯性观察者，也不是只存在一个唯一的惯性观察者。

或许你知道，地球并非精确的惯性系。地球具有加速度。你能够看出原因吗？是的，它有自转，并且绕太阳运转，这使得地球具有加速度。但是，它绕太阳以速率 v、半径 r 做轨道运动的加速度为 $a=\frac{v^2}{r}=0.006\ \mathrm{m\cdot s^{-2}}$，要是与 g 相比，这是个很小的数值。地球绕自身轴自转的加速度也如此，大致为 $0.03\ \mathrm{m\cdot s^{-2}}$，在赤道附近，近似为 $g/300$。

第一定律或许似乎是不必要的，因为我们从未见过任何物体永远地保持自身的速度不变，并且每当我们看到速度的变化，就会说有力作用于其上。但是，这可不是个大骗局。因为，你可以在远离所有物体的自由空间中做实验，在那里，事实上，物体将永远地保持自身的速度不变。即使在地球上，这也是个有用的概念，因为地球是近似惯性的。

3.2 牛顿第二定律

牛顿第二定律的表述为：设一个物体具有加速度 $\boldsymbol{a}$，那么，你施加在其上的使之具有此加速度的力为

$$\boldsymbol{F}=m\boldsymbol{a} \tag{3.1}$$

本章中，我们只涉及一维运动，所以可以将之写为

$$F = ma \tag{3.2}$$

式中，F 和 a 均沿着 x 轴。

简单地说说单位。我们以 $\mathrm{m\cdot s^{-2}}$ 度量加速度。以千克或 kg 度量质量。所以，力的单位是千克米每二次方秒。但是，我们厌烦了如此之长的表述，所以称之为牛顿，并以符号 N 表示。如果力学是你发明的，我们会以你的名字来命名力。但是，现在对你来说，这太晚了。

首次接触牛顿定律时，你遇到的典型问题也许是这样的。质量为 4 kg 的物体受到大小为 36 N 力的作用，其加速度为多大？你用 36 除以 4，给出答案为 $a = 9\ \mathrm{m\cdot s^{-2}}$。于是，你说："好的，我知道牛顿定律了。"

实际上，事情要复杂得多。设想一下，你穿越回到 17 世纪，牛顿刚刚建立了这些定律的时候。你对力有种直觉性的定义：如果推或者拉一个物体，我们就说物体受到了力。突然间，你知道了 $F = ma$ 这个定律。你会觉得明晰起来了吗？你能用这个定律解决问题吗？它能帮助你预测什么呢？甚至，你能否判断出它是正确的吗？这里有个运动的物体。牛顿定律适用于它吗？我们如何来进行验证呢？好，你想测测方程左侧的值，再测测方程右侧的值。若它们相等，你会说这个定律成立。在这个方程中，你能够测量的是什么量呢？

我们从加速度开始。你怎样测量加速度呢？需要什么仪器设备呢？如果你的答案是表和尺子（ruler），那么回答正确，除非你所说的 ruler 指的是伊丽莎白女王[一]。好，你有了尺子和劳力士[二]。告诉我，你测量加速度的具体方案是什么？似乎所有人都知道答案。首先，使那个物体运动一小段距离，用这段距离除以所用的时间。这下，你得到了速度。对于接下来的一小段距离，像刚才那样再测量出一个速度。用两次的速度之差除以时间之差，得到的就是加速度了。因为物体是在有限的时间内运动过了有限的距离，所以，你得到的是平均加速度。你需要使对这三个位置的测量在越来越短的时间内进行。最终，在所有的时间间隔趋于零时，你才能得到现在所说的加速度，也就是利用微积分定义的那个二阶导数，$\frac{\mathrm{d}^2x}{\mathrm{d}t^2} = a(t)$。

回到我们的那个实验，验证牛顿所说的是否正确。你观察一个运动的物体，测出了 a 为某个数值，比方说是 $10\ \mathrm{m\cdot s^{-2}}$。但是，你并不能对这个方程的正确性做出判定，因为你还要去找出 F 和 m 的值。一个物体的质量是多少呢？一个共同的想法是，找个标准质量，将它和待测物体都放到一个跷跷板上，调整其位置，使跷跷板平衡即可。但是，设想你在外太空里。那里是没有引力的。因此，即使你在一边放上土豆，另一边放上大象，这时跷跷板也是平衡的。你现在的这种做法是将质

[一] 在英文中，ruler 有两个含义：尺寸和统治者。——译者注

[二] 一种品牌的手表。

量的概念与地球对它的引力联系在了一起。你必须要退回到当时，必须清除掉现在所知道的一切。$F=ma$ 就是你所知道的全部，可是，方程中并没有说到地球。你知道如何测量 a，但是不知道如何测量另外两个量。于是，你身处困境。你不能说，因为 $F=ma$，所以由此得到 $m=F/a$；这是循环推理，因为截止到现在，你还根本没有告诉我如何测量 F。

我来给你一些提示。如何确定 1 m 有多长呢？你似乎知道它是主观性的。1 m 不是推导出来的。如果拿破仑或者是某个人宣称："我的高度就是 1 m。"那么这就产生了一个新的长度单位。实际上，在国家标准局曾经藏有一根放在玻璃罩里面的特殊合金棒，将它的长度定义为 1 m。尽管现在我们对 1 m 已经有了比这更精准的定义，但是，我们这里还是采用这个简单一点儿的定义。这样，我若问你："2 m 是多长以及 3 m 是多长呢？"我们就有办法处理这些问题。你用这个 1 m 接到它的复制品上，就是 2 m。利用分线规和圆规，你可以将这个 1 m 分为两等份；还可以将这个 1 m 分为任意等份。质量也如此，可以取一块某种材料，称之为 1 kg。这是个被约定好的事项，就像 1 s 是某个约定那样。

现在，我给你一个玻璃盒子，里面有一块被定义为 1 kg 的金属。接下来，我给你另外一个物体：一头大象。请确定一下，大象的质量是多少呢？给个提示：我还要给你一根弹簧。我们不能用跷跷板实验了，因为那需要借助引力。而弹簧不同，即使是在外太空，它也可以施加作用力。我们这样做。将弹簧的一端挂在墙上固定住，把弹簧的另外一端自平衡位置拉伸一定的量，并将那个 1 kg 的物体挂在其上。我们不知道弹簧对它施加的力有多大，但是这无所谓。释放弹簧，测定那 1 kg物体的初始加速度 a_1。然后，我们换上大象（它又是个质点），它的质量 m_E是未知的，将弹簧拉伸相同的量，这样，弹簧就会对它施加与刚才相同的力，再求出大象的加速度 a_E。对于这两种情况，只要假设这根弹簧伸长相同的量就会产生相同的力，我们就可以得到

$$1 \cdot a_1 = m_E a_E \tag{3.3}$$

$$m_E = 1 \cdot \frac{a_1}{a_E} \tag{3.4}$$

一旦有了大象的质量，就可以用下式测量其他任意物体的质量 m_0：

$$m_0 = m_E \cdot \frac{a_E}{a_0} \tag{3.5}$$

式中，a_E和 a_0 为在相同作用力下的加速度。

即使在这里，也有些值得思考的微妙之处。例如，换上大象后，第二次拉伸弹簧，我们怎么知道弹簧这次的作用力与第一次它对其上那个 1 kg 物体的是相同的呢？毕竟，弹簧是会疲劳的。正因为如此，一辆汽车才需要更换减震器。因此，我们首先要确定，对于一根弹簧来说，伸长量相同，作用力就相同。如何检验这一点呢？目前，我们还没有对力进行定义呢。但是，可以这样做。我们拉伸挂着 1 kg

物体的弹簧，释放它，记录下物体的加速度。之后，再次拉伸弹簧，并保证相同的伸长量，释放弹簧。这样操作 10 次。如果每次得到的加速度都相同，我们就确信这弹簧是可靠的，它在相同的条件下产生的作用力相同。第 11 次，我们拉伸弹簧，并换上大象。我们就有一定的把握说，大象和那 1 kg 的物体所受的作用力相同。

为什么这个讨论如此地重要呢？因为你必须知道你或者我在笔记本上或是黑板上用符号写出的这些量都是可以测量的，或者用法语说，*Les Mesurable*。你应该在每个时刻都明确你的理论或是计算中所用的量该怎样测量。否则的话，你只不过是在做数学或是玩符号游戏。你没有在研究物理。

这个讨论还表明，一个物体的质量与引力毫无关系，而与它受力之后有多么“不情愿”被加速相关。牛顿告诉你们力引起了加速度。但是，对于给定的力，不同物体的加速度是不同的。某些物体对力的抵抗要强于其他物体。我们说这些物体的质量更大。要精确地表明到底有多大，我们可以这样说：“对于给定的力，如果一个物体的加速度是那个 1 kg 物体的 1/10，则它的质量就是 10 kg。”

3.3 第二定律的两个部分

我们已经知道，质量是所有物体的属性。现在回到弹簧。我希望知道，若伸长量为 x，弹簧所施加的力 $F(x)$ 有多大，x 是相对于弹簧既不压缩也不伸长的那个点测量出来的，如图 3.1 所示。如果 x 是正值，则表明弹簧被拉长了；如果 x 是负值，则表明弹簧被压缩了。现在，对于任何给定的 x，由于可以测得力 $F(x)$ 对一个已知质量为 m 的物体所造成的加速度，故可以利用 $F=ma$ 测量出相应的 $F(x)$ 了。于是，可以改变弹簧的伸长量，测量出 $F(x)$，并且做出相应的曲线。当 x 很小时，它将是一条斜率为 $-k$ 的直线，即

$$F=-kx \tag{3.6}$$

式中，k 叫作弹簧的劲度系数。负号表明：如果向右拉弹簧，即 x 是正的，那么弹簧所施加的作用力是沿反方向的；如果你压缩弹簧，则 x 是负的，那么弹簧所施加的作用力将沿 x 增大的方向。对于所有弹簧来说，如果变形比较小，都会具有相似

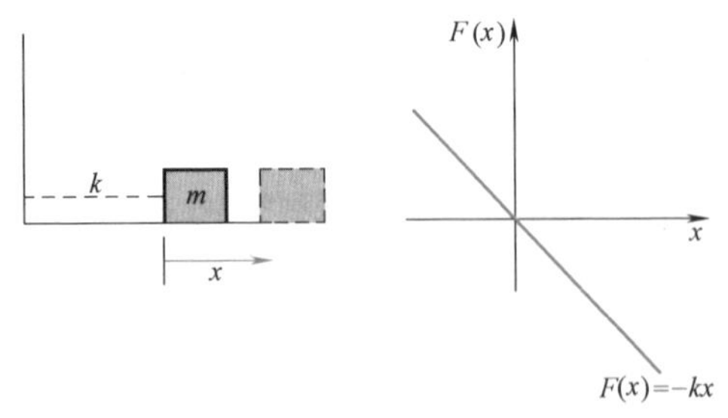

图 3.1 （左图）劲度系数为 k 的弹簧（虚线）一端系着质量为 m 的物体，另外一端与墙相连。物体的位移 x 是相对于弹簧的平衡位置测量的。（右图）力 $F(x)$ 随 x 变化的函数关系。

的图线。若超越了这个范围，这条线可能会弯曲或者弹簧甚至可能被拉断。无论如何，给定一根弹簧，若 $F(x)$ 随 x 线性变化，那么我们便有办法测量 k。

我希望你想想这两个方程 $F=ma$ 和 $F=-kx$。如果第一个是牛顿定律，那么另外一个是什么呢？$F=ma$ 和 $F=-kx$ 之间的区别是什么呢？我来说说常从学生们那里听到的回答："$F=ma$ 是普适的，无论作用在物体上的是什么力。而 $F=-kx$ 只适用于弹簧。"这基本正确，我来详细地说明一下。

牛顿动力学的应用包括两个部分。

第一部分：已知力，利用 $a=F/m$ 求物体的加速度 a。力 F 是起因，a 是效果，而 $a=F/m$ 是两者间的精确关系。

第二部分：是通过实验推测出在某个时刻作用在一个给定物体上的力。例如，如果一根系有物体的弹簧被拉伸了 x，我们必须通过实验找到弹簧施加于物体的力为 $F=-kx$。牛顿没有告诉我们这个。除了引力以外，他从未说出在某个给定的情景下，力是什么样的。对于引力，牛顿给出了万有引力定律，完成了方程 $F=ma$ 左侧的工作。如果有两个同号电荷彼此相斥，我们要用库仑定律。库仑定律告诉我们，两电荷间的作用力按 $1/r^2$ 的规律变化。对于核力，例如质子和中子间的作用力，随距离按指数衰减。牛顿确实没有告诉我们这些。但是，一旦我们通过实验得到了一种新的作用力，并假定经典力学是适用的，那么，就可以利用他的定律推导出这个力产生的加速度 a 了。

如果发现了新的力，例如电力，相应的 F 可以利用两种方法之一而测得。一种是令它与一个已知的力平衡。例如，要求得两个带电物体之间的斥力如何随距离变化，我们可以将它们粘在一根已知劲度系数为 k 的弹簧两端，测量一下系统在平衡时弹簧的伸长量。另外一种方法是使两电荷（质量都是已知的）相距一定距离，然后由静止释放它们，测量两者的起始加速度，然后计算 ma 即可。

所以，物理学家们既忙于由 F 求 a（例如，已知万有引力定律，计算卫星的运行轨道），又忙于由 a 求 F（例如，拉伸弹簧求 k，或是测量从树上落下的苹果所受的重力）。

现在，我们稍微跑一下题，说说重力。对于地面附近的物体来说，所受的重力为 $F=-mg$，$g=9.8\ \mathrm{m\cdot s^{-2}}$。你可以将物体从塔上释放，进行证明。看看在重力场中的加速度 a。我们发现，对于所有物体来说，加速度

$$a=\frac{-mg}{m}=-g \tag{3.7}$$

这是重力场的一个非常显著的性质，它与质量无关。我们想一想电力，例如质子和电子间的电力，它并不与两个物体的质量成正比，而是与两个物体的电量成正比。因此，当你为了得到加速度 a 而除以质量 m 后，不同物体所得的结果均与其质量成反比。但是，引力有个鲜明的特性，物体受到的地球引力本身就与这个物体的质量成正比。因此，求加速度 a 时，你所除以的还是这个质量 m，质量便被消掉了。

地球表面附近的所有物体都以相同的加速度下落。实际上，各处的引力场都具有这种性质，即使在外太空也如此。任何东西——金子、银子、钻石、粒子、大象——一切物体都以相同的方式被加速。这个显著的事实在很久以前就被人们所知晓，但是，只有爱因斯坦构想出为什么自然界会有这样的行为，为什么与一个物体相关的两个质量是相等的。一个是惯性质量，表明物体对于速度变化的抵抗程度，出现在 $F=ma$ 中。即使远离星体，远离任何物体，也可以测量出这个质量。另一个是引力质量，量度的是地球或者其他物体对于它的吸引有多大。没有理由表明为什么这两个属性必须是相等的。这仅仅是一种巧合还是它是某个大图景的一部分呢？结果表明，这是被称为广义相对论的大图景的一部分。爱因斯坦是这样描述引力的。设想有一条河，孩子们将各种各样的树叶或是纸船放入其中。不管他们放入了什么（在合理的范围内），物体的轨道都将沿着河水的流线。所有物体的路径都是注定的。引力对于时空就如此。它规定好了物体的轨道：你释放的任何物体都将沿着那条在时空中雕琢好的轨道运动。如果你抵抗这种“漂流”，就好比一个孩子抓住纸船不放，那么，你所感到的阻力就是这个物体的重力。流线的形状由什么来决定呢？根据爱因斯坦方程，由宇宙中的物质和能量所决定。

举个简单的例子，看个完整的牛顿问题。物体被系在弹簧的一端，将它拉开 x 后释放。它怎样运动呢？牛顿说，$F=ma$，此处有

$$m\frac{\mathrm{d}^2x}{\mathrm{d}t^2}=-kx \tag{3.8}$$

接下来，必须要知道 m 和 k，我已经讨论过如何测量它们。现在，我们利用数学完成这个题目，求一个函数 $x(t)$，它的二阶导数是 $-k/m$ 乘以这个函数 $x(t)$ 本身。随后，我们到数学系去问问，“这个方程的解是什么？”这是个数学问题，答案是——它会往复振动——在数学上可以得到证明。后面我们自己将做一些数学工作。但是现在，我不过是想指出，一旦我们以数学形式表示出了相应的规律，求解就成了数学问题。

再举一个例子。牛顿发现了作用于每个物体上的引力。图 3.2 中有个太阳，一个行星绕太阳做轨道运动。在这个时刻，行星以某个速度 $\boldsymbol{v}$ 运动。由于太阳引力的作用，行星具有加速度。牛顿说，引力指向太阳，与两个物体的质量之积成正比，随距离按 $1/r^2$ 方式衰减。他对方程 $\boldsymbol{F}=m\boldsymbol{a}$ 的左侧给予了完整的表述。这就是万有引力定律。再次，由于位矢的二阶导数与位矢相关，你要找数学家们问问：“由方

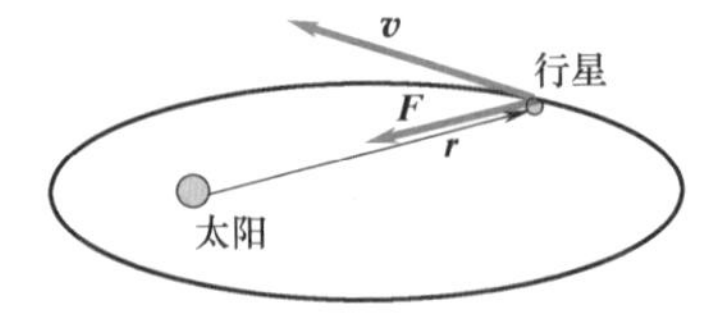

图 3.2　行星与太阳相距 $\boldsymbol{r}$。作用于行星上的力 $\boldsymbol{F}$ 的方向与 $\boldsymbol{r}$ 总相反，指向太阳，且按 $1/r^2$ 方式衰减。（为清晰起见，$\boldsymbol{r}$ 稍稍画偏了一些）

程解出来的轨道是什么?”他们会回答说:“是椭圆。”

当然，牛顿没有数学家可询问。他自己就是数学家。他不仅给出了引力定律的数学形式，还发明了微积分，并且构想出如何求解由他的 $F=ma$ 所产生的那些微分方程。还没有人可以做得像他那样。这里，我说的是科学家牛顿，作为普通人，牛顿也存在不少缺点。

3.4　牛顿第三定律

第三定律的表述，如果有1、2两个物体，那么2对1的作用力 $\boldsymbol{F}_{12}$ 等于1对2作用力的负值，即

$$\boldsymbol{F}_{12}=-\boldsymbol{F}_{21} \tag{3.9}$$

作用力与反作用力大小相等，方向相反。库仑定律以及万有引力定律都具有这样的特性。在这门课中，对于每个力都成立。

我们看看它的应用。你必须熟练地写出作用于物体上的力。所有的问题都会经历这一步。**不要丢掉力，也不要自己去编造力**。这两种情况我都看到过。除了引力之外，所有的力都源于与这个物体的接触:绳子拉着它，一根杆推着它，你推着它，你拉着它，一个物块推另外一个物块，等等。受引力作用的物体并不需要与这个力的作用源相接触。(类似地，还可以有后面的电磁力，但不出现在本书中。)就是这样。再说一次:除了引力之外，在此书中，我们讨论的所有力都是接触力。

我们从力学中最简单的题目开始。再逐渐增大难度。开始第1个例子。有个物体质量为5 kg，我以10 N的力作用于其上，它的加速度为多大?每个人都知道答案是 $a=10/5=2\ \mathrm{m\cdot s^{-2}}$。你可能以前做过了，但是，我希望你明白我们是怎样知道这个力是10 N的，以及我们怎样知道这个物体的质量是5 kg的。在这里，用到的数学知识是很简单的。

接下来，将质量为3 kg的物块与质量为2 kg的物块靠在一起，我以10 N的力推前者，如图3.3所示。我想知道情况会怎样。一种方法是根据常识判断两个物块会一起运动。你直觉地感到，如果它们一起运动，那么，他们的行为与一个5 kg物体的相似，加速度为 $2\ \mathrm{m\cdot s^{-2}}$。那引力呢?支撑它们的桌子对它们的力呢?设想这是发生在外太空的，没有引力，也不需要桌子。

做这道题目还有另一个办法，画出**受力分析图**。只要你给出了作用在物体上的所有力，便可随意选择一个物体，对它应用 $F=ma$。我们先考虑质量为3 kg的物体。我的10 N的力自然是作用于其上的。还有其他作用力吗?那个2 kg物体的力，大小为 f，方向向左。不要将3 kg物体对2 kg物体的作用力包括在其中。接下来，考虑那个2 kg的物体，有个相同大小的力 f，根据牛顿第三定律，方向向右。有些人在这里会犯错误，将10 N的力加到它上面去。他们觉得这个2 kg的物体必会感受到这个力，因为是它引起的加速度。这是错误的。这就是那个例子，有人添加了

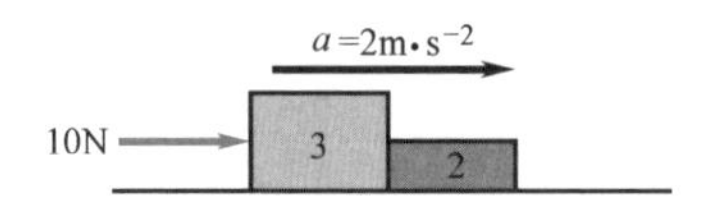

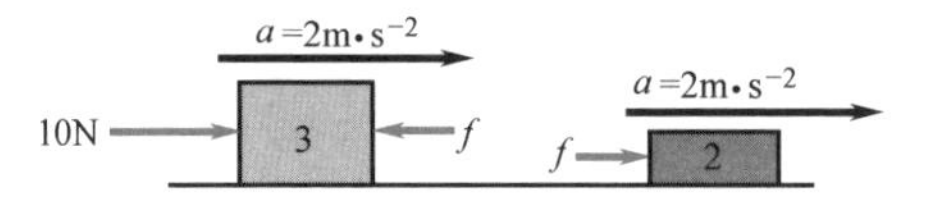

图 3.3　上图：10 N 的力作用于两个物块上，将两物体视为一个整体。下图：两个物块的受力分析图，对于每个物块标明了作用于其上的所有力。注意需要用到第三定律。

一个不该有的力。作用在这个小东西上的只有一个力，就是那个小 f。

对于这两个物体，应用 $F=ma$，

$$10-f=3a \tag{3.10}$$

$$f=2a \tag{3.11}$$

两个方程相加得

$$10=5a \tag{3.12}$$

解得

$$a=2\ \mathrm{m\cdot s^{-2}} \tag{3.13}$$

注意，我认为两个物体的加速度是相同的。我知道，如果第二个物体的加速度大于第一个物体，那么这个图景就完全错了；这样，第一个物体就不可能对第二个物体有作用力了。如果它的加速度小于第一个物体的，那么第一个物体就会穿过第二个物体。这也没有发生，所以它们的加速度相同。只有一个未知数 a。得到 $a=2\ \mathrm{m\cdot s^{-2}}$后，将之代入式（3.11），得 $f=4$ N。现在全部事情都清楚了：4 N 的力作用于 2 kg 的物体，使得它具有了 $2\ \mathrm{m\cdot s^{-2}}$的加速度；与此同时，(10-4) N=6 N 牛顿的力作用于 3 kg 的物体上，使之同样具有了 $2\ \mathrm{m\cdot s^{-2}}$的加速度。

还可以变出另一道题，如图 3.4 所示。一个 3 kg 物体和一个 2 kg 物体之间系有一根绳子，我以 10 N 的力拉动那个 2 kg 的物体。再次，常识告诉我们，我在拉动一个有效质量为 5 kg 的东西，问及加速度，答案为 $2\ \mathrm{m\cdot s^{-2}}$。运用图 3.3 下半部分的受力分析图，我们对此从理论上进行核实。现在，实际上有三个物体，两个物块和连接它们的绳子。在所有例题中，我都假设绳子没有质量。我们知道，不存在没有质量的绳子，这种说法要表达的意思是，相比于两个物块，绳子的质量可以忽略不计。我们取理想化的极限，绳子的质量为零。3 kg 物体被绳子向右拉，设这个力为 T，它代表拉力。根据第三定律，3 kg 物体以力 T 向后拉绳子。绳子另外一端是什么力？有多大呢？如果你回答说是 T，这就对了，但是，不是因为如果不这样，绳子就会断掉。是另有原因的。如果作用在绳两端的力不能抵消，那么，合力就不为零。要求绳子的加速度的话，需要用力除以什么值呢？零，对吗？所以，没有质量的物体所受的合力为零，否则加速度就成为无限大了。没有质量的物体两端的力总是大小相等，方向相反的。对于绳子，这个力叫作绳中张力。正是由于这个 T 与那个 $-T$ 相消，绳中张力才不为零。就此打个比方，用我最喜爱的动物——大象们——在你两侧用大小相等方向相反的力来拉你。当你被它们撕碎时，并不能因这两个力相加为零而得到任何安慰。

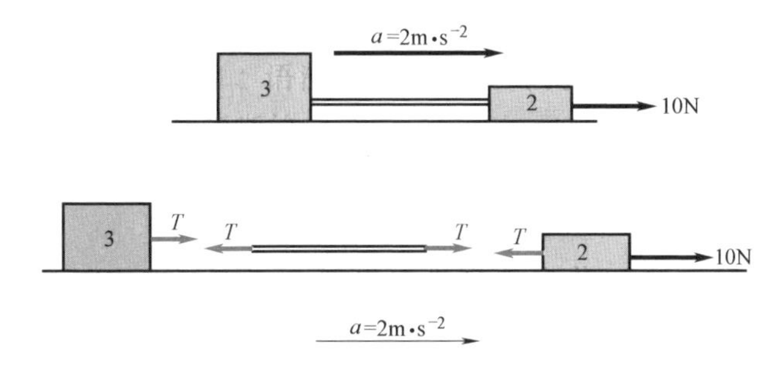

图 3.4 （上图）以 10 N 的力拉由一根轻绳子连接在一起的两个物块，将所有物体处理为一个整体。（下图）两物块和绳子的受力图。绳子受到大小均为 T、方向相反的作用力，叫作张力。

现在，可以用 $F=ma$ 对这三个物体列方程了，从左边开始有

$$T=3a \tag{3.14}$$

$$T-T=0a \tag{3.15}$$

$$10-T=2a \tag{3.16}$$

将三个方程相加，得到 $10=5a$。计算得 $a=2\ \mathrm{m\cdot s^{-2}}$，以及 $T=6\ \mathrm{N}$。所以，绳中的张力为 6 N。有件事情很重要，你去买绳子的时候，说明书上会告诉你绳子断裂前所能承受的张力有多大；如果你想要将 3 kg 的物体加速到 $2\ \mathrm{m\cdot s^{-2}}$，那么最好选一条能承受 6 N 张力的绳子。

如果只看这根绳子，你会发现式（3.15）中的加速度是不确定的。这是正确的，正是由于质量不为零，各个物体的 a 才是确定的，而绳子得到的这个加速度 a 是白送的。

3.5　重量与失重

现在我们看看你在电梯里会发生什么。图 3.5 中，电梯地板上有一个秤，一个火柴人站在秤上，那个火柴人就是你。电梯的加速度为 a，是正的（向上）。秤的读数如何呢？我们在图的右侧画出了你和那根轻弹簧的受力图。你以力 W 向下压弹簧，并且地面对弹簧的向上支撑力也为这个值，因为弹簧的质量为零。弹簧的压缩量为 x，所以 $W=kx$，x 可以通过指针或是数字读数显示出来。

（我们应该注意到一件微妙的事情，或许你还没有意识到。每根［没有质量］的弹簧在其两端均被大小相等，方向相反的力$\pm F$拉伸和压缩。因为，否则的话，它的加速度$a=F/0=\infty$。那么，$F=-kx$中的F是这两个力中的哪一个呢？回忆一下原来提过的那个物体与弹簧组成的系统。弹簧的一端被固定在墙上。当我们将另外一端拉伸了$+x$，所用的力为$F=+kx$，方向向右。墙在另外一端施加给弹簧的力为$F=-kx$。与我们给予的力$+kx$相应的是，弹簧对我们或是对那个物块施加的力为$F=-kx$，这就是我们对物体利用$F=ma$列方程时所用的F。）

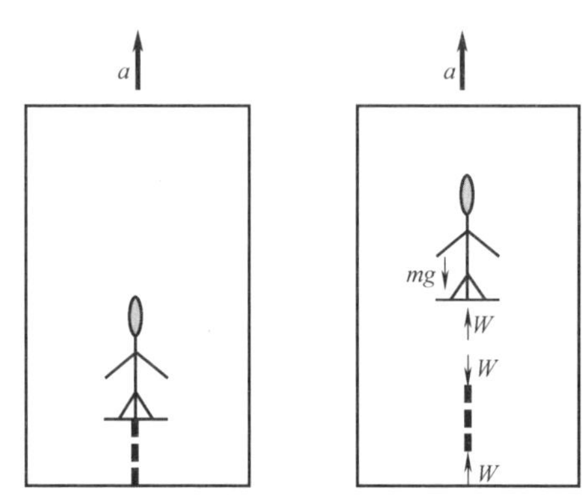

图 3.5 （左图）电梯的加速度为a。你站在秤上。虚线表示的是秤的弹簧。（右图）你和弹簧的受力图。弹簧在两端均被大小为W的力压缩。

对于电梯里的你，方程为

$$W-mg=ma \tag{3.17}$$

或

$$W=m(g+a) \tag{3.18}$$

如果电梯静止不动，$a=0$，我们可以看到，$W=mg$，这就是我们的重量。若电梯向上加速度，$W=m(g+a)$，则指针指示出的数值大于我们的重量。你将觉得变重了。弹簧不仅要支撑住你不从地板上下落，而且还要使你克服重力而加速。因此，我们具有的加速度为（$g+a$）。假设你具有了一定的速率，正在以恒定的速率向上运动。那么，$a=0$，再次有$W=mg$。当你接近建筑物的顶部，电梯会减速，使得向上的速度减小，最终静止下来。因此，a现在为负值。如果a是负值，那么，$g+a<g$，在这种情况下，我们这样写$a=-|a|$，因此，

$$W=m(g-|a|) \tag{3.19}$$

这清晰地表明$W<mg$。你将觉得自己的重量减轻了。

在你加速下降时，起始加速度是负的，因为你朝向地面运动，且速率在增加。你将觉得自己变轻了。可以看出，如果$|a|=g$，即你的加速度等于你在引力作用下自由落体时的加速度，那么你感觉失重了。电梯缆绳断裂时，就可能出现这种情况。你的视重为地板为阻止你下落所提供的那种抵抗力；而现在地板也在以与你相

同的加速度下落，所以你感觉不到自己的重量。要是你认为自己感觉不到重量时就摆脱了引力，那可就错了。我们都知道，在下落的电梯中，你一定没有摆脱引力的作用。几秒钟后，你就会感受到它了。漂浮在空间站里面的人也如此。他们也没有逃脱引力的作用，不过是不必与之抗衡罢了，他们全在以变化率 $v^2/r=g^*$ 朝向地球加速，式中的 g^* 是在引力作用下以半径 r 做轨道运动时的（折合）加速度。如果真的摆脱了引力，他们的飞船将会向宇宙深处飞去。

第4章 牛顿运动定律 II

Yale

4.1 一道解过的例题

物理学的目标是能够根据当前已知的事情，去预测出未来。我来举一个非常简单的例子，看看牛顿定律是如何实现这个目标的。我在此处的处理比较简单，因为今后会再回到这个问题，进行更详细的论述。

如图 4.1 所示，在光滑的桌面上有一个质量为 m 的物体，它与劲度系数为 k 的弹簧相连。弹簧的另一端固定于静止的墙上。虚线所表示的是这个物体正位于距平衡位置 x 远处。我要把这个物体拖动一段距离 A，然后释放它。目前我们所知道的就是这些。这个家伙会怎样运动呢？这是个典型的物理问题。它可以变得越来越复杂。可以把这个物体换成一颗行星，可以把这根弹簧换为吸引着行星的太阳，还可以引入许多颗行星，你可以将这个问题变得越来越困难。但是，它们都归结为与此相似的练习：我现在已经获得了一些信息，希望能够说出随后会发生什么。

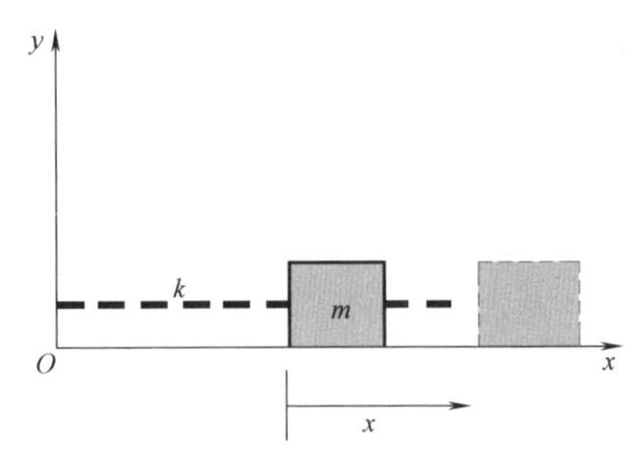

图 4.1　质量为 m 的物体与劲度系数为 k 的弹簧相连，弹簧即没有伸长也没有被压缩。虚线表示这个物体位于偏离平衡位置 x 远处。

将 $F=ma$ 和 $F=-kx$ 结合在一起，我们得到了那个揭示这个物体命运的方程：

$$\frac{\mathrm{d}^2x}{\mathrm{d}t^2}=-\frac{k}{m}x(t) \tag{4.1}$$

这是一个微分方程，你要求出的是这样一个函数 $x(t)$，它的二阶导数等于它本身与 $-k/m$ 的乘积。微分方程利用导数告诉了你一些关于这个未知函数 $x(t)$ 的事情，你需要根据已知的这些信息求解出这个函数。先别急着去找数学家，我们自己来猜一猜这个方程的解，对于解微分方程，这完全是合理的方法。

我们是这样猜测出答案的。为了使我们的日子好过一些，先取 $k=1$，$m=1$。之后，我们再将 k 和 m 放回到方程中去。我们要找的是这样的函数，他的二阶导数等于自己的负值。好，作为一道文字题，听上去挺熟悉的，对吧？你知道这样的函数吗？指数函数挺好。三角函数也挺好，不过指的是 sin 函数和 cos 函数。我要排除指数函数，其实这是个很好的猜测。取 $x(t)=\mathrm{e}^t$，可得

$$\frac{\mathrm{d}^2x}{\mathrm{d}t^2}=\mathrm{e}^t\neq -x(t) \tag{4.2}$$

考虑 $x(t)=\mathrm{e}^{-t}$也不行，因为求了二次导数后，负号被平方，结果还是$+x(t)$。如果用 $\mathrm{e}^{\pm\mathrm{i}t}$，其中 $i=\sqrt{-1}$，就可以了，但是，现在，我们还不想涉及复数。

我们不过是想找到一个求了两次导后可以再现自己的函数。因此，我这样猜：

$$x(t)=\cos t \tag{4.3}$$

核对一下，它能行：

$$\frac{\mathrm{d}^2x}{\mathrm{d}t^2}=\frac{\mathrm{d}^2\cos t}{\mathrm{d}t^2}=-\cos t=-x(t) \tag{4.4}$$

对于这个十分基本的问题，你跟上我求解的思路了吗？是通过猜测来求解。但是，这个解并非是什么都好。如果令 $t=0$，那么，$x=1$。为什么我开始时必须得恰好将它拉开 1 m 呢？我可以把它拉开 2 m、3 m 或是 9 m。我必须要能够自己控制在 $t=0$ 时刻将它拉开多远。假设，我把它拉开 5 m，然后释放它。我要的是 $x(0)=5$ m。可以这样来解决问题，取

$$x(t)=5\cos t \tag{4.5}$$

有这个 5 是否会把事情搞糟呢？不会，因为它不过是个系数，

$$\frac{\mathrm{d}^2x}{\mathrm{d}t^2}=\frac{\mathrm{d}^2[5\cos t]}{\mathrm{d}t^2}=-5\cos t=-x(t) \tag{4.6}$$

好，我已经得到了一个答案，满足我想要的一切。在初始时刻，它等于 5 乘以 cos0，也就是 5；这是我说过的初始位移。我求得$\frac{\mathrm{d}x}{\mathrm{d}t}=-5\sin t$，在 $t=0$ 时刻，其值为零。这也是正确的。我拉开这个物体，释放它。所以，在我释放物体的时刻，它没有速度。它满足牛顿定律，这就是想要的解。我想把这个例子完整地做出来，因为它是个范例，所有其他问题都可以按照这个模式来做。

对于这个解还有最后两点。

第一，有些学生会选择 $x(t)=\sin t$。这倒是没有什么错误，不过对于这个例子来讲，是不需要的。式（4.5）不是这类问题最终的普适性解，它当然是针对我的这个题目的解，题目中物体被拉开了 5 m 然后被释放。

第二，若 k 和 m 都不是 1，则回到了一般情况，

$$\frac{\mathrm{d}^2x}{\mathrm{d}t^2}=-\frac{k}{m}x(t) \tag{4.7}$$

方程的解为

$$x(t)=A\cos\sqrt{\frac{k}{m}}t \tag{4.8}$$

式中，A 为一个任意常数，叫作振幅，在我们的例子中为 5 m。后面我们会深入地讨论这个振子。现如今，我们只是感受一下在现实生活中如何在数学家的帮助下应用 $F=ma$。

4.2 故事绝未就此结束

这是不是弹簧振子的全部故事呢，丢掉了什么东西吗？这个物体会不会，就像我们刚求解过的式（4.1）所预测的那样，永远地振动下去呢？不会的。它最终是会静止下来的。如果你不知道摩擦力，求解 $x(t)$ 过程中仅仅考虑弹力，就会发现这行不通。好，现在你站在一个岔路口。你可以说：要么牛顿定律不对，要么忘掉了某些力。对于后面的情况，你坚持牛顿定律是成立的，四处看看，最终判定存在着摩擦力，将之考虑进来。我们随后将在这一章中看到该怎样去做。

其实，即使没有摩擦，式（4.1）也可能是不正确的，不符合爱因斯坦的相对论动力学。我的意思是这样的。如果确实是在光滑的桌面上将弹簧拉开 5 m，然后再释放它，其运动规律不是精确的 $5\cos t$，会有非常、非常、非常小的偏差，小到在大多数实验室中都难以被察觉到。如果这个物体开始以接近光速的速度运动，这个式子给出的规律就不正确了。在这个意义上说，牛顿也可能错了，听到这里，有人会说，“你从事的是什么工作啊？每隔一段时间，就会有个权威被证明是错误的。”我现在来告诉你。我们所知道的一切在某种程度上都是不对的。牛顿没有去设法描述过以接近光速运动的物体。他涉及的是在他那个年代可能被涉及的问题。所以，他的定律的适用范围是有限的。一旦碰到已知的定律失效的情形，就总是可以将研究的前沿向前推进。尽管对于高速运动，狭义相对论比牛顿定律更好，但是对于微小的原子尺寸的物体，它同样也失效了。这种情况下，你需要量子力学，它是由海森堡、狄拉克和薛定谔发现的，当然在某些实验范围内，他们的理论也存在问题。有些时候，我们放弃这个体系是正确的，但是，别太急于这样做。对于现在的案例，我们的问题不在于这个体系，而在于没有将摩擦力包括进来。在量子级别上的失效并非是因为丢掉了一些力，而是由于力和轨道 $x(t)$ 这些概念在那个尺度上是无效的。

4.3 二维空间（$d=2$）中的运动

我们将进入更高维空间，这里位矢、速度、加速度和力都是矢量。同样，我们从 $d=2$ 的二维空间中最简单的例子说起，接下来问题将会越来越复杂。力学问题的复杂程度是没有极限的。如果你们回去看看剑桥大学在 1700 年或是 1800 年的考题，能发现一些确实是非常难的题。最终，量子力学出现了，日子变得好过多了。

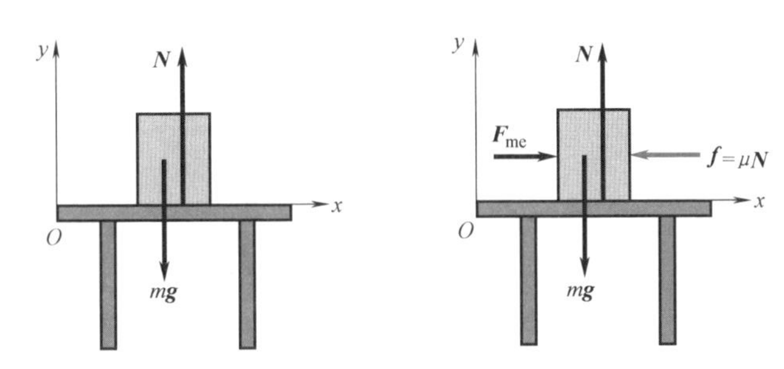

图 4.2　物体位于桌面上。左图中无摩擦力，右图中出现了摩擦力。如果物体静止，摩擦系数 $\mu=\mu_s$，如果物体滑动，摩擦系数 $\mu=\mu_k$。

设物体位于桌面上，如图 4.2 中的左图。现在是二维空间，所以我们需要有 x、y 两个坐标轴。回忆一下，

$$\boldsymbol{F}=m\boldsymbol{a} \tag{4.9}$$

是矢量方程。如果两个矢量相等，那么它们的 x 和 y 分量必须分别相等：

$$F_x=ma_x \tag{4.10}$$

$$F_y=ma_y \tag{4.11}$$

我将上面的方程应用于这个物块。沿 x 方向没有力的作用，而物体沿这个方向没有运动。因此，这是个 0=0 的情况。再来看看 y 方向。在受力分析图中，重力 mg 沿 y 轴，方向向下，我将之用矢量表示为 $m\boldsymbol{g}$，其中 $\boldsymbol{g}=-9.8\ \mathrm{m\cdot s^{-2}}$。如果这就是全部的力，那么物块将穿过桌子下落。而物块并没有下落，我们知道桌子一定施加了一个反向的力，记为 $\boldsymbol{N}$，N 代表法向。法向是数学语言，表示垂直。显然，对于我们的 y 轴，$\boldsymbol{N}$ 为正值，而 $m\boldsymbol{g}$ 为负值。因此，有

$$N-mg=ma_y \tag{4.12}$$

在这个例子中，我们应用牛顿方程时，右侧是已知的。它等于 0，因为我们知道这个物块既没有陷入桌子，也没有从桌子上飞起来。它静止在桌面上，沿 y 方向没有速度，也没有加速度。结论为

$$N=mg \tag{4.13}$$

4.4　静摩擦力与动摩擦力

现在，我要引入另外一个力，摩擦力 $\boldsymbol{f}$。我们怎样推知摩擦力的存在呢？设物体位于桌面上，如图 4.2 中右图所示。什么实验可以使你知晓存在着另外一个叫作摩擦力的力呢？你会发现，要使这个物块保持恒定的速度运动，就得对它施加力的作用。这表明你的力被其他的力平衡掉了，因为物体的加速度为零。还有另外一个好的答案。你推一下物块，不久它就停下来了。一定有一个力使这个物体减速运动了。但是，你会发现，甚至在这之前，也就是在它开始运动前，即使推这个物块，

它也不动。比方说，我推讲台。如果轻推，它不动；使劲儿推，它才开始运动。运动开始之前，是怎么回事呢？我给了个力，它却没有什么动静。所以我知道，存在着另外一个力，它恰与我的力平衡了，这个力就是静摩擦力。将我施加的力记为$\boldsymbol{F}_{\mathrm{me}}$。我向右施力，则那个力的方向向左，大小与我的相同。注意：这不是个恒力，它的取值得保持物体不发生运动。这个力不能比我的力小，否则物体会运动；也不能比我的力大，否则它会开始运动迫使我后退。因此，静摩擦力的大小在0到某个值之间。结果是静摩擦力的最大值为

$$f_{\mathrm{s}}=\mu_{\mathrm{s}}N \tag{4.14}$$

式中，μ_{s}是一个数，叫作静摩擦系数，而N是法向力[㊀]。在这个例子中，$N=mg$。所以，这个摩擦力似乎是与位于在桌面上的物体有多重相关，但是与接触面积无关。例如，使这个物块的另外一个面积较大的面与桌面接触，这个摩擦力不会增大。你可能会觉得接触面积加大了，所以摩擦力也会随之增大。然而，并非如此，在我们这门基础课程中，就不对此进行解释了。事实上，摩擦力源于微小的原子尺度的作用。

如果静摩擦力与我施加的力大小相等，且最大值为$\mu_{\mathrm{s}}N$，那么当我的力大于这个最大值会怎样呢？我推动的物体将开始移动。一旦物体开始移动，那么摩擦力的方向总与速度方向相反，变为

$$f_{\mathrm{k}}=\mu_{\mathrm{k}}N \tag{4.15}$$

式中，μ_{k}为动摩擦系数。在所有的情况下都有：$\mu_{\mathrm{k}}<\mu_{\mathrm{s}}$。假设对于这个桌面和物块，$\mu_{\mathrm{s}}=0.25$，$\mu_{\mathrm{k}}=0.2$。如果我的力为重力的0.1倍，物块不会运动；为重力的0.2倍，物块也不会运动；为重力的1/4，那么扯平了；若为重力的0.26倍，物块开始运动。一旦开始运动，摩擦力就减小为物块重力的0.2倍，如果它刚刚开始运动时，我的力保持不变，这个物体将加速运动。

4.5 斜面

现在，我们将看这样一个题目，相比于其他的题，它使更多的人跟不上物理了。它叫作斜面。有很多人在肯尼迪遇刺的那天不记得自己在哪里，他们说，“我记得我在那天见到了斜面，就是在那天，我决定弃物理而去。”对于我们的领域来说，这可是个很不好的宣传。你们听到了相对论和量子力学，于是来学习这门课程，而我们用这个问题使你受挫。那我为什么还要这样做呢？因为这是入门的门票。你无法学懂这个问题，但却能学懂更高层次的内容，我认为这是不可能的。我们继续向前学，去藐视斜面，不过这得在你证明自己已经掌握了它才能做到。

这就是那个声名狼藉的问题。质量为m的物体位于斜面上，斜面的倾角为θ，

㊀ 是指方向与接触面垂直的力。中文教材中通常称这样的力为支持力或是正压力。——译者注

如图4.3左图所示。我们知道它会沿斜面向下滑动，可是我们想要更精确一些。牛顿定律的全部目的就在于将我们直观感受的事情定量化。关于斜面问题，新东西在于我们第一次不像原来那样选择 x、y 坐标轴，而是使坐标轴沿斜面方向和垂直于斜面方向。物体都受到什么力的作用呢？我以前说过，先处理接触力。与这个物体相接触的只有斜面。一般说来，斜面可以沿斜面方向和垂直于斜面方向施力。我假设没有摩擦力，这样，斜面只能施加沿法向的力 $\boldsymbol{N}$，沿斜面方向的力就没有了。就剩下另外一个力了，也就是重力，我们必须记住这个力的存在。即使没有与物体接触，地球也能从下面将这个物块向下拉。一共有两个力，这个物块将在这两个力的作用下运动。

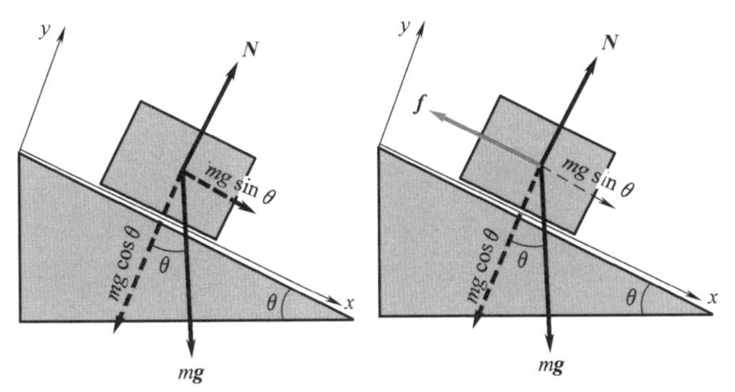

图4.3　质量为 m 的物体位于斜面上，左图中无摩擦力，右图中有摩擦力。

我从竖直向下的 $m\boldsymbol{g}$ 这个力入手，将它沿 x、y 坐标轴分解。这叫作力的分解。有个关键的事情要知道，斜面法线与竖直线的夹角等于平面的倾角 θ。如果我画一条水平线的垂线，再画一条这个斜面的垂线，那么这两条垂线间的夹角与初始那两条线之间的夹角相等，你必须认同这个结论。因为做“垂线”意味着“旋转 $\pi/2$”。将两条线都旋转 $\pi/2$，旋转所得的两条线间的夹角与原来那两条线间的相同。竖直线与水平线垂直，法线与斜面垂直。明白了这一点，其他就容易了。

这样，我列出的方程为

$$mg\sin\theta = ma_x \tag{4.16}$$

$$N - mg\cos\theta = ma_y \tag{4.17}$$

现在，我知道这个物块沿斜面下滑。它没有陷入这个斜面，也没有从这个斜面上飞起来。这是我们取 y 坐标轴垂直于斜面的道理所在。物块的 y 坐标不会变化。如果像原来那样取 x、y 轴，那么物块的 x、y 坐标都会发生变化。因此，在式（4.17）中，$a_y=0$，由此推出

$$N = mg\cos\theta \tag{4.18}$$

然后，你看式（4.16）。消去 m，可以得到答案

$$a_x = g\sin\theta \tag{4.19}$$

这是一个重要的结论，物体沿斜面下滑的加速度为 $g\sin\theta$。这提供了测量 g 的好方

法。因为如果沿竖直方向释放一个物体，它运动得太快，不好计时。但是如果使物体沿斜面下滑，再使 θ 非常小，你就可以把物块的加速度减小了一个因子 $\sin\theta$。

这里，我还要说另外一件事。如果不到最后那一步，专业人士是不会代入数字计算的。如果你已知斜面的倾角为 37°，且 $g=9.8\ \mathrm{m\cdot s^{-2}}$，不要从第一个方程开始就将数字代入方程。我知道对于有些人来说，使用起符号来不太顺手。采用符号运算，直到最后一步才代入数字运算，这样做的原因有很多。首先，如果你已经将数字代入了，我突然说，“嘿，斜面的倾角搞错了，其实应该是 39°，不是 37°”，你就不得不把整个计算再重做一遍。如果你先用符号推导出关于的 a_x 公式，然后问我：“θ 角是多大？”把这个值代入公式计算即可。与此类似，如果有人做出了更好的测量使我修改了 g 值，那么你只要将 a_x 最终表达式中的 g 值变一下就可以了。你还可以看出答案中是否有错误。假设你的答案为 $a_x=g^2\sin\theta$。你就会知道这不对，因为等式两侧单位是不匹配的。你或许也可能搞错了三角函数，也许其实答案为 $a_x=g\cos\theta$? 你可以做一些检验。例如，若斜面的倾角逐渐减小，那么加速度也会越来越小，若 $\theta\to0$，那么 a_x 也一定如此，这意味着它得与 $\sin\theta$ 成正比。或者，令斜面变为几乎是竖直的，物块会在重力作用下自由下落，加速度为 $a_x=g$。而 $a_x=g\cos\theta$ 这个答案在 $\theta=\pi/2$ 时给不出这个结果。最后，$a_x=g\sin\theta$ 与质量 m 无关。这是这个答案非常有趣的性质，如果你总用数字就不会注意到这个性质。因此，我们赞同使用符号进行推导，一直到最后为止。

现在我们引入摩擦力，这会使日子难过一些，如图 4.3 右图所示。设物块静止，想象这个斜面上装有一些铰链，这样我就可以将斜面的倾角从 0 到 $\pi/2$ 变化。我想知道物块何时开始下滑。我直接切入正题，列出方程：

$$N-mg\cos\theta=ma_y \tag{4.20}$$

$$mg\sin\theta-f=ma_x \tag{4.21}$$

第一个方程和以前的一样，因为 $a_y=0$，所以

$$N=mg\cos\theta \tag{4.22}$$

在第二个方程中，没有用 $f=\mu_s N$，因为摩擦力并不是永远为 $\mu_s N$，其取值要保证物块静止，最大值为 $\mu_s N$。换句话说，若 θ 非常小，摩擦力实际上是个更小的量 $f=mg\sin\theta$。令 $a_x=0$，就可以得到这个结果。

我们把角度调至 θ^*，超过了它，物块就不能保持静止。摩擦力在这个角度为最大值，并且我们可以确定：

$$mg\sin\theta^*=\mu_s N=\mu_s mg\cos\theta^* \tag{4.23}$$

这为我们提供了一个测量 μ_s 方法：

$$\mu_s=\tan\theta^* \tag{4.24}$$

质量又一次被消去了。所以，只要 μ_s 相同，在斜面上停车与车有多重没有关系。但是 g 也消掉了，所以，无论你把车停到地球上还是其他星球上，都只需要满足相同的制约条件 $\tan\theta\leq\mu_s$。

若超出了这个限制，当满足 $\tan\theta>\mu_s$ 时，这个物块会开始下滑。现在它所受的摩擦力是滑动摩擦力，其大小为 $\mu_k N$，方向与速度相向，并且有 $\mu_k<\mu_s$，所以它具有沿斜面向下的非零加速度。列出的方程为

$$N-mg\cos\theta=ma_y \tag{4.25}$$

$$mg\sin\theta-\mu_k N=ma_x \tag{4.26}$$

现在的加速度又会是怎样的呢？由 y 方向的方程得到和以前一样的结果，因为 $a_y=0$，所以 $N=mg\cos\theta$。然后把它代入 x 方向的方程，可以得到这个物块下滑的加速度：

$$mg\sin\theta-\mu_k mg\cos\theta=ma_x \tag{4.27}$$

$$g(\sin\theta-\mu_k\cos\theta)=a_x \tag{4.28}$$

4.6　连接体

接下来的问题如图4.4所示。有两个物块 m 和 M，通过跨在轻滑轮上一根绳子连在一起，而滑轮被置于光滑斜面的顶端。在进行数学运算之前，我们可以做出些什么判断呢？如果 $M>m$，我能断定它会下滑吗？不，这取决于角度。因为力 mg 是竖直向下的，只有 M 所受重力的一部分 $Mg\sin\theta$ 对下滑起作用。我们可以肯定的就是，对于一个确定的 θ，当大质量物体的质量 $M\to\infty$ 时，M 会下滑，而当斜面的倾角 $\theta\to0$ 时，小质量物体的 m 会竖直向下运动。现在，让我们来搞明白到底何时发生这种转换。

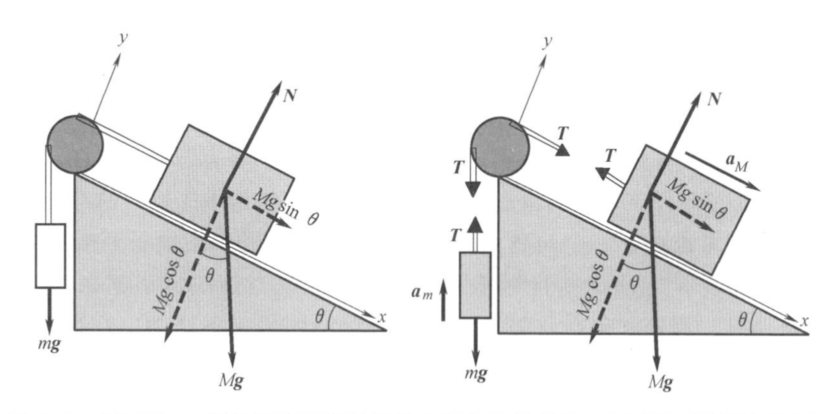

图4.4　（左图）一根轻绳跨过轻质滑轮与两个物体相连。（右图）隔离体受力图。

现在这里有两个物体，m 沿竖直方向上下移动，M 沿着斜面移动，无法选择坐标轴使所有物体的运动情况都变得简单。我们忽视那个关于 y 坐标的乏味的等式 $N=Mg\cos\theta$，集中精力关注沿着斜面方向的运动。在这个隔离体受力分析图中，我将涉及的绳子张力都记为相同的 T。对于一条直的轻绳而言，这很清楚，作用于绳子两端的力方向相反，大小相等，因为没有质量的物体所受的合力为零。对于绕过

滑轮的那一段绳子，其中的原因比较复杂，我马上进行解释。

对于 M，沿 x 方向列出的方程为

$$Mg\sin\theta - T = Ma \tag{4.29}$$

对于 m，沿竖直方向列出的方程为

$$T - mg = ma \tag{4.30}$$

式中，我有意地用到了与式（4.29）中的相同 a。我并不是说 M 和 m 的加速度是两个相等的矢量。这两个加速度甚至都不在一个方向上：m 沿竖直方向上下运动，M 沿着斜面运动。我用 a 表示的是这两个物体的加速度沿各自运动方向的分量，而正方向是这样定义的：M 沿斜面下滑为正，m 向上运动为正。两者的相等性表明这根绳子是没有弹性的：如果 m 向上运动 1 ft[㊀]，M 就会沿着斜面下滑 1 ft。如果它们的位移大小相等，则速度和加速度的大小就相等。可以联立方程（4.29）和（4.30）解出 a，得

$$Mg\ \sin\theta - mg = Ma + ma \tag{4.31}$$

这表明

$$a = g\left[\frac{M\sin\theta - m}{m + M}\right] \tag{4.32}$$

这个解是合理的吗？现在你发现，要保证 a 取正值、M 下滑，$M > m$ 这一条件是不够的；我们所需要的条件是 $M\ \sin\theta > m$，因为只有 Mg 的一个分力 $Mg\sin\theta$ 会使得 M 沿斜面下滑，而其另外一个分力 $Mg\cos\theta$ 的效果是使得物体能够压在斜面上，而且被法向力 N 平衡掉了。

当 $a<0$ 时，也就是说对于 M 沿斜面向上运动的情况，这个公式还适用吗？毕竟，我在推导过程中是假设它向下运动。是的，这个公式仍然适用。即使物体的运动方向发生了变化，我画出的所有力（N，Mg，等等）都不会随之改变。重力方向总是竖直向下的，无论物体是沿着还是逆着重力方向运动。所以你一旦对正的 a 得到了公式，尽管 a 为负值，你依旧可以应用这个公式。但是，如果有摩擦力存在，你就不能这样做了。你必须先设定质点的运动方向，继而再确定方程中摩擦力的符号。

现在，我们考虑这样一个问题：为什么搭在滑轮上的那段绳子两端的力大小都为 T 呢。假设滑轮是轻质的并且绳子不打滑，也就是当物块运动起来，跨在滑轮上的绳子运动时，滑轮必须在与绳子没有相对滑动的情况下转动。在这种情况下，可以将与滑轮相接触的这部分绳子以及这个滑轮视为一个刚体。（与自行车链条上的链节与被脚踏板驱动的轮子上的那些齿啮合在一起是相似的。）利用隔离受力分析图 4.4 可以清晰地看到，绳子两端的这两个拉力使滑轮转动的趋势是相反的。如果这两种趋势不能精确地平衡——也就是说这些力的大小不相等——这个轻质刚体的转动加速度就会无穷大，就像大小非零的力会使轻质物体的线加速度无穷大一样。利用不打滑条件可知，这意味着这两个物体的线加速度会是无穷大，但这是不

㊀ ft，即英尺，为非法定计量单位。1 ft = 0.3048 m。——编辑注

可能的，因为它们的质量不是零并且所受的力也是有限大的。所以，绕过滑轮的绳子两端的拉力是等大的。（我们后面会再来讨论转动，并且在第 10 章中讲解滑轮质量不为零时的转动问题。）请注意，尽管这两个非平行的力所造成的转动效应被抵消了，但是它们的矢量和不等于零，因而会使滑轮产生线加速度。由于滑轮的转轴提供了一个大小相等、方向相反的力，所以这个线加速度并未出现。幸运的是，后面的这个力对于滑轮的转动是没有影响的。

4.7　圆周运动　转圈

现在我们来讲各种圆周运动。首先，看图 4.5 中的 A 图，它描述的是游乐场中的一个游乐设施。你坐在被绳子吊着的小火箭中，里面还另有一些被吓呆了的受难者。旋转开始了，绳子不再竖直下垂，而是倾斜出了一个角度 θ，我们可以将之表示为切向速率 v 和轨道半径 R 的函数。我们要利用 $\boldsymbol{F}=m\boldsymbol{a}$，并开始分析小火箭的受力情况。与往常一样，重力竖直向下，大小为 mg。绳子作用力的方向只能沿着绳子。我们把沿着绳子的拉力换为两个相应的力的矢量和：一个是竖直分量 $T_y=T\cos\theta$，另外一个水平分量是 $T_x=T\sin\theta$，指向轨道的圆心。列出的方程为

$$T\cos\theta-mg=0 \qquad \text{沿竖直方向} \tag{4.33}$$

$$T\sin\theta=ma=m\frac{v^2}{R} \qquad \text{沿径向或水平方向} \tag{4.34}$$

在第一个方程中，我们假设火箭的轨道是个水平圆周，并且它在竖直方向合加速度为零。看第二个等式，我们在 2.7 节曾经讲过，物体沿着半径为 R 的圆运动，其向心加速度为$\frac{v^2}{R}$。所以，这是一个我们知道 $\boldsymbol{F}=m\boldsymbol{a}$ 中 $\boldsymbol{a}$ 的情况。消去 T 得

$$\tan\theta=\frac{v^2}{Rg} \tag{4.35}$$

很需要求一求绳中张力，因为我们的性命或许就指望它了。利用 $T=\sqrt{T_x^2+T_y^2}$ 得到它的值为

$$T=mg\sqrt{1+\left(\frac{v^2}{Rg}\right)^2} \tag{4.36}$$

再说一个有趣的例子。你驾车在半径为 R 的圆形赛道上以速率 v 行驶。假设这道路所在的平面是严格水平的，与 $\boldsymbol{g}$ 垂直正交。车受的力一定是 $m\frac{v^2}{R}$，这样其轨道才可弯成圆。当然，是路面提供了这个力。它正是摩擦力 $f\leqslant\mu_s mg$，方向指向圆心。（尽管汽车在运动，我使用的是 μ_s，也就是静摩擦系数，而不是动摩擦系数 μ_k。因为我们讨论的是沿径向的力，而汽车沿径向没有速度，除非它发生侧滑。注意，那辆车并不一定必须在一个真正地圆形轨道上运动，我们只需在这个瞬间其轨道为某个半径为 R 的圆周的一部分即可。）

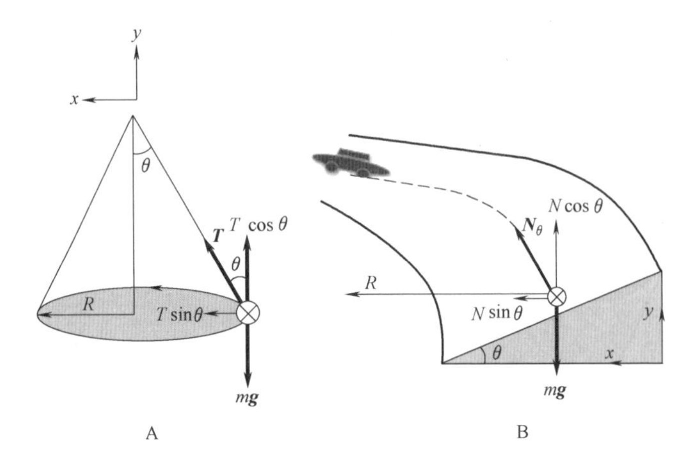

图 4.5 （左图）一次游乐骑乘。你乘坐小火箭在水平面内做半径为 R 的圆周运动。悬挂着你的吊绳必然与竖直方向成 $\theta=\arctan\frac{v^2}{Rg}$的夹角。（右图）一辆赛车在半径为 R 的圆形赛道上以速率 v 行驶着。这个赛道的倾角满足 $\tan\theta=\frac{v^2}{Rg}$ 。法向力 $\boldsymbol{N}$ 的水平分量提供了所必需的力 $m\frac{v^2}{R}$，这样轨道才可弯成圆形。在左右两图中都用到了符号⊗，它表示小火箭和赛车向着纸内、远离你的方向运动。这个符号是按照一支带有羽毛的箭远离你时所显示出的样子来规定的。同理，符号⊙表示一支箭穿出纸面、朝向你运动。

如果没有足够大的静摩擦力，即 $\mu_s mg<m\frac{v^2}{R}$，你的车将不能沿这条曲线运动，它会飞出去。不过，有个聪明的办法，使得没有摩擦力时，你也可以转弯。这个方法就是使路面倾斜一个角度 θ，如图 4.5 右图所示。想象一下，你现在的行驶方向为垂直纸面向里。光滑的倾斜路面只会施加一个法向力 $\boldsymbol{N}$。把 $\boldsymbol{N}$ 分解为竖直分力 $N\cos\theta$ 和一个指向圆心的水平分力 $N\sin\theta$。列出方程：

$$N\cos\theta=mg \tag{4.37}$$

$$N\sin\theta=m\frac{v^2}{R} \tag{4.38}$$

消去 N 我们得到这个倾角为

$$\tan\theta=\frac{v^2}{Rg} \tag{4.39}$$

我来详细地说说。你想要这辆车以某个速度驶过弯道。如果弯道的倾角满足这个等式，你转弯时就不需要任何摩擦力。尽管这个路面提供的只是一个法向力，但由于这个弯道是倾斜的，故该法向力会有指向圆心的分力，这个分力提供了必要的向心力。当然，在现实生活中，对于已知的 R，你并不必精确地以那个速率行驶，因为那些小偏差将会由轮胎与地面间的摩擦力来弥补。只不过不必依赖于由摩擦力来提供全部的径向力了。

最后，到了那著名的转圈问题，它挑战着常识，如图 4.6 所示。你坐在过山车里，沿着过山车的轨道从高度为 H 的地方滑下，进入竖直平面内的圆轨道，在一小段时间内，你将会倒转过来，头朝下。有个永恒的问题就是："为什么你没有掉下来?"借助牛顿第二定律，我们将会发现完全可以理解这一现象。过山车此刻受到的力为竖直向下的重力 mg 和轨道的作用力，如果轨道光滑，那么这个力与轨道垂直。但是它也是竖直向下的！我们够危险的！可是，我们为什么没有掉下来呢？答案是，我们的确下落了，这是说，我们在向下有加速度，但这并不意味着我们会离圆心更近。刚刚所提及的两个力合在一起使过山车在圆轨道上运行，提供了所需的向下的向心加速度：

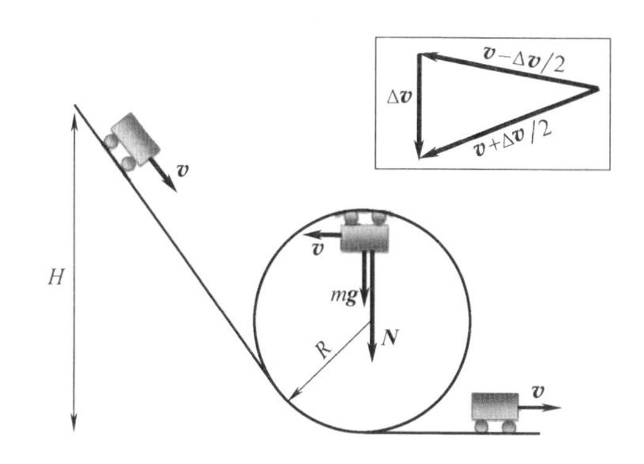

图 4.6　过山车从 H 高度处沿轨道滑下，进入竖直平面内的圆轨道。为什么它没有掉下来呢？mg 竖直向下，并且轨道对它的力也竖直向下。它是向下落了，正文中对此进行了解释。在插图中，三个速度矢量组成了一个三角形，其中画出了它到达顶端前的瞬间初速度 $\boldsymbol{v}-\boldsymbol{v}/2$，在顶端很小的时间间隔内速度增量 $\Delta\boldsymbol{v}$，以及刚刚通过顶端后的速度 $\boldsymbol{v}+\boldsymbol{v}/2$。

$$N+mg=m\frac{v^2}{R} \tag{4.40}$$

解出 N，得

$$N=m\left(\frac{v^2}{R}-g\right) \tag{4.41}$$

如果 N 的结果是正值，也就是说，按我们的符号规定，它的方向向下，此时有 $\frac{v^2}{R}>g$，我们是安全的。如果算出的 N 是负值，也就是

$$\frac{v^2}{R}<g \tag{4.42}$$

则意味着轨道所施加的力方向向上，这是不可能的，除非还有其他的机制，比如 T-支架，安装在轨道下，即使车厢倒转它也能拉住车厢。我相信这东西在实际的过山车轨道上是存在的，以防止过山车被困在轨道顶部或者速度不够快。在我们的理想模型中，没有任何这些备用的东西，所以速度必须满足

$$v^2>Rg \tag{4.43}$$

才能安全地完成绕转。

在学过能量守恒定律之后，我们就可以算出满足这一条件的最小释放高度了。

让我们再来更加深刻地理解一下为什么加速度向下并不总意味着会在沿着指向

地球的方向获得速率。如果你释放一个苹果，它的加速度向下，意味着它确实在沿着指向地面的方向，也就是指向地心的方向，获得了速率。它沿竖直方向的初始速率为零，然后速率增加。在我们的例子中，过山车也是在加速的，但是，在顶端的微小时间间隔内速度的微小增量是沿径向向下的，如图 4.6 所示，这个微小的速度增量要和水平向左的巨大速度相加在一起。

我们将会看到，其结果是速度的大小不变而方向却发生变化。将微小速度增量 $\Delta\boldsymbol{v}$ 与速度 $\boldsymbol{v}$ 相加，我们看看这对速度大小的影响。假设 $\Delta\boldsymbol{v}$ 相对于 $\boldsymbol{v}$ 的方向是任意的。这个合速度的平方为

$$|\boldsymbol{v}+\Delta\boldsymbol{v}|^2=(\boldsymbol{v}+\Delta\boldsymbol{v})\cdot(\boldsymbol{v}+\Delta\boldsymbol{v}) \tag{4.44}$$

$$=\boldsymbol{v}\cdot\boldsymbol{v}+2\boldsymbol{v}\cdot\Delta\boldsymbol{v}+\Delta\boldsymbol{v}\cdot\Delta\boldsymbol{v} \tag{4.45}$$

$$=v^2+2\boldsymbol{v}\cdot\Delta\boldsymbol{v}+|\Delta\boldsymbol{v}|^2 \tag{4.46}$$

$$\Delta v^2=2\boldsymbol{v}\cdot\Delta\boldsymbol{v}+|\Delta\boldsymbol{v}|^2 \tag{4.47}$$

$$\frac{\mathrm{d}v^2}{\mathrm{d}t}=2\boldsymbol{v}\cdot\frac{\mathrm{d}\boldsymbol{v}}{\mathrm{d}t}=2\boldsymbol{v}\cdot\boldsymbol{a} \tag{4.48}$$

（为了得到$\frac{\mathrm{d}v^2}{\mathrm{d}t}$，我们仅需要保留 Δv 的线性项。）根据这个方程，一般来说，$\boldsymbol{v}$ 的大小的变化率不会为零，除非 Δv 以及加速度 $\boldsymbol{a}$ 是与 v 垂直的，而对于这个圆周运动，每一时刻的情况都恰恰如此。

所以，过一会儿，合速度矢量保持大小不变，方向不断旋转，在各个不同点都是与圆轨道相切的。沿圆轨道运行是一个不向圆心靠近，但却持续沿指向圆心方向加速的例子。

对于这个现象还有另一个例子。假设你现在站在一座塔上，沿水平方向放枪，如图 4.7 所示。在重力的牵引下，子弹会落在地面上的 1 点。如果你以更大的速度发射另一发子弹，它会落在稍远的 2 点。即使地面是水平的，增加初速率也会延长飞行时间；如果子弹下的地面是弯曲的，那么它飞行得会更长。一定存在着这样一个速率值，以这个速率发射的子弹会持续下落，但是不会向地心靠近，因为其下的地面也同样快地下落着。它就进入了如图 4.7 所示圆轨道。实际上，这就是将子弹发射至轨道上的方法。所以，开枪之后你要做第一件事是什么呢？躲开，因为它会在 84 min 后回来，以每小时 17，650 mile[㊀] 的速度从背后击中你。这个计算结果是在没有大气的条件下得到的，当然，这给你留下了一个更有压力的问题。

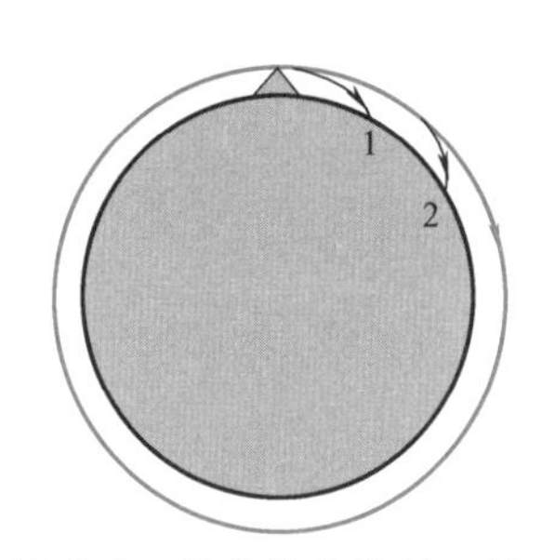

图 4.7　你在塔上发射 2 枚子弹，速率越大它们落地的距离就越远（点 1 和点 2）。发射速率大于某个临界值后，子弹就会做轨道运动。它当然会永远不停地沿指向地球的方向加速。

㊀ mile，即英里，为非法定计量单位。1 mile≈1.609 km。——编辑注

Yale

第5章 能量守恒定律

5.1 能量概论

能量守恒定律是一条强大的定律。当适用于亚原子范畴的量子力学规律问世后，许多弥足珍贵的概念都被放弃了。你一定听说过那个令人困窘的传闻：在一个给定的时刻，粒子没有确定的位置和确定的速度。它们并不沿着连续的轨道运动。你可能会这样想，在粒子的两次现身地之间一定有一条轨道相连，但是，并非如此，这种假设与实验结果相矛盾。尽管牛顿力学中的很多思想都被放弃了，然而能量守恒观点却经受住了量子革命的考验而生存了下来。有一段时间，人们在研究核反应时发现初始能量与结束时的能量似乎不相同。尼尔斯·玻尔，原子之父，提出能量定律或许在量子理论中是不成立的。然而，沃尔夫冈·泡利肯定能量定律是对的，推测存在着其他某种尚未被探测到微小电中性粒子，是它们带走了损失的能量。在那个年代，这可是一个激进的观点，那时的人们并不轻易地就推测有新的粒子存在，不像现在，在粒子物理方向，要是不推测出几个新粒子，你可得不到博士学位。经过很多很多年以后，在 1959 年，克莱德·科万和弗里德里奇·雷恩斯探测到了泡利所说的粒子，人们称之为中微子。现如今，中微子是最令人兴奋、最难以捕捉、最神秘的东西之一，它们是解开许多宇宙之谜的钥匙。

我们从一维运动开始，看看能量守恒的观点是如何产生的。物体受到一个力的作用后，速度发生了变化。对于一维情况，这仅仅表现为速率的增大或减小。我们来求一求在力作用的那一段时间间隔内，物体获得的速度与它在这段时间内运动过的距离之间的关系。

考虑这样的情形，力 F 恒定，不随时间变化。它产生的加速度 $a=F/m$。在第 1 章中我们学过：若物体的加速度 a 恒定，那么，

$$v^2=v_0^2+2a(x-x_0) \tag{5.1}$$

式中，v 和 x 分别是末态的速度和位置坐标，v_0 和 x_0 是初态相应的值。在学习运动学时，我们不会问“为什么这个物体的加速度会恒定呢?”我们只是被告知：“它的加速度恒定，看看接下来会发生什么?”我们现在学了动力学，知道物体之所以具有加速度，是因为受到了力的作用。所以，我们以 F/m 来代替 a，并采用一些

符号使这个公式表面上变化一下。所有初态（末态）的量以下标 1（2）表示。方程（5.1）变为

$$v_2^2=v_1^2+2\frac{F}{m}d \tag{5.2}$$

式中，$d=x-x_0\equiv x_2-x_1$，它是物体在这段时间内运动过的距离。

5.2 动能定理与功率

由式（5.2）可知，以一个力作用于物体，会改变物体的速度，速度的变化与力作用的距离相关，与在力作用下物体运动了多少米相关。这种变化并不是简单地与物体的速度相关，而是与速度的平方相关。我们将涉及力的项放在等式一边，将涉及这个粒子的量置于等式另一边，得

$$\frac{1}{2}mv_2^2-\frac{1}{2}mv_1^2=Fd \tag{5.3}$$

$\frac{1}{2}mv^2$ 这个组合称为动能，用符号 K 表示。Fd 称为那个力的功，用 W 表示。W 的单位是 N · m，我们用焦耳或 J 表示这个单位。

这样我们就得到了动能定理的最简形式：

$$K_2-K_1=Fd=W \tag{5.4}$$

如果有 36 个不同的力同时作用于这个物体上，我应该用哪一个呢？例如，我在拉而你在推。这样，F 应该是合力，因为牛顿定律给出的是合力与加速度间的关系。如果你与我拔河，而且我们所用的力相互抵消，合力为零，那么就没有加速度了，物体就会保持它原有的速度。按照动能定理，动能的增量等于所有力所做的功。对于这种情形，能量没有变化，两个力做的功相互抵消。这表明，定义我所做的功（等于 F 乘以所通过的距离），与你做的功符号相反才是合理的。那么，我们什么时候用加号，什么时候用减号呢？如果回顾一下整个推导过程，你会明白 a 是正值。如果物体向右运动，我对物体施加的力也向右，那么我做的是正功。如果你向左推，而物体还是向右运动，那么，你做的功就是负值。换句话说，如果物体沿着你所作用的方向运动，那么你做正功。如果物体的运动方向与你的作用方向相反，那么你做负功。我以恒定的速度从地上捡起一根粉笔。粉笔的动能没有改变。这说明在整个过程中合外力做功为零，而不是说没有力作用在粉笔上。粉笔受到竖直向下的重力，我对它的力恒为 mg，与重力方向相反。我做的功为正，因为我将粉笔拾起，并且粉笔也是向上运动的。设粉笔上升的高度为 h，那么我做的功为 $W=mgh$。与此同时，重力做功是 $-mgh$，故合外力的功为零。

我们设这个过程所用的时间间隔为 Δt，在这段时间内运动过的距离是 $d=\Delta x$。把式（5.4）两侧除以 Δt，然后取极限得

$$\frac{\mathrm{d}K}{\mathrm{d}t}=F\frac{\mathrm{d}x}{\mathrm{d}t}=Fv\equiv P \tag{5.5}$$

式中，定义 P 为功率。所以功率是功对时间的变化率。例如，我爬上了一栋12层高的楼，做了功，大小为我的 mg 乘以大楼的高度。我可以在一分钟内爬到楼顶，也可以用一小时爬上去。我做的功相同，但是功率量度的是做功的快慢。因此，在公式中功率等于力与速度的乘积，或等于功除以时间。功率的单位是焦耳每秒。它还有一个新名字：瓦特，或就用一个字母 W 表示。你也可以用千瓦，kW，它是1千瓦特。如果你有一个功率为60 W的灯泡，那么它每秒钟消耗的能量是60 J。

现在我们来看一般的情况，力不是常量，而是随 x 变化的。我们知道哪些力 F 是随着 x 变化的呢？弹簧是一个很好的例子，$F(x)=-kx$。如果我们考虑很远的距离，那么引力也是一个很好的例子。只是在地球表面附近，重力大小才恒为 mg，我想这不是什么秘密。如果你走得很远，就会发现引力本身会变弱。表面看起来，在某处它仍为 mg'，但是 g' 并不等于那个定值 $9.8\ \mathrm{m\cdot s^{-2}}$。我们离地球越远，$g'$ 的值越小。

如果力在变化，动能定理是怎样的呢？让我们先画出一个 $F(x)$ 随 x 变化的图像，如图5.1所示。我只是随意地画出了一个 x 的函数。现在加速度并不恒定，因为力不恒定。我们不能再使用公式 $W=Fd$ 计算功，因为力 F 随运动过的距离 d 而变化。因此，我们借助微积分中常用的方法：取一个很小的宽度 dx，你想要它有多窄它就有多窄，使得在这期间内力是恒定的，为 $F(x)$，即 x 处的 F 值。对于这个极小的长度，我仍然可以得到 K 的变化量为

$$dK=F(x)dx \tag{5.6}$$

从几何上来看，$F(x)dx$ 是一个很窄的长方形的面积，这个长方形的宽度为 dx，高度为函数 F 在 x 处的值。（如果 $F(x)<0$，那么面积的值为负。）如果从 x_1 运动到 x_2，那么由微积分理论，这个力所做的功等于图中曲线下的面积。每段上的动能变化量为 dK，你将它们加起来，就得到了等式左边的 K_2-K_1。等式右边就是 $F(x)$ 从 x_1 到 x_2 的积分。这个一般的动能定理为

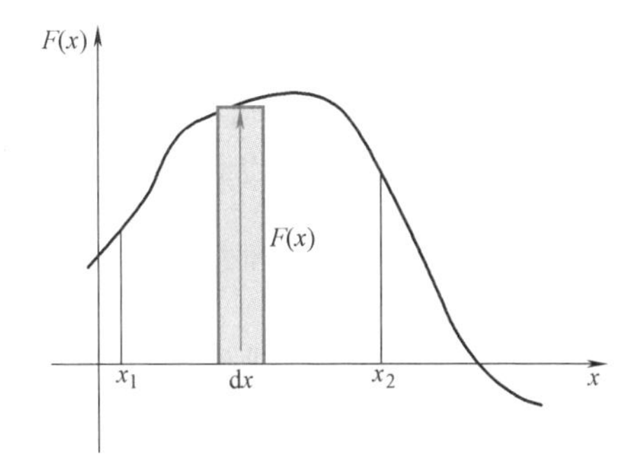

图5.1 在变力作用下物体运动了 dx 的距离。这个变力的功 $dW=F(x)dx$，为阴影所示长方形的面积。

$$K_2-K_1=\int_{x_1}^{x_2}F(x)dx\equiv W \tag{5.7}$$

即使你没有听说过积分，我给你一个函数，你也能够解决这个问题。你会告诉我，“给我你的函数。我将在有网格的纸上画出这个函数的图像，然后数出曲线下区域中的小方格数目，求出所需的面积，它就是动能的增量。”所以积分只不过是计算函数曲线下方、x 轴上方、从 x_1 到 x_2 区域的面积罢了。

现在我们稍稍偏离主题，用三分钟介绍一个求面积的绝招。如果你给我一个函数，并且让我算出函数下方从 x_1 到 x_2 的面积，我可以向你展示我的绝招。你不用在坐标纸上画任何东西。首先，我们找到一个函数 $G(x)$，满足：

$$F(x)=\frac{dG(x)}{dx} \tag{5.8}$$

那么，我会得到（稍后给予证明）

$$\int_{x_1}^{x_2} F(x)\,dx=G(x_2)-G(x_1) \tag{5.9}$$

这是微分的逆过程：现在我们希望找到一个函数，它的导数等于 F。如果函数是 $F(x)=x^3$，那么 $G(x)$ 是这样一个函数，其导数等于 x^3。这样，我知道必须从 x^4 开始，因为求导会使指数降低。但是我也得在前面放上一个不可缺少的 4。为了去掉它，我在 x^4 下面放上分母 4，求得 $G(x)=\frac{1}{4}x^4$。你或许会提出，如果得到了导数为什么什么的一个函数，那么将这个函数加上一个常数，其导数不变。这样你就会说："现在我们有麻烦了，这个世界对于 G 是什么就没有定论了，因为一旦我有了一个 G，将它加上一个常数就会得到另外一个。"但是，漂亮的是当你计算 $G(x_2)-G(x_1)$ 时，常数 c 就消失了。因此，在大多数时间，我们并不因这个常数而感到烦恼。有时，我们会做特定的适宜选择，我们学习在天体尺度的引力时将会看到这一点。选择常数就好像在抛体问题中选择原点：原点在哪儿都可以，但是选择抛出点最为方便。

为什么函数 $G(x)$ 的导数是 $F(x)$ 呢？让我们把从某个任意值 x_0 到点 x 覆盖的面积称为 $G(x)$。如果我增加一小块面积，扩展到 $x+dx$，增加的面积是 $F(x)\,dx$。根据定义，它就是 dG，也就是 G 的增量。两边除以 dx 并取极限，我们得到 $F(x)=\frac{dG}{dx}$。不同的 G 之间常数差是怎么来的呢？是由于选择了不同的起始点 x_0 来计算这面积。但是无论我们取 x_0 为何值，由于变化上限 x 导致的面积变化总是可以写为 $dG=F(x)\,dx$。

5.3 能量守恒定律：$K_2+U_2=K_1+U_1$

现在，让我们总结之前的讨论，得

$$K_2-K_1=\int_{x_1}^{x_2} F(x)\,dx=G(x_2)-G(x_1)\equiv G_2-G_1 \tag{5.10}$$

整理得

$$K_2-G_2=K_1-G_1 \tag{5.11}$$

现在，我们进行一些表面的小变化，并引入函数：

$$U(x)=-G(x) \quad F(x)=-\frac{dU}{dx} \tag{5.12}$$

利用这些，我们得到标准形式：

$$E_2 \equiv K_2+U_2=K_1+U_1 \equiv E_1 \tag{5.13}$$

这就是能量守恒定律。$E=K+U$ 被称为总机械能，U 被称为势能。在物理学里，能量守恒和“当你离开房间时关灯！”的含义完全不同。它意味着当物体在力 $F(x)$ 的作用下运动时，无论它在加速还是减速，一个确定的量

$$E=\frac{1}{2}mv^2+U(x) \tag{5.14}$$

不随时间改变。如果知道了 E 在一个时刻的值，那么你就知道了任何时刻的 E 值。

让我们考虑一个简单的例子。拿起一块石头，然后释放它。我们知道它的速率在增加，知道它的高度在下降。所以，你也许会猜测存在一个由高度和速度组成的量，一个在这个过程中不发生变化的量。可以通过公式得出这个常量。若引力表示为 $F=-mg$，则 U 可以表示为

$$U=mgy \tag{5.15}$$

因为它满足

$$-\frac{dU}{dy}=-mg=F \tag{5.16}$$

能量守恒定律可改写为如下形式：

$$E_2=\frac{1}{2}mv_2^2+mgy_2=\frac{1}{2}mv_1^2+mgy_1=E_1 \tag{5.17}$$

对于物体和弹簧组成的系统，相应的关系式为

$$U(x)=\frac{1}{2}kx^2 \tag{5.18}$$

因为它满足：

$$-\frac{dU}{dx}=-kx=F(x) \tag{5.19}$$

能量守恒定律的数学表达式如下：

$$E_2=\frac{1}{2}mv_2^2+\frac{1}{2}kx_2^2=\frac{1}{2}mv_1^2+\frac{1}{2}kx_1^2=E_1 \tag{5.20}$$

让我们来练习一下。我拉动物块使弹簧的伸长量为 A，然后松开手让物块运动。我想知道当物块到达某个点，如 $x=0$ 处时的速度为多少。如果你返回去使用牛顿第二定律，会面临一个十分复杂的问题。想想为什么。开始时物块静止。如果你把它拉开的距离为 A，初始位置它受到的力为 $-kA$，加速度为 $-kA/m$，物块向左移动了距离 Δx 时，其速度为负值。但一旦它到达一个新的位置，作用于其上的力

就会发生变化，因为现在的 x 与 A 是不同的。这样，下一个微小时间间隔间内的加速度就会不同，并且在第二个时间间隔内速度增量和速度都与第一个时间间隔内的不同。要得到 $x=0$ 处的速度，你必须将所有这些增量相加才行。这是个比较困难的办法，但是利用能量守恒定律你却可以很快地求解出来。让我们来做一下，不仅仅对 $x=0$，而是对任意的 x 都适用。我们令初始状态 $x_1=A$，$v_1=0$，去掉 x 和 v 的脚标 2，用以表示一般的点，得

$$\frac{1}{2}mv^2+\frac{1}{2}kx^2=0+\frac{1}{2}kA^2 \tag{5.21}$$

在初始状态，仅有势能；因为物块没有运动，所以没有动能。在之后的任意时刻，我们可以解出在任何位置 x 处的速度。如果 $x=0$，就很简单了：

$$\frac{1}{2}mv^2+\frac{1}{2}k\cdot 0^2=0+\frac{1}{2}kA^2 \tag{5.22}$$

$$v^2=\frac{kA^2}{m} \tag{5.23}$$

$$v=\pm\sqrt{\frac{kA^2}{m}}=\pm A\sqrt{\frac{k}{m}}=\pm\omega A \tag{5.24}$$

我们得到了两个解，这是因为物块可能是从两个方向经过原点，如果是第一次经过原点，它将向左运动，速度为负值。

对于一般的 x，由式（5.21）得

$$v(x)=\pm\sqrt{\frac{k}{m}}\sqrt{A^2-x^2} \tag{5.25}$$

你可以看出来为什么现在求解速度要简单得多。这是因为通过对弹力积分并以 $U(x_2)-U(x_1)$ 的形式将之表示出来，我们已经一次性地计算出了在 x_2 和 x_1 两点间由弹簧引起的动能增量。

现在，让我们考虑另一个问题：悬挂在天花板下的物体。我们把竖直坐标 y 的原点置于未变形弹簧的底端，因此弹簧的弹力为 $-ky$。现在存在两种势能，重力势能和弹性势能，这是因为有两个力：

$$K_2-K_1=\int_{y_1}^{y_2}F(y)\,\mathrm{d}y \tag{5.26}$$

$$=\int_{y_1}^{y_2}(-mg-ky)\,\mathrm{d}y \tag{5.27}$$

$$=mg(y_1-y_2)+\frac{1}{2}k(y_1^2-y_2^2) \tag{5.28}$$

可以将之写为

$$K_2+mgy_2+\frac{1}{2}ky_2^2=K_1+mgy_1+\frac{1}{2}ky_1^2 \tag{5.29}$$

5.4 摩擦与动能定理

一个烂苹果毁了整件事：摩擦力。假设有一个物体，受到弹力$-kx$和摩擦力f的作用。当有摩擦力作用时，我将尝试着像原来一样推导出能量守恒定律，但你将看到我不会成功。看上去似乎一切都是无懈可击的，对吗？请你说出作用在一个物体上所有的力。我来对每个力从初状态到末状态做积分，称之为相应的势能差，就像我对受弹力和重力作用的竖直物块弹簧系统所做的那样。然后，我就得到了结果。我们是这样做的：

$$K_2-K_1=\int_{x_1}^{x_2}F(x)\,\mathrm{d}x=\int_{x_1}^{x_2}(-kx)\,\mathrm{d}x+\int_{x_1}^{x_2}f(x)\,\mathrm{d}x \tag{5.30}$$

$$=\frac{1}{2}kx_1^2-\frac{1}{2}kx_2^2+\int_{x_1}^{x_2}f(x)\,\mathrm{d}x \tag{5.31}$$

$$\left(K_2+\frac{1}{2}kx_2^2\right)-\left(K_1+\frac{1}{2}kx_1^2\right)=\int_{x_1}^{x_2}f(x)\,\mathrm{d}x \tag{5.32}$$

如果我们对$f(x)$积分并称之为摩擦势能差，就可以把它移动到公式左边，这样就可以得到一个关于K与两个势能之和的能量公式。我却停了下来不做了，原因是什么呢？答案是摩擦力不仅仅是x的函数。你可能会说："你这是什么意思？我一直在推这个物体，很清楚地感受到它以多大的劲儿把我向回推。"但是，然后我告诉你，"把这个物体向相反的方向推回去！"这样，你就会发现在相同的位置摩擦力指向了相反的方向。摩擦力与弹簧的弹力是不一样的。无论是远离原点还是向着原点运动，弹簧的弹力都为$-kx$。类似的还有重力，$-mg$，方向向下。物体无论上升还是下降，在确定的位置，所受重力相同。因此，我们面临的问题不再是摩擦力随x的变化而变化，而是摩擦力还是速度方向的函数，它的符号可正可负。因此，$f=f(x, v(x))$。我们先不做这个对f的积分，将方程写为

$$\left(K_2+\frac{1}{2}kx_2^2\right)-\left(K_1+\frac{1}{2}kx_1^2\right)=\int_{x_1}^{x_2}f(x,v(x))\,\mathrm{d}x \tag{5.33}$$

$$E_2-E_1=\int_{x_1}^{x_2}f(x,v(x))\,\mathrm{d}x \tag{5.34}$$

仅仅给定x_1和x_2，我不能确定出对f积分的结果是什么，因为从x_1可以直接移动到x_2，或者经过一个或多个往返后到达x_2。在往返过程中，速度会反复改变符号，所以在某个x处，摩擦力也会反复改变方向。**我们必须将整个过程划分为若干段，使得每段的x处，速度和f都有确定的符号。**

下面看一个例子。如果我们仅考虑一段过程，在这段过程中，v和f的符号确定。将一个物体拉到$x=A$的地方，然后释放。首先假设摩擦很小，那么物体回到中心时的速度不会像没有摩擦时那么快。并且我知道，若这个物体越过中心向另一侧运动，也不再会到达$x=-A$处了。我想知道物体停在最左侧的坐标A'。从$x=A$

向左运动到 $x=A'$ 的过程中，摩擦力很明确，为 $f=+\mu_k mg$，方向向右，相应的位移是负的：$d=-(A-A')$。所以摩擦力做的功为

$$W_f=-\mu_k mg(A-A')\equiv -f(A-A') \tag{5.35}$$

因此能量方程为

$$E_2-E_1=\int_{x_1}^{x_2} f(x,v(x))\,\mathrm{d}x=-f(A-A') \tag{5.36}$$

$$\frac{1}{2}kA'^2-\frac{1}{2}kA^2=-f(A-A') \tag{5.37}$$

起点和终点的 $K_1=K_2=0$，这时对 A' 的二次方程可以整理为

$$\frac{k}{2}(A'-A)\left[A'+A-\frac{2f}{k}\right]=0 \tag{5.38}$$

这个方程的一个根为 $A=A'$，它是平凡解，对应着动能为零的初态位置，此时动能的确是零，总能量等于初始能量。让我们分析另一个非平凡解：

$$A'=-A+\frac{2f}{k} \tag{5.39}$$

我们令 $\frac{f}{k}$ 从 0 增大到 A，A' 点从 $x=-A$ 开始向右移动。当 $\frac{f}{k}=\frac{A}{2}$ 时，A' 由负变为正，也就是说物体最终会停在 x 为正值的地方：这个振子永远不会到达平衡点了。使 f 继续增大，到最大值，即 $\frac{f}{k}=A$ 时，非平凡解与平凡解一致。这个物块从未离开 $x=A$，因为弹力，其最大值为 kA，与摩擦力相等（此处我们假设 $\mu_s=\mu_k$）。

关于能量守恒定律我们必须要掌握的最基本内容如下。你要分析出作用于物体上的所有力，对所有的力积分得到它们的功，令总功等于 K_2-K_1。把力分为只与位置有关的保守力（重力、弹力）和像摩擦力一样的非保守力（非保守力中，我们只考虑摩擦力这一种力）。对保守力的积分对应着相应的势能差。用 W_f 表示摩擦力做的功，那么最终结果可以表示为

$$E_2-E_1=W_f \tag{5.40}$$

式中，

$$E=\frac{1}{2}mv^2+U_s+U_g+\cdots \tag{5.41}$$

U_s 为弹性势能，U_g 为重力势能，等等。

Yale

第6章 二维空间（$d=2$）的能量守恒

6.1 微积分复习

首先，我们为接下来要讲的内容做一些数学准备。有一个如图 6.1 所示的函数 $f(x)$。我任取一点 x，其值为 $f(x)$。如果我将自变量移动到其附近的点 $x+\Delta x$，那么，函数的增量为 $\Delta f=f(x+\Delta x)-f(x)$。为了能够清楚地显示这些增量，图中夸大了这些微小的变化。我们后面需要用到 $\Delta x\to 0$ 时函数增量的近似值。一个常见的近似是假设函数是线性的，在这点的斜率为 $f'(x)=\dfrac{\mathrm{d}f}{\mathrm{d}x}$，如图中的虚线所示。$f$ 沿这条直线的增量是 $f'(x)\Delta x$。由于你所用的这条直线之后并不跟着原来的函数向上弯曲，所以，$f'(x)\Delta x$ 与实际的 Δf 存在一个非常小偏差。举一个具体的例子。

$$f(x)=x^2 \tag{6.1}$$

$$f(x+\Delta x)=x^2+2x\Delta x+(\Delta x)^2 \tag{6.2}$$

$$\Delta f=2x\Delta x+(\Delta x)^2 \tag{6.3}$$

$$\Delta f=f'(x)\Delta x+(\Delta x)^2 \tag{6.4}$$

无论 Δx 的值有多大，这个结论都是成立的。可以看出，精确的增量是 $f'(x)\Delta x$ 加上 Δx 的平方。如果 Δx 非常小，可以开始忽略除了 Δx 线性项以外的所有项，

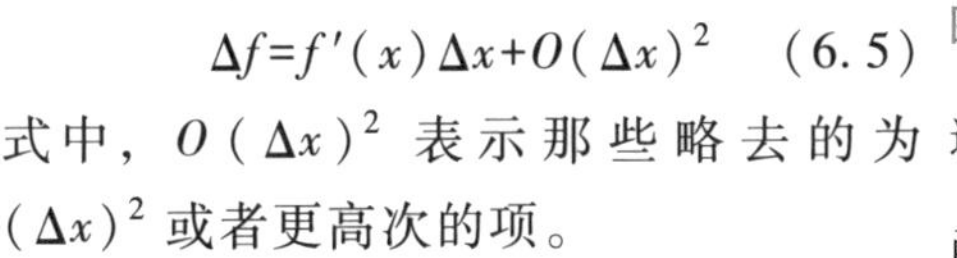

$$\Delta f=f'(x)\Delta x+O(\Delta x)^2 \tag{6.5}$$

式中，$O(\Delta x)^2$ 表示那些略去的为 $(\Delta x)^2$ 或者更高次的项。

图 6.1　当 x 变化了 Δx，函数的增量 Δf 可以近似为 $\Delta f\approx f'(x)\Delta x$，$f'(x)=\dfrac{\mathrm{d}f}{\mathrm{d}x}$。实线为原来的函数，虚线为斜率为 $f'(x)$ 的直线的线性近似。

对于很小的 Δx，通常我们可以采用这样的近似：

$$\Delta f\approx f'(x)\Delta x \tag{6.6}$$

例如，考虑$f(x)=(1+x)^n$在$x=0$附近的值，显然$f(0)=1$。假设你要求的是这个函数在与原点非常接近的点x处的值。在这种情况下，$\Delta x=x-0$就是x本身，所求的近似值为

$$f(x)=f(0)+f'(0)x+\cdots=1+n(1+x)^{n-1}\Big|_{x=0}x+\cdots=1+nx+\cdots \tag{6.7}$$

这是一个很常用的结果。

在有些情况下，我们在最后取$\Delta x\to 0$的极限，列出等式：

$$\mathrm{d}f=f'(x)\,\mathrm{d}x \tag{6.8}$$

等式两边积分，得

$$\int_1^2 \mathrm{d}f=f(x_2)-f(x_1)=\int_{x_1}^{x_2} f'(x)\,\mathrm{d}x \tag{6.9}$$

6.2 二维空间（$d=2$）的功

我们将在二维空间中推导动能定理和能量守恒定律。我希望得到这样的关系$K_1+U_1=K_2+U_2$，式中$U=U(x,y)$。对于一个二元函数f（x，y）你脑子里有什么样的图像呢？你在每个点（x，y）的上方沿第3个垂直方向去量度f（x，y）的值。这个函数给出了位于x-y平面上方的一个面，x-y平面上的点（x，y）到那个面的距离就是f的值。例如，（x，y）可能是美国国内某个点的坐标，而那个函数可能为那点的温度T（x，y）。这样，你在美国各个点的上方描绘出了各点的当地温度。

一旦有了二元函数的概念，我就要在xy平面上走动，并问一问函数会如何变化了。然而，我现在有无限多种选择。可以沿x轴运动，沿y轴运动，也可以沿两个坐标轴间的某个角度运动。来看看沿两个主方向x和y的导数。我们按如下方法定义偏导数。从点（x，y）开始，到另一个点（$x+\Delta x$，y），减去开始点的函数值，再除以Δx，并且令$\Delta x\to 0$。这就是对x的偏导数：

$$\frac{\partial f}{\partial x}=\lim_{\Delta x\to 0}\frac{f(x+\Delta x,y)-f(x,y)}{\Delta x} \tag{6.10}$$

将d弯曲一下写为∂，这就是要告诉你它是个偏导数。你若沿水平方向运动，y不会发生变化。我们可以加个脚标y明确地表达出这个含义：

$$\left.\frac{\partial f}{\partial x}\right|_y=\lim_{\Delta x\to 0}\frac{f(x+\Delta x,y)-f(x,y)}{\Delta x} \tag{6.11}$$

如果一个坐标是变化的，而其他的（对于二维$d=2$的情况，只剩下一个坐标了）都是恒定的，我们就无需这样做。采用同样的标记方法，有

$$\left.\frac{\partial f}{\partial y}\right|_x\equiv\frac{\partial f}{\partial y}=\lim_{\Delta y\to 0}\frac{f(x,y+\Delta y)-f(x,y)}{\Delta y} \tag{6.12}$$

我们以$f=x^3y^2$为例进行一下练习。为了求得$\dfrac{\partial f}{\partial x}$，我们看看$y$保持不变的条件

下，f 如何随 x 变化。也就是说我们遇到 y 时，可以把它看成像 5 那样的数字。因此，得

$$\left.\frac{\partial f}{\partial x}\right|_y = 3x^2y^2 \tag{6.13}$$

$$\left.\frac{\partial f}{\partial y}\right|_x = 2x^3y \tag{6.14}$$

从一个变量的微分知识我们知道，可以对导数再求导。对于 $f=x^3y^2$，这里有四种可能的二阶导数：

$$\frac{\partial}{\partial x}\left(\frac{\partial f}{\partial x}\right) \equiv \frac{\partial^2 f}{\partial x^2} = 6xy^2 \tag{6.15}$$

$$\frac{\partial}{\partial y}\left(\frac{\partial f}{\partial y}\right) \equiv \frac{\partial^2 f}{\partial y^2} = 2x^3 \tag{6.16}$$

$$\frac{\partial}{\partial x}\left(\frac{\partial f}{\partial y}\right) \equiv \frac{\partial^2 f}{\partial x \partial y} = 6x^2y \tag{6.17}$$

$$\frac{\partial}{\partial y}\left(\frac{\partial f}{\partial x}\right) \equiv \frac{\partial^2 f}{\partial y \partial x} = 6x^2y \tag{6.18}$$

注意：混合导数或者交叉导数是相等的，即

$$\frac{\partial^2 f}{\partial y \partial x} = \frac{\partial^2 f}{\partial x \partial y} \tag{6.19}$$

这是我们将用到的函数的一般性质。我希望你们感受一下为什么这是正确的。对于下面的内容，记住，若在平面上发生一个小的位移，函数的增量近似为

$$\Delta f \simeq \frac{\partial f}{\partial x}\Delta x + \frac{\partial f}{\partial y}\Delta y \tag{6.20}$$

在 $\Delta x \to 0$，$\Delta y \to 0$ 且 $\Delta f \to 0$ 的极限条件下，式（6.20）变为如下等式：

$$\mathrm{d}f = \frac{\partial f}{\partial x}\mathrm{d}x + \frac{\partial f}{\partial y}\mathrm{d}y \tag{6.21}$$

当我们想要通过对无限小的增量求和而得到相应的积分值时，这些极限就会很自然地出现。

有了这些基础，我们来问一下，如果从某个点（x，y）开始，到另外一个点（$x+\mathrm{d}x$，$y+\mathrm{d}y$），如图 6.2 所示，那么函数的增量是多少呢？我们将分两段来实现。经过一个中间点（$x+\mathrm{d}x$，y），将每段的增

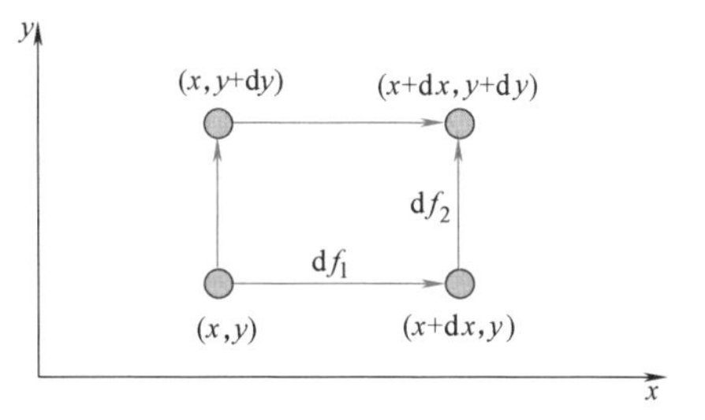

图 6.2　从（x，y）到（$x+\mathrm{d}x$，$y+\mathrm{d}y$）的两种方法，是先水平运动，再竖直运动，或者反过来。函数 f 的增量对于这两种方法是相同的，这是 $\frac{\partial^2 f}{\partial y \partial x} = \frac{\partial^2 f}{\partial x \partial y}$ 的必要条件。

量 df_1 和 df_2 加在一起。

$$df_1=\left.\frac{\partial f}{\partial x}\right|_{(x,y)}dx \tag{6.22}$$

$$df_2=\left.\frac{\partial f}{\partial y}\right|_{(x+dx,y)}dy \tag{6.23}$$

$$df=\left.\frac{\partial f}{\partial x}\right|_{(x,y)}dx+\left.\frac{\partial f}{\partial y}\right|_{(x+dx,y)}dy \tag{6.24}$$

注意：第二步需要求在（x+dx，y）点 y 的偏导数。偏导数本身不过是关于 x 和 y 的另一个函数，所以可以按 dx 的升序写出：

$$\left.\frac{\partial f}{\partial y}\right|_{(x+dx,y)}=\left.\frac{\partial f}{\partial y}\right|_{(x,y)}+\frac{\partial^2 f}{\partial x\partial y}dx \tag{6.25}$$

将之代回到式（6.24），得

$$df=\left.\frac{\partial f}{\partial x}\right|_{(x,y)}dx+\left.\frac{\partial f}{\partial y}\right|_{(x,y)}dy+\left.\frac{\partial^2 f}{\partial x\partial y}\right|_{(x,y)}dxdy \tag{6.26}$$

如果向上到（x，y +dy），然后到（x+dx，y+dy），我们会得到 f 的增量关于 x 和 y 是互换的。要想求 f 从（x，y）到（x+dx，y+dy）的增量，我们令两种方法得到的结果相等，得

$$\left.\frac{\partial^2 f}{\partial x\partial y}\right|_{(x,y)}dxdy=\left.\frac{\partial^2 f}{\partial y\partial x}\right|_{(x,y)}dydx \tag{6.27}$$

消去无限小量的乘积得到混合导数是相等的。

6.3　二维空间（d=2）的功与点积

我们回到二维情况，得出能量守恒定律。对于一维情况，我们求得，如果 $K=\frac{1}{2}mv^2$，则

$$\frac{dK}{dt}=mv\frac{dv}{dt}=mva=Fv=F\frac{dx}{dt} \tag{6.28}$$

消去 dt，得

$$dK=Fdx \tag{6.29}$$

两边积分，有

$$K_2-K_1=\int_{x_1}^{x_2}F(x)dx \tag{6.30}$$

$$=U(x_1)-U(x_2) \tag{6.31}$$

整理得

$$K_2+U_2=K_1+U_1 \tag{6.32}$$

条件是除了 x 以外，F 与其他量，例如 $v(x)$，无关。

对于二维情况，我们也想尝试着这样做。二维情况下，力和位移都是有两个分量的矢量，功的表达式应该是什么呢？我怎么把所有的部分加进去，将 $\mathrm{d}W=F\mathrm{d}x$ 推广一下呢？方法是这样的。对于二维空间中的运动物体，求出 $\frac{\mathrm{d}K}{\mathrm{d}t}$，像一维空间 $d=1$ 那样，将之称为功率 $P=\frac{\mathrm{d}K}{\mathrm{d}t}$。我需要有动能的数学表达式：

$$K=\frac{1}{2}mv^2=\frac{1}{2}m(v_x^2+v_y^2) \tag{6.33}$$

很明显，如果仅沿 x 或 y 运动，我们知道这一定是正确的。现在，我们求

$$\frac{\mathrm{d}K}{\mathrm{d}t}=m\left(v_x\frac{\mathrm{d}v_x}{\mathrm{d}t}+v_y\frac{\mathrm{d}v_y}{\mathrm{d}t}\right) \tag{6.34}$$

$$=F_xv_x+F_yv_y=F_x\frac{\mathrm{d}x}{\mathrm{d}t}+F_y\frac{\mathrm{d}y}{\mathrm{d}t} \tag{6.35}$$

$$\mathrm{d}K=F_x\mathrm{d}x+F_y\mathrm{d}y \tag{6.36}$$

式（6.35）中，我使用了牛顿第二定律 $\boldsymbol{F}=m\frac{\mathrm{d}\boldsymbol{v}}{\mathrm{d}t}$，还将其两侧同时乘以 $\mathrm{d}t$，以前解释过这是允许的。若定义功为

$$\mathrm{d}W=F_x\mathrm{d}x+F_y\mathrm{d}y \tag{6.37}$$

那么，就像对一维空间 $d=1$ 那样，求解，得

$$\mathrm{d}K=\mathrm{d}W=F_x\mathrm{d}x+F_y\mathrm{d}y \tag{6.38}$$

力和位移皆为矢量：

$$\boldsymbol{F}=\boldsymbol{i}F_x+\boldsymbol{j}F_y \tag{6.39}$$

$$\mathrm{d}\boldsymbol{r}=\boldsymbol{i}\mathrm{d}x+\boldsymbol{j}\mathrm{d}y \tag{6.40}$$

它们的分量出现在了 $\mathrm{d}W=F_x\mathrm{d}x+F_y\mathrm{d}y$ 中。同样，功率 P 写为

$$P=\frac{\mathrm{d}K}{\mathrm{d}t}=F_xv_x+F_yv_y \tag{6.41}$$

假设有两个矢量：

$$\boldsymbol{A}=\boldsymbol{i}A_x+\boldsymbol{j}A_y \tag{6.42}$$

$$\boldsymbol{B}=\boldsymbol{i}B_x+\boldsymbol{j}B_y \tag{6.43}$$

我们将看到 $A_xB_x+A_yB_y$ 这个组合会十分自然地出现，它叫作 $\boldsymbol{A}$ 和 $\boldsymbol{B}$ 的点积 $\boldsymbol{A}\cdot\boldsymbol{B}$。定义为

$$\boldsymbol{A}\cdot\boldsymbol{B}=A_xB_x+A_yB_y \tag{6.44}$$

采用这样的符号，得

$$\mathrm{d}W=\boldsymbol{F}\cdot\mathrm{d}\boldsymbol{r} \tag{6.45}$$

$$P=\boldsymbol{F}\cdot\boldsymbol{v} \tag{6.46}$$

有几个关于 $\boldsymbol{A}\cdot\boldsymbol{B}$ 的等式。首先，

$$\boldsymbol{A}\cdot\boldsymbol{A}=A_x^2+A_y^2=A^2 \tag{6.47}$$

式中，A 是 $\boldsymbol{A}$ 的大小。

接下来，设 θ_A 和 θ_B 分别为 $\boldsymbol{A}$ 和 $\boldsymbol{B}$ 与 x 轴的夹角，那么，

$$\boldsymbol{A}\cdot\boldsymbol{B}=A_xB_x+A_yB_y \tag{6.48}$$

$$=A\cos\theta_A B\cos\theta_B+A\sin\theta_A B\sin\theta_B \tag{6.49}$$

$$=AB(\cos\theta_A\cos\theta_B+\sin\theta_A\sin\theta_B) \tag{6.50}$$

$$=AB\cos(\theta_B-\theta_A)=AB\cos(\theta_A-\theta_B) \tag{6.51}$$

也常常被写为更紧凑的形式：

$$\boldsymbol{A}\cdot\boldsymbol{B}=AB\cos\theta \tag{6.52}$$

式中，θ 为两个矢量之间的夹角，可以是从 $\boldsymbol{A}$ 到 $\boldsymbol{B}$ 的角度，也可以反过来，因为 $\cos\theta$ 的值与 θ 的符号无关。

即使在三维空间 $d=3$ 中，式（6.52）也成立，因为 $\boldsymbol{A}$ 和 $\boldsymbol{B}$ 还可以在一个平内，θ 为两者在这个平面内的夹角。但是，采用分量表达时得将所有分量代入

$$\boldsymbol{A}\cdot\boldsymbol{B}=A_xB_x+A_yB_y+A_zB_z \tag{6.53}$$

这个结论看来很合理，可以利用复杂的三角学知识加以证明。

因为 $\cos\theta=\cos(-\theta)$，所以点积具有对称性：

$$\boldsymbol{A}\cdot\boldsymbol{B}=\boldsymbol{B}\cdot\boldsymbol{A} \tag{6.54}$$

注意：如果令 $\boldsymbol{A}=\boldsymbol{B}$，那么，$\boldsymbol{A}\cdot\boldsymbol{A}=A\ A\cos 0=A^2$。

点积的这两种定义式（6.44）和（6.52）是完全等效的。如果利用分量来考虑的话，$A_xB_x+A_yB_y$ 是更自然的，而当你想到的是具有一定长度和方向的箭线，那么，$AB\cos\theta$ 是首选的。到底用哪个要根据你的目标而定。

例如，要推导点乘满足分配律这个重要的性质。

$$\boldsymbol{A}\cdot(\boldsymbol{B}+\boldsymbol{C})=\boldsymbol{A}\cdot\boldsymbol{B}+\boldsymbol{A}\cdot\boldsymbol{C} \tag{6.55}$$

按下面的步骤就比较容易：

$$\boldsymbol{A}\cdot(\boldsymbol{B}+\boldsymbol{C})=A_x(B_x+C_x)+A_y(B_y+C_y) \tag{6.56}$$

$$=A_xB_x+A_yB_y+A_xC_x+A_yC_y=\boldsymbol{A}\cdot\boldsymbol{B}+\boldsymbol{A}\cdot\boldsymbol{C} \tag{6.57}$$

然而，运用 $\boldsymbol{A}\cdot\boldsymbol{B}=AB\cos\theta$ 证明下面的常用结论会方便些。

- 如果 $\boldsymbol{A}$ 和 $\boldsymbol{B}$ 彼此平行，即 $\theta=0$，则它们的点积取极大值。
- 如果 $\boldsymbol{A}$ 和 $\boldsymbol{B}$ 彼此垂直，则它们的点积为零。
- 在旋转坐标轴的操作下，$\boldsymbol{A}\cdot\boldsymbol{B}$ 是个恒量或是不变量，因为它们的长度和相对角度不随坐标轴的旋转而改变。

当然，利用一种定义给出的每个证明，都可以用另外的定义进行证明，不过可能会麻烦一些。

我们回到动能定理，运用点积，得

$$\mathrm{d}K=\boldsymbol{F}\cdot\mathrm{d}\boldsymbol{r}=\mathrm{d}W \tag{6.58}$$

一个力使物体移动了矢量 d$\boldsymbol{r}$ 所做的功等于力矢量的长度乘以运动过的距离，再乘以力与位移矢量间夹角的余弦值。这也等于动能的增量 dK。让我们在 x-y 平面上运动一个大行程，如图 6.3 所示，从 $\boldsymbol{r}_1\equiv 1$ 的点开始，到 $\boldsymbol{r}_2\equiv 2$ 的点结束。这一行程是由一系列很小的线段 d$\boldsymbol{r}$ 组成的，我对每个小段都算一算 $\boldsymbol{F}\cdot \mathrm{d}\boldsymbol{r}$。因为这些小段的长度趋于零，所以，我将它们对于动能 K 的贡献相加并把所做的功相加，得

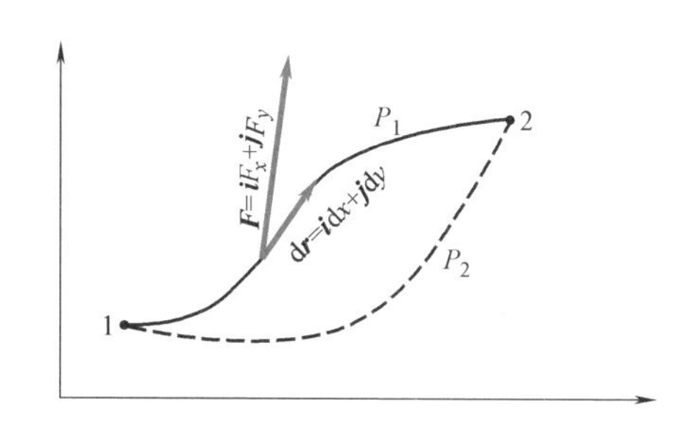

图 6.3　一个力沿路径 P_1 在 1 和 2 点之间的线积分等于对组成这条路径的许多微小线元在 d$\boldsymbol{r}\to 0$ 的极限下的点积 $\boldsymbol{F}\cdot \mathrm{d}\boldsymbol{r}$ 之和。虚线所示的是这两点间的另一条路径 P_2。

$$\int_1^2 \mathrm{d}K = K_2 - K_1 = \int_1^2 \boldsymbol{F}\cdot \mathrm{d}\boldsymbol{r} \tag{6.59}$$

式（6.59）左边叫作力 F 沿路径 P 在 1 和 2 点之间的线积分。

6.4　保守力与非保守力

设与一维空间类似，有这样一种情况成立，即某个力的线积分仅依赖于起点和终点。我们就像在一维空间那样，将这个积分所得的结果记为 $U(1)-U(2)$。这样我的工作就完成了，因为我会得到

$$K_2+U_2=K_1+U_1 \tag{6.60}$$

为了确保正确性，我会请教数学家一个问题："你说过，$F(x)$ 由起点到终点的积分其实是另外一个函数 G 在上限的值减去 G 在下限的值，而 G 与 F 间的关系为 $F=\dfrac{\mathrm{d}G}{\mathrm{d}x}$。那么，在二维情况下是否有相同的结论呢？"可悲的是，并不是这样的。有什么地方会不对吗？是的，摩擦力就这样。但是，我们假设没有摩擦力，且 $\boldsymbol{F}$ 仅与 $\boldsymbol{r}$ 相关。还会有什么地方不对吗？嗯，我问你下面这个问题。假设我沿着路径 P_1 由 1 到了 2，而另外一个人走的是路径 P_2。你会认为，即使对那个力计算积分的路径更长，那个人所做的功也会与我的相同吗？在二维空间中，从一个点到另外一个点的路径成千上万，所以这个积分不能仅由两个点确定；它依赖于整个积分路径，积分路径需要被明确指出。如果，功依赖于路径，那么，积分所得的结果就不能被写成 $U(1)-U(2)$，它是仅由两个点确定的。

跑一下题，我要指出即使对于一维 $d=1$，从 x_1 到 $x_2>x_1$，也是会有多种办法的。例如，我们可以直接到达 x_2，或者可以走过头到达 x_3 点，然后再返回到 x_2。答案是相同的，因为从 x_2 到 x_3 的每一段都对 $F(x)\mathrm{d}x$ 有贡献。在返回 x_2 的路上，$F(x)$ 是相同的，而 dx 改变了符号，所以，相比于去程，它的贡献一样，但是符

号相反。在这个意义上，一维 $d=1$ 中每个力 $F(x)$ 都是保守的。当然，如果这个力是我们说过的摩擦力，那原来抵消的两段现在却是加在一起的，因为对于摩擦力 $F=F(x,v(x))$，它会随 $\mathrm{d}x$ 而改变符号。

回到二维 $d=2$，我将证明对于一般的力，它的功与路径相关。为了随机地找个力，我请学生们随口给我说出 1 到 3 之间的数字，我得到的是下面的这一串数：2，2，2，1，1 和 2。利用这些随机产生的数字作为系数和指数，我写出这样一个力：

$$\boldsymbol{F}(x,y)=\boldsymbol{i}2x^2y^2+\boldsymbol{j}xy^2 \tag{6.61}$$

例如，$2x^2y^2$ 来自同学们给出的那串数中的前 3 个数字。

对于这个一般的力，基本上是随机挑选出来的，从一点移到另一点，它的功是否仅依赖于起点和终点呢？是否与两点间运动路径的细节相关呢？我们会看到，对于连接这两点的两条不同的路径，计算这个力的功所得到的答案是不同的。

我们对于从原点（0，0）运动到（1，1）点的过程，来计算这个力的功。我选择了如图 6.4 所示的两条路径。按照路径 1，我沿水平方向走，到达（1，0）点，也就是（1，1）点的正下方，然后竖直向上到达（1，1）点。沿着另外一条路径，我竖直向上到达（0，1）点，然后沿水平方向走到（1，1）点。我们先看看沿第一条路径的功。我要先在水平线段上做 $\boldsymbol{F}\cdot\mathrm{d}\boldsymbol{r}$ 的积分，再在竖直段上做。如果我沿 x 轴运动了一点点，则

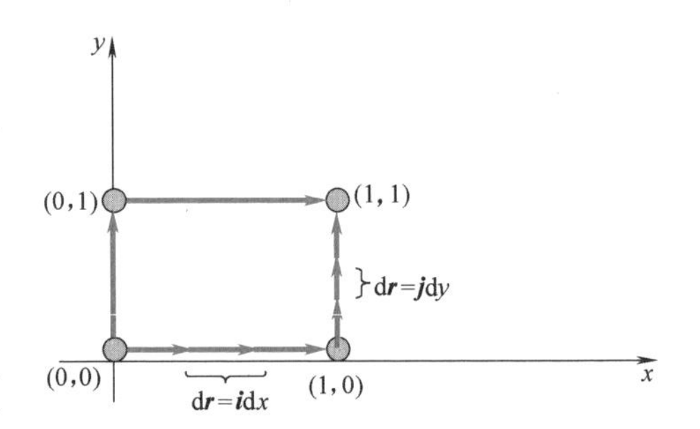

图 6.4 矢量从（0，0）点到（1，1）点沿着两条路径的线积分。

$$\mathrm{d}\boldsymbol{r}=\boldsymbol{i}\mathrm{d}x \tag{6.62}$$

因为是在 x 轴上，所以有 $y=0$，故

$$\boldsymbol{F}(x,y)=\boldsymbol{i}2x^2y^2+\boldsymbol{j}xy^2=0 \tag{6.63}$$

$$\boldsymbol{F}\cdot\mathrm{d}\boldsymbol{r}=0 \tag{6.64}$$

换言之，在这段上，功为零，这是因为当 $y=0$ 时，$\boldsymbol{F}$ 本身为零。在从（1，0）点到（1，1）点的竖直段上，

$$\mathrm{d}\boldsymbol{r}=\boldsymbol{j}\mathrm{d}y \tag{6.65}$$

因为在这段上 $x=1$，

$$\boldsymbol{F}(x,y)=\boldsymbol{i}2x^2y^2+\boldsymbol{j}xy^2=\boldsymbol{i}2y^2+\boldsymbol{j}y^2 \tag{6.66}$$

$$\boldsymbol{F}\cdot\mathrm{d}\boldsymbol{r}=y^2\mathrm{d}y \tag{6.67}$$

$$\int\boldsymbol{F}\cdot\mathrm{d}\boldsymbol{r}=\int_0^1 y^2\mathrm{d}y=\frac{1}{3} \tag{6.68}$$

所以，沿此路径的功为 $W_1=0+\frac{1}{3}=\frac{1}{3}$。

看第二条路径。因为 $x=0$ 时，$\boldsymbol{F}$ 为零，所以竖直段上的贡献为零。对于水平的那段，$y=1$，得

$$\mathrm{d}\boldsymbol{r}=\boldsymbol{i}\mathrm{d}x \tag{6.69}$$

因为在这段上 $y=1$，

$$\boldsymbol{F}(x,y)=\boldsymbol{i}2x^2y^2+\boldsymbol{j}xy^2=\boldsymbol{i}2x^2+\boldsymbol{j}x \tag{6.70}$$

$$\boldsymbol{F}\cdot\mathrm{d}\boldsymbol{r}=2x^2\mathrm{d}x \tag{6.71}$$

$$\int\boldsymbol{F}\cdot\mathrm{d}\boldsymbol{r}=\int_0^1 2x^2\mathrm{d}x=\frac{2}{3} \tag{6.72}$$

所以，沿此路径的功为 $W_2=0+\frac{2}{3}=\frac{2}{3}$。

所得答案是与路径相关的。

我已经证明出，随意找个一力，它的功与积分路径相关。在一维中，对于除了摩擦力那类力以外的力，我们定义了势能函数。而对于这种非保守力，我们不能这样做。

对于能量守恒的探求，引导我们寻找相应的保守力，它从 1 点到 2 点的功与路径无关。

6.5　保守力

初次见到保守力时，它看上去挺神奇的。如果随意地挑出一个力，那么其线积分与路径相关。这种路径相关性怎么就会消失了呢？如果保守力的确是存在的，我们如何才能找出它们呢？

不要绝望。利用一种算法，我们可以产生任意多的保守力。

- 任取一个函数 $U(x,y)$
- 与之相应的保守力为

$$\boldsymbol{F}=-\boldsymbol{i}\frac{\partial U}{\partial x}-\boldsymbol{j}\frac{\partial U}{\partial y} \tag{6.73}$$

- 与这个保守力相应的势能函数就是 U 本身。

举一个例子。

$$U(x,y)=xy^3 \tag{6.74}$$

$$\frac{\partial U}{\partial x}=y^3 \tag{6.75}$$

$$\frac{\partial U}{\partial y}=3xy^2 \tag{6.76}$$

$$F = -iy^3 - j3xy^2 \tag{6.77}$$

我来证明一下这个方法可行。设发生了一个由（x，y）到（$x+dx$，$y+dy$）微小偏移，在所有增量均趋于零的极限下，得到函数 U 的增量为

$$dU = \frac{\partial U}{\partial x}dx + \frac{\partial u}{\partial y}dy \tag{6.78}$$

采用 $\boldsymbol{F}$ 写出它：

$$dU = -F_x dx - F_y dy = -\boldsymbol{F} \cdot d\boldsymbol{r} \tag{6.79}$$

将所有线元的增量相加，并且将等式两侧改变符号，得

$$U(1) - U(2) = \int_1^2 \boldsymbol{F} \cdot d\boldsymbol{r} = K_2 - K_1 \tag{6.80}$$

这就是 U 为势能函数时的能量守恒定律。

这样我构造出了一个力使得 $\boldsymbol{F} \cdot d\boldsymbol{r}$ 是某个函数 U 的增量。将所有的 $\boldsymbol{F} \cdot d\boldsymbol{r}$ 相加，我将会得到这个函数从起点到终点的增量。我们开始明白为什么某些积分与路径无关了。打个比方，先不要管积分。想象我处在丘陵地带。我从一个点出发，到达另外一个点。我每走一段就查看一下高度的变化，将上山记为正，下山为负。这就像那个 dU。我将它们都加在一起。总的高度变化就是起点与终点的高度差。现在，你与我从同一个点出发，但是走不同的路径。你转遍了所有的地方，但是最终停在我的终点。如果你查看一下自己走过的路程有多长，所得结果当然与我的是不一样的。但是，你还查看了一下每一步高度的变化并且将它们都加在一起，就会得到与我相同的结果。我重复一下，如果你查看的是一个高度函数的增量，那么，所有高度变化的总和只不过是终点的高度减去起点的高度，与你所运动的路径是没有关系的。反过来，由高度函数出发，如果你构造出一个力 $\boldsymbol{F}$，它的各个分量是这个函数的偏导数，那么，$\boldsymbol{F} \cdot d\boldsymbol{r}$ 给出的是每个线元上高度的增量，做线积分就可以得到起点和终点间的高度差，这与路径无关。

考虑保守力对于闭合路径的积分，也就是图 6.3 中的起点和终点恰好重合在一起。因为这表示 U 在某个点和与之相同的点的增量，因此，对于任意的闭合路径均为零。这可以用下式表示：

如果 $\boldsymbol{F}$ 是保守力，则 $$\oint \boldsymbol{F} \cdot d\boldsymbol{r} = 0 \tag{6.81}$$

是否还可以用其他方法构造出保守力呢？不可以！可以证明每个保守力均可以通过对某个函数进行微分而获得。

大家是否记得，我要同学们随机地选出一个力，并承诺对它沿着两条路径进行积分会得到不同的答案吗？那时我的处境有多么不妙？要是那个力是保守力，结局会如何呢？那我会非常尴尬，因为经过所有的步骤之后，我得到的答案将是相同的。所以，我那时要先确定这个力不是保守力。我怎样知道它是否是保守力呢？我会问自己："是否可能存在一个函数 U，它的导数（的负值）等于 $\boldsymbol{i}2x^2y^2 + \boldsymbol{j}xy^2$？"我知道答案将是否定的，因为如果将这个函数 U 对 y 求一次导数得到 F_y，那么，

F_y 中 y 的指数会比 F_x 中的小1。然而，在我们的例子中，这两者的 y 指数是相同的。稍后，我会采用更好的方法分析这个问题。

的确，仅需一个与路径相关的例子就可以证明一个力是非保守力（就像我们上面所做的那样），任意取两个固定点，对于其间的两条甚至是两千条路径即使得到相同的结果也不意味着这个力是保守力。这可能具有偶然性。采用其他的路径或是其他的起点终点，有可能证明这个力是非保守力。反之，也许会发生这样的情况，一个非保守力，就像我刚才提到的那个力，由于纯粹的偶然性，对于两个特殊点之间的若干特殊路径积分所得的结果是相同的。我曾试着这样做，运气可不佳。

但是，如果这个力确实是保守力，我们怎么去证明这一点呢？我以前就保证过，有个极好的检测方法。如果 $\boldsymbol{F}$ 是个保守力，它一定来自一个 U 的偏导数，见式（6.73）。接下来，有

$$\frac{\partial F_x}{\partial y}=-\frac{\partial^2 U}{\partial y\partial x} \tag{6.82}$$

$$\frac{\partial F_y}{\partial x}=-\frac{\partial^2 U}{\partial x\partial y} \tag{6.83}$$

因为混合偏导数是相等的，这表明

$$\frac{\partial F_x}{\partial y}=\frac{\partial F_y}{\partial x} \tag{6.84}$$

如果我给你一个力，并且问你："它是否是保守力呢？"你只要看看是否有下式成立：

$$\frac{\partial F_x}{\partial y}=\frac{\partial F_y}{\partial x} \tag{6.85}$$

如果成立，你就知道这个力是保守力；如果不成立，它就不是保守力。

对于我们举的这个例子：

$$\boldsymbol{F}(x,y)=\boldsymbol{i}2x^2y^2+\boldsymbol{j}xy^2 \tag{6.86}$$

这个力不能通过我们所说的检测：

$$\frac{\partial F_x}{\partial y}=4x^2y\neq\frac{\partial F_y}{\partial x}=y^2 \tag{6.87}$$

两种最普遍的力，万有引力和电磁力，都是保守力。

对于这个主题的更多补充讨论，请参见我编著的书《基础数学训练》（*Training in Mathematics*）。

6.6　引力势能的应用

我们来看一个最常见的例子：地面附近的引力，写为 $\boldsymbol{F}=-\boldsymbol{j}mg\equiv m\boldsymbol{g}$，其中，

$\boldsymbol{g}=-\boldsymbol{j}g$。因为 F_y 的 x 导数为零，且没有 F_x 可求导，因此有$\frac{\partial F_x}{\partial y}=\frac{\partial F_y}{\partial x}=0$。与它相应的势能 U 是什么样的呢？你会很容易地猜出来 $U=mgy$ 它满足 $F_y=-\frac{\partial U}{\partial y}$。你也可以用 $U=mgy+96$，不过我们不加这些常数。在能量守恒定律中，$K_1+U_1=K_2+U_2$，在两侧的 U 中加上 96 也不会有任何影响。你们已经在研究一维运动时就知道这一点了，现在我要说的是在二维空间这仍然成立。

现在，看看其应用。图 6.5 显示的是一辆过山车的轨道，它的形状起起伏伏。每个 x 处都有对应的高度 $y(x)$ 和一个势能函数 $U(x)=mgy(x)$，它基本上就是过山车轨道那样的轮廓。如果一辆过山车静止在顶点 A，它的能量是多大呢？假设高度为 h，它具有势能，没有动能，因此总能量为 $E_1=mgh$。但是，在过山车爬上滑下过程中，总能量是保持不变的。这样，你在高为 E_1 的地方画一条直线代表总能量。如果这过山车位于某个 x 点，那么 $U_1(x)$ 是它的势能，E_1 的其余部分是它的动能，即图中所示的 $K_1(x)$。途中上下颠簸时，过山车得到或失去动能以及势能，两者相加总是等于那个 E_1。

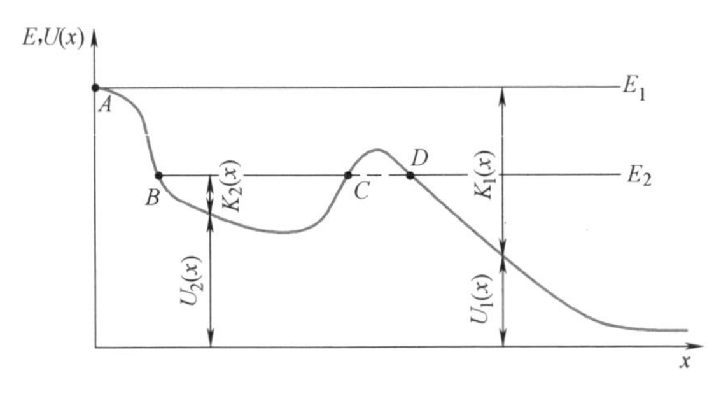

图 6.5　过山车之旅。在我们讨论的这两个例子中，总能量恒定为 E_1 或是 E_2。在每个 x 点处，势能 $U(x)$ 和动能 $K(x)$ 之和等于常数 E。如果总能量为 E_2，过山车只能出现于 B 和 C 之间或是在 D 的右边。它不能位于 CD 区间，在这段上，势能大于总能量，K 会为负值。

假设过山车的总能量为 E_2。我们将之从 B 点由静止释放。它将向下运动，速率增大，减小，在 C 点掉头回来，因为在这个点，势能等于总能量，没有动能。它将在 B 和 C 之间哐啷哐啷地行进。如果我们将它在 D 点由静止释放，它的能量也为 E_2，它将一直向下滑到结束。但是绝不会在 C 到 D 之间运动，因为在 CD 区间的势能大于总能量，因此动能为负值，而这是不可能的。

然而，根据量子力学，能量为 E_2 的粒子可以从 BC 区间消失，以相同的能量隧穿到 D。我用了隧穿这个词，因为在经典力学中，粒子不能越过 CD 区间的势垒。在量子力学理论中，你不会有这个异议，因为在其间，粒子并不是沿连接着两个观测点的连续轨道运动的。

回到那辆过山车。可以利用能量守恒求出它在轨道上任意点的速率。利用它，可以求出要使图 4.6 中的过山车以最小速率 $v=\sqrt{Rg}$ 到达圆环顶部（距地面的高度为 $2R$）所需要的最低释放高度。我们列出：

$$\frac{1}{2}m\cdot 0^2+mgH=\frac{1}{2}mRg+mg(2R) \tag{6.88}$$

$$H=\frac{5}{2}R \tag{6.89}$$

最后提醒大家。对于过山车我写出的那个能量守恒是不全面的，因为重力不是它所受的唯一的力。还有 $\boldsymbol{F}_{\mathrm{T}}$，轨道的法向力。瞧，要是除了引力以外，我不想要其他的力，我可以把过山车拿来，把它从悬崖上推下去。这样，可以将势能转换为动能，但是这结果对于乘坐者来说可不太好。游乐场的设计师建造了轨道，因为他们要使游客安全而且再次来乘坐。因此，这轨道应该存在，而且计算时应该包括 $\boldsymbol{F}_{\mathrm{T}}$ 的效果。幸运的是，这个法向力并不做功，因为在轨道的每部分都有 $\boldsymbol{F}_{\mathrm{T}}\cdot \mathrm{d}\boldsymbol{r}=0$。所以，正确的说法是，$K_2-K_1$ 等于所有力的积分，将所做的积分分为由轨道施加的 $\boldsymbol{F}_{\mathrm{T}}$ 和重力引起的 $\boldsymbol{F}_g$ 两部分，由于我们上面所说的原因，就不用理睬 $\boldsymbol{F}_{\mathrm{T}}$ 那部分的积分了。

第7章 开普勒问题

7.1 开普勒定律

接下来，我们讨论与保守力相关的一个最著名问题：天体在牛顿引力作用下的运动。这是个重大的飞跃，超越斜面、滑轮等等诸如此类的问题，我们将了解行星是如何围绕太阳运转的。这是一个很大很大的问题，对吧？等式里的小 m 不再是滑轮或者物块的质量，而是木星与太阳的质量。你将要做的事情是宇宙学尺度的，并且不需要再学太多的东西。你离这个目标差的不是太远。

在牛顿时代，情形是这样的。尼古拉斯·哥白尼提出了一种构成太阳系的方法：把太阳置于一个定点 S，如图 7.1 所示，其他行星都是围绕它运转，图中我只画出了一个行星，称之为 P。必须承认哥白尼的贡献的确是非凡的。首先，当时所处的不是一个“发表或是毁灭”的时代，而是一个“发表并且毁灭”的时代。在那时，站出来说出你对天体的看法可不是一个好主意。更重要的是，哥白尼是怎样构造出来这个理论的呢？即使在今天，即使我知道以太阳为中心的这个模型是正确的，当我放眼向四周看去，眼中看到的并不是这样的情景。我承认如果从很远的地方观察我们的太阳系，它将会十分简单。但是我们有什么优势呢？我们位于自太阳起的第三颗行星上，绕自身的轴自转，同时还围绕太阳运转。我们认为自己是静止的，周围的一切都在反向运转。从那一片混乱之中推断出这幅简单的图景是相当了不起的。这场思想上的转变被恰如其分地称为哥白尼革命。

在哥白尼革命之后，人们决定收回以地球为中心所得的数据，换成以太阳为中心的数据，并且分析所得的新结论。第谷·布拉赫是丹麦贵族，拥有自己的实验室，从事对太阳系的研究。约翰尼斯·开普勒是一位数学家，第谷的助手，对这个问题研究了 40 年，将所得结果总结为三条深刻的定律并发表，这三条定律很值得如此长时间的等待。就算开普勒 40 年后只留给了我们三条定律，那又怎样呢！仍旧好于国会。

（在这里我得告诉要从事科学研究的人员，不要等 40 年才发表成果，你将得不到工作，得不到拨款，如果能得到博士学位，毕业时也快到退休年龄了。在今天的大环境下，这样的长期项目是很冒险的。我能想出来的一个很少见的反例是雷蒙德·戴维斯关于中微子的工作，这工作持续了 30 多年，最终帮助解开了一个重大的有关中微子之谜。）

下面是开普勒三定律，随后是说明。

1. 行星的运行轨道为椭圆，太阳在轨道的一个焦点上。

2. 在行星运动过程中，图 7.1 中的位置矢量 SP 在相等的时间间隔内扫过的面积（例如，1、2 间的面积和 3、4 间的面积）相同。

3. 比值$\frac{T^2}{a^3}$对于所有行星均相同，式中 T 是周期，a 是椭圆的半长轴。

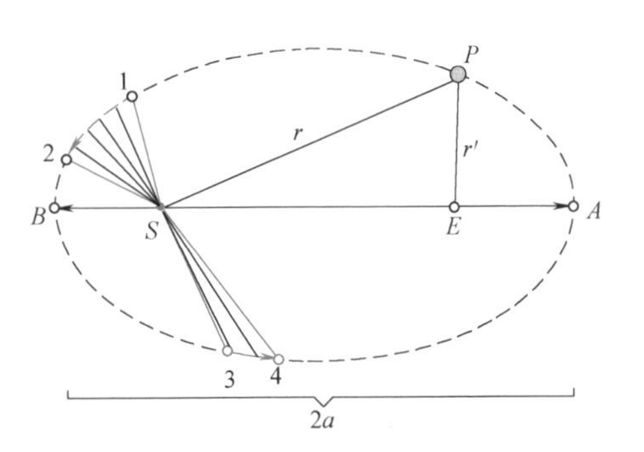

图 7.1 从远处看到的太阳系，图中只画出了一颗行星 P。行星轨道是椭圆形的，太阳 S 在轨道的一个焦点处，长轴的长度为 $2a$，且 $r+r'=2a$。位置矢量在相同的时间内扫过的面积相等，例如，1、2 之间的面积等于 3、4 之间的面积。

此处提醒大家，椭圆是到两个焦点距离之和（图 7.1 中的 $r+r'$）为常量的那些点构成的轨迹。如果想画出一个椭圆，你要准备一根长度为 $2a$ 的线，用图钉将其两端分别固定在两个焦点 S 和 E 处，然后将铅笔尖绕在这根线上置于 P 点，如图 7.1 所示。使这根线一直绷紧，走出一条闭合的路径，你就会得到一个椭圆。椭圆的长轴为 $2a$，半长轴为 a。对这个椭圆，有

$$r+r'=2a \tag{7.1}$$

让我们来搞清楚为什么这根线的长度 $2a$ 同样也是长轴的长度，也就是椭圆在 x 方向上的宽度。设想铅笔尖在点 A，细线的长度等于从 S 到 A 的长度加上从 A 到 E 返回的长度，也就是说在 AE 这一部分被细线覆盖了两次，如果将重叠部分的其中一份儿借出来，它与 BS 段是相等的，所以，这根线的长度横跨了长轴 $2a$。

如果将两个焦点重叠为一个点，就会得到一个半径 $R=a$ 的圆。（短轴 $2b$ 为竖直方向的宽度，在现在的初级理论中用不到。）如果太阳位于 S 点，那么另一个焦点 E 处有什么呢？现在看来，什么都没有，尽管有传闻说曾在这个地方看到了埃尔维斯[㊀]。图中给出的标记倒是认可了这个很有可能性的愿望[㊁]。

开普勒第二定律。关注任何一颗具有固定周期的行星，假设它在一星期内，从 1 点运动到 2 点。测量一下这期间所扫过的面积，也就是在 1、2 两点间那部分轨道与两个径向矢量 $\boldsymbol{r}_1$、$\boldsymbol{r}_2$ 所围成的面积。对于每个长为一星期的时间间隔，重复这一测量，例如在 3 和 4 点之间，所得到的面积都是相等的。事实上，哪怕是无限小时间间隔内所掠过的面积对时间的变化率都是相等的，我们据此得出结论：

㊀ 埃尔维斯（Elvis）是猫王的名字。——译者注

㊁ 作者的幽默，因为英文中 Elvis 的首字母为 E，与椭圆另外一个焦点的表示字母相同。——译者注

$$\frac{dA}{dt}=\text{常量} \tag{7.2}$$

开普勒第三定律的表述如下：

$$\frac{T^2}{a^3}\text{对于太阳系中的所有行星，都是相等的。} \tag{7.3}$$

式中，T 是行星的运行周期，a 是半长轴的长度。换句话说，对于地球（设轨道为圆，确实很接近于圆），$T=365$ 天和 $a=93\ 000\ 000$ mile，将数据代入此式计算会得到一个数字，约为 $2.96\times10^{-19}\ s^2\cdot m^{-3}$。利用木星的数据再次计算，得到的结果是 $3.01\times10^{-19}\ s^2\cdot m^{-3}$。很发人深省吧！

有些同学经常问对开普勒定律是否有修正呢。当然有，就像其他定律一样。首先，行星运动不仅仅是受太阳的影响，同时还受其他的行星影响，尤其是木星。其次，牛顿的引力定律已经被爱因斯坦的广义相对论所修正。这两种效应使轨道不再闭合。长轴会随着时间缓慢地转动，叫作近日点的**进动**，这个现象对于水星最为明显。在牛顿力学体系下，进行了所有可能的修正之后，还有一个极小的偏差，为每个世纪 43 角秒，仍然无法得到解释。（1 角秒等于 1/3 600 度。）凭借着人类非凡的创造力，广义相对论对这最后的偏差给出了解释。

开普勒的数据对于牛顿来说十分有用。牛顿，大家都知道，因为剑桥闹瘟疫，所以从学校回到了故乡。他回到自己过去的小村庄住下来，研究引力问题。那时他已经提出了 $F=ma$，但是还没有试过 F 为引力的特例。于是，他接下来继续在这方面进行研究。

7.2 万有引力定律

必须将力与加速度、而不是与速度联系在一起，这是牛顿基于他早期的探索而建立起来的。如果你观察一颗运动的行星，认为正是由于它受到了力的作用才具有了速度，那么你就还没有明确力的含义。另一方面，如果计算行星的加速度，你就会发现，在任意时刻这个加速度都是指向太阳的。（对于圆形轨道这是显然的。）如果所有物体的加速度都指向太阳，那么相当清楚，加速度的起因是太阳。之后你会假设太阳对行星有力的作用，从而使行星轨道弯曲成一个圈。你的工作就是去找到这种力。

这种力具有什么性质呢？再一次，又是牛顿解决了这个问题。他发现这种使行星围绕太阳运动的力与使月亮围绕地球运转的力或是使苹果落地的力是一样的。你已经在课程中学过，月亮以轨道半径 R_m、速率 v_m 绕地球运转时，其加速度指向地球，大小为

$$a_m=\frac{v_m^2}{R_m} \tag{7.4}$$

对于苹果，它也加速向地球运动，加速度为

$$a_a = g \approx 9.8\ \mathrm{m \cdot s^{-2}} \tag{7.5}$$

这与它的质量 m_a 无关。

让我们猜一猜苹果所受的力的公式，仅看看它的大小，因为方向很明显是指向地球中心的。我们都知道，在地面附近，所有物体的加速度都相同。因此，从公式 $a=F/m$ 出发，我们推测出重力与下落物体的质量成正比，这样质量 m 才可以被消掉。所以，对于苹果，我们得到如下这个方程：

$$F_a = m_a f(M_e, R_a) \tag{7.6}$$

式中，未知函数 f 与地球的质量 M_e、地球的半径 R_e 相关。R_e 也是苹果到地球中心的距离 R_a。

我们还需要其他什么吗？根据牛顿第三定律，如果地球对苹果施加了一个力，那么，苹果一定也对地球施加一个大小相等、方向相反的力。对于地球和苹果组成的系统，想象着苹果变得越来越大。这个方程不会发生变化。直到苹果相对于地球来说是非常巨大的。那么，或许你会认为是地球落向苹果，而不是另外的方向了。在互换角色的情况下，施加在地球上的力同样也和地球的质量 M_e 成正比。因此，对于任意两个物体 m 和 M，我们得到一个与牛顿第三定律相容的方程，即

$$F = (mM) f(R) \tag{7.7}$$

式中的 R 是这两个物体中心间的距离。我们不知道它如何随距离变化，不知道函数 $f(R)$。

为找出这个函数关系，我们比较一下由地球引力引起的苹果与月亮的加速度。

$$a_a = \frac{M_e m_a}{m_a} f(R_a) \tag{7.8}$$

$$a_m = \frac{M_e M_m}{M_m} f(R_m) \tag{7.9}$$

$$\frac{a_a}{a_m} = \frac{f(R_a)}{f(R_m)} \tag{7.10}$$

我们都知道，苹果的重力加速度是 $a_a = 9.8\ \mathrm{m \cdot s^{-2}}$。$a_m$ 是多大呢？由运动学我们可以知道为 $a_m = \frac{v_m^2}{R_m}$。有人知道月亮有多远吗？如果你认为数以百万英里，那就还不错，正确的答案是 238 000 mile。在天体物理学中，如果估测值差了一个因子 4，那是可以的。但是，如果你说 $R_m = 1\,000$ mile 的话，那么我们就得好好谈谈了。无论如何，我们做个近似，说月亮到地球的距离为 $R_m = 240\,000$ mile。

接下来，地球的半径是多少呢？对这个问题，你有些想法，对吧？加利福尼亚有多远呢？3 000 mile。时差大概有多少呢？3 个小时。也就是说每小时 1 000 mile。如果你绕地球一整圈返回，那么加起来的时差是 24 个小时。这就意味着地球的周

长约为 24 000 mile。将之除以 $2\pi\approx6$，我们得到 $R_e\approx4\ 000$ mile。

我知道我们应该用米或千米，但是，就像在座的各位一样，一旦我开车上了高速公路，读出来的是每小时跑了多少英里[㊀]，而不是每秒钟跑了多少米。无论如何，美国人确实常常使用英制单位。如果你去家得宝[㊁]买隔热材料，一定是以每斯[㊂]每磅多少 BTU[㊃]来定价，对吧？有的时候你们会想，如果还用这些单位的话，我们为什么要进行独立战争呢。不管怎么样，我的脑袋是要炸开了。在做物理的时候，我要用米制单位。在家得宝购物的时候，我又要用家得宝的单位。

回过头来求一求月亮的加速度吧，$a_m=\frac{v_m^2}{R_m}$。假设每个轨道都是圆形的，可以证明这种假设不是太坏，对行星也如此。我们已经得到了 R_m，就可以求出轨道的长度 $2\pi R_m$ 了，其中月球围绕地球旋转一周的时间大约是 $T=28$ 天，因此月球绕地球做圆周运动的线速度是 $v_m=\frac{2\pi R_m}{T}$，加速度为

$$a_m=\frac{(2\pi R_m/T)^2}{R_m} \tag{7.11}$$

如果代入数据，你会得到

$$\frac{a_a}{a_m}\approx3\ 600=\frac{f(R_a)}{f(R_m)} \tag{7.12}$$

考虑到$\frac{R_m}{R_a}=\frac{240\ 000}{4\ 000}=60$，即使你不是牛顿，也可以推导出

$$f(R)=\frac{1}{R^2} \tag{7.13}$$

与方程（7.7）联立，我们将会得到伟大的万有引力定律

$$F=G\frac{Mm}{R^2} \tag{7.14}$$

$$G=6.67\times10^{-11}\ \mathrm{N\cdot m^2\cdot kg^{-2}} \tag{7.15}$$

式中，G 为万有引力常数，它使方程（7.14）两侧的单位是相匹配的，并且使我们在地球表面测得的重力加速度为 $g=9.8\ \mathrm{m\cdot s^{-2}}$。

在讨论中，我们假设苹果与地球之间的距离为 R_e，即地球的半径。为什么在计算中不用那棵苹果树的高度呢？其实，牛顿的这个公式是对两个质点写的，它们之间的距离是很明确的。对于地球，正确的处理方法是：将地球分成许多微元，求出每一微元对于苹果的引力，然后对这些引力求和或者进行积分。进行这样的计算

㊀ 这里指在美国。——译者注

㊁ 家得宝（Home Depot）美国一家连锁商店的名称。——译者注

㊂ 斯：质量单位。——译者注

㊃ BTU：英国、美国常用的热量单位。——译者注

所得的结果是：地球与将其全部质量集中于其球心的质点的作用是等效的。牛顿知道这是正确的，但是，在很多年内他都不满意自己的证明，因此他才推迟了发表。即使在今天，这也是个比较难的积分问题。

还有一个简单的结果。假设你在一个质量为 M 的空心球壳内部。你会感受到力的作用吗？很明显，如果你在球心，将感受不到力的作用，这是因为对于球壳上每个微元对你的引力，都存在一个相等的反向引力。其实，在球壳内部的整个空间内，你受到的引力均为零，尽管这不是那么显而易见，但它是正确的。当然，在球壳外面，你受到的引力等于质量为 M 且位于球心的质点对你的引力。总之，若质量的分布具有球对称性，那么作用于距球心 r 处物体的引力取决于其半径 r 以内的质量，等于将这部分质量视为集中于球心的质点所施加的引力，而半径 r 以外的质量对两者间的引力没有贡献。

公式（7.14）被称为“万有引力定律”是很恰当的。相信适用于地球表面附近的定律同样也适用于月球以及遥远之处，是人类信念的巨大飞跃。那时是 1687 年；人们相信的是巫术，怀有各种迷信，他们不是以现代科学方式去思考的。对于上天是怎样构成的，他们抱有许多幻想。在那个年代，要相信上天与地球是由相同的基本物质所构成，而且还遵循着相同的运动定律，是非常不容易的。

已经证明，牛顿信念上的巨大飞跃是非常有先见之明的：不仅仅是万有引力定律，而是所有在地球表面推导出的物理定律似乎都适用于整个宇宙，不只是现在，过去也这样，而且我们希望，将来也将如此。的确，我们知道来自遥远星系和类星体的光要经过很长很长的时间才到达我们，当下在天空观测到的是很久以前所发生的，然而我们仍然用最新发现的理论去分析它们。在宇宙的长河之中，我们只在一段极短的时间内检验了宇宙中极其微小的部分，然而我们在这里和现在得到定律却应用到了遥远广袤的宇宙，一直追溯到“大爆炸”之时。我们非常自信地预测着宇宙的未来。对我们来说，一个重大的突破就是我们得到的定律似乎具有普适性和永恒性。事情竟然如此。

7.3 轨道

我们来用万有引力定律研究一个简单的例子。一个质量为 m 的行星绕太阳运行，太阳的质量为 M。$M \ggg m$，使得尽管受到了行星的引力作用，也可以假设太阳是静止不动的。取太阳为参考系的原点。得到我们想要的方程：

$$m\frac{\mathrm{d}^2\boldsymbol{r}}{\mathrm{d}t^2}=-\frac{GMm}{r^2}\boldsymbol{e}_r \tag{7.16}$$

式中，$\boldsymbol{e}_r=\frac{\boldsymbol{r}}{r}$为单位向量，方向由太阳指向行星。

现在这个问题就涉及微积分了，由该方程的解应该与开普勒的所有结论一致。

应该推导出：行星沿椭圆形轨道运行，它在相同时间内扫过相等的面积，它周期的平方与其椭圆轨道长半轴的立方之比与行星的质量无关。

尽管几个世纪已经过去了，我发现，即便是高等力学班的学生，解这个微分方程也得费很大的劲儿。把这个方程写下来是一回事，求解它并且得到椭圆轨道却是另外一回事。然而，牛顿在几百年前就完成了所有这些工作。

我们来设想一下，你列出了方程（7.16），但是得不到这个方程的解，那么尽管你可以得到这个正确的引力定律，但是却不能判定它的正确性，也不能使他人信服，因为你得不到这个方程的结论。这倒不是什么稀罕的事情。以夸克理论为例，我们相信质子、中子等微观粒子由夸克组成。我们认为已经知道了其基本运动方程及其夸克间的作用力。但是，到现在为止，我们还无法给出解析证明，以说明根据已有的这些基本方程可以解释观察到的现象和粒子。然而，利用大型计算机做近似计算，我们相当地肯定，经过若干年的工作后，差不多可以确定这些方程是正确的。一个新的理论如果要被接受，它的重要结论必须被准确地或者近似地推导出来，并且必须在可接受的精度内与实验一致。

回到刚才的问题，尽管我们设法证明一般来说轨道是椭圆，但是我们要讲的是圆轨道的特例。对于一个方程，你可以假设出它的解，再将这个解代回方程，检验它是否正确。假设行星以速率 v 在半径为 r 的圆轨道上运行，我们来看看这个假设是否符合运动定律和引力定律。在沿半径向内的方向，由 $\boldsymbol{F}=m\boldsymbol{a}$，我们得

$$m\frac{v^2}{r}=\frac{GMm}{r^2} \tag{7.17}$$

方程左边是结果，方程右边是原因。如果你抡动绳子使系在其另一端的石块做圆周运动，石块就有向心加速度，绳子的拉力提供了必备的向心力。这里，正是那不可见的太阳引力，伸向并拉住了这颗行星。消掉等式两侧的 m 和 r 的一次方后，得到一个非常有用的等式：

$$v^2r=GM \tag{7.18}$$

我们发现，只要使速率满足这个方程，便可得所需半径的圆轨道。如果你想发射一颗轨道半径为 r 的人造卫星，以符合那个轨道的速率发射就好了。而且只要满足这一等式，在这个轨道上运行的物体是人造卫星、空间站还是一个马铃薯都无所谓，因为绕行物体的质量已经在等式中被消掉了，随之带走了该物体的特性。

这是我们能由牛顿定律得到的全部。让我们回去看看与开普勒定律相符的情况。我们已经证明出圆形轨道，即椭圆形轨道的特例，是可行的。那么在相等时间内扫过的面积相等吗？很明显是相等的，因为根据假设，行星以恒定速率和恒定的半径 r 做圆周运动。现在就剩下开普勒第三定律了，它表述的是运行周期以及轨道大小的关系。

行星的运行速度等于其轨道周长除以旋转周期，即

$$v=\frac{2\pi r}{T} \tag{7.19}$$

把式（7.19）代入式（7.18），得

$$\frac{4\pi^2 r^3}{T^2}=GM \tag{7.20}$$

$$\frac{T^2}{r^3}=\frac{4\pi^2}{GM} \tag{7.21}$$

这就是开普勒第三定律，对于圆来说，半径 r 就是椭圆的长半轴 a，等式右侧仅与太阳有关，与行星无关。

牛顿在开普勒之后的新成果是什么呢？开普勒说$\frac{T^2}{a^3}$对于所有行星都是常数，但是并没有给出这个常数与什么量相关。牛顿得到了这个常数，它取决于太阳的质量、π 和万有引力常数 G。如果将太阳的质量 $M=2\times10^{30}$ kg 代入，我们就会发现$\frac{4\pi^2}{GM}$实际上约等于 $3\times10^{-19}\ \mathrm{s}^2\cdot\mathrm{m}^{-3}$，与之前见过的关于地球和木星的$\frac{T^2}{a^3}$数据几乎完全一致。

原子物理学中也有类似的情况，一位名叫约翰·巴尔莫的中学老师分析了氢原子辐射光波的频率，发现所有的频率满足下面的等式：

$$f=R\left(\frac{1}{n_1^2}-\frac{1}{n_2^2}\right) \tag{7.22}$$

式中，R 对于给定的原子是常数，n_1 和 n_2（$n_2>n_1$）是两个任意的正整数。他从数据中得到了常数 R 的值，但是不知道其更基本的意义。之后，玻尔通过量子化假设得到了这种形式的方程。在这个过程中，他得到了 R，将之以普朗克常数、电子的质量和电荷等基本常数表示出来。巴尔莫的工作对于玻尔来说与开普勒的工作对于牛顿一样，即把复杂的数据凝练为简单的形式，这样理论物理学家就可以将之作为突破口。玻尔对原子的研究正如牛顿对引力的研究，都从理论上揭示了隐藏在实验观测背后的规律。

现在，运用公式$\frac{T^2}{a^3}=\frac{4\pi^2}{GM}$你可以解决很多问题。这个公式中的 M 是较重物体的质量，也就是这个问题当中的“太阳”。下面这个例子比较有意思。图 7.2 画的是我们从北极点向下看到的地球。我位于 A 点，想看一场正在 B 点举行的网球比赛。我使用的是无线电波，但是无线电波不能穿过地球，并且只能沿直线传播。解决的办法利用三颗卫星，它们构成一个特定的三角形，如图 7.2 所示。每颗卫星的信号覆盖地球表面的一部分。如果将图像在 B 点发送给卫星 3，然后卫星 3 就可以把这图像发送给卫星 1，如图中虚线所示，最后卫星 1 就可以将相应的信号发射给我了，因为我在它信号所覆盖的锥形区域内。如果有了 3 颗布局合理的人造地球卫星，那么通过这种方式，无论你在地球上的何处都可以借助它们与地球上的其他地方进行通信了。但是，卫星得在所有时间都出现在你想要的地方。如果它们不停地来回运动就不行了。因此，你真正需要的是“地球同步卫星”。如果在北极点俯瞰地球，你将会发现地球沿顺时针方向自转。为了使卫星停留在地面上某个点的上空，这些卫星的运行周期应该是 24 h。唯一的问题就是，应该将它们发射到什么高度呢？把 $T=24$ h 代入公式

$$\frac{T^2}{a^3}=\frac{4\pi^2}{GM} \tag{7.23}$$

得到轨道半径为 $a=42,200$ km。一旦知道了轨道半径，$v=\frac{2\pi a}{T}$ [式(7.19)] 将会告诉我它们的轨道速度。当然，如果使用的卫星超过三颗，那么电视和手机信号的效果更佳。

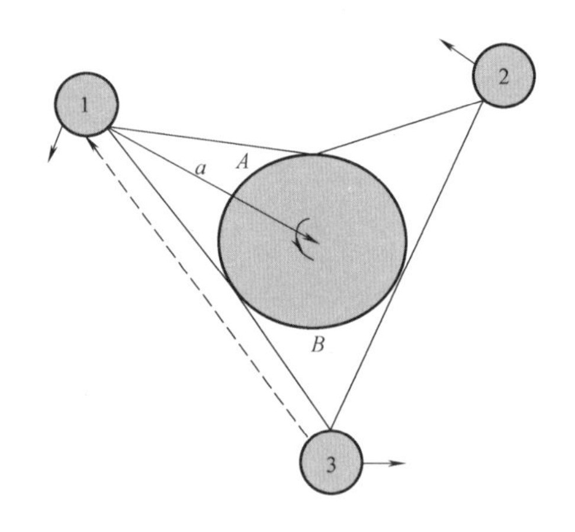

图 7.2　从北极点俯瞰地球，有三颗人造地球同步卫星。每个卫星都在地面的某个固定点上空运行，每 24 h 转一圈，并且其信号可覆盖地球上的一个区域，如图所示。通过我们与人造卫星，以及人造卫星之间的信号传递，无论我们在地球上的何处，都能与地球上的其他地方进行通信了。如果卫星 3 可以收到自 B 点发送的比赛实况信号，那么，它就可以将图像传送到卫星 1，如图中虚线所示，接下来这信号又发射给位于 A 点的我。

7.4　远离地球条件下能量守恒定律的应用

与万有引力相应的势能是什么形式的呢？我们已经知道在地球表面有

$$\boldsymbol{F}_g=-\boldsymbol{j}mg \tag{7.24}$$

它是保守力，因为它满足$\frac{\partial F_x}{\partial y}=\frac{\partial F_y}{\partial x}=0$。我们所用的相应的势能为

$$U=mgy \tag{7.25}$$

式中，y 是自地面竖直向上度量的且选择地面处 $U=0$。

现在，设在所有距离上都用下面这个关于力的公式：

$$\boldsymbol{F}_g=-\boldsymbol{e}_r\frac{GMm}{r^2}=-\boldsymbol{r}\frac{GMm}{r^3}=-(\boldsymbol{i}x+\boldsymbol{j}y+\boldsymbol{k}z)\frac{GMm}{r^3} \tag{7.26}$$

式中，$\boldsymbol{e}_r$ 是沿径向的单位向量，也就是 $\boldsymbol{r}/r$。

我说一下，这个力是对下面的势能求偏导数得到的：

$$U(r)=-\frac{GMm}{r} \tag{7.27}$$

如果这是对的，我们应该能够求出 $F_x=-\frac{\partial U}{\partial x}$：

$$-x\frac{GMm}{r^3}=-\frac{\partial U}{\partial x} \tag{7.28}$$

对于 y 和 z 也是如此。根据对称性，如果它适用于 x，那么也同样适用于 y 和 z。考虑到

$$-\frac{\partial U}{\partial x}=GMm\frac{\partial\ (1/r)}{\partial x} \tag{7.29}$$

$$=-GMm\frac{1}{r^2}\cdot\frac{\partial r}{\partial x} \tag{7.30}$$

$$=-\frac{GMm}{r^2}\cdot\frac{\partial\sqrt{x^2+y^2+z^2}}{\partial x} \tag{7.31}$$

$$=-\frac{GMm}{r^2}\cdot\frac{1}{2}\frac{1}{\sqrt{x^2+y^2+z^2}}2x \tag{7.32}$$

$$=-x\frac{GMm}{r^3}=F_x \tag{7.33}$$

证毕

对于 $d=3$，若 $F_x=-\frac{\partial U}{\partial x}$，对用 y 和 z 也有类似结论，因此得到

$$\boldsymbol{F}\cdot\mathrm{d}\boldsymbol{r}=-\left[\frac{\partial U}{\partial x}\mathrm{d}x+\frac{\partial U}{\partial y}\mathrm{d}y+\frac{\partial U}{\partial z}\mathrm{d}z\right]=-\mathrm{d}U \tag{7.34}$$

$$\int_1^2\boldsymbol{F}\cdot\mathrm{d}\boldsymbol{r}=-\int_1^2\mathrm{d}U=U(1)-U(2) \tag{7.35}$$

这就是说，$\boldsymbol{F}$ 的线积分与路径无关，U 就是相应的势能。

注意，对地面上质量为 m 的物体应用万有引力定律，可以将 g 以 G、地球的质量 M_e 和半径 R_e 表示出来：

$$F=\frac{GM_em}{R_e^2}\equiv mg \tag{7.36}$$

这意味着

$$g=\frac{GM_e}{R_e^2} \tag{7.37}$$

如果考虑天体尺度上的运动，我们必须使用对于所有距离都适用的 U 公式，且应用能量守恒的数学表达式为：

$$E=\frac{1}{2}mv^2-\frac{GMm}{r} \tag{7.38}$$

7.5 *U* 中的常数

因为对任何 r 都有

$$E=\frac{1}{2}mv^2-\frac{GMm}{r} \tag{7.39}$$

这是精确守恒的能量，所以，若一个物体运动到距地球表面适当高的 y 处，我们可能希望它退化为

$$E=\frac{1}{2}mv^2+mgy \tag{7.40}$$

如果满足

$$-\frac{GMm}{R_e+y}=mgy=\frac{GMm}{R_e^2}y \tag{7.41}$$

那么，势能的精确值与其地表附近的近似结果就相等，其中用到了 $g=\frac{GM}{R_e^2}$。

但是，这个等式是无论如何也不能成立的，因为其两侧的符号相反。

问题是这样解决的：定义一个势能 U 时，可以随意地加上一个常数。在不同的体系中，你可以选择不同常数，不会出现矛盾，因为在物理问题中用到的只是 U_1-U_2，所以那个常数被消掉了。但是，如果将两个体系各自的 U 直接进行比较，就没有必要有一致的结论。现在，就是这样的情况。地面附近的人对于势能 U_e 选择零点在地面处，即 $y=0$ 处，势能 U_e 为零 。而做天体力学研究的人，选择势能 U_c 的零点在 $r=\infty$ 处。令两者的差为 c，

$$U_e(r)=U_c(r)+c \tag{7.42}$$

为求出 c，选择地面上一点，$r=R_e$ 且 $y=0$，此处 U_e 为零，有

$$mg\cdot 0=-\frac{GMm}{R_e}+c \tag{7.43}$$

这表明

$$c=\frac{GMm}{R_e} \tag{7.44}$$

$$U_e(r)=U_c(r)+\frac{GMm}{R_e} \tag{7.45}$$

这样，通过移动一个合适的常数，这个精确的势能，在 $y=0$ 处为零，给出了 U_e的准确表达式

$$U_e(R_e+y)=-\frac{GMm}{R_e+y}+\frac{GMm}{R_e} \tag{7.46}$$

$$= GMm\left(\frac{1}{R_e}-\frac{1}{R_e+y}\right) \tag{7.47}$$

$$= GMm\frac{y}{R_e(R_e+y)} \tag{7.48}$$

$$\approx m\frac{GM}{R_e^2}y = mgy \tag{7.49}$$

对于式（7.48）中的 R_e+y，相比于 R_e，将 y 略去了。

最后，考虑圆轨道运行时的总能量。还记得吧，根据牛顿第二定律，沿径向的方程为

$$m\frac{v^2}{r} = \frac{GMm}{r^2} \tag{7.50}$$

这样，

$$mv^2 = \frac{GMm}{r} \tag{7.51}$$

所以动能正好是势能大小的一半。总能量为

$$E = \frac{1}{2}mv^2 - \frac{GMm}{r} \tag{7.52}$$

$$= \frac{GMm}{2r} - \frac{GMm}{r} = -\frac{GMm}{2r} = -K \tag{7.53}$$

所以，对于在圆形轨道上运行的粒子，总能量为负，并且等于势能的一半或动能的负值。[这里，假设我们使用的是适于天体力学中的势能 U_c，且它在无限远处为零，$U_c(r\to\infty)=0$。] 你会发现，即使是椭圆轨道，总能量也会是负的。这是一个普遍的性质：如果一个物体无法逃脱太阳的引力，一直保持沿轨道运动，那么总能量就一定是负的。我们看一下其中的原因。具有负总能量 $E<0$ 的物体绝不可能跑到无限远处：在无限远处势能为零，整个能量都是动能，而总能量应该是负的，所以这是不可能的。所以具有负能量的物体可以逃逸到无穷处的假设是错误的。

如果你看到一颗彗星，想要知道它是否会回归，那么你把动能和势能相加。如果结果为正，那么它将不再回来；如果是负的，彗星是被束缚住的。零是分界线，这时彗星会在无限远的终点解体。(看看你是否明白，为什么进行计算时不需要彗星的质量。)

假如你从地表面开始向上抛出物体。当你加快速率，他们会越走越远，如果超越逃逸速度 v_e，它们就永远不会回来了。最小的逃逸速率是多大呢？你应该确保它到无穷远就不再具有动能了。你就想让那个物体到无穷远，摇摆，然后落下。如果在无穷远处没有动能也没有势能，那么它的总能量是零。因此，根据能量守恒定律，发射时的总能量也为零：

$$0=\frac{1}{2}mv_e^2-\frac{GMm}{R_e} \tag{7.54}$$

可以从中得到 v_e：

$$v_e=\sqrt{\frac{2GM}{R_e}} \tag{7.55}$$

现在，你可以就此接着读一些前沿文章。例如，你听说过暗物质，对吧？宇宙的大部分似乎是由肉眼不可见的东西组成。你，我，我们都加起来不过是总质量中很小的一个部分。如果我们看不到，又怎样知道暗物质的存在呢？利用 $v^2R=GM$，可以将以半径为 R 做轨道运动物体的速率，与其轨道内对它施加引力并使之做轨道运动的质量联系在一起。如果你去追踪一下那些绕银河中心做轨道运动物体的轨道，那么，其轨道所围的质量应该随轨道半径 R 的增大而增大，一旦轨道的尺度超过了银河中物质的观测半径，它就不再增大了（除一些奇怪的星球外，就像我们正在说的这个轨道）。但是，在超过了相当的距离后，它却还在增加，这就提示我们存在暗物质晕。尽管是暗物质，然而它却无法隐藏起自己的引力作用效果。每个星系似乎都有暗物质晕，它延伸到了可见的部分之外。

第8章 多粒子体系动力学

8.1 两体问题

接下来我们开始研究多体动力学。你可能会这样想，在学习由太阳和它的所有行星所组成的太阳系时，我们就已经研究过多体问题了。但是，以前我们考虑的只有一个行星，而且太阳，作为一个引力源，不过是在原地静止。这基本是个单体问题。

像往常一样，我们从可能的最简单情况着手，这就是两个物体的一维运动。两个物体的坐标分别 x_1 和 x_2，它们的质量分别为 m_1 和 m_2，如图 8.1 所示。第一个物体满足方程

$$m_1\frac{d^2x_1}{dt^2}=F_1 \tag{8.1}$$

我将它改写为

$$m_1\ddot{x}_1=F_1 \tag{8.2}$$

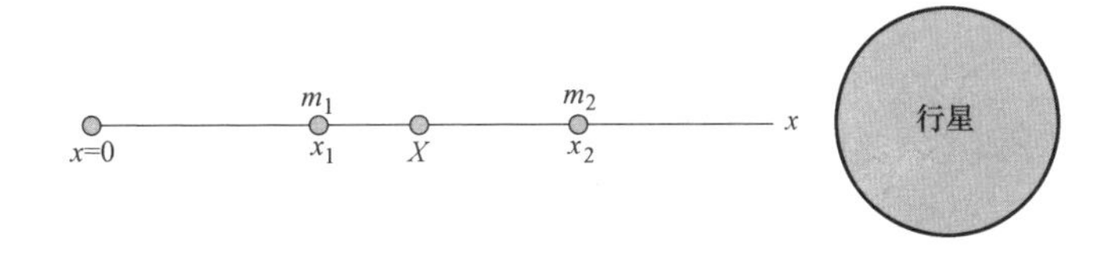

图 8.1　一维（$d=1$）的两体系统。两个物体的坐标分别为 x_1 和 x_2，系统的质心坐标为 X。最右侧是一颗行星。

式中，$\ddot{x}_1$表示对时间求两次导数，如果对时间求导的阶数不多，这样写比较方便。将物体 1 的受力分为两个部分：

$$m_1\ddot{x}_1=F_{12}+F_{1e} \tag{8.3}$$

式中，F_{12}为物体 2 对 1 的作用力，F_{1e}为系统外的其他物体对 1 的合力。同理，采用相同的符号规则，对于物体 2 得到方程

$$m_2\ddot{x}_2=F_{21}+F_{2e} \tag{8.4}$$

宇宙中有很多物体，我仅选出这两个物体作为系统，将其他物体冠以标记“外”。举个例子，设两个物体间有弹簧弹力的作用，并且它们受 x 轴最右侧某个大行星的作用而“下落”。弹簧不过是使两个物体间发生相互作用，这是一种内力，且对于内力有 $F_{12}=-F_{21}$。而外力 F_e 是那颗行星所施加的引力。如果我压缩弹簧，然后放手，那么，在外力 F_e 的作用下，两个物体都会向右加速运动，同时，由于弹簧弹性力的作用，它们还会相对彼此振动。我将弹簧的弹性力简单地称为弹簧力。

8.2 质心

我们对方程（8.3）和（8.4）做变换，得到一些有趣的结果。将方程左右两侧分别相加，得到的两个和仍然相等：

$$m_1\ddot{x}_1+m_2\ddot{x}_2=F_{12}+F_{1e}+F_{21}+F_{2e} \tag{8.5}$$

无论是什么力：引力、弹力、静电力，等等，运用牛顿第三定律，得

$$F_{12}=-F_{21} \tag{8.6}$$

这一整章都会用到这个简单的结果，即 F_{12} 与 F_{21} 相互抵消。接下来，我将所有的外力 F_{1e}、F_{2e}统一写为 F_e：

$$F_e=F_{1e}+F_{2e} \tag{8.7}$$

于是，得

$$m_1\ddot{x}_1+m_2\ddot{x}_2=F_e \tag{8.8}$$

将方程左侧乘以再除以系统的总质量 M

$$M=m_1+m_2 \tag{8.9}$$

由此得

$$M\left[\frac{m_1\ddot{x}_1+m_2\ddot{x}_2}{M}\right]=F_e \tag{8.10}$$

$$M\frac{\mathrm{d}^2X}{\mathrm{d}t^2}=F_e \tag{8.11}$$

式中，

$$X=\left[\frac{m_1x_1+m_2x_2}{M}\right] \tag{8.12}$$

这就是质心的坐标。

我进行的推导是正确的，但是为什么要这样做呢。我已经引入了一个虚拟的量，质心。质心的位置为 X，它是 x_1 和 x_2 的加权平均：

$$X=\frac{m_1x_1+m_2x_2}{M}=\frac{m_1}{m_1+m_2}x_1+\frac{m_2}{m_1+m_2}x_2 \tag{8.13}$$

如果 $m_1=m_2=m$，那么 $M=2m$，得

$$X=\frac{x_1+x_2}{2} \tag{8.14}$$

它位于两个粒子的正中央。如果 $m_1>m_2$，X 会更接近 m_1，反之将更靠近 m_2。这个加权的和给出了某个确定坐标，但是那里什么也没有。系统内的物体要么在 x_1 处，要么在 x_2 处。质心是一个数学量的位置。它不是一个物理的实在。然而，它却很受重视，因为它的行为很像一个物体。毕竟，看到式（8.11），你会说，“噢，这家伙说的是一个质量为 M、在力 F 作用下具有某个加速度的物体。”因此，质心是个假想的物体，其质量为两个粒子的质量之和，其加速度由合外力决定，这是关键之处。所有的内力彼此抵消，留下的只有外力。

如果有三个物体，处理方法是相似的，但是还要用到 $F_{23}=-F_{32}$ 等等，显然，式（8.11）变为

$$X=\frac{m_1x_1+m_2x_2+m_3x_3}{M}=\frac{m_1x_1+m_2x_2+m_3x_3}{m_1+m_2+m_3} \tag{8.15}$$

将这个和简洁地写为

$$X=\frac{\sum_{i=1}^{3}m_ix_i}{\sum_{i=1}^{3}m_i} \tag{8.16}$$

可以将此结果推广到 N 个粒子组成的系统，只要以 N 代替 3 即可。

最后，我们明确：质心仅受控于合外力，与内力无关。举个例子。在一架飞机上，有一对武士正在进行格斗，用拳头击打对方等等。这是飞机上的斗殴事件。其他乘客对此非常厌烦，将他们扔出机外。这样，他们掉了下去，彼此之间有动力学联系。尽管这个武士会受到那个武士的作用力，那个武士会受到这个武士的作用力，但是质心却像一块石头那样下落。它受的力为（m_1+m_2）g，加速度为 g。

假设在某处，一个正在下落的武士把另外一个砍成了两半儿。那么，现在系统中有三个物体：一位主角和另外两个物体，这两个物体原来是一体的。对于这三个物体的系统，你找到质心，质心依旧重复着原来的故事，它不过是一直以同样的 g 加速运动，就好像什么也没有发生过。

确实，假如你仅追踪质心的运动，就不会目睹这所有的暴力迹象，以及第 2 个武士惨遭失手断尸。系统越来越复杂，但是却没有改变质心的动态，它在重力作用下自由下落。

总之，质心的加速度仅由外力决定，例如上面例子中的重力。如果没有外力，质心将像一个自由粒子。如果开始时没有运动，那么以后它也不会运动。如果开始时它正在运动，那么它将保持其初始速度不变。

假设生活在二维空间，对于两个粒子的系统，按照下式定义系统质心的位矢 $\boldsymbol{R}$，如图 8.2 所示：

$$\boldsymbol{R}=\boldsymbol{i}X+\boldsymbol{j}Y=\frac{m_1\boldsymbol{r}_1+m_2\boldsymbol{r}_2}{M} \tag{8.17}$$

这可以写成两个关系式

$$X=\frac{m_1x_1+m_2x_2}{M} \tag{8.18}$$

$$Y=\frac{m_1y_1+m_2y_2}{M} \tag{8.19}$$

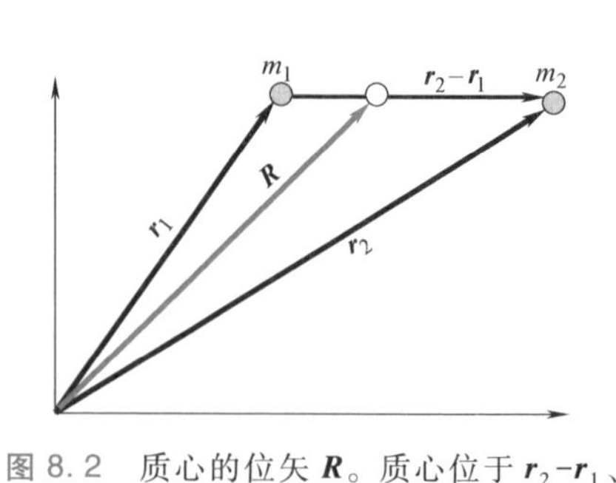

图 8.2　质心的位矢 $\boldsymbol{R}$。质心位于 $\boldsymbol{r}_2-\boldsymbol{r}_1$、也就是连接 $\boldsymbol{r}_1$ 和 $\boldsymbol{r}_2$ 端点的那条直线上。

我在图 8.2 已经表明，质心位于这两个物体的连线上。为什么呢？可以这样想。选一个新的 x'轴，使其通过两个物体，而新的 y'轴与之垂直。因为这两个物体只具有单个 x'坐标，因此其加权平均值也一定只有一个 x'坐标。

再举个例子。你找了一个复杂的系统，包括一些物块和弹簧，然后用诸如绳子、链子等东西将它们拴在一起。把这个乱七八糟的系统扔到空中去。尽管系统中各部分在空中乱动、运动很复杂，但是如果你跟随质心，换句话说，你在每时每刻都计算

$$\boldsymbol{R}=\frac{\sum_{i=1}^{N}m_i\boldsymbol{r}_i}{\sum_{i=1}^{N}m_i} \tag{8.20}$$

它的运动轨迹会简单地沿物体在重力作用下的那条抛物线弯曲。即使这个复杂的物体在某处断开了，分裂为彼此不相连的两部分，它们按各自的轨道飞离，质心依旧会像原来那样运动。

如果要确定一个由多个物体组成的系统的质心，可以有一个很好用的办法。

1. 选定一个子系统，将其质量集中于该部分的质心，用以代替它。再将系统其余部分的质量集中于那其余部分的质心，代替这剩余部分。

2. 进行正确地加权，求出这两部分质心的质心。

我们以三体系统为例，验证这个方法与质心的标准定义是等价的。计算 X 的原始方法如下：

$$X=\frac{m_1x_1+m_2x_2+m_3x_3}{m_1+m_2+m_3} \tag{8.21}$$

采用新的方法，将系统分为两个部分，一部分由物体 1、2 组成，总质量为 $M_{12}=m_1+m_2$，第 3 个物体自成一体。采用标准方法计算 1+2 的质心：

$$X_{12}=\frac{m_1x_1+m_2x_2}{M_{12}} \tag{8.22}$$

我们将第 3 个物体合进来，看看采用新的方法得到的结果是什么。

$$X_{新}=\frac{m_3x_3+M_{12}X_{12}}{m_3+M_{12}} \tag{8.23}$$

$$=\frac{m_1x_1+m_2x_2+m_3x_3}{m_1+m_2+m_3} \tag{8.24}$$

$$=X \tag{8.25}$$

在此过程中，我用到了式（8.22），它与 $M_{12}X_{12}=m_1x_1+m_2x_2$ 是等价的。

显然，一般情况下，可以把一个多体系统划分为更多的子系统，多于两部分，运用相同的方法来处理。

只要系统内物体的个数是可数的，求质心不过是在一维或是在高维空间中代入数据，计算出结果罢了。如果我给你一个质量连续分布于空间的物体，例如一根质量等于 M、长为 L 的细棒，如图 8.3 的上部分所示，那事情就会变得有趣多了。其质心位于何处呢？我们依旧采用前面对于离散型系统的定义。方法是将这根棒分为长度为 $\mathrm{d}x$、距原点为 x 的小质元段，坐标原点选在棒的最左端。这个小质元段的质量为 $\frac{M}{L}\mathrm{d}x$，也就是单位长度的质量与其长度的乘积。它位于 x 处。

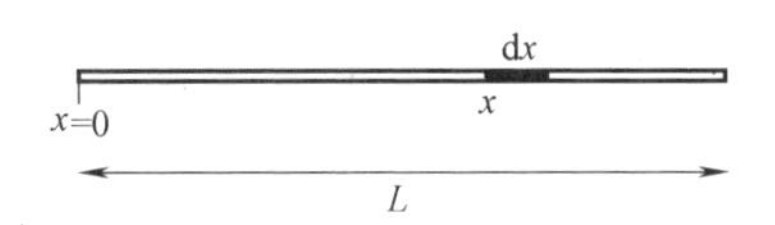

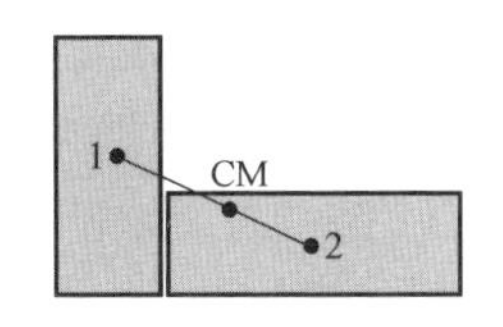

图 8.3 （上部）质量为 M、长为 L 的细棒。（下部）由两个长方形组成的 L 形物体。1、2 分别为两个长方形的质心，可以假设全部质量集中于各个物体的质心。以 CM 表示的点为 1、2 的加权平均。

或许你会提出这样的反对意见：一个从 x 延伸到 $x+\mathrm{d}x$ 的小质元不会有一个确定的坐标。对于有限大的 $\mathrm{d}x$，这个反对意见成立。但是，最终，我们会令 $\mathrm{d}x\to 0$，在这种极限下，这个反对意见自然就会消失了。现在，通过两个积分之比就可以计算出质心的位置了，而不再像式（8.22）那样去求和了。

$$X=\frac{\int_0^L \frac{M}{L}x\,\mathrm{d}x}{\int_0^L \frac{M}{L}\mathrm{d}x} \tag{8.26}$$

$$=\frac{1}{L}\frac{x^2}{2}\bigg|_0^L \tag{8.27}$$

$$=\frac{L}{2} \tag{8.28}$$

因此，这根细棒的质心，毫无悬念地恰好在棒的中点。在做积分之前，我们就知道这结果。这直觉背后的意义何在呢？如果将原点置于棒的中点，你会说对于每

个坐标为 x 的小质元，都有一个与之质量相等、位于 $-x$ 的小质元，这两者的加权平均值为零。质心，它是所有这些零的加权平均，当然位于棒的几何中心。

这种对称性的观点对于二维物体依然适用，例如矩形。可以认为质心就在几何中心。因为对于每个（相对于几何中心来说）位于（x，y）处、大小为 $\mathrm{d}x\cdot\mathrm{d}y$ 的小面元，都可以找到一个与其相同但位于（$-x$，$-y$）处的小质元，两者的加权平均值在（0，0）。因此，对于所有这些相应的零加权平均后结果依旧为（0，0）。

若一根棒的线密度，或是单位长度的质量按照某个函数关系 $\rho=\rho(x)$ 变化。则通常用到的方法是

$$X=\frac{\int_0^L \rho(x)x\mathrm{d}x}{\int_0^L \rho(x)\mathrm{d}x} \tag{8.29}$$

例如，若 $\rho=Ax$，为 A 常数，则

$$X=\frac{\int_0^L Axx\mathrm{d}x}{\int_0^L Ax\mathrm{d}x} \tag{8.30}$$

$$=\frac{L^3/3}{L^2/2}=\frac{2L}{3} \tag{8.31}$$

或许你已经想到了，它偏向棒的右侧。

接下来，看图 8.3 下部的 L-形物体，借助讲过的方法，将每个长方形物体的质量都集中于各自的质心，再对两个质心进行加权平均。根据对称性，长方形物体的质心在各自的几何中心，以 1、2 表示，假想它们的质量 M_1、M_2 集中在这两个点。对这两个质点加权平均即可得到质心的位置，质心位于这两个点的连线上。一旦给定长方形物体的大小和质量，就可以很容易地求出质心的精确位置。

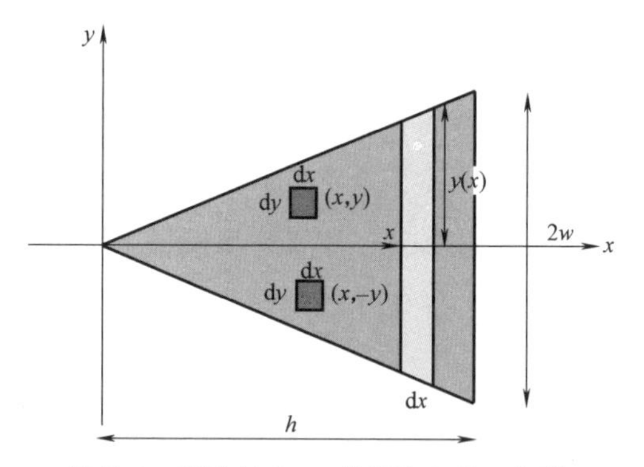

图 8.4　底边长 $2w$，高度为 h 的三角形质心的计算。可以将其视为对宽度为 $\mathrm{d}x$、高度为 y 的细窄条进行加权平均。

现在，看最后一个关于质心的计算，这是你们应该掌握的最难的一个。一个三角形物体，质量为 M、底边为 $2w$，高度为 h，如图 8.4 所示。其面积为

$$A=\frac{1}{2}2wh=wh \tag{8.32}$$

面密度或单位面积的质量为

$$\rho = \frac{M}{A} = \frac{M}{wh} \tag{8.33}$$

物体的质心位于何处呢？再次，借助对称性，我们可以说 Y，即质心的 y 坐标为零。因为对于每一个坐标为（x，y）小面元 $\mathrm{d}x\mathrm{d}y$，都有另外一个位于（x，$-y$）的小面元与之匹配。要求出 X，就得踏踏实实地工作了。我们将之划分再进行计算。

假设这个三角形由一个个宽度为 $\mathrm{d}x$、高度为 $2y(x)$ 的窄条构成。（每个窄条并非矩形，因为它们的边稍有些倾斜，但是如果 $\mathrm{d}x\to 0$，它们就退化为矩形了。）位于 x 处的矩形的质量 $\mathrm{d}m$ 为

$$\mathrm{d}m = \frac{M}{A}2y(x)\,\mathrm{d}x = \frac{M}{wh}2y(x)\,\mathrm{d}x \tag{8.34}$$

等于单位面积的质量$\frac{M}{A}$与小窄条的面积 $2y(x)\,\mathrm{d}x$ 之积。利用相似三角形，我们得到 $y(x)$ 的数字表达式：

$$\frac{y(x)}{w} = \frac{x}{h} \quad \text{也就是} \quad y(x) = \frac{wx}{h} \tag{8.35}$$

对 x 求加权平均得

$$X = \frac{1}{M}\int_{x=0}^{h} \frac{M}{wh}2y(x)\,x\mathrm{d}x \tag{8.36}$$

$$= \frac{1}{wh}\int_{0}^{h} 2\,\frac{wx}{h}x\mathrm{d}x \tag{8.37}$$

$$= \frac{2}{h^2}\int_{0}^{h} x^2\,\mathrm{d}x \tag{8.38}$$

$$= \frac{2}{3}h \tag{8.39}$$

我们可以预测到 X 是靠右侧的，这个式子的结果与我们的直觉是相符的。注意：在式（8.37）中，利用线密度正比于 x，即 $\rho(x)\propto x$，这个二维问题转变为了一维的。这是因为每个竖直的窄条均可以用质量正比于 $y(x)$ 且位于 x 轴上的质点代替，而 $y(x)$ 同样随 x 的增大而线性增大。

做个总结，当我们遇到具有尺度的物体或者多个物体时，为了某种目的，可以将整个物体以一个点来代替。这个点叫作质心。质心是被虚构出来的。其质量为物体的总质量，其位置 $\boldsymbol{R}$ 的运动由合外力决定：

$$M\,\frac{\mathrm{d}^2\boldsymbol{R}}{\mathrm{d}t^2} = \boldsymbol{F}_{\mathrm{e}} \tag{8.40}$$

质心感受不到内力的作用，这一点正是我们所要利用的。

在有一类问题中，给出了合外力 $\boldsymbol{F}_{\mathrm{e}}$，这样我们就知道质心像一个点那样受合外力的控制，无论它是由什么构成的。例如，将一个由多种成分混杂起来的物体抛

向空中，在重力作用下，它沿一个质点的抛物线轨道运动。这是个单体问题，我们已经全面地讲过了。好了，我们接着往下讲。

8.3 动量守恒定律

考虑 $\boldsymbol{F}_e=0$ 的情况。这意味着，

$$\frac{d^2\boldsymbol{R}}{dt^2}=0 \tag{8.41}$$

$$\frac{d\boldsymbol{R}}{dt}=\text{某个常数} \tag{8.42}$$

两侧乘以质量 M，它也是常数，得

$$M\frac{d\boldsymbol{R}}{dt}=\text{另外一个常数} \tag{8.43}$$

这个常数是什么呢？这个问题涉及动量的概念。一个粒子的动量

$$\boldsymbol{p}=m\boldsymbol{v} \tag{8.44}$$

可以将 $\boldsymbol{F}=m\boldsymbol{a}$ 改写为

$$\boldsymbol{F}=m\frac{d^2\boldsymbol{r}}{dt^2}=m\frac{d\boldsymbol{v}}{dt}=\frac{dm\boldsymbol{v}}{dt}=\frac{d\boldsymbol{p}}{dt} \tag{8.45}$$

这表明，力等于动量对时间的变化率。

质心，尽管是虚构的，但是它具有被精确定义的位置：

$$\boldsymbol{R}=\frac{m_1\boldsymbol{r}_1+m_2\boldsymbol{r}_2}{M} \tag{8.46}$$

和速度，可以对上式两侧求导得到

$$\frac{d\boldsymbol{R}}{dt}=\frac{m_1\frac{d\boldsymbol{r}_1}{dt}+m_2\frac{d\boldsymbol{r}_2}{dt}}{M} \tag{8.47}$$

我们像对一个真正的粒子那样定义质心的动量为

$$\boldsymbol{P}=M\frac{d\boldsymbol{R}}{dt} \tag{8.48}$$

利用式（8.47），得

$$\boldsymbol{P}=M\frac{d\boldsymbol{R}}{dt}=\left[m_1\frac{d\boldsymbol{r}_1}{dt}+m_2\frac{d\boldsymbol{r}_2}{dt}\right] \tag{8.49}$$

$$=\boldsymbol{p}_1+\boldsymbol{p}_2 \tag{8.50}$$

总之，质心的动量等于所有粒子动量之和，只有外力可以使之发生改变。

$$M\frac{d^2\boldsymbol{R}}{dt^2}=\frac{d\boldsymbol{P}}{dt}=\boldsymbol{F}_e \tag{8.51}$$

若 $\boldsymbol{F}_e=0$，那么质心的动量 $\boldsymbol{P}$ 守恒。也就是只要没有外力，只是各个粒子之间发生相互作用，那么所有粒子的动量之和守恒。

一个经典的例子就是站立于冰面上的两个人。他们的初态动量为零。冰面提供向上的支持力，与重力抵消。但是，如果冰面光滑，则沿平行于冰面的方向，它不会提供任何作用力。比如说，你和我正站在冰面上，互推对方，彼此分开。我的动量矢量一定恰好与你的动量矢量相反。

接下来考虑这样一种情况，质量为 m_1 的物体与为 m_2 的物体发生碰撞，且不受任何外力的作用。那么，初态的合动量 $\boldsymbol{P}$ 与末态的合动量 $\boldsymbol{P}'$相等：

$$\boldsymbol{P}=m_1\boldsymbol{v}_1+m_2\boldsymbol{v}_2=m_1\boldsymbol{v}_1'+m_2\boldsymbol{v}_2'=\boldsymbol{P}' \tag{8.52}$$

我用不带撇和带撇来表示初态和末态的速度，而不是用 1 和 2 来做区分。现在，我用 1 和 2 来表示两个粒子。碰撞中，一个物体对另外一个物体施加了力，而另外一个物体对于第一个物体施加了大小相等方向相反的力。所以，在每个时刻，一个物体的动量变化率与另外一个物体的动量对时间的变化率大小相等、方向相反。因此，尽管每个物体的动量发生了变化，然而总动量却没有变化。

这叫作动量守恒定律。利用 $\boldsymbol{p}$ 可以写出

$$\boldsymbol{p}_1+\boldsymbol{p}_2=\boldsymbol{p}_1'+\boldsymbol{p}_2' \tag{8.53}$$

让我们确定自己掌握了这一点。取一个物体组。在某个时刻每个物体都具有各自的速度与动量。将所有动量相加。如果是一维的，只要进行代数运算便可；如果是二维的，将所有矢量相加得到一个合矢量。如果没有外力的作用，那么，这个合矢量保持不变。

经历了相对论和量子力学的革命之后，尽管 $\boldsymbol{P}=m\boldsymbol{v}$ 这个简明的公式不再适用，但是动量守恒定律依旧成立。

至此，我们已经考虑了两种情况：

- 质心所受外力 $\boldsymbol{F}_e\neq 0$,，它就像一个质量为 M 的质点那样运动，我们以下落的武士为例对此进行过解释。
- 外力 $F_e=0$，且质心具有非零的速度，其动量守恒。

现在我要考虑无外力作用，质心初态静止，且保持不动的问题了。

还记得那个关于太阳和地球的动力学问题吧。在前面的描述中，太阳静止不动，地球绕太阳运动，鉴于如下原因，这是不能接受的。太阳的动量 $\boldsymbol{P}_s$，是不变的，等于零。地球的动量 $\boldsymbol{P}_e$，在其绕太阳的轨道运动中是变化的。因此，两者的合动量是变化的。如果只存在着两者之间的相互吸引作用，那么这个结论不成立。换个说法，我们前面的错误在于太阳与地球这个系统的质心没有像它所应该的那样沿一条直线做匀速运动，或是静止。取而代之的是，地球绕静止的太阳做轨道运动，位于太阳和地球连线上的质心也在绕太阳运动。太阳和地球这个系统的质心不应该具有加速度。若初态静止，质心应该保持静止。若初态有速度，那么质心应该保持这个速度不变。我们可以选择一个参考系，质心在其中静止。（换到另外一个

以恒定速度相对于开始的那个参考系运动的参考系中后，我们依然是惯性系中的观察者。）图8.5给出了正确的描述。我现在来考虑这样一个太阳系，它的太阳相对于行星没有我们的太阳那样大，这样可以将质心明显地画出来。（由于我们的太阳质量远大于行星的平均值，所以质心通常位于太阳内。）当两个物体在1、2点时，质心位置如图所示，当运动到3、4点时，质心还在原处。所以两个物体绕质心运动，而质心静止。

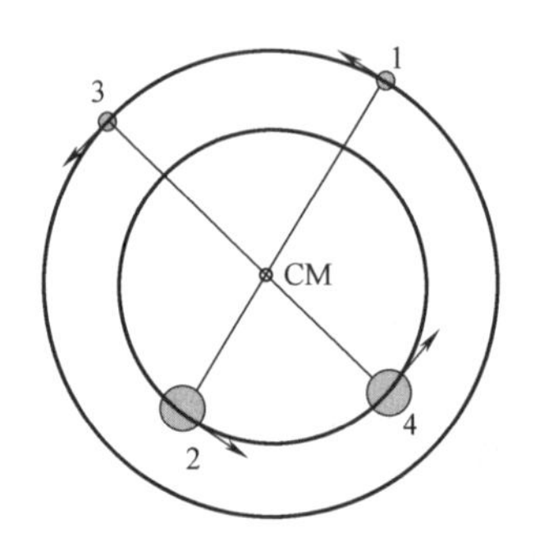

图8.5　在某个太阳系中，太阳（大黑圆圈）和行星（小黑圆圈）绕它们的质心做轨道运动，这里的太阳没有我们的太阳那样大的质量。箭头给出了在1到4点动量的方向。我们的太阳相对于我们的行星质量是如此之大，所以质心通常位于太阳本体内。

在以前的描述中，太阳静止，尽管不是严格正确的，但是对于我们的太阳系却是个极好的近似，这在于我们的太阳质量比其他行星（除了木星之外）要大得多。在$\frac{m}{M}\to 0$的极限下，质心落在太阳上，不再运动。这就是我们之前默认的假设。

在对行星沿径向利用$\boldsymbol{F}=m\boldsymbol{a}$时，要小心。你要这样列出方程：

$$G\frac{Mm}{r_{12}^2}=\frac{mv^2}{r_1} \tag{8.54}$$

式中，v为速度，r_{12}为太阳与行星间的距离，而r_1为行星与质心间的距离，行星是绕质心做圆轨道运动的。换言之，作用于行星或太阳的引力是行星与太阳间距离的函数，与到质心的距离无关，而向心力与轨道半径相关，轨道半径是到质心的距离。

接下来，再看几个质心坐标$\boldsymbol{R}$在无外力作用下固定不动的例题。

有一个封闭的车厢，长度为L、质量为M，其中有一匹马，可以视为质点。马在车厢的左端，我们设此处$x=0$。车厢的质心在$x=\frac{1}{2}L$处。初态马和车厢系统的质心位于

$$X=\frac{m\cdot 0+M\frac{1}{2}L}{m+M} \tag{8.55}$$

设轨道是光滑无摩擦的，质心便不能运动。

现在，马要走到车厢的右端去。不用看里面，你就知道发生了事情，因为当马向右走动时，车厢向左运动，而质心固定不动。我们求一求车厢的中点运动过的距离。设车厢的质心运动到$x=\frac{1}{2}L-\delta$处。则马的坐标为$\frac{1}{2}L-\delta+\frac{1}{2}L$，因为这时马在车

厢质心右侧的$\frac{1}{2}L$处。令初、末态的坐标X相等，得

$$\frac{m\cdot 0+M\frac{1}{2}L}{m+M}=\frac{m\cdot(L-\delta)+M\left(\frac{1}{2}L-\delta\right)}{m+M} \tag{8.56}$$

$$M\frac{1}{2}L=m\cdot(L-\delta)+M\left(\frac{1}{2}L-\delta\right) \tag{8.57}$$

解得

$$\delta=\frac{mL}{m+M} \tag{8.58}$$

再次看到，若$m/M\to 0$，那么，即使马走动时，车厢也将不运动。

还有一个题目，如图8.6所示。一条长为L的船质量为M，它的最左端到岸的距离为d。你的质量为m，到船左端的距离为x。你想要从船上跳上岸。你打算走到船的最左端再跳，而不是从你现在所在的地点起跳，因为你想跳d而不是$d+x$那么远。仍然设水对船不施加沿水平方向的力，计算后你会发现，其实你跳得比d要远。如果你向左走，船将向右运动，这样质心才能不动。用一个大叉子“×”表示质心，它到岸的距离为定值X。当你到了船的左端，距岸的距离就比d大了。我们来看看，你到底需要跳多远的距离。

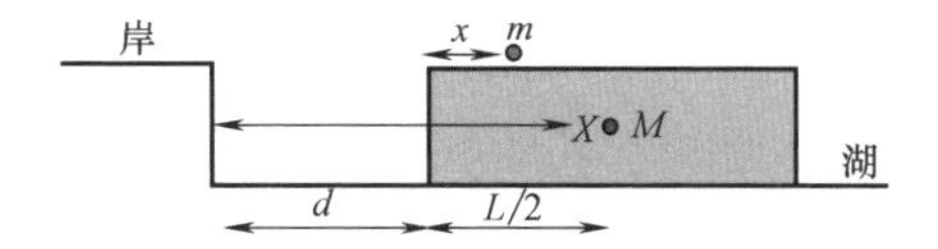

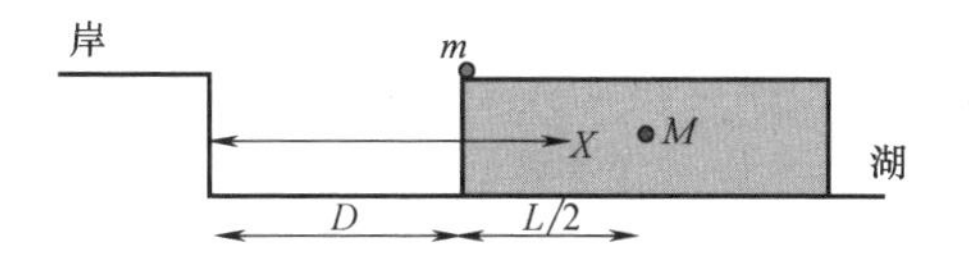

图8.6　（上图）你（质量为m的小圆点）与质量为M的船，初态。（下图）你在船的左侧，船稍向右移动，质心静止于X处。

令船的左端到岸的最终距离为D，这就是你要跳的距离。船的质心坐标为$D+\frac{1}{2}L$。原点位于岸所在处。令走动前后的X相等，等式两侧消掉分母，得

$$m(d+x)+M\left(d+\frac{1}{2}L\right)=mD+M\left(D+\frac{1}{2}L\right) \tag{8.59}$$

$$D=\frac{m(d+x)+Md}{M+m}=d+\frac{mx}{M+m} \tag{8.60}$$

D的值大于d但小于$d+x$。因此，走到船边上是有用的，但不是你天真地想象得那么管用。

我们问一下，你向岸边腾空一跃时发生了什么。质心不运动，如果你突然向左运动，则船向右运动。最终，总动量不会改变。初态，动量为零，没有物体运动。

你突然向左运动，船一定会反向运动。当然，船的速度与你的速度不是等值反向的，但是动量是。因此，船的质量大、速度小；你的质量小、速度大，计算各自的质量与速度的乘积，两者大小相等方向相反。

现在，你落到了岸上，动量为零。船如何运动呢？会静止不动吗？不会，船不会因为你落到了岸上而静止。由于船受力为零，所以它将保持其运动状态。你或许会提出问题："这系统怎么突然具有了动量，之前它没有动量啊？"答案是，有一个外力发生了作用，它是你与地球之间的摩擦力。之前，只有你和船，你不会改变系统的动量。但是现在，地面显然对你有向右的作用力，因为你开始是向左跳跃，然后停下来。这样你和船组成的系统在你落在岸上的过程中，受到了向右的作用力，使得船具有了动量。下面有个更好的说法。你和船交换了动量。你将船向右蹬，自己向左运动。之后，由于岸的作用，你的动量减小为零。地球作为一个整体接纳了你那失去的动量。船没有理由改变动量，所以保持运动状态。你能够计算出船的运动速度吗？不能，我只说你跳了起来，落在岸上。要预测出船的速度，这些还不够。如果我给出了你的起跳速度，那么你当然就可以计算出自己的动量，并且能够推算出船的动量了。

8.4 火箭学

如果你设法通过了物理课，但是最终不会做关于火箭的问题，那也没有什么用。现在我们来推导火箭方程。大家都知道，如果你吹起了一个气球，然后放手，那么气球将向某个方向运动，而其中的空气向另外一个方向运动。作用力与反作用力大小是相等的，即使是没有学过物理的人也明白这一点。对于火箭问题，我不讲很多繁杂的细节，只要你熟悉关键的方程是如何推导出来的就足以了。

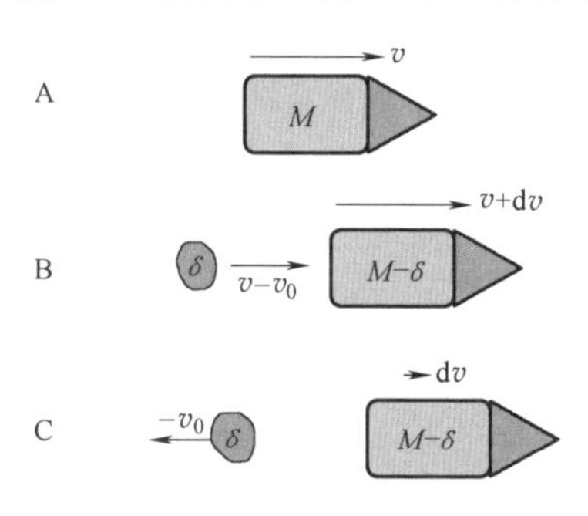

图 8.7 （A）地面上观察到的 t 时刻的火箭。（B）地面上观察到的 $t+dt$ 时刻的火箭。由于喷射出气体，它损失了质量 δ，获得的速率增量为 dv。喷出烟雾（图中的那一团）的质量为 δ，相对于地面的运动速率为（$v-v_0$）。（C）$t+dt$ 时刻，火箭和其中的气体以速度 $v(t)$ 运动。在火箭参考系中，烟雾被排出的速度为 $-\boldsymbol{v}_0$。

图 8.7 的 A 中，质量为 M 的火箭在时刻 t 的速度为 v。火箭喷出气体，这些气体被排出的排气速度大小为某个值 v_0，相对于火箭是向后的。v_0的值相对于火箭是恒定的，注意不是相对地面。如果在火箭内部，你看到烟雾被从火箭后部喷出，相对于你的速率为 v_0。相对于地面来说，喷出气体的速度为 $v-v_0$；为气体相对于火箭的速度 $-v_0$与火箭相对于地面的速度 v 之和。

经过很短的时间 dt，因为以喷气的方式失去了体内的一部分质量 δ，故火箭的质量变为 $M-\delta$。火箭的速度变为 $v+\mathrm{d}v$。令初、末态动量相等，

$$Mv=(M-\delta)(v+\mathrm{d}v)+(v-v_0)\delta \tag{8.61}$$

很显然，等式左侧为火箭初态的动量。右侧第 1 项为火箭的新质量乘以新速度。接下来的是喷出的那团气体的动量，也就是被喷出气体的质量 δ 乘以它相对于地面的速度 $v-v_0$。我把 δ 放在（$v-v_0$）的右侧，避免当你将括号展开时，误认为 δv 是 v 的增量。现在打开括号，按下面方法运算（一直将 δ 放在右侧）

$$Mv=Mv+M\mathrm{d}v-v\cdot\delta-\mathrm{d}v\cdot\delta+v\cdot\delta-v_0\cdot\delta \tag{8.62}$$

化简得到

$$v_0\delta=M\mathrm{d}v \tag{8.63}$$

$$\frac{\delta}{M}=\frac{\mathrm{d}v}{v_0} \tag{8.64}$$

推导中，舍去了 $\mathrm{d}v\cdot\delta$，因为它是无限小量的平方，与无限小量 $\mathrm{d}v$ 和 δ 相比，可以略去不计。

接下来，要进行积分运算。火箭在 dt 内喷出的质量为 δ，自身质量减小为 $M-\delta$。用微积分的语言表述为，t 时刻火箭的质量为 $M(t)$，dM 为函数 M 的增量：

$$\mathrm{d}M=M(t+\Delta t)-M(t) \tag{8.65}$$

我们已经看到

$$\mathrm{d}M=(M-\delta)-M\ =-\delta \tag{8.66}$$

式（8.64）变为

$$-\frac{\mathrm{d}M}{M}=\frac{\mathrm{d}v}{v_0} \tag{8.67}$$

设火箭的初速度为零，质量为 M_0。积分，得

$$\ln\frac{M_0}{M}=\frac{v}{v_0} \tag{8.68}$$

$$v(t)=v_0\ln\frac{M_0}{M(t)} \tag{8.69}$$

记住：经过较长的时间后，$M(t)$ 不能小于火箭的空载质量。

8.5　弹性碰撞和非弹性碰撞

一个质量为 m_1、速度为 v_1 的物体与另一质量为 m_2、速度为 v_2 的物体发生碰撞，将所有的速度以正值在图 8.8 中表示出来。我们想要计算出两物体的末速度 v_1' 和 v_2'。需要有两个条件才能求出两个未知数，对吧？如果没有像摩擦力这样的外力作用，那么利用动量守恒总是一个好方法：

$$m_1v_1+m_2v_2=m_1v_1'+m_2v_2' \tag{8.70}$$

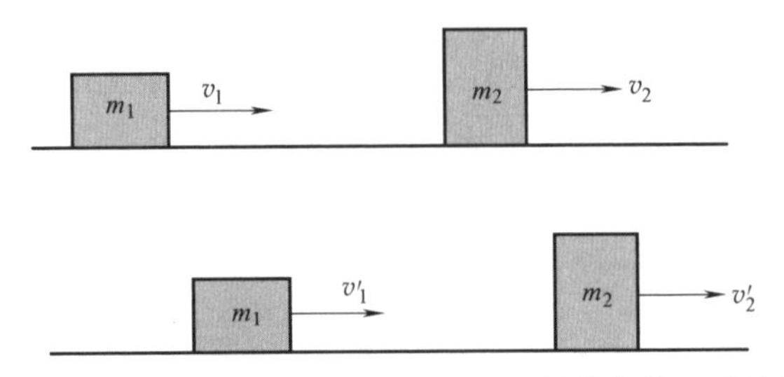

图 8.8 （上图）质量为 m_1、速度为 v_1 的物体与另一质量为 m_2、速度为 v_2 的物体碰撞。（下图）两物体的末速度 v_1'和 v_2'。

要解出两个未知数，还需要第二个方程，来看看两种非常特殊的情况。

有一种情况叫作完全非弹性碰撞。它指的是碰撞后两物体粘在一起，以共同的速度 $v_1'=v_2'=v'$运动。这意味着仅有一个未知数 v'。这回返回去用式（8.70）求解。

$$m_1v_1+m_2v_2=(m_1+m_2)v' \tag{8.71}$$

解得

$$v'=\frac{m_1v_1+m_2v_2}{m_1+m_2} \tag{8.72}$$

另一种情况被称为完全弹性碰撞，动能保持不变：

$$\frac{1}{2}m_1v_1^2+\frac{1}{2}m_2v_2^2=\frac{1}{2}m_1(v_1')^2+\frac{1}{2}m_2(v_2')^2 \tag{8.73}$$

联立式（8.70）和式（8.73），可以解出 v_1'和 v_2'。结果是：

$$v_1'=\left[\frac{m_1-m_2}{m_1+m_2}\right]v_1+\left[\frac{2m_2}{m_1+m_2}\right]v_2 \tag{8.74}$$

$$v_2'=\left[\frac{m_2-m_1}{m_1+m_2}\right]v_2+\left[\frac{2m_1}{m_1+m_2}\right]v_1 \tag{8.75}$$

因为这两个方程中的一个［方程（8.73）］是速度的二次方，所以不能采用我们所熟悉的那些解线性方程的方法。此处为想要推导式（8.74）和式（8.75）的人提供一些帮助。将式（8.73）改写为

$$\frac{1}{2}m_1v_1^2-\frac{1}{2}m_1(v_1')^2=\frac{1}{2}m_2(v_2')^2-\frac{1}{2}m_2v_2^2 \tag{8.76}$$

$$m_1(v_1-v_1')(v_1+v_1')=m_2(v_2'-v_2)(v_2+v_2') \tag{8.77}$$

由式（8.70）得

$$m_1(v_1-v_1')=m_2(v_2'-v_2) \tag{8.78}$$

用式（8.77）除以式（8.78），得

$$(v_1+v_1')=(v_2+v_2') \tag{8.79}$$

利用最后两个线性方程（8.78）［由式（8.70）变形得到］和式（8.79），就可以

解出 v_1' 和 v_2'，并推导出方程（8.74）和（8.75）。

使用这些守恒定律时要非常谨慎。对于非弹性碰撞，不能使用能量⊖守恒定律。例如，两个相同的物体，速度相反，发生相向碰撞后粘在一起，成了一个静止的物体，损失了初动能。

举个例子以说明如何正确地使用守恒定律。你有一把手枪，想知道子弹的射出速率。在过去，曾采用下面的方法。图 8.9 显示的是一个冲击摆。在天花板下悬挂一个质量为 M 的木块。然后，你将一颗已知质量为 m 的子弹以未知的速率 v_0 射出去。子弹射入木块中，使整体开始运动。两者合在一起就像一个摆，摆动的最大高度为 h，这个高度可以很容易地测得。根据这个最大高度值，就可以算出子弹的速度。

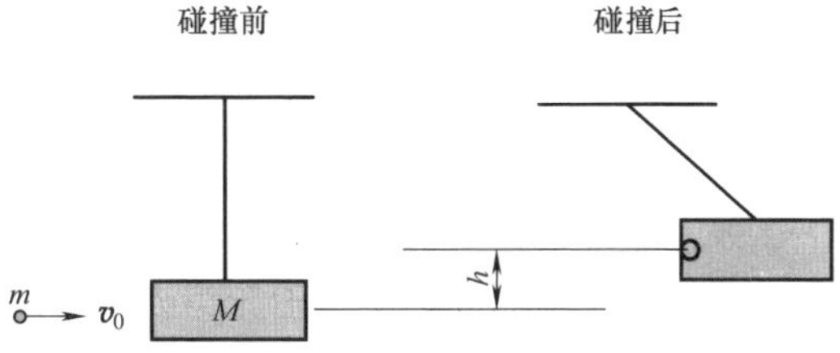

图 8.9 质量为 m 的子弹以速度 $\boldsymbol{v}_0$ 击中悬挂在空中质量为 M 的木块，两者一起摆动，上升的高度为 h。

你可能会想得比较简单，不去关心碰撞过程中的细节，令子弹的初动能 $\frac{1}{2}mv_0^2$ 等于木块和子弹系统的末势能 $(M+m)gh$，解出 v_0。

$$(M+m)gh=\frac{1}{2}mv_0^2 \tag{8.80}$$

式中只有 v_0 是未知数。但这个做法是错误的，因为对于子弹和木块这样的完全非弹性碰撞，不能使用能量守恒定律。一些能量会使木块升温。但是，在碰撞过程中水平方向的动量是守恒的。因为在实际碰撞的瞬间，重力不能改变水平方向上的总动量，所以第一步的完全非弹性碰撞满足

$$mv_0=(M+m)V \tag{8.81}$$

由此可以确定木块和子弹作为一个摆开始摆动的速度 V。随后，这个摆就再无其他能量损耗，摆至高度 h，这样，你就可以列出：

$$\frac{1}{2}(M+m)V^2=(M+m)gh \tag{8.82}$$

联立式（8.81）和式（8.82），求得

$$(M+m)gh=\frac{1}{2}(M+m)V^2 \tag{8.83}$$

$$=\frac{1}{2}(M+m)\left[\frac{mv_0}{M+m}\right]^2=\frac{m^2v_0^2}{2(M+m)} \tag{8.84}$$

⊖ 此处作者指的是机械能守恒定律，下文类同。——译者注

可以解得子弹的初速或枪口速度

$$v_0=\left[1+\frac{M}{m}\right]\sqrt{2gh} \tag{8.85}$$

注意，在开始的完全非弹性碰撞后，子弹和木块组成的系统的能量为

$$\frac{m^2v_0{}^2}{2(M+m)}=\frac{1}{2}mv_0^2\left[\frac{m}{m+M}\right] \tag{8.86}$$

$$<\frac{1}{2}mv_0^2 \tag{8.87}$$

这表明，在非弹性碰撞中，能量是有损失的。

8.6 更高维度的散射

从已经讨论过的散射问题，我们知道了基本的能量和动量守恒定律的应用。但是，那些问题没有展示出散射实验对于我们理解物理基础所发挥的重大作用。例如，仅通过散射，我们就知道原子有一个坚硬的原子核。20 世纪初，人们已经知道，点状的电子所带有的负电荷可以被等量的正电荷中和。有一个很有名的模型，叫作“葡萄干布丁模型”。基于这个模型，原子被认为是一个带正电的球，其中镶嵌着电子。欧内斯特·卢瑟福的散射实验改变了这一切。用一束 α 粒子（氦核，由两个质子和两个中子组成）流轰击金箔片，并探测各个方向上的散射粒子。借助这个实验，他推断出了原子结构。他惊讶地发现一些 α 粒子被反弹回来，方向调转了 180°，这十分特殊。柔软疏松地聚集在一起的正电荷（例如，葡萄干布丁模型）不可能产生这个结果。于是，他假设原子有个点状的、坚硬的核，容纳着相应的全部电荷和质量，对 α 粒子施加 $1/r^2$ 型的静电斥力。他计算出入射粒子中有多大的比例将以 θ 角偏离其入射方向。这个散射实验的数据与他的预测完美地相符，对于这点状原子核给予了卓越地证实，它正是玻尔原子模型的基石。（卢瑟福非常幸运，他处理散射问题时，就像开普勒问题那样，按 $1/r^2$ 的规律计算斥力，所得到的结论与多年后用量子理论得到的恰好一致。）

1966~1978 年间，斯坦福直线加速中心的杰罗姆·弗里德曼、亨利·肯德尔和理查德·泰勒，利用高能电子轰击核子（质子和中子的统称）。入射电子发射出波长极短的光子，这是极小尺度上的精致原子核结构探针。它们揭示出质子不是一个点电荷，而是由两个“上”夸克和一个“下”夸克组成的，上夸克带$\frac{2}{3}$的质子电荷，下夸克带$-\frac{1}{3}$的质子电荷。相似地，中子是由两个下夸克和一个上夸克组成的。这些电荷与夸克模型的提出者，莫里·盖尔曼和乔治·茨维格，给出的值一致。（除了这三个夸克以外，核子内还存在一些寿命很短的夸克-反夸克对以及一

些将夸克胶合在一起的“胶子”。这些也可以在散射实验中被探测到。)

对于三维的两粒子碰撞，动量守恒定律采用矢量方程的形式：

$$\boldsymbol{p}_1+\boldsymbol{p}_2=\boldsymbol{p}_1'+\boldsymbol{p}_2' \tag{8.88}$$

如果碰撞是完全非弹性的，最后形成的那个物体质量为 m_1+m_2，运动的速度为 $\boldsymbol{V}$。根据动量守恒定律：

$$\boldsymbol{V}=\frac{\boldsymbol{p}_1+\boldsymbol{p}_2}{m_1+m_2} \tag{8.89}$$

如果是弹性碰撞，我们可以像在一维 $d=1$ 中那样假定：

$$\frac{1}{2}m_1v_1{}^2+\frac{1}{2}m_2v_2{}^2=\frac{1}{2}m_1(v_1')^2+\frac{1}{2}m_2(v_2')^2 \tag{8.90}$$

又可以利用动量将其改写为

$$\frac{p_1^2}{2m_1}+\frac{p_2{}^2}{2m_2}=\frac{(p_1')^2}{2m_1}+\frac{(p_2')^2}{2m_2} \tag{8.91}$$

因为

$$\frac{p^2}{2m}=\frac{m^2v^2}{2m}=\frac{1}{2}mv^2 \tag{8.92}$$

对于二维情况 $d=2$，式（8.88）和式（8.90）只能给出三个方程，不能确定 $\boldsymbol{p}_1'$和 $\boldsymbol{p}_2'$所需的四个值。这是因为，不同于 $d=1$，仅由入射动量不能完全地确定一次碰撞。我们需要知道图8.10中的**碰撞参数** b，如果物体是点状的，还要知道它们之间作用力的性质（例如，$1/r^2$）。如果它们是很硬的球体，接触时彼此间有作用力，那么还要知道它们的半径。

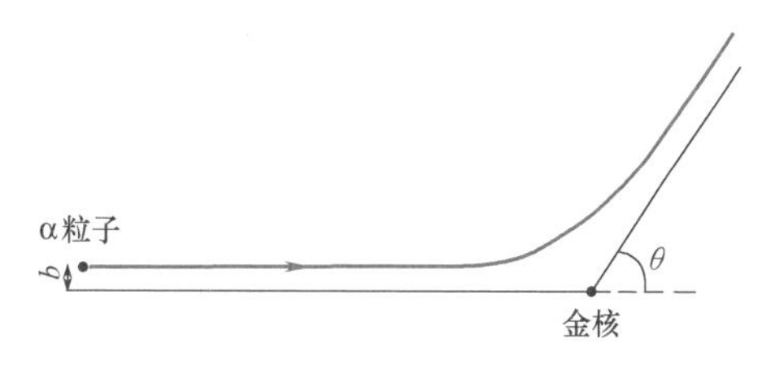

图8.10　一个 α 粒子接近金原子核，碰撞参数为 b。假设金原子核静止，并且按 $1/r^2$ 规律施加库仑力，就可以计算出 α 粒子的出射方向 θ 随 b 和能量变化的函数关系。如果已知一束粒子流按照 b 的分布，那么就可以预测出粒子在任意 θ 方向上的通量。

有这样一种情况，即使不知道 b 也可以给出确定的预测。令 $m_1=m_2=m$，且假设初动量 $\boldsymbol{p}_2=0$。方程

$$\boldsymbol{p}_1+\boldsymbol{p}_2=\boldsymbol{p}_1'+\boldsymbol{p}_2' \tag{8.93}$$

等式两边平方，值相等

$$(\boldsymbol{p}_1+\boldsymbol{p}_2)\cdot(\boldsymbol{p}_1+\boldsymbol{p}_2)=(\boldsymbol{p}_1'+\boldsymbol{p}_2')\cdot(\boldsymbol{p}_1'+\boldsymbol{p}_2') \tag{8.94}$$

若 $\boldsymbol{p}_2=0$，

$$p_1^2=(p_1')^2+(p_2')^2+2\boldsymbol{p}_1'\cdot\boldsymbol{p}_2' \tag{8.95}$$

由式（8.91），得

$$p_1^2=(p_1')^2+(p_2')^2 \tag{8.96}$$

这意味着，

$$\boldsymbol{p}_1'\cdot\boldsymbol{p}_2'=0 \tag{8.97}$$

因为 $\boldsymbol{p}_1'\cdot\boldsymbol{p}_2'=p_1'\ p_2'\ \cos\theta_{12}$，所以式（8.97）意味着要么最后两粒子间夹角 θ_{12} 为 90°，要么 $p_1'=0$。对于 $p_1'=0$ 的情况，出射的粒子 2 和入射的粒子 1 交换了动量，动量和能量显然都是守恒的。

可以看出，我们没有足够的信息计算出两粒子各自的散射角，只能得到 θ_{12} 这个相对角度。

Yale

第9章 转动动力学 I

9.1 刚体简介

在本章中，我们转向研究那些像土豆样的物体，这些物体不再是点状的。对于这些占据着一定空间的物体，要表述出“它”在哪里可不是件简单的事情。我们可以在物体上取一个点，就像质心，给出其位置，即便如此我们也依然不知道详情。我们必须说出土豆冲着何方，对于质点，就无需考虑这一问题。接下去，还能研究像蛇那样的物体，它们不仅延伸在空间，而且还可以改变形状。这样的问题实在太困难了，所以我关注的将是具有体积的刚性物体，它们的形状固定不变——就像死去的蛇那样。按照这样的定义，在刚体上任取两个点，它们之间的距离不随时间变化。没有物体是绝对刚性的，尽管阿尔·戈尔[㊀]在辩论中很接近。

三维的刚体动力学相当地复杂，因此我们从二维着手。我们惯用的由一维开始的策略这次行不通了，因为对于一维 $d=1$，不存在转动。

设有个平面物体，比如一个任意形状的薄金属片，在纸面内运动，如图 9.1 所示。可以看出来，它的运动很复杂。不管它实际上是怎样由 1 态变化到 2 态的，我们可以这样由 1 态得到 2 态：（ⅰ）移动此物体直到其上任意一点 F 到达末态位置，这一点可以是质心，但不必一定是质心；（ⅱ）接着使物体绕过 F 点的轴转动。平动使物体成为虚线所示的位形。转轴是过 F 点的，这样，就可以获得 2 态，且保证已经位于末态位置的 F 点没有受扰动。尽管不是显而易见的，但这可以推广到三维：借助平动以及随后绕合适的轴转过合适的角度，刚体可以由初态位形到达末态位形。现在，我们回到那个二维 $d=2$ 的平面物体。

要想每时每刻都对这个平面物体进行完备地描述，我必须告诉你 F 点的坐标以及所做的转动。为了确定转动，我们由 F 点到另一个定点，例如图 9.1 中物体边缘上的那个尖点，画一条辅助的虚线。这样，我们就可以说出这条线与某个固定方向的夹角 θ，通常选 x 轴作为这个固定方向。一旦给了 F 和 θ，你就可以重现图 9.1 中那个物体的位形了。

㊀ 美国前副总统阿尔·戈尔——译者注

从开始到现在，我们一直都在学习平动。对于这个话题，我们是行家。所以，我们想先集中研究物体只做转动，没有平动的情况。一旦我们的技能得到了提高，再将平动加入进来。为此，想象我在 F 点敲入了一个钉子。这个钉子使得这个物体不能平动，但是可以绕过这个钉子的轴转动。借助 θ，可以对这种转动进行完备地描述，它就好比是 x 坐标。

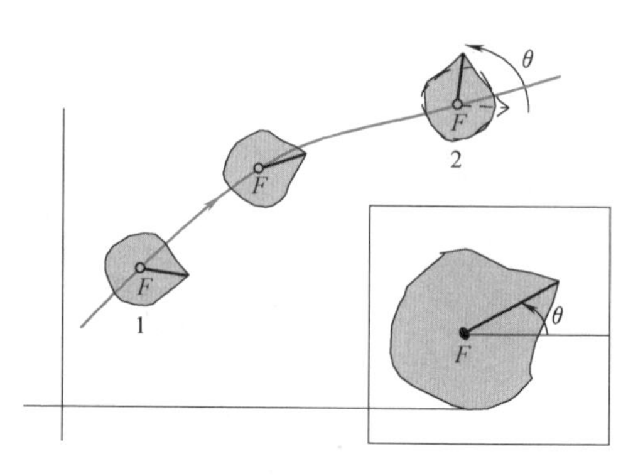

图 9.1 平面刚体在平面内从 1 态变化到 2 态，做平动和转动。圆点代表固定点 F。从 F 到物体边缘上的尖点的实线显示出了转动的状况。在 2 态，虚线表示刚体的初始取向，曲线箭头表示它变化到最终取向过程中转过的角度 θ。

我们将把由 $x(t)$ 描述的一维平动与由 $\theta(t)$ 描述的二维转动对应起来。这种对应关系是非常有益的。如果学会将转动问题与一维的平动问题对应起来，那么你需要记忆的东西就会减少。

9.2 转角 弧度

尽管物体是二维的，然而仅需要这一个角度 θ 便可以表明其空间取向。我们要怎样量度 θ 呢？日常生活中，量度角度的标准首选单位是度。如果物体转了一圈，就说它转过了 360°角。而我们要用的是另外一个单位：弧度。为什么有人会想到用弧度呢？度怎样就不好呢？所有的小说都是这样描述的："我走错了路，要调转 180°。"

弧度的产生以及我们喜欢它的原因是这样的。在物体上取一点，设它距中心的距离为 r，与 x 轴的夹角为 θ，如图 9.2 所示。我们知道，当刚体转动时，这个点做半径为 r 的圆周运动。它从 $\theta=0$ 开始运动过的弧长 s 是多少呢？可以这样计算。如果该点转了一圈，那么 $s=2\pi r$。若它转过 θ °，由简单的正比关系得到相应的弧长 s：

$$s=\frac{\theta^{\circ}}{360}(2\pi r) \tag{9.1}$$

于是，人们决定加以简化，将以度为单位的 θ° 乘以 $\frac{2\pi}{360}$，称为弧度，用以量度这个角。将以弧度量度出的这个角度简单地以没有上标的 θ 表示，得

$$\theta=\frac{2\pi\theta^{\circ}}{360} \tag{9.2}$$

利用 θ 可以得到一个非常简洁的公式：

$$s=r\theta \tag{9.3}$$

运动过的线距离 s 简单地等于它转过的弧度角乘以它距转轴的距离 r。根据式（9.2），转一圈对应的角度为 2π 弧度。故式（9.3）与熟知的圆周长表达式 $C=2\pi r$ 一致。

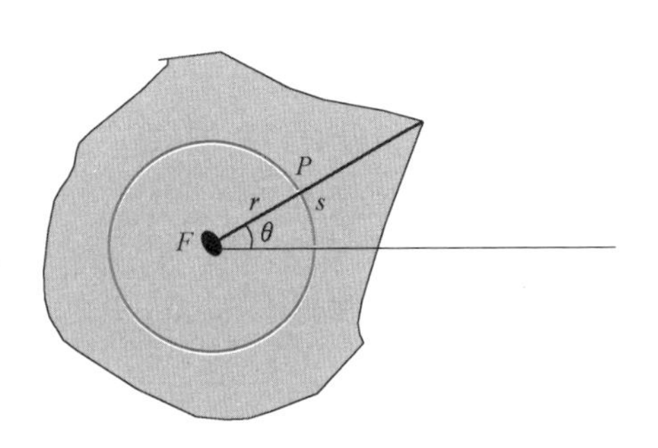

图 9.2 若刚体绕着其上的某个固定点 F 转动，那么距 F 为 r 的一个代表点 P，沿半径为 r 的圆周运动。

若 $360°=2\pi$，那么 1 弧度约为 57.4°。这看上去似乎是有些奇怪，但是以 360°开始才真正是奇怪的。外星球的文明可能根本就不用 360。此外，我相信所有的高等文明都会发现 2π。

你必须要知道几个特殊角度的弧度值。例如，1/4 圆弧为 $90°=\frac{1}{2}\pi$，$60°=\frac{1}{3}\pi$，以及 $30°=\frac{1}{6}\pi$。

将式（9.3）$s=r\theta$ 对时间求导，得

$$\frac{ds}{dt}=r\frac{d\theta}{dt} \tag{9.4}$$

对于刚体，r 为常数。显然，$\frac{ds}{dt}$实际上是切向速率 v_T，或者是沿着切向的速度的大小。如果物体上的这个点在这个瞬时离开物体飞了出去，那么它将会以这个速率沿圆周的切向离开。因此，

$$v_T=r\omega \tag{9.5}$$

式中，

$$\omega=\frac{d\theta}{dt} \tag{9.6}$$

ω 叫作角速度，单位为弧度每秒。逆时针转动，ω 为正。

月亮绕地球转动的角速度有多大呢？它转过 2π 弧度大约需要 28 天，所以

$$\omega\approx\frac{2\pi}{28\times24\times60\times60}=2.6\times10^{-6}\text{rad}\cdot\text{s}^{-1} \tag{9.7}$$

要记住，刚体整体的角速度是唯一的。但是距转轴距离为 r 的点，其沿切向的速度为 $r\omega$。

9.3 匀角加速转动

我们来看这样一个问题，其中角速度 ω 是变化的。定义角加速度 α：

$$\alpha=\frac{d\omega}{dt}=\frac{d^2\theta}{dt^2} \tag{9.8}$$

单位为 $rad\cdot s^{-2}$。设有一台圆锯在转动，其 ω 是变化的。对于其上距中心为 r 的任意点，通常的加速度有两个分量。第一个，即使 ω 为常量也如此，是方向指向圆心的向心加速度

$$a_r=\frac{v_T^2}{r}=\frac{\omega^2 r^2}{r}=\omega^2 r \tag{9.9}$$

此外，如果 ω 本身是变化的，那么切向的速度 $v_T=r\omega$ 也是变化的，因此有沿切向的加速度

$$a_T=\frac{dv_T}{dt}=r\frac{d\omega}{dt}=r\alpha \tag{9.10}$$

如果你驾车在圆形赛道上行驶，踩油门并看到速度表上的指针走动起来，便具有了非零的切向加速度。此外，即使速率保持恒定，安全带也将提醒你存在着向心加速度 a_T。

总之，角量和切向的量存在这样的关系：

$$s=r\theta \tag{9.11}$$

$$v_T=r\omega \tag{9.12}$$

$$a_T=r\alpha \tag{9.13}$$

对最上面的那个方程求导，就可以得到它下面的两个方程，记住在刚体中，任何一点距转轴的距离 r 不会随时间变化。

设想你站立在具有角加速度的转动平台上，而且你想知道使自己静止在平台上所需的摩擦力大小。答案是，在切向和法向方向有

$$F_T=ma_T=mr\alpha \tag{9.14}$$

$$F_r=-ma_r=-m\omega^2 r \tag{9.15}$$

通过显而易见的替代，我们可以从以 x 描述的线性运动借用到许多结果。设角加速度 α 恒定，利用常见的符号写出

$$\theta=\theta_0+\omega_0 t+\frac{1}{2}\alpha t^2 \tag{9.16}$$

$$\omega=\omega_0+\alpha t \tag{9.17}$$

$$\omega^2=\omega_0^2+2\alpha(\theta-\theta_0) \tag{9.18}$$

设想一个链锯片以角速度 ω_0 转动，转过 n 圈后静止下来。设角加速度 α 恒定，那么它有多大呢？令式（9.18）中的 $\omega=0$，$\theta-\theta_0=2\pi n$，就可以求出 α 了。

9.4 转动惯量、动量和能量

现在，我们来计算转动刚体的动能。刚体具有质量，如果它在旋转，那么组成

刚体的微小粒子也在运动，它们具有各自的动能 $K=\frac{1}{2}mv^2$。我们可以对于所有粒子求和，得到总动能 K。为此，可以比较方便地从图 9.3 所示的简单刚体开始。它是这样构成的：长度分别为 r_1，r_2 和 r_3 的轻质细杆与点状的轻质轴固连在一起，整体可以绕轴心转动，三根杆另外的端点上分别固定着质点 m_1，m_2 和 m_3。设它们作为一个整体以角速度 ω 转动。这个物体的动能等于所有质点的动能之和。每个质点的速度有多大呢？对于 m_1，其速度必然垂直于该点到轴心的直线，它没有径向速度，因为 r_1 不会变化。速度是沿切向的，大小为 $v_1=\omega r_1$。一般来说，对质点 i，有

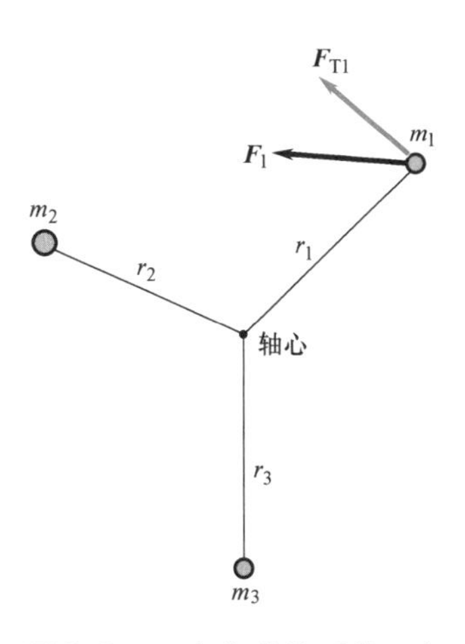

图 9.3 一个简单的刚体，由以轻质刚性杆连接在固定转轴上的三个质点组成。力 $\boldsymbol{F}_1$ 作用于 1 上，只有其切向分量 $\boldsymbol{F}_{T1}$ 才可以产生角加速度。

$$v_i=\omega r_i \tag{9.19}$$

它们的总动能为

$$K=\frac{1}{2}m_1v_1^2+\frac{1}{2}m_2v_2^2+\frac{1}{2}m_3v_3^2 \tag{9.20}$$

$$=\sum_{i=1}^{3}\frac{1}{2}m_iv_i^2 \tag{9.21}$$

$$=\sum_{i=1}^{3}\frac{1}{2}m_i\omega^2r_i^2 \tag{9.22}$$

在这个例子中，i 由 1 取到 3。你也可以自己做个刚体，求和时从 1 取到 30 000。求和时，我常常不指出 i 的范围。

注意：在式（9.22）中，与 m_i，r_i不同，ω 没有下标，因为对于刚体的各个部分，它的值相同。因此，可以将其放到求和号之外，把 K 写为

$$K=\frac{1}{2}\omega^2\sum_{i=1}^{3}m_ir_i^2 \tag{9.23}$$

$$\equiv\frac{1}{2}I\omega^2 \tag{9.24}$$

式中，

$$I=\sum_{i=1}^{3}m_ir_i^2 \tag{9.25}$$

I 叫作转动惯量。

转动惯量不仅由组成物体的各个质点的质量决定，还由它们相对于轴的距离决定。如果所有质点都落到轴上，尽管物体具有质量，但是转动惯量为零。同理，同

样的质量，分布得离轴越远，转动惯量越大。可以通过计算得到转动惯量。

假如某个人说；“给你这些物体，请你给我求一求转动惯量。”你应该说：“我可算不出来，除非你告诉我这个物体绕着哪个点转动。”转动惯量是对某个点定义的。质量不过就是那些质量，但是转动惯量依赖于你计算时所取的那个点。例如，图 9.3 中，我们假设是绕图中那个轴心转动的。如果绕其他点转动，那么，在计算相应的转动惯量时，就需要知道这些质点到那个点的距离。

对比 $K=\frac{1}{2}mv^2$ 和 $K=\frac{1}{2}I\omega^2$，可以看出，在转动的世界里，ω 扮演着 v 的角色，并且 I 扮演着 m 的角色。因此，对于转动，很自然地会建立起一个与动量 $p=mv$ 相对应的量，叫作**角动量**：

$$L=I\omega \tag{9.26}$$

接下来，我们寻求转动中与 $F=ma=\frac{\mathrm{d}p}{\mathrm{d}t}$ 相对应的那个量。它叫作力矩 τ，与某个神秘的东西相等。它等于什么呢？

$$\tau=\frac{\mathrm{d}L}{\mathrm{d}t} \tag{9.27}$$

$$=\frac{\mathrm{d}(I\omega)}{\mathrm{d}t}=I\frac{\mathrm{d}\omega}{\mathrm{d}t} \tag{9.28}$$

$$=I\alpha \tag{9.29}$$

求导时，我们将 I 提了出来，因为它是个不变的量，即使物体转动起来，其上的质点在运动，r_i（也就是 i 质点距转轴的距离），也不会发生变化。现在，通过下面的运算，将力矩与作用于各个质点上的外力联系在一起：

$$\tau=I\alpha \tag{9.30}$$

$$=\sum_i m_i r_i^2\alpha \tag{9.31}$$

$$=\sum_i m_i r_i\alpha r_i \tag{9.32}$$

$$=\sum_i m_i a_{\mathrm{T}i} r_i \tag{9.33}$$

$$=\sum_i F_{\mathrm{T}i} r_i \tag{9.34}$$

在推导最后一个方程时，用到质量 m_i 与切向加速度 $a_{\mathrm{T}i}=r_i\alpha$ 的乘积等于 $F_{\mathrm{T}i}$，也就是作用于质点 i 上的力沿切向的分量。注意，如果这个力的切向分量使角速度增加，也就是沿顺时针方向，那么它的值为正。

总之，上面的力矩等于每个质点所受的力矩之和，作用在每个质点上的力矩等于其所受外力的切向分量与到转轴的距离 r_i 之积。（我用了“外力”这个术语，因为还存在着内力，它使物体保持刚性，但是我并没有计入内力。）对于图 9.3 给出的那个例子，只有质点 1 受一个力的作用。

我们遵守的符号规定是，若力矩产生的加速度为正，也就是沿着使 θ 增大的方向，那么力矩为正。图 9.4 给出了两个例子。左侧表示的是一个旋转木马，你要使它加速。若要达到最大的效果，你应该沿转盘的切向用力。如果你沿一般方向施加力，如图 9.4 中那个粗箭头所示，那么，其切向分量才对力矩有贡献，产生某个角加速度 α；而它的径向分量试图改变 r，这一效应由刚体的内力消除。

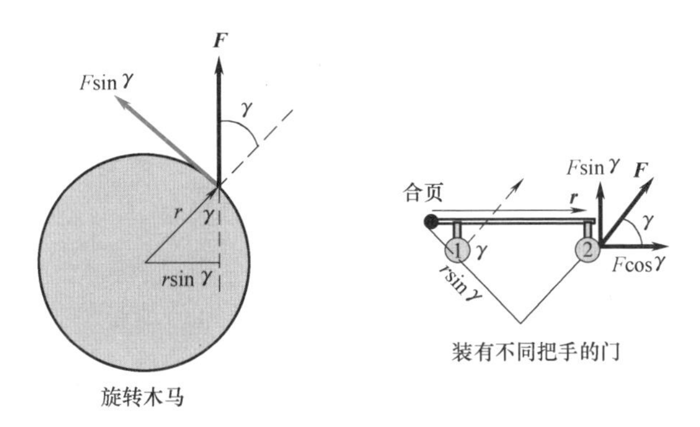

图 9.4 （左图）以力 $\boldsymbol{F}$ 推动旋转木马。只有切向分量部分 $F\sin\gamma$ 产生力矩和角加速度。角度 γ 是力 $\boldsymbol{F}$ 与 $\boldsymbol{r}$（的延长线）间的夹角。若 $\boldsymbol{F}$ 反向，则 γ 大于 π，力矩是负值，它导致沿顺时针方向加速。对于刚体，由于存在内力，径向的分力 $F\cos\gamma$ 不会使 r 发生变化。（右图）老式合页门的俯视图，上面有两个可能放置把手的位置。图中给出了安装得很差劲儿的把手 1 及其所受的力（虚线），以及一个更好的选择（把手 2 和实线）。可以看出，$\tau=Fr\sin\gamma$，有两种等效的推导方法：r 乘以力在垂直于它到转轴连线 $\boldsymbol{r}$ 方向的分量 $F\sin\gamma$。另外一种方法是，F 乘以 $\boldsymbol{r}$ 在垂直于力 $\boldsymbol{F}$ 的作用线方向的分量 $r\sin\gamma$。计算时，认为门把手的尺度为零，这样 $\boldsymbol{F}$ 作用于 $\boldsymbol{r}$ 的终止点。

右图中有一扇门。来自某个文明的人发明了这个门，他们已经有了合页，但是不知道门把手该放在何处。他们说：“作为这个门的光荣发明者，我们有各种自由。可以就把把手放在合页旁。”随后他们觉得有问题，因为使了很大的劲儿，但是没有起作用。最终，他们搞明白了，对于线性运动，仅仅考虑力就可以了；然而对于转动，力的作用位置也非常重要。想要物有所值，就要将把手放在离合页尽量远的地方，放在门的另一侧。但是他们还是没有成功。的确，他们施加在门把手上的力距合页足够远，然而方向却沿着把手与合页的连线，在图中为水平方向，最终他们把门从合页上拽了下来。到最后，他们终于悟出了其中的道理：要真的想实现转动，就需使力距离支点尽量远，并且使力的方向垂直于力的作用点与支点的连线。所有这些都被赋予在了力矩的定义之中，

$$\tau=Fr\sin\gamma \tag{9.35}$$

式中，γ 为力矢量 $\boldsymbol{F}$ 与 $\boldsymbol{r}$ 的夹角，$\boldsymbol{r}$ 为从轴到力的作用点的矢量。对于旋转木马和门的故事这两个例子，力矩都是正的，因为 $\gamma<\pi$。若将 $\boldsymbol{F}$ 反向，那么力矩就会变

号，因为对于 $\gamma>\pi$ 的角度，$\sin\gamma$ 为负值。

对于 $\tau=Fr\sin\gamma$ 可以有两种等价的解读：距轴的距离 r 乘以力在垂直于 $\boldsymbol{r}$ 方向的分量 $F\sin\gamma$；或者 F 乘以 $\boldsymbol{r}$ 垂直 $\boldsymbol{F}$ 方向的分量 $r\sin\gamma$，如图 9.4 所示。

现在，来看功的概念。再次看到，任何量都可以与我们在平动中用到量对应起来，可以简单地将它用更适宜描述转动的量表达出来。设一个力作用于物体的某点上。它的径向分量不做功，因为这个分量试图改变 r，如果这个物体是真正的刚体，那么这不会实现。设这个力的切向分量使物体转过了角度 $d\theta$，相应地运动过的弧长为 $rd\theta$，则它的功为

$$dW=F_T ds=F_T r d\theta \tag{9.36}$$

$$=\tau d\theta \tag{9.37}$$

这与我们的预期一致，用力矩与角位移之积代替了力与线位移之积。因为 K 的含义没有变化，所以，动能定理变为

$$dK=dW=\tau d\theta \tag{9.38}$$

9.5 力矩与动能定理

举个动能定理的例子

$$dK=\tau d\theta \tag{9.39}$$

假设有一根长度为 l 的轻绳，一端系在天花板下，另一端系着质量为 m 的摆球，构成了一个摆，如图 9.5 所示。初态时绳子与竖直线之间的夹角 θ 为零，我想使这个夹角变为 θ_0，希望知道需要做多少功。对于过程中的任意角度 θ，绳子的拉力 $\boldsymbol{T}$ 的方向沿着绳子。作用于摆球的重力可以被沿径向和切向分解，如图 9.5 所示。径向分量为 $mg\cos\theta$，被 T 抵消。重力的切向分量为 $mg\sin\theta$，被我施加的力 $\boldsymbol{F}_{me}$ 抵消，我施加了这个力，使得它不能摆回到竖直位置。（我将摆球拉起，但是不给它动能。）如果我将角度增大 $d\theta$，力沿圆弧运动过的距离为 $ds=ld\theta$。若 $d\theta\to0$，弧长与对应线段长度相同，所做的功为力乘以距离，功的大小为

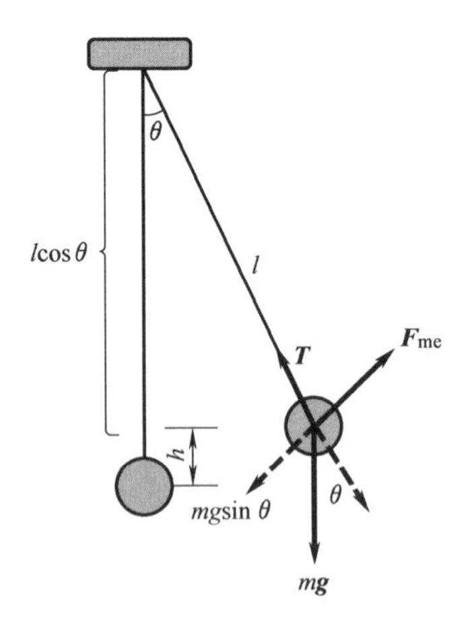

图 9.5 一个摆，由一根长度为 l 的轻绳和质量为 m 的摆球构成。重力 mg 被沿径向和切向分解。摆球上升的高度为 $h=l-l\cos\theta$。

$$dW=mg\sin\theta(ld\theta) \tag{9.40}$$

它也可以等效地改写为力矩乘以角位移。

$$dW=(mgl\sin\theta)d\theta=\tau d\theta \tag{9.41}$$

我将摆拉开 θ_0 所做的功为

$$W = \int_0^{\theta_0} mgl\sin\theta \mathrm{d}\theta = mgl(1 - \cos\theta_0) \tag{9.42}$$

可以做个交叉检查。从图中清晰地看出，摆球上升的高度为 $h=l-l\cos\theta_0$，势能为 $U=mgl(1-\cos\theta_0)$，它也等于计算所得的功。动能总是为零。

表 9.1 列出了角量与线量的对应关系。

表 9.1 线量与角量

量	线量	角量
位移	x	θ
速度	v	ω
加速度	a	α
惯性	m	$I=\sum mr^2$
动量	$p=mv$	$L=I\omega$
动量的变化率	$F=ma=\frac{\mathrm{d}p}{\mathrm{d}t}$	$\tau=I\alpha=\frac{\mathrm{d}L}{\mathrm{d}t}=Fr\sin\theta$
动能	$\frac{1}{2}mv^2$	$\frac{1}{2}I\omega^2$
功	$\mathrm{d}W=F\mathrm{d}x$	$\mathrm{d}W=\tau\mathrm{d}\theta$

对于这张表，我们还需要加入的是：切向位移 s、速度 v_T 和加速度 a_T，等于 r 乘以相应的角量 θ，ω，α。

注意我们已经得到的所有关于转动动力学的规律都不过是从牛顿运动定律推导出来的。

现在你已经可以做一些简单的题目了。例如，图 9.3 中，如果有一个力 $\boldsymbol{F}_1$ 作用在质点 1 上，物体的角加速度为多大？结果是 τ/I。将 mr^2 对三个质点求和，就可以计算出转动惯量 I，力矩 τ 等于 $F_{T1}r_1$。解得了 α 后，如果它的值是个常量，就可以计算出随后各个时刻的 ω 等等。如果你要解决刚体的动力学问题，其实要克服的只有一个技术上的障碍，这就是计算各种物体的转动惯量。如果我给你 37 个质量为 m_i 的质点，以及每个质点距离轴心的距离 r_i，那么计算转动惯量是件小事。但是你遇到的常常不是一系列单个的质点，而是质量连续分布的物体。你得用积分代替求和，就像确定质心时那样。

9.6 转动惯量的计算

我们计算一些刚体的转动惯量。首先看一维物体，一根长度为 l、质量为 M 的细棒如图 9.6 所示。将原点置于质心处，将棒分为长度为 $\mathrm{d}x$ 位于 x 处的微小质元，就像我们计算质心时所做的那样。不同之处在于，现在我们考虑的是小质元的质量乘以 x 的平方，而不是 x。

$$I_{CM} = \int_{-l/2}^{l/2} \frac{M}{l} x^2 \mathrm{d}x \tag{9.43}$$

$$= \frac{M}{l} \frac{x^3}{3} \Big|_{-l/2}^{l/2} \tag{9.44}$$

$$= \frac{Ml^2}{12} \tag{9.45}$$

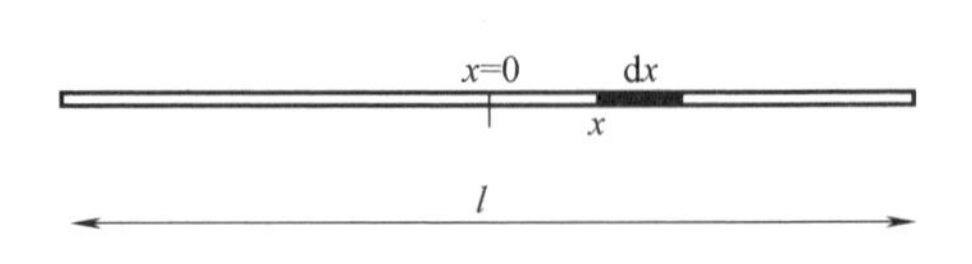

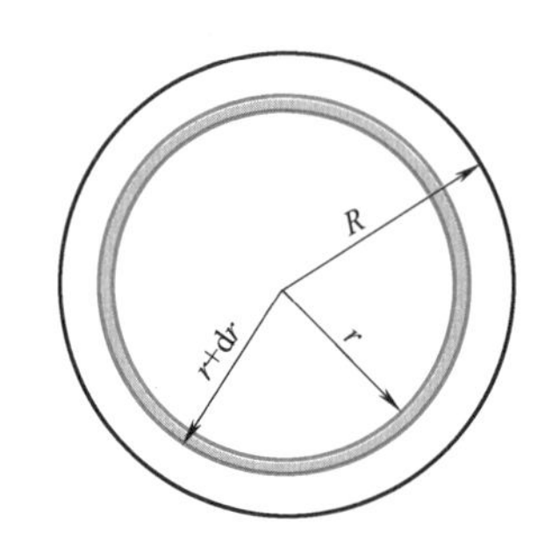

图 9.6 （上图）对长为 dx 的小质元进行积分，以计算一根细棒的转动惯量。（下图）圆盘的转动惯量被视为对半径为 r、宽度为 dr 的圆环的贡献求和。

最简单的二维物体是质量为 M、半径为 R 的圆环。我们来计算它对于质心的，也就是对圆心的转动惯量 I_{CM}，可以想象将它分为多个小段。每段距中心的距离均为 R。因此，$r_i = R$，$m_i r_i^2$ 之和等于 MR^2。物体的质量分布开来，但是幸运的是，这种分布的方式是，每部分距离中心的距离均为 R。

难度大一些的是质量为 M、半径为 R 的圆盘。要计算 I_{CM}，我们得整理一下思路。我们一定会这样想，这个圆盘是由半径为 r、宽度为 dr 的同心圆环组成的，其中的一个环如图所示。这些圆环的质量可以按下面的方法计算。圆环的面积为

$$\mathrm{d}A = \pi[(r+\mathrm{d}r)^2 - r^2] = 2\pi r\mathrm{d}r + \infty(\mathrm{d}r^2) \tag{9.46}$$

该圆环的质量等于单位面积的质量乘以此圆环的面积：

$$\mathrm{d}M = \frac{M}{\pi R^2} 2\pi r \mathrm{d}r \tag{9.47}$$

它对 I_{CM} 的贡献等于 dM 乘以 r^2：

$$\mathrm{d}I_{CM} = \frac{M}{\pi R^2} 2\pi r \cdot r^2 \mathrm{d}r \tag{9.48}$$

积分，得

$$I_{CM} = \int_0^R \frac{M}{\pi R^2} 2\pi r \cdot r^2 \mathrm{d}r \tag{9.49}$$

$$= \frac{MR^2}{2} \tag{9.50}$$

假设我出了点错儿，算出的转动惯量为 $I_{CM} = MR^2$。你应该知道，这是错误的。因为只有在所有质元距中心的距离均为 R 的情况下，$I_{CM} = MR^2$ 才是可能的。可是我们知道，有些质元离中心要比 R 近得多。因此，圆盘的转动惯量一定小于 MR^2。

我们看到，对于细棒

$$I_{\mathrm{CM}}=\frac{Ml^2}{12} \tag{9.51}$$

如果你将它的中心固定起来，再旋转它，它就是你将面对的转动惯性。但是，如果你将棒的左侧固定再旋转它呢？我们重复过去对 I_{CM} 那样的计算，但是我们的 x 是距左侧的，而且是从 0 到 l 积分：

$$I_{\mathrm{End}}=\int_0^l \frac{M}{l}x^2\,\mathrm{d}x \tag{9.52}$$

$$=\frac{M}{l}\frac{x^3}{3}\bigg|_0^l \tag{9.53}$$

$$=\frac{Ml^2}{3} \tag{9.54}$$

注意，$I_{\mathrm{End}}>I_{\mathrm{CM}}=\frac{1}{12}Ml^2$。更精确地有

$$I_{\mathrm{End}}=I_{\mathrm{CM}}+M\left(\frac{l}{2}\right)^2 \tag{9.55}$$

实际上，对于质心的转动惯量 I 最小。下一章中，我们将证明，一般来说，平面物体对于距质心为 d、与之垂直的轴的转动惯量为 $I_{\mathrm{CM}}+Md^2$。

Yale

第10章 转动动力学 Ⅱ

10.1 平行轴定理

回忆一下我们学过的关于刚体的知识。我们所学过的仅限于那些位于平面内且在其所处平面内转动的刚体，比如一根细棒或者是从一片金属板上随意切下来的一部分。设一个物体的质量为 M，当然它既可做平动也可做转动，但是，现在我们将物体上的一点固定在这个物体所处的平面上，使得这个物体只能绕这根轴转动。我们会在后面的内容中再加入平动。只借助一个角度 θ（弧度制），就足以告诉我们这个物体的行为了，因为这个物体只可以整体地绕着这个定点转动。转动中所用的这个 θ 就像是平动中的 x。这种对应关系还有角速度 $\omega = \mathrm{d}\theta/\mathrm{d}t$，角加速度 $\alpha = \mathrm{d}\omega/\mathrm{d}t = \mathrm{d}^2\theta/\mathrm{d}t^2$。我们研究的物体是在空间中延伸开来的，不再是一个点，于是它就有了一个新的属性，转动惯量 I。假设物体由多个质点组成，质量为 m_i的质点离轴的距离为 r_i，我们求出了

$$I = \sum_i m_i r_i^2 \tag{10.1}$$

注意，I 取决于物体的质量相对于转轴是如何分布的。它就像质量在平动中所扮演的角色一样。如果这个物体是连续的，则以积分替代求和。角动量：

$$L = I\omega \tag{10.2}$$

它在转动中扮演着动量 $p = mv$ 的角色，还有 $F = ma = \mathrm{d}p/\mathrm{d}t$ 对应于

$$\tau = I\alpha = \frac{\mathrm{d}L}{\mathrm{d}t} \tag{10.3}$$

式中，力矩的定义为

$$\tau = \sum_i r_i F_i \sin\gamma_i \tag{10.4}$$

γ_i是从轴心到力的作用点的矢量 $\boldsymbol{r}_i$和力矢量 $\boldsymbol{F}_i$间的夹角。我们可以把力矩的表达式写成两种更有用的形式：

$$\tau = F_\perp r = F r_\perp \tag{10.5}$$

$F_\perp$是力 $\boldsymbol{F}$ 在垂直于 $\boldsymbol{r}$ 方向上的分量，$r_\perp$是 $\boldsymbol{r}$ 在垂直于力 $\boldsymbol{F}$ 方向上的分量。

我们规定，使物体沿逆（顺）时针方向加速的力矩为正（负）。

动能：

$$K=\frac{1}{2}I\omega^2 \tag{10.6}$$

所有关于转动的方程，比如关于 K 的，就是简单地把来自直线运动的结论转换为对刚体的相应结论。

最后，物体上每个点沿切向的位移、速度和加速度为相应角量的 r 倍。

$$s=r\theta \quad v_T=r\omega \quad a_T=r\alpha \tag{10.7}$$

我们练习了计算物体（棒和圆盘）的转动惯量，得出结论，对一个棒来说，

$$I_{end}=I_{CM}+M\left(\frac{L}{2}\right)^2 \tag{10.8}$$

现在，我们来看有一个更一般的结论。

平行轴定理：对于一个在平面内绕着任意轴转动的物体，它绕转轴的转动惯量为

$$I=I_{CM}+Md^2 \tag{10.9}$$

式中，d 是物体质心到新转轴的距离。（在棒的例子中，$d=L/2$。）

证明如下。作为热身，我们先看一维（$d=1$[㊀]）的情况，一根细棒。设棒的线密度是 $\rho(x)$，也就是说位于 x 处宽为 dx 的无穷小段的质量为 $\rho(x)dx$。我们把原点选在质心处，x 是相对于质心来度量的。设新转轴过 $x=d$ 点，如图10.1所示。棒相对于新转轴的转动惯量为

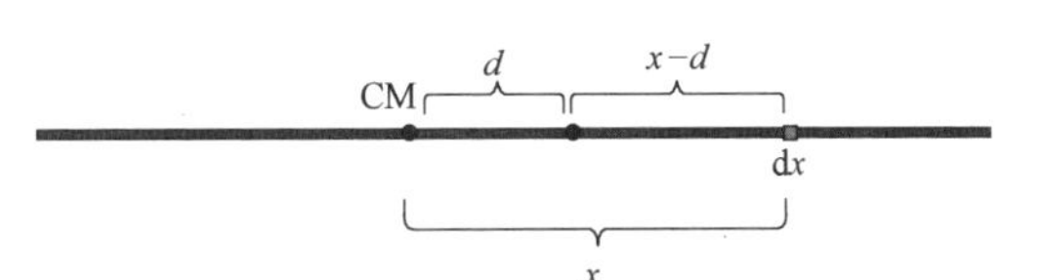

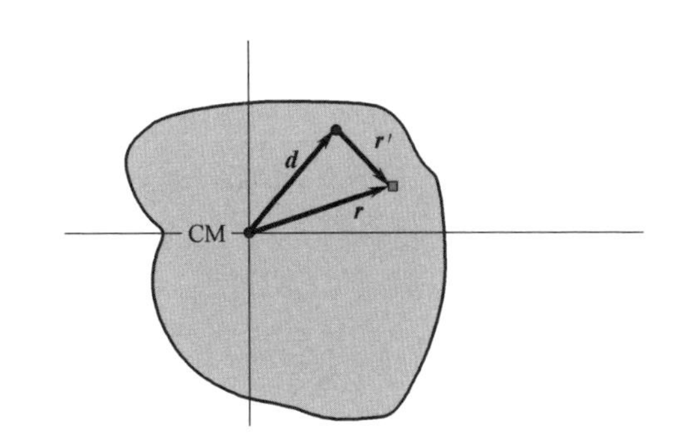

图10.1 （上图）相对于距质心为 d 的转轴的转动惯量的计算。如果棒的密度不均匀，那么质心不一定就在棒的中点。棒是由宽度为 dx 的小段组成的。取其中的一小段，它离质心的距离为 x，离新轴的距离为 $x-d$。（下图）从质心到那根平行轴穿过处的矢量为 $\boldsymbol{d}$。物体由小面元 $dxdy$ 组成。图中画出了一个小面元，从质心到这个面元的矢量为 $\boldsymbol{r}$，从新转轴到该面元的矢量为 $\boldsymbol{r}'$。

$$I=\int_{棒}\rho(x)(x-d)^2dx \tag{10.10}$$

$$=\int_{棒}\rho(x)(x^2+d^2-2xd)dx \tag{10.11}$$

$$=\int_{棒}\rho(x)x^2dx+d^2\int_{棒}\rho(x)dx-2d\int_{棒}\rho(x)xdx \tag{10.12}$$

㊀ 注意，此处 d 表示维度，与平行轴定理中的 d 含义不同。——译者注

$$= I_{\text{CM}} + Md^2 - 2d\int_{\text{棒}} \rho(x)x\mathrm{d}x \tag{10.13}$$

前面两项是我们希望看到的，它们出现于定理的表达式中。式中的交叉项就像是你组合完了宜家[㊀]书架所剩下来的部分。我们需要想办法去掉它，幸运的是这项为零。原因如下。按照定义：

$$\int_{\text{棒}} \rho(x)x\mathrm{d}x = M\frac{\int_{\text{棒}} \rho(x)x\mathrm{d}x}{M} = MX \tag{10.14}$$

式中，X 就是质心的坐标。X 是多大呢？我们的原点就在质心，相对于这个原点，质心的坐标是零，所以 $X=0$。

因此，转轴通过质心时，转动惯量最小；否则，转动惯量还要加上 Md^2。

现在，让我们来看一个二维的例子。我提醒你们，$\boldsymbol{A}+\boldsymbol{B}$ 的模的平方为

$$\begin{aligned} |\boldsymbol{A}+\boldsymbol{B}|^2 &= (\boldsymbol{A}+\boldsymbol{B})\cdot(\boldsymbol{A}+\boldsymbol{B}) \\ &= \boldsymbol{A}\cdot\boldsymbol{A}+\boldsymbol{B}\cdot\boldsymbol{B}+2\boldsymbol{A}\cdot\boldsymbol{B} = A^2+B^2+2\boldsymbol{A}\cdot\boldsymbol{B} \end{aligned} \tag{10.15}$$

设单位面积的质量为 $\rho(x)$，选质心所在的位置为原点，$\boldsymbol{r}$ 是从质心到任意一点的位矢，$\boldsymbol{d}$ 是新转轴的位置。显然，一个点相对于新转轴的位矢为

$$\boldsymbol{r}' = \boldsymbol{r} - \boldsymbol{d} \tag{10.16}$$

现在，我们重复前面的证明过程，但会大量使用矢量。

$$I = \int_{\text{物体}} \rho(x,y)\,|\boldsymbol{r}-\boldsymbol{d}|^2\mathrm{d}x\mathrm{d}y \tag{10.17}$$

$$= \int_{\text{物体}} \rho(x,y)(r^2+d^2-2\boldsymbol{d}\cdot\boldsymbol{r})\mathrm{d}x\mathrm{d}y \tag{10.18}$$

$$= \int_{\text{物体}} \rho(x,y)r^2\mathrm{d}x\mathrm{d}y + d^2\int_{\text{物体}} \rho(x,y)\mathrm{d}x\mathrm{d}y \tag{10.19}$$

$$-2\boldsymbol{d}\cdot\int_{\text{物体}} \rho(x,y)\boldsymbol{r}\mathrm{d}x\mathrm{d}y$$

$$= I_{\text{CM}} + Md^2 - 2M\boldsymbol{d}\cdot\boldsymbol{R} \tag{10.20}$$

和一维的情况一样，最后一项为零。$\boldsymbol{R}$ 是质心在坐标系中的位矢，而质心就位于坐标系的原点。

举个例子来说明这个结果的作用。假设一个圆盘绕其圆周上的一点转动，而不是绕着它的中心转动，我们不能像求 I_{CM} 时所做的那样，把圆盘看成是以新转轴为中心的同心环的集合。那样的话，每个圆环都只有一部分在圆盘内，如果我们想直接计算 I，就需要想出来这些部分是多大。当然，我们不这么做，而是借助平行轴定理给出结果。对于一个半径为 R 的圆盘

$$I_{\text{圆周}} = I_{\text{CM}} + MR^2 = \frac{3}{2}MR^2 \tag{10.21}$$

㊀ 原文是 Ikea，宜家家居是来自瑞典的家具和家居物品零售商。——编辑注

例如，假设有一枚硬币边缘竖立在某个平面上，这枚硬币上只有一个点与平面接触。如果我们要求硬币运动的时候不打滑，那么在滚动时，硬币与平面相接触的那点不会相对平面运动。这样，硬币将不过是绕着这个点转动（在这一瞬间），此时相应的转动惯量应为$\frac{3}{2}MR^2$。

10.2　由 N 个物体组成的一般系统的动能

现在我们来看一个和动能有关的结论，这个结论的推导和前面的那个风格非常相似，所以我就把它们放在一起讲了。假设有一个质点系，质点（i）的质量为 m_i，它不一定形成刚体。比如说，它们可以是那些组成银河系的众多星球。计算系统总动能的公式为

$$K = \sum_i \frac{1}{2} m_i v_i^2 \tag{10.22}$$

式中，v_i是个普通观察者看到的速度 v_i的大小。当然，这些速度取决于观察者的参考系。设这个观察者看到质心的速度为 $\boldsymbol{V}_{\mathrm{CM}}$。考虑有一个特殊的观察者，她随质心一起运动。对于她来说，质心是静止的。如果这个随质心一起运动的观察者看到这个物体的速度为 $\boldsymbol{v}_i^{\mathrm{CM}}$，那么根据第 2 章中速度的变换法则［式（2.44）］，

$$\boldsymbol{v}_i = \boldsymbol{V}_{\mathrm{CM}} + \boldsymbol{v}_i^{\mathrm{CM}} \tag{10.23}$$

在这种表示方法中，上标 CM 表示“在随质心一起运动的参考系中”，没有上标的表示在原来的普通参考系中；下标 CM 或 i 表示是“质心的”或是“质点 i 的”。因此，$\boldsymbol{v}_i^{\mathrm{CM}}$ 是质心参考系中质点 i 的速度，$\boldsymbol{v}_i$ 是在原来的普通参考系中质点 i 的速度。现在，我们对方程式（10.22）进行如下变换：

$$K = \frac{1}{2}\sum_i m_i v_i^2 \tag{10.24}$$

$$= \frac{1}{2}\sum_i m_i \left| \boldsymbol{V}_{\mathrm{CM}} + \boldsymbol{v}_i^{\mathrm{CM}} \right|^2 \tag{10.25}$$

$$= \frac{1}{2}\sum_i m_i \left(V_{\mathrm{CM}}^2 + \left| v_{\mathrm{i}}^{CM} \right|^2 \right) + \boldsymbol{V}_{\mathrm{CM}} \cdot \sum_i m_i \boldsymbol{v}_i^{\mathrm{CM}} \tag{10.26}$$

$$= \frac{1}{2} M V_{\mathrm{CM}}^2 + K^{\mathrm{CM}} + 0 \tag{10.27}$$

第一项是质心的动能，质心被视为一个具有物体的全部质量，以速度 $\boldsymbol{V}_{\mathrm{CM}}$运动的点。第二项是随质心一起运动的观察者测得的动能，质点 i 相对于该观察者的速度为 $\boldsymbol{v}_i^{\mathrm{CM}}$。如果你真的随质心一起运动，并且对每个质点的运动速度进行测量，这将就是你认为的属于这些质点的动能。式（10.26）的第三项会被消掉，因为

$$\sum_i m_i \boldsymbol{v}_i^{\mathrm{CM}} = \mathbf{0} \tag{10.28}$$

理由如下。在任意一个普通参考系中，由定义可知，

$$\boldsymbol{MR} = \sum_i m_i \boldsymbol{r}_i \tag{10.29}$$

两边对时间求导得到，也是在任何参考系中，有

$$\boldsymbol{MV}_{\mathrm{CM}} = \sum_i m_i \boldsymbol{v}_i \tag{10.30}$$

现在应用到随质心运动的观察者

$$\boldsymbol{MV}_{\mathrm{CM}}^{\mathrm{CM}} = \sum_i m_i \boldsymbol{v}_i^{\mathrm{CM}} \tag{10.31}$$

式（10.31）左边等于零，因为 $\boldsymbol{V}_{\mathrm{CM}}^{\mathrm{CM}}$ 是随质心运动的观察者看到的质心的速度。这意味着等式右边，也就是式（10.26）的最后一项，也等于零。

式（10.27）对任何系统都成立，不管是刚体的一部分还是银河系中的星球。当我们学习既有转动又平动的刚体时，这个公式非常有用。在这部分内容中，这个公式表示，只要具有动能，我们就可以简单地把质心的平动动能和绕质心转动的转动动能相加：

$$K = K_{\mathrm{CM}} + K_{转动} \tag{10.32}$$

10.3 同时做平动和转动

现在我们考虑一个圆盘，例如车的轮胎或者你能想到的其他东西。把车抬离地面，让轮胎旋转；轮胎有转动动能 $K = K_{转动} = \frac{1}{2} I_{\mathrm{CM}} \omega^2$。这是纯转动，到目前为止，我们一直学习的就是它。接下来，让轮胎接触地面，开动这辆车。突然急刹车，阻止轮胎的转动。滑动中的轮胎依然以某个速度向前运动，这是因为轮胎质心在平动，具有动能 $K = K_{\mathrm{CM}} = \frac{1}{2} m V_{\mathrm{CM}}^2$。对此我们也很熟悉，它就像一个质点的动能。

一般来说，轮胎既会绕着中心转动，也会平动。质心的线速度和绕中心的角速度不一定会有什么联系。假设你在冰面上发动车，那么轮胎在打转而车并不会运动。在这种情况下，$V_{\mathrm{CM}} = 0$，$\omega \neq 0$。在轮胎平动的情况下，我们有 $V_{\mathrm{CM}} \neq 0$，$\omega = 0$。我们对相对于地面不打滑的情况很感兴趣，这样轮子不会使橡胶发热。对于现在这种情况，角速度和线速度是相关联的，这种运动叫作“没有滑动的滚动”。如果轮胎在滚动时不打滑，那么当它完整地旋转一周，车辆行驶的距离刚好等于轮胎的周长，轮胎的每个部分都接触地面一次。

我们来计算一下轮胎做无滑动滚动时的速度。如果轮胎每秒转动 f 圈，每转一圈，汽车行驶的距离为 $2\pi R$。

$$V_{\mathrm{CM}} = 2\pi R f = \omega R \tag{10.33}$$

我用了 $\omega = 2\pi f$ 这个公式。现在，利用式（10.27），得

$$K=\frac{1}{2}MV_{\mathrm{CM}}^2+\frac{1}{2}I_{\mathrm{CM}}\omega^2 \tag{10.34}$$

$$=\frac{1}{2}M\omega^2R^2+\frac{1}{2}\frac{MR^2}{2}\omega^2=\frac{1}{2}\frac{3MR^2}{2}\omega^2 \tag{10.35}$$

$$=\frac{1}{2}I_{\text{圆周}}\omega^2 \tag{10.36}$$

推导中用到了式（10.21），也就是平行轴定理。

这个非常有趣的结果表明，可以把轮胎的总能量视为源于轮胎以角速度 ω 绕接触点 P（见图 10.2）的纯转动。如果轮胎真的绕这个点转动，则意味着这个点不能运动。现在，我来给你证明。轮胎的各部分运动得到底有多快呢？车整体以 $\boldsymbol{V}_{\mathrm{CM}}$ 运动。除此之外，轮胎在旋转。要知道轮胎边缘上任意一点的速度，就要将大小为 ωR 的切向速度与质心的速度叠加在一起。在 P 点，这两个速度抵消了，而在最高点 T，两个速度相加得到 $2\boldsymbol{V}_{\mathrm{CM}}$。因此，若一辆速度为 200 mile/h 的车经过你，则有一部分相对地面速度为零，有一部分相对地面的速度为 400 mile/h。对于一辆高速行驶的车，其上有一部分居然根本不动，这可不是显而易见的。但是，在每个瞬间，轮胎上与地面相接触的那部分的瞬时速度的确为零。

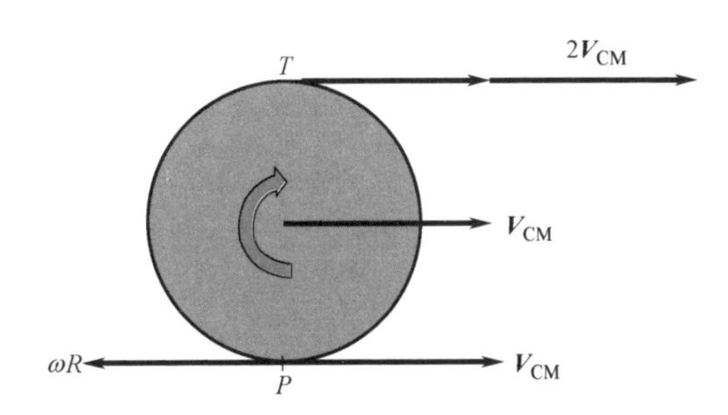

图 10.2 一轮胎的半径为 R，质量为 m，以角速度 ω 沿顺时针方向做无滑动的滚动。在接触点 P，质心的速度 $\boldsymbol{V}_{\mathrm{CM}}$ 与切线速度 ωR 相互抵消。然而在最高处的 T 点，速度加倍。P 点相对路面瞬间静止。

10.4 能量守恒

设想从高为 h 的山顶释放一个质量为 M 的物体。如果它是质点，我就知道它落到底部的速率：

$$Mgh=\frac{1}{2}Mv^2 \tag{10.37}$$

$$v=\sqrt{2gh} \tag{10.38}$$

但如果它是个半径为 R 的硬币，且做无滑动滚动，那么当它到达底部时，质心速率不可能是 $V_{\mathrm{CM}}=\sqrt{2gh}$。因为，为了避免打滑，它会绕自身的轴转动，一定有转动能量。所以，现在我们有

$$Mgh = \frac{1}{2}MV_{\mathrm{CM}}^2 + \frac{1}{2}I_{\mathrm{CM}}\omega^2 \tag{10.39}$$

$$= \frac{1}{2}\frac{3MR^2}{2}\omega^2 = \frac{1}{2}\frac{3M}{2}(\omega R)^2 = \frac{3M}{4}V_{\mathrm{CM}}^2 \tag{10.40}$$

$$V_{\mathrm{CM}} = \sqrt{\frac{4gh}{3}} < \sqrt{2gh} \tag{10.41}$$

这个对圆盘（厚度为零）的公式也适用于绕自身对称轴转动的圆柱，因为可以把圆柱看成是由一组同轴圆盘组成的，其转动惯量等于这组圆盘的转动惯量之和。

对实心球，我们同样能够这样做，其中要用到 $I_{\mathrm{CM}} = \frac{2}{5}MR^2$ 和平行轴定理。那么相同质量的空心球呢？要知道，这个空心球的转动惯量更大，准确的答案是 $\frac{2}{3}MR^2$。如果我同时滚动质量和半径相等的空心球和实心球，后者会更快地滚下来。

你能够想出各种新问题。记得过山车问题吧，如果要保证沿轨道运动，在最高点，质点速度的平方必须大于或等于 Rg。假设在这个问题中的物体是圆柱或者球体，则在最高点的速度还是一样的，不过它们被释放的高度要更高，因为如果做无滑动的滚动，那么它还要具有与平动动能相关的转动动能。

总之，运动的刚体具有平动和转动的能量。一般地讲，平动动能和转动动能是彼此无关的。但是，对于无滑动的滚动，角速度和线速度之间的关系为 $V_{\mathrm{CM}} = \omega R$。因此，不奇怪，刚体的总能量是由两部分共同贡献的，你可以利用线速度或者角速度将之表达出来。换句话说，一旦我知道车轮转得多快，就能知道车行驶的速度是多大。同样，如果我知道车行驶得多快，就能知道车轮的转速是多大。

10.5 $\tau = \frac{\mathrm{d}L}{\mathrm{d}t}$ 的动力学应用

我来举个简单的例子。一群淘气的孩子觉得父母们把质量为 M 的旋转木马推得不够快，所以决定利用火箭提供推力。开始他们只用了一枚质量为 m 的火箭，结果它差点把固定平台的转轴扯坏。火箭的确提供了力矩，然而它也施加了一个力，要不是有转轴的反向力，这个力会使整体产生线加速度。为了避免这样的结果，他们又找了一枚完全相同的火箭，把它安装在第一枚火箭所在直径的另外一端，并使它的推力方向有助于第一枚火箭，如图 10.3 所示。每台火箭发动机提供的推力均为 F，且两者提供的合力矩为 $\tau = 2FR$，产生的角加速度为

$$\alpha = \frac{\tau}{I} = \frac{2FR}{\frac{1}{2}MR^2 + 2mR^2} \tag{10.42}$$

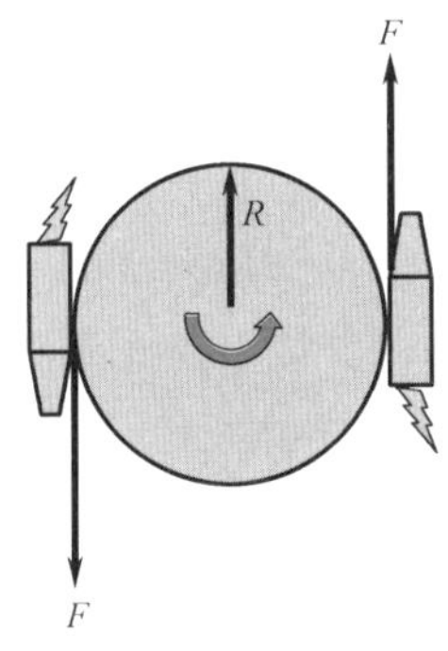

图 10.3 借助火箭来驱动一个质量为 M 的旋转木马。每台火箭发动机提供的推力为 F，两枚火箭的质量均为 m，各自对系统转动惯量的贡献均为 mR^2。

得到了此公式，我们可以解出许多小的问题。例如，从静止开始运行，经过时间 t 后，旋转木马转过的圈数是多少？它转过的角度是

$$\theta(t)=\frac{1}{2}\alpha t^2 \quad (\mathrm{rad}) \tag{10.43}$$

10.6 复杂转动

现在我们考虑一些更复杂的问题。将质量为 m 的物块系于缠绕在滑轮上的轻绳下端，滑轮的质量为 M、半径为 R，如图 10.4 所示。我们想求出物块下降的加速度。令 T 为绳子的拉力。对物块（$F=ma$）和滑轮（$\tau=I\alpha$）列出方程，并利用不打滑条件给出 a 和 α 间的关系：

$$mg-T=ma \tag{10.44}$$

$$TR=I\alpha=\frac{1}{2}MR^2\alpha \tag{10.45}$$

$$a=R\alpha \tag{10.46}$$

与通常的情况相反，对物块规定向下为正方向，对力矩规定顺时针为正方向。你得准备好处理那些特殊的符号规定。

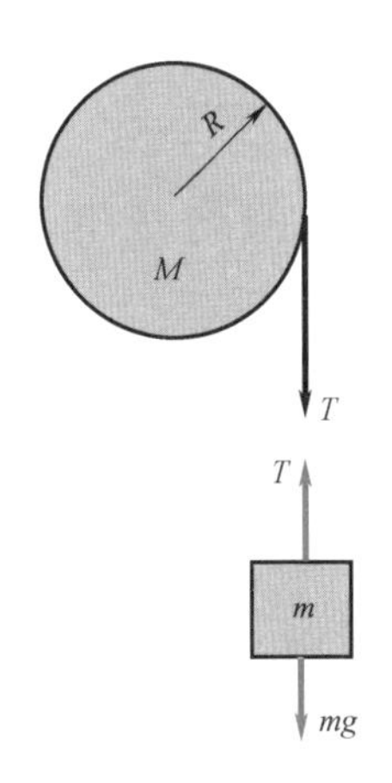

图 10.4 物块的受力图。该物块被系于绕在滑轮上的轻绳下端，滑轮的质量为 M，半径为 R。

我没有画出支撑滑轮的轴对滑轮的作用力，因为 $r_\perp=0$，故它对转轴的力矩没有贡献。在式（10.46）中，我已经给出滑轮的角加速度和物块的线加速度间的关系。只有旋转的滑轮多释放出 1 in（1 in = 25.4 mm）长的绳索，这个物块才能下降 1 in（1 in = 25.4 mm）。求导后，就得到物体的切向加速度 αR 等于线性加速度 a。

在式（10.45）中，用到了公式 $I_{CM}=\frac{1}{2}MR^2$。消去等式中的 R，并代入方程（10.44），得

$$mg=ma+\frac{1}{2}MR\alpha=ma+\frac{1}{2}Ma \tag{10.47}$$

$$a=g\frac{m}{m+\frac{1}{2}M} \tag{10.48}$$

可以用如下方法检查这个结果。如果这个物体下落的高度为 h，利用公式 $v^2=v_0^2+2ad$，求出它的末速度

$$v^2=2ah=2g\frac{m}{m+\frac{1}{2}M}h \tag{10.49}$$

整理得

$$\frac{1}{2}mv^2+\frac{1}{2}\frac{Mv^2}{2}=mgh \tag{10.50}$$

$$\frac{1}{2}mv^2+\frac{1}{2}\frac{MR^2}{2}\omega^2=mgh \tag{10.51}$$

所得结果符合能量守恒定律。

可以将这个问题变得再复杂一些。我们可以回到物块沿斜面下滑的那个问题。将斜面上的物块与一个沿竖直方向运动的物块相连，并考虑滑轮转动惯量不为零的情况。

10.7 角动量守恒

到目前为止，我们已经看过应用 $\tau=I\alpha$ 的例子，在这些例子中 $\tau\neq0$。现在我考虑这样的问题，有个由若干物体组成的系统，作用于其上的合外力矩为零。由于 $\tau=\frac{\mathrm{d}L}{\mathrm{d}t}$，所以系统的总角动量守恒。

举个例子。一圆盘绕通过过其中心小孔的转轴转动。圆盘的转动惯量为 I_1，角速度为 ω_1。在它上方，另有一与之同轴的静止圆盘，转动惯量为 I_2。两个圆盘间的距离无限小。若上面的圆盘落在其下的圆盘上，两者一起转动，那么最终的角速度 ω 是多少？根据角动量守恒：

$$I_1\omega_1+I_2\cdot0=(I_1+I_2)\omega \tag{10.52}$$

$$\omega=\frac{I_1}{I_1+I_2}\omega_1 \tag{10.53}$$

这会让你想起平动中的那个问题：运动的物体 m_1 与静止的物体 m_2 碰撞，若是完全非弹性碰撞，它们合为一个整体运动。

再举一个类似的例子。旋转木马转盘的半径为 R，以角速度 ω_1 旋转，角动量 $L_1=I_1\omega_1$，其中 $I_1=\frac{1}{2}MR^2$。把一个孩子放在旋转木马的外边缘处，孩子和旋转木马一起转动。将这个孩子视为质点，末态的角速度是多少？孩子从静止开始被加速，最后与旋转木马外边缘具有相同的速率。旋转木马对孩子的作用力使这个孩子加速，同时这个孩子对木马施加大小相等、方向相反的作用力使它减速。这对力矩大小相等、方向相反，所以，我们对整个系统使用角动量守恒，求出 ω：

$$I_1\omega_1=(I_1+mR^2)\omega \tag{10.54}$$

$$\omega=\frac{I_1\omega_1}{I_1+mR^2} \tag{10.55}$$

式中，mR^2 为站在旋转木马边缘的孩子的转动惯量。

10.8　花样滑冰运动员的角动量

有一个粒子，其动量为 $p=mv$。如果没有外力的作用，它的动量 mv 不会改变，以恒定速度 v 平动。物体的动量恒定，如果其质量可以减半，那么它的速度将会变为原来的两倍。当然物体无法改变它的质量。但是如果物体不是刚性的，就可以变化自身的质量分布，从而改变其转动惯量。这样，它们可以在保持乘积 $L=I\omega$ 恒定的前提下，改变自身的角速度 ω。

如图 10.5 所示，一个花样滑冰运动员伸展着两臂旋转，此时她可以被视为刚体，角速度为 ω_1，转动惯量为 I_1；然后，这个运动员在某个瞬间失去了刚性，将她的双臂上举过头，使她的转动惯量减少为 I_2，角速度增大为 ω_2，且

$$I_1\omega_1=I_2\omega_2 \tag{10.56}$$

如果她再次伸展双臂，就会减速。尽管她在这个训练过程中有时不能被视为刚体，但此过程外力矩为零，所以她的角动量 L 是守恒的。

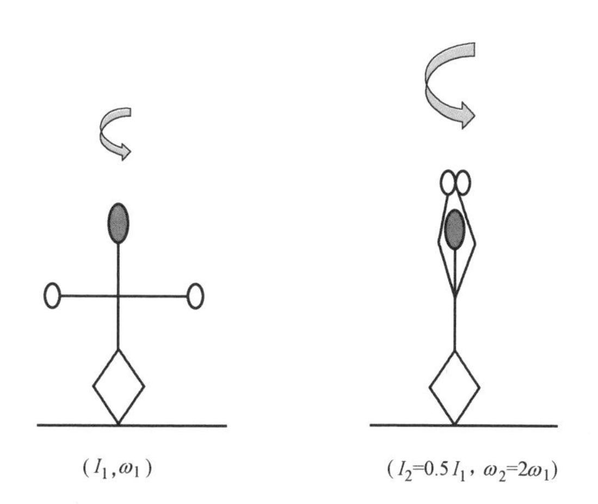

图 10.5　左图：花样滑冰运动员旋转时两臂伸展。右图：这个运动员将她的双臂上举过头，转动惯量减少，而角速度增加，I 与 ω 的乘积不变，她的角动量守恒。

然而，在此过程中她的动能发生了改变。举个例子，假使她双臂伸展时的转动惯量是双臂上举时的

两倍，即 $I_1 = 2I_2$，这意味着，

$$\omega_2 = 2\omega_1 \tag{10.57}$$

$$K_2 = \frac{1}{2} I_2 \omega_2^2 = \frac{1}{2}\left(\frac{1}{2} I_1\right)(2\omega_1)^2 = 2K_1 \tag{10.58}$$

末动能是初动能的两倍。当转动惯量 I 减半时，角速度 ω 会加倍，使得角动量守恒。但是动能却并非如此，动能正比于角速度 ω 的平方。这增加的能量来自哪里呢？来自她的肌肉，运动员双臂靠拢时，肌肉提供了向心力。她伸展双臂时，也是靠向心力维持圆周运动的，但它不做功。当她的胳膊有了径向运动，肌肉提供的力就会做功，因为此时 $dW = \boldsymbol{F} \cdot d\boldsymbol{r} \neq 0$（我们忽略了她举起胳膊时克服重力所做的功）。

第11章 转动动力学Ⅲ

Yale

11.1 静平衡

我将要考虑一些不受外力矩的实例。如果没有力矩，那么角速度是恒定的。但是，在我将要给出的实例中，这个恒定的角速度值本身就是零。没有运动，也没有力矩。你可能会问：“这有什么可学习的呢?”事实上，有时候我们对没有角速度的物体怀有极大的兴趣。比如说，这个物体是我们曾经爬过的梯子。这个梯子最好也不要有角加速度。那么，要怎样做才能防止梯子翻倒呢？我们将要讨论的就是这类问题。

很显然，梯子所受的合外力零，否则，根据 $\boldsymbol{F}=m\boldsymbol{a}$，质心会加速运动。但是，只有 $\boldsymbol{F}=0$ 还不够，就像那利用火箭推进的旋转木马，两推力大小相等，方向相反，合力为零，但是它们的力矩却加大了。

因为转动源于力矩，所以我们希望合力矩也为零。这样，刚体的静力平衡条件为

$$\sum_i F_{xi} = 0 \tag{11.1}$$

$$\sum_i F_{yi} = 0 \tag{11.2}$$

$$\sum_i \tau_i = 0 \tag{11.3}$$

求和的指标 i 包括 x 和 y 方向上的所有外力以及所有力矩。

11.2 跷跷板

图 11.1 画出了一个跷跷板，在支点 P 的左侧坐着质量为 m_1 的小孩，在其右侧坐着质量为 m_2 的小孩。设这两个孩子相对于 P 的坐标分别为 x_1 和 x_2。首先，我们写下跷跷板所受的所有力。由于两个孩子有重量，所以 $\boldsymbol{F}_1=m_1\boldsymbol{g}$，$\boldsymbol{F}_2=m_2\boldsymbol{g}$（其中 $\boldsymbol{g}=-9.8\boldsymbol{j}\ \mathrm{m/s^2}$）。当然，这些并不是全部的外力，因为跷跷板并没有掉到地上。支点 P，提供了竖直向上的支持力 N。

列出关于力的方程：

$$0=0 \quad 沿\ x\ 方向 \tag{11.4}$$

$$N+F_1+F_2=0 \quad 沿\ y\ 方向 \tag{11.5}$$

式中的 F_1 和 F_2 是 $\boldsymbol{F}_1$、$\boldsymbol{F}_2$ 的 y 分量。设 F_1 已知，我们来求 F_2。很明显，到此为止仅有一个有用的公式，我们从中解不出 F_2 和 N。还需要在此引入关于力矩的方程。

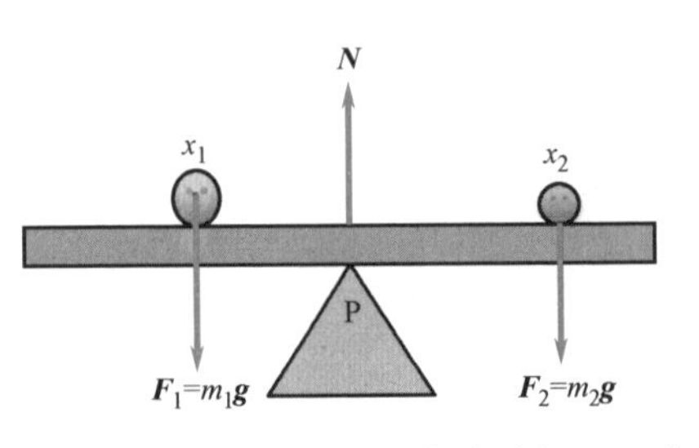

图 11.1　两个孩子坐在跷跷板上，支点提供了向上的力 $\boldsymbol{N}$。两个孩子有重量，故 $\boldsymbol{F}_1=m_1\boldsymbol{g}$，$\boldsymbol{F}_2=m_2\boldsymbol{g}$ 对合力矩有贡献，支点的力 $\boldsymbol{N}$ 对合力矩的贡献为零。

如果一个物体正在绕轴转动，我们常常使对轴的力矩等于角动量对时间的变化率，对绕某个点的转动也如此。但是如果这个物体并不旋转呢？我们要对哪个点计算力矩呢？你可以这样说，这个物体对某一个轴是不旋转的，计算一下对那个轴的合力矩，并使其为零，就得到了第 3 个方程。但是别人也可以说，物体也没有绕另外一个点转动，然后便会得到另一个方程。因此，可以写出无限多个方程，每个方程对应于一个支点或者转轴。但是，我们只有两个未知量 F_2 和 N，它们只能满足两个方程。所以，我们寄希望于那些对其他支点额外写出的方程所表述的东西都是相同的。我将要证明这一点。

首先考虑一根处于平衡状态的细棒。力 $\boldsymbol{F}_1$，…，$\boldsymbol{F}_N$ 作用于其上，它们的合力为零。我在棒上选中一点以计算力矩，这些力作用在距该点 x_1，…，x_N 处。该棒相对于我处于平衡状态，所以有

$$\sum_i \boldsymbol{F}_i = 0 \tag{11.6}$$

$$\tau = \sum_i \tau_i = \sum_i F_{i\perp} x_i = 0 \tag{11.7}$$

如果你选择对杆上的另外一点计算力矩，设你选定的轴在我右侧的 d 处，那么你得把每个 x 以 $x-d$ 来代替。你计算出的力矩为

$$\tau' = \sum_i F_{i\perp}(x_i - d) = \sum_i F_{i\perp} x_i - d\sum_i F_{i\perp} = 0 + 0 \tag{11.8}$$

式中，第一个零是因为对我来说它是合力矩 τ。出现第二个零的原因是因为合力 $\boldsymbol{F}_\mathrm{T}=\sum_i \boldsymbol{F}_i$ 为零，因此，它的垂直分量 $F_{\mathrm{T}\perp}$ 也为零。

如果所选转轴不通过杆或者 x 轴，这个证明将变得棘手。我们在后面会谈及它。

无论如何，只要合力为零，你便可以随意地选取任意点来计算转矩。然而，解题时，有些选择会优于其他的。例如，如果你要求解 F_2，而不是支持力 N，那么有个特殊点是理想的选择，它使得支持力不出现在力矩公式中。这就是对支点 P 计算力矩，而 N 恰好作用于此点。现在，力矩方程中不再有 N，因为 $r_\perp=0$。一般来说，计算力矩时，我们总做这样的选择：对未知力所在点计算力矩。这样未知力

就不会出现在力矩方程之中了。

依据这个规则，得

$$F_1x_1+F_2x_2=0 \tag{11.9}$$

式中，x_1 为负，x_2 为正。因为 F_1 和 F_2 都是负的，所以 F_1x_1 是正的（逆时针的），F_2x_2 是负的（顺时针的）。解方程（11.9），我们就能够求得 F_2。一旦有了 F_2，就可回到式（11.5），求出支持力 N。设 $F_1=-100$ N，$x_1=-4$ m，$x_2=5$ m，那么 $F_2=-80$ N，由式（11.5）可以计算出 $N=180$ N。

11.3 悬挂指示牌

图 11.2 描述了一个更加复杂的问题。有一根杆，长度为 L，质量为 m。杆的一端被墙上的轴支撑住，另一端被一根绳拉住。最终还要将一个指示牌悬挂在这根杆上，但是在这个题目中，这指示牌还没有准备好。我关心的是绳中的张力 T，希望它不要超过某个极限值。求 T 的最直接的方法是画出杆的受力分析图，然后令合力以及合力矩等于零。

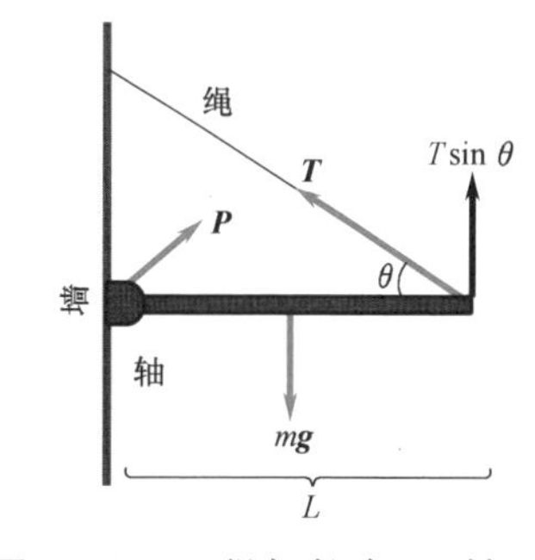

图 11.2 一根杆长为 L，被一根绳子和墙上的轴支撑。绳中张力为 $\boldsymbol{T}$，轴对杆的作用力为 $\boldsymbol{P}$。

$$P_x-T\cos\theta=0 \tag{11.10}$$

$$T\sin\theta+P_y-mg=0 \tag{11.11}$$

$$\tau_P+\tau_W+\tau_m=0 \tag{11.12}$$

式中，三个力矩是支撑点的作用力、绳中张力和重力 mg 对某个任意点的力矩。

对于三个未知量，P_x，P_y，T，现在有三个方程。但是，如果只想要知道张力 T，我利用一个力矩方程就可以了，不过要选择对支点计算力矩，这样 P 就不出现在方程中，我们可以得到

$$T\sin\theta\cdot L-mg\cdot\frac{L}{2}=0 \tag{11.13}$$

解方程，得

$$T=\frac{mg}{2\sin\theta} \tag{11.14}$$

可以看出，我采用了标准的符号规定，逆时针时力矩为正。

在一个实际问题中，杆子的重量 $mg=2000$ N，绳子可以承受的最大张力为 $T_{\max}$。因此计算出来的 T，要满足：

$$T=\frac{mg}{2\sin\theta}<T_{\max} \tag{11.15}$$

$$\sin\theta > \frac{mg}{2T_{\max}} \tag{11.16}$$

如果 $T_{\max}=4000\ \mathrm{N}$，得

$$\sin\theta > \frac{1}{4} \tag{11.17}$$

如果我很好奇，可以掉回头去利用关于力的方程计算出 P_x和 P_y：

$$P_x = T\cos\theta = \frac{mg\cos\theta}{2\sin\theta} \tag{11.18}$$

$$P_y = mg - T\sin\theta = \frac{mg}{2} \tag{11.19}$$

有趣的是，无论 θ 为何值，绳子和轴各支撑了杆子重量的一半。

注意一下我计算重力矩时，就好像所有质量都集中在质心上一样，尽管这是正确的，但并不是显而易见的。因为将质心定义为刚体上所有质点质量的加权和，这并不一定意味着在计算 τ 时质心也可以代表整体。你应该经常回顾那些基本原理并且进行检验。我们唯一知道的就是 $\boldsymbol{F}=m\boldsymbol{a}$ 和重力。接下来，我们想象将这根杆分成一个个很小的小段，每一个小段都足够小，以至于它距轴有确定的位置 x，而其质量为$\frac{m}{L}\mathrm{d}x$，完全像在计算质心时那样做。做积分，可以求得对轴的合力矩

$$\tau = \int_0^L x\,\frac{mg}{L}\mathrm{d}x = g\int_0^L x\,\frac{m}{L}\mathrm{d}x = gmX \tag{11.20}$$

倘若先不看因子 g，那么第二个积分在计算质心时就已经非常熟悉了，等于 mX。式中，$X=L/2$，它就是质心的位置。那里 x 在其中作为被加权的坐标，此处为了计算力矩被加权的是 $r_{\perp}$。如果将质量都集中在质心处，这个公式 $\tau=mgX$ 的确就是我们所要的。即使密度 $\rho(x)$ 不均匀，这个公式依然适用，积分结果仍将是 mX。

11.4 靠墙的梯子

这是关于平衡的最后一个问题，我在本章开始时就已经提到过了。有一个梯子，其质量为 m，长度为 L，以某个角度 θ 斜靠在墙上，如图 11.3 所示。墙面光滑，地面的静摩擦因数为 μ_s，可以认为它是已知量。我还没有爬上梯子呢，只想把它靠在墙上并保证它不滑下来。要使这个梯子不滑动，你能直观地看出来 θ 必须大于某个最低的极限值吗？我们来列出所有的平衡方程，找到这个极限值。

我们知道，可以设重力作用于杆的中心处。光滑的墙所施加的力与墙垂直，以 $\boldsymbol{W}$ 表示。地面施加了支持力 $\boldsymbol{N}$ 和方向向里的摩擦力 $\boldsymbol{f}$。摩擦力 $\boldsymbol{f}$ 与 $\boldsymbol{W}$ 相抵消。好了，沿着 x、y 方向对于力的方程为

$$f - W = 0 \tag{11.21}$$

$$N-mg=0 \tag{11.22}$$

就剩下力矩了。我们得做个选择。可以选择任意点计算力矩。如果要想为难自己，可以选任何令人发狂的点计算力矩，使 N 和 f 都具有力矩，这样我们就会做得艰苦得多。巧妙的方法是，再次，选择梯子与地面的接触点计算力矩。这样 N 和 f 就都从方程中去掉了，$\boldsymbol{mg}$ 趋向于使杆按顺时针方向转动，$\boldsymbol{W}$ 趋向于使杆按逆时针方向转动。力矩有两个定义：

$$\tau=Fr_{\perp}=F_{\perp}r \tag{11.23}$$

我们采用第一种来计算力矩。对于重力，$r_{\perp}=\frac{1}{2}L\cos\theta$。对于墙的作用力，$r_{\perp}$ 是 $L\sin\theta$。所以得

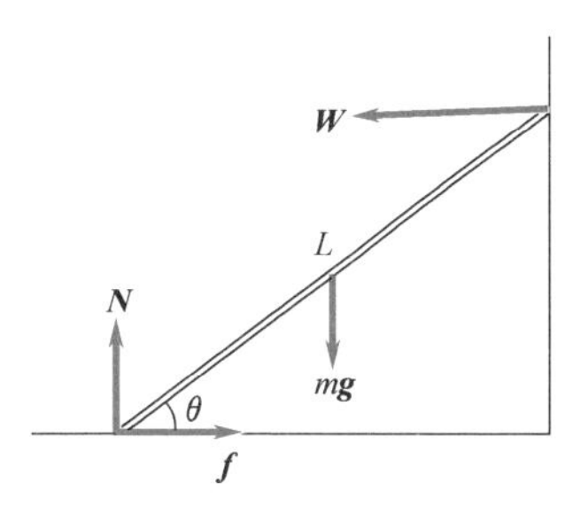

图 11.3 质量为 m，长度为 L 的梯子斜靠在光滑的墙上，并且立在摩擦系数为 μ_s 的地面上。图中分别画出了地板对梯子的支持力和摩擦力。

$$mg\cdot\frac{1}{2}L\cos\theta=WL\sin\theta \tag{11.24}$$

解得

$$W=\frac{1}{2}mg\cot\theta \tag{11.25}$$

但是，我们有限制条件：摩擦力必须满足 $f\leqslant\mu_s N$。从这两个方程：

$$f<\mu_s N=\mu_s mg \tag{11.26}$$

$$f=W=\frac{1}{2}mg\cot\theta \tag{11.27}$$

得到不等式：

$$\frac{1}{2}mg\cot\theta<\mu_s mg \tag{11.28}$$

$$\tan\theta>\frac{1}{2\mu_s} \tag{11.29}$$

此题中，$\tan\theta$ 会随 θ 而增大，所以上式表明 θ 必须大于某个值。例如，若 $\mu_s=0.5$，那么，$\theta\geqslant45°=\frac{\pi}{4}$。如果我爬上梯子，在受力分析时，还要将我的重力计入力和力矩的方程之中。力矩与我在梯子上的位置有关，并且我要保证自己可以爬到顶部。

11.5 三维刚体动力学

如果什么都在一个平面内，刚体动力学就非常简单：所有质点都在这个平面内，所有的力都位于这个平面内，所有自力的作用点到轴心的矢量也都位于这个平

面内。俯视这个平面，物体只可能绕垂直于平面的转轴顺时针（负）转动或逆时针（正）转动。力矩为 $\tau = Fr_{\perp} = F_{\perp}r$，其中 r 是力的作用点到轴心的距离。

这都是过去了。现在，我们必须面对现实，真实生活中的物体，像陀螺和土豆，它们可不是平面的，它们是在三维空间中运动的。并非所有的基本观点都能够体现在低于三维的空间中，我们面临的就是这种情况。

我们将进入三维（$d=3$）空间，但是要在单个质点上稍稍停留一会儿。任何复杂的物体都是由单个质点组成的。质点在三维空间中运动时，什么公式将与 $\tau = I\alpha$ 相对应呢？在三维空间中，又该如何定义力矩和角动量呢？

设三维空间中，有个质量为 m 的质点，对原点的位置为 $\boldsymbol{r}$，如图 11.4（左图）所示。设作用于其上的力为 $\boldsymbol{F}$。就像在二维（$d=2$）空间中那样，我们想将 $\boldsymbol{r}$ 和 $\boldsymbol{F}$ 两个矢量结合在一起得到力矩。我们希望力矩的值与二维空间中的相同，等于 $rF\sin\gamma$，因为这两个矢量还是位于某个平面内的，这个平面可以就是我们原来二维空间中的那个平面。但是，现在为确定力矩的方向，需要在三维空间中给出这个共同的平面的方向。很自然，我们会选择垂直于这个平面的方向。但是，这个方向有两种可能性。为了破除这个僵局，对 τ 进行完备的定义，可以这样定义力矩的方向，沿从 $\boldsymbol{r}$ 到 $\boldsymbol{F}$ 的方向转动螺丝钉，螺丝钉前进的方向即力矩的方向。我们所用的是 $\boldsymbol{r}$ 和 $\boldsymbol{F}$ 的叉乘，写为

$$\boldsymbol{\tau} = \boldsymbol{r} \times \boldsymbol{F} \tag{11.30}$$

对于一般的矢量 $\boldsymbol{C}$，设它等于 $\boldsymbol{A}$ 和 $\boldsymbol{B}$ 的叉乘，那么有

$$\boldsymbol{C} = \boldsymbol{A} \times \boldsymbol{B} \tag{11.31}$$

其方向为，若从 $\boldsymbol{A}$ 转向 $\boldsymbol{B}$，会使螺丝钉前进的方向。大小为

$$C = AB\sin\gamma \tag{11.32}$$

式中，γ 为在两者确定的平面内，从 $\boldsymbol{A}$ 到 $\boldsymbol{B}$ 的那个角，如图 11.4 中右图所示。

有一个确定叉积方向的方法，叫作右手定则，这个名称的起因如下。如果伸出右手抓住 z 轴，且 4 个手指是按照从 $\boldsymbol{A}$ 到 $\boldsymbol{B}$ 的方向弯曲着，像图中那个大箭头所示，那么拇指所指的方向就是力矩的方向了，或是 z 轴的正向。因此，现代人可以教授自己的孩子进行叉乘运算，而灵长类动物却不行。

我们离题一会儿，熟悉一下叉乘。

对于任意维度来说，两个矢量的点积为标量，可是只有在三维空间情形下，两个矢量做叉乘所得到的那个矢量才是有意义的。利用两个矢量定义一个特定的方向，该方向与这两个矢量所确定的平面垂直，这个方法只有对三维空间才是可行的。在四维空间的情况下，对于任意两个矢量所在平面，将有两个独立的方向与之垂直。

回到叉乘，如果将两个因子互换位置，那么叉乘的结果会改变符号。

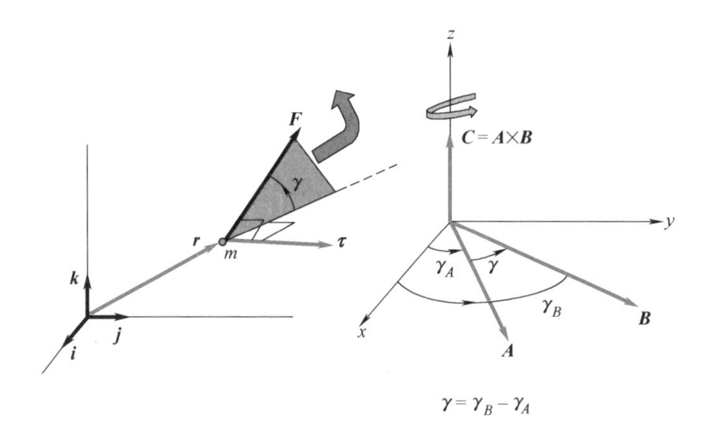

图 11.4　左图：单位矢量为 $\boldsymbol{i}$，$\boldsymbol{j}$，$\boldsymbol{k}$，后面将会用到它们。力 $\boldsymbol{F}$ 相对于某个点（原点）的力矩为 $\boldsymbol{\tau}$，自该点到力的作用点的矢量为 $\boldsymbol{r}$。图中的阴影平面为矢量力 $\boldsymbol{F}$ 和 $\boldsymbol{r}$（的延长线，图中的虚线）所确定的平面，γ 为此平面内由 $\boldsymbol{r}$ 到 $\boldsymbol{F}$ 的角。力矩 $\boldsymbol{\tau}$ 的大小等于 $\tau = rF\sin\gamma$，与二维空间中的相同。矢量 $\boldsymbol{\tau}=\boldsymbol{r}\times\boldsymbol{F}$ 称为 $\boldsymbol{r}$ 和 $\boldsymbol{F}$ 的叉积，其方向垂直于阴影平面，利用右手定则确定。右图：矢量 $\boldsymbol{A}$ 和 $\boldsymbol{B}$ 的叉积（为方便起见，选定两矢量在 x-y 平面内）沿从 $\boldsymbol{A}$ 转向 $\boldsymbol{B}$（图中环绕 z 轴的弯曲箭头所示的那个转向）使螺丝钉前进的方向。它的大小为 $AB\sin\gamma$，γ 为从 $\boldsymbol{A}$ 到 $\boldsymbol{B}$ 的角。可以采用右手定则代替这个螺旋法则。方法是：沿由 $\boldsymbol{A}$ 到 $\boldsymbol{B}$ 的方向弯曲右手的四个手指，右手拇指的指向就是叉积 $\boldsymbol{C}$ 的方向。

$$\boldsymbol{B}\times\boldsymbol{A} = -\boldsymbol{A}\times\boldsymbol{B} \tag{11.33}$$

因为螺丝钉会沿 $\boldsymbol{B}\times\boldsymbol{A}$ 的反向前进，或者说，γ 会改变符号。令 $\boldsymbol{A}=\boldsymbol{B}$，则

$$\boldsymbol{A}\times\boldsymbol{A} = -\boldsymbol{A}\times\boldsymbol{A} = \boldsymbol{0} \tag{11.34}$$

与 $C=AB\sin\gamma$ 所得结果一致，因为当 $\gamma=0$ 时，其值也为零。的确，即使 $\boldsymbol{B}$ 等于一个标量 η 乘以 $\boldsymbol{A}$，那么两者的叉乘也会为零。两个彼此平行的矢量做叉乘，结果为零。这就对了，因为这样平行的矢量无法确定一个平面。

现在，我们利用图 11.4 左图中给出的基矢量计算叉乘，看 $\boldsymbol{i}\times\boldsymbol{j}$。根据右手定则，它指向 $\boldsymbol{k}$ 的方向；因为 $|\boldsymbol{i}|\cdot|\boldsymbol{j}|\sin\dfrac{\pi}{2}=1$，所以它的大小为单位长度。下面给出了单位矢量的 9 个叉乘。

$$\boldsymbol{i}\times\boldsymbol{i}=\boldsymbol{j}\times\boldsymbol{j}=\boldsymbol{k}\times\boldsymbol{k}=\boldsymbol{0} \tag{11.35}$$

$$\boldsymbol{i}\times\boldsymbol{j}=\boldsymbol{k}=-\boldsymbol{j}\times\boldsymbol{i} \tag{11.36}$$

$$\boldsymbol{j}\times\boldsymbol{k}=\boldsymbol{i}=-\boldsymbol{k}\times\boldsymbol{j} \tag{11.37}$$

$$\boldsymbol{k}\times\boldsymbol{i}=\boldsymbol{j}=-\boldsymbol{i}\times\boldsymbol{k} \tag{11.38}$$

回忆一下，我们曾把点乘改写为两种形式：

$$\boldsymbol{A}\cdot\boldsymbol{B}=AB\cos\theta=A_xB_x+A_yB_y+A_zB_z \tag{11.39}$$

现在，我们来将叉乘以分量形式表达出来，用以代替以长度和角度表示的方法。为了得到以分量表示 $\boldsymbol{A}\times\boldsymbol{B}$ 的公式，我们设两个矢量在 x-y 平面内，或者说选择两个

矢量所在的平面为 x-y 平面。设两个矢量与 x 轴的夹角分别为 γ_A，γ_B，如图 11.4 所示。$\boldsymbol{C}$ 只有 z 分量：

$$C_z = AB\sin(\gamma_B-\gamma_A) \tag{11.40}$$

$$= AB(\sin\gamma_B\cos\gamma_A-\cos\gamma_B\sin\gamma_A) \tag{11.41}$$

$$= A\cos\gamma_A B\sin\gamma_B-A\sin\gamma_A B\cos\gamma_B \tag{11.42}$$

$$= A_xB_y-A_yB_x \tag{11.43}$$

不难想象与证明，如果这两个矢量在任意平面内，$\boldsymbol{C}$ 有三个分量，完整的答案是

$$C_x = A_yB_z-A_zB_y \tag{11.44}$$

$$C_y = A_zB_x-A_xB_z \tag{11.45}$$

$$C_z = A_xB_y-A_yB_x \tag{11.46}$$

一旦你获得了一个分量，例如 C_z，接下来在各处循环地做这种变化：$x\to y$，$y\to z$，$z\to x$，就得到了下一个分量。

这样，很清楚地有

$$(\boldsymbol{A}+\boldsymbol{B})\times\boldsymbol{C}=\boldsymbol{A}\times\boldsymbol{C}+\boldsymbol{B}\times\boldsymbol{C} \tag{11.47}$$

例如，若 $\boldsymbol{F}=(\boldsymbol{A}+\boldsymbol{B})\times\boldsymbol{C}$，那么由式（11.44），其 x 分量为

$$F_x = (A_y+B_y)C_z-(A_z+B_z)C_y \tag{11.48}$$

$$= A_yC_z+B_yC_z-A_zC_y-B_zC_y \tag{11.49}$$

$$= (A_yC_z-A_zC_y)+(B_yC_z-B_zC_y) \tag{11.50}$$

这表明，

$$\boldsymbol{F}=\boldsymbol{A}\times\boldsymbol{C}+\boldsymbol{B}\times\boldsymbol{C} \tag{11.51}$$

因此，叉乘满足分配率：可以像普通乘法那样将括号展开。反之也成立，可以将同类项组合到括号内。

现在，我们回到力矩。式（11.47）在这里有两个应用。

首先，我们证明：如果作用于物体上的合力 $\boldsymbol{F}_{\mathrm{T}}$ 为零，且它对于某个点的合力矩 $\boldsymbol{\tau}_{\mathrm{T}}$ 为零，那么该力对于任意点的力矩均为零。设对于一个点，有

$$\boldsymbol{\tau}_{\mathrm{T}} = \sum_i \boldsymbol{r}_i \times \boldsymbol{F}_i = 0 \tag{11.52}$$

（与以往不相同，我用 0，而不用 $\mathbf{0}$。）现在换一个点，该点位于 $\boldsymbol{r}_0$ 处，将每个 $\boldsymbol{r}_i$ 换为 $\boldsymbol{r}_i-\boldsymbol{r}_0$，得

$$\boldsymbol{\tau}'_{\mathrm{T}}=\sum_i(\boldsymbol{r}_i-\boldsymbol{r}_0)\times\boldsymbol{F}_i=\boldsymbol{\tau}_{\mathrm{T}}-\boldsymbol{r}_0\times\sum_i\boldsymbol{F}_i=0+0 \tag{11.53}$$

叉乘满足分配律，故将 $\boldsymbol{r}_0$ 放到求和号的外面。

下一个，考虑均匀的重力场 $\boldsymbol{g}$ 中的重力矩。在这种引力场中，每个质点 m 的重力很简单，为 $m\boldsymbol{g}$。在地球附近，设 z 轴沿竖直方向，则 $\boldsymbol{g}=-9.8\boldsymbol{k}\ \mathrm{m\cdot s^{-2}}$。设物体由数个质量为 m_i 位于 $\boldsymbol{r}_i$ 处的质点组成，则重力矩为

$$\boldsymbol{\tau} = \sum_i \boldsymbol{r}_i \times m_i\boldsymbol{g} \tag{11.54}$$

$$= \left[\sum_i m_i \boldsymbol{r}_i \right] \times \boldsymbol{g} \tag{11.55}$$

$$= M\boldsymbol{R}\times\boldsymbol{g} \tag{11.56}$$

式中，$\boldsymbol{R}$ 为质心的位矢。这样，式中的重力矩相当于将所有质量 M 集中于质心 $\boldsymbol{R}$ 处时的结果。

现在定义角动量。在前面，对于平面情况我们给出

$$\tau = I\alpha = I\frac{\mathrm{d}\omega}{\mathrm{d}t} = \frac{\mathrm{d}L}{\mathrm{d}t} \tag{11.57}$$

与此不同，我们现在要采用矢量方程：

$$\boldsymbol{\tau} = \frac{\mathrm{d}\boldsymbol{L}}{\mathrm{d}t} \tag{11.58}$$

显然，因为力矩 $\boldsymbol{\tau}$ 是矢量，所以角动量 $\boldsymbol{L}$ 也是矢量。对于一个平面，可以看出，

$$L = I\omega = mr^2\omega = m(r\omega)r = mv_\perp r \tag{11.59}$$

对于刚体上的某个物体，它必须做半径为 r 的圆周运动，速度垂直于其位矢。但是，如果这个物体不在刚体上呢？其速度就不一定垂直于位矢。刚体的情况提示我们，在 $\boldsymbol{L}$ 的大小中，只需要保留与 $\boldsymbol{r}$ 垂直的那部分速度。

$$L = mv_\perp r = mvr\sin\gamma \tag{11.60}$$

式中，γ 为 $\boldsymbol{v}$ 和之 $\boldsymbol{r}$ 间的夹角。$\sin\gamma$ 为我们提供了计算三维空间角动量矢量 $\boldsymbol{L}$ 的公式：

$$\boldsymbol{L} = \boldsymbol{r}\times\boldsymbol{p} \tag{11.61}$$

如果我们在数学家的指导下，去由 $\boldsymbol{r}$ 和 $\boldsymbol{p}$ 构建出一个矢量的话，利用上面的叉乘也是很自然的。当然，将它乘以（-19）也是一种叉乘，但是我们的这种选择具备一个特性，这就是它对时间的导数等于力矩 $\boldsymbol{\tau}$：

$$\frac{\mathrm{d}\boldsymbol{L}}{\mathrm{d}t} = \frac{\mathrm{d}[\boldsymbol{r}\times\boldsymbol{p}]}{\mathrm{d}t} \tag{11.62}$$

$$= \frac{\mathrm{d}\boldsymbol{r}}{\mathrm{d}t}\times\boldsymbol{p} + \boldsymbol{r}\times\frac{\mathrm{d}\boldsymbol{p}}{\mathrm{d}t} \tag{11.63}$$

$$= \frac{\boldsymbol{p}}{m}\times\boldsymbol{p} + \boldsymbol{\tau} \tag{11.64}$$

$$= 0 + \boldsymbol{\tau} \tag{11.65}$$

需要解释一下这些推导步骤。利用分量形式，可以推出对于 $\boldsymbol{r}\times\boldsymbol{p}$ 求导与对于两个普通函数求导很相似，但是我们必须保证不改变 $\boldsymbol{r}$ 和 $\boldsymbol{p}$ 这两个因子的顺序。接下来，我用到了一个结论，因为速度平行于动量（两者通过 m 关联在一起），因此它们的叉积为零，最终得

$$\boldsymbol{\tau} = \frac{\mathrm{d}\boldsymbol{L}}{\mathrm{d}t} \tag{11.66}$$

如果物体是平面型的，由许多质点组成，将第 i 个质点的角动量记为 $\boldsymbol{L}_i$，则它要么垂直于所在平面向外，要么垂直于所在平面向里，这是因为 $\boldsymbol{r}_i$ 和 $\boldsymbol{p}_i$ 均位于这

个平面内，两者的叉乘与这个平面垂直。这就是为什么以前将力矩和角动量处理为标量而不是矢量。如果一个矢量受到限制，只能沿着某个轴向上或向下，就可以忽视其矢量性。我们仅仅说：如果它向上就是正的，向下就是负的。

对于刚体上的一个质点，其角动量一定与绕某个轴的实际转动相关。但是，$\boldsymbol{L}=\boldsymbol{r}\times\boldsymbol{p}$这个定义对于任意具有线动量的质点都成立，即使它不做圆周运动，而是沿一条直线运动也如此。这一思想与原来的一致吗？来看图 11.5。半径为 r 的圆盘逆时针转动，设其边缘上的一小块自 3 点钟位置沿着切向或是 y 方向被甩了出去。在碎裂前，有

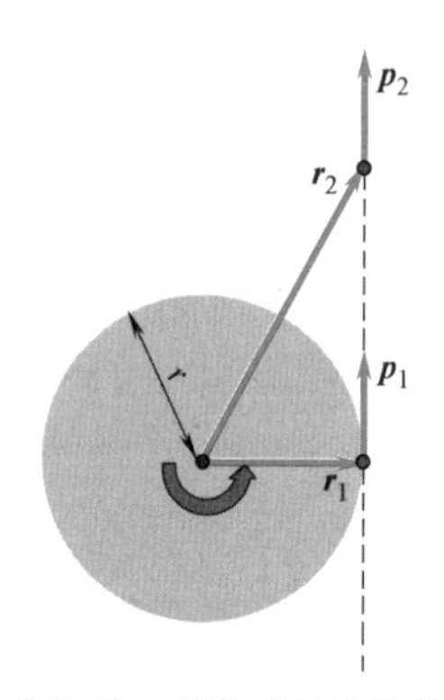

图 11.5 无论一个质点是否绕着某个点运动，其角动量的定义均为 $\boldsymbol{L}=\boldsymbol{r}\times\boldsymbol{p}$。图中给出了一个位于盘边缘上 3 点钟位置的点。其角动量为 $\boldsymbol{L}_1=\boldsymbol{r}_1\times\boldsymbol{p}_1$。它沿切向飞出到达 $\boldsymbol{r}_2$处，角动量为 $\boldsymbol{L}_2=\boldsymbol{r}_2\times\boldsymbol{p}_2$。由于它飞行过程中不受力和力矩作用，因此，$\boldsymbol{L}_1=\boldsymbol{L}_2$。这是正确的，尽管在数值上有 $r_2>r_1$，但是，位矢在垂直于动量的方向上的分量没有改变，它等于盘的半径，而对于自由粒子来说，$p_1=p_2$。

$$L_1=mv_1r_{1\perp}=p_1r_1=p_1r \tag{11.67}$$

因为没有力或者力矩作用于其上，我们认为其 $\boldsymbol{L}$ 保持不变。它的确如此：$p_1=p_2$，因为它不受力，尽管 $r_2>r_1$，但是 $r_{2\perp}=r_{1\perp}=r$，r 就是盘的半径。

所以，每个运动的质点对于任意一个点都有角动量，除非质点位于动量所在的那条直线上。即使这个质点并不是圆盘的一部分，只是沿虚线以 $\boldsymbol{p}=\boldsymbol{p}_1=\boldsymbol{p}_2$ 的动量运动，它也具有相对于原点的恒定角动量 $\boldsymbol{L}=\boldsymbol{r}\times\boldsymbol{p}$。

现在考虑一个系统。每个质点遵从

$$\frac{\mathrm{d}\boldsymbol{L}_i}{\mathrm{d}t}=\boldsymbol{\tau}_i=\boldsymbol{\tau}_{i\mathrm{e}}+\sum_j\boldsymbol{\tau}_{ij} \tag{11.68}$$

式中，$\boldsymbol{\tau}_{i\mathrm{e}}$为作用于 i 质点上的外力矩；$\boldsymbol{\tau}_{ij}$是 j 质点对 i 质点的作用力 $\boldsymbol{F}_{ij}$的力矩。对 i 求和得到系统的总角动量满足

$$\frac{\mathrm{d}\boldsymbol{L}}{\mathrm{d}t}=\boldsymbol{\tau}_\mathrm{e}+\sum_{i,j}\boldsymbol{r}_i\times\boldsymbol{F}_{ij} \tag{11.69}$$

设合外力矩为零，$\boldsymbol{\tau}_\mathrm{e}=0$，那么，$\dfrac{\mathrm{d}\boldsymbol{L}}{\mathrm{d}t}=0$ 是否成立呢？我们仍然可以用 $\boldsymbol{F}_{ij}=-\boldsymbol{F}_{ji}$，但

是与力相乘的因子 $\boldsymbol{r}_i$ 和 $\boldsymbol{r}_j$ 却不同。先考虑两个质点，$i=1$ 和 $j=2$，看看 $\boldsymbol{L}$ 为什么是不变的（证明对于多个粒子也成立）。$\boldsymbol{F}_{12}=-\boldsymbol{F}_{21}$，对于内力矩，有

$$\boldsymbol{r}_1\times\boldsymbol{F}_{12}+\boldsymbol{r}_2\times\boldsymbol{F}_{21}=(\boldsymbol{r}_1-\boldsymbol{r}_2)\times\boldsymbol{F}_{12} \tag{11.70}$$

如果叉乘的值为零，或者相应地说，若 $\boldsymbol{r}_1-\boldsymbol{r}_2$ 平行于 $\boldsymbol{F}_{12}$，也就是两质点间的作用力沿由两点所确定的那个矢量的方向，那么内力矩就等于零。我们知道，万有引力如此，电磁力也如此。可以从最基本的层面上讲，若宇宙中仅有 i 和 j 两个粒子，两者间相互作用力只可能沿由这两者所确定的那个矢量的方向，除非宇宙天生地存在某个首选的方向。我们相信它没有，角动量守恒就是源于这种空间的各向同性。当然，一旦空间出现了其他物体，它们有理由改变两物体间相互作用力的方向。但是，情况并非如此，至少在经典力学中不是这样的。换言之，如果找到了一对孤立粒子间的相互作用，即使出现了其他粒子，我们也不必进行任何修正，两个粒子继续保持原来的相互作用。我们又碰到了好运气。

11.6　回转仪

对于回转仪问题，对你更有用的是数学而不是你的直觉。图 11.6 有一个回转仪，画出了它的侧视图。一根轻杆，一端置于支撑塔上，另一端与质量为 m 的圆柱体连在一起，就构成了一个回转仪。这个圆柱体可以绕自身的轴自由转动，但是，我们先假设它没有转动，并且我用手指支撑着这个圆柱体。现在，我放开手。接下来发生的事情，所有的人都会知道，那根杆和回转仪将绕着垂直于纸面的轴在竖直平面内顺时针转动。你不上物理 200 这门课也会知道这个结果。我们来确定一下，这与 $\boldsymbol{\tau}=\dfrac{\mathrm{d}\boldsymbol{L}}{\mathrm{d}t}$是相符的。力矩 $\boldsymbol{\tau}=\boldsymbol{r}\times m\boldsymbol{g}$ 的大小为 $\tau=mgl$，根据右手定则，其方向垂直纸面向里。我们应该很清楚，当角动量的方向垂直纸面向里时，并不意味着回转仪会向纸面内运动。它只意味着，回转仪转动所绕的那根轴是垂直于纸面的。

如果有个回转仪，我们不使它绕自身轴转动，情况就是如此。

现在我们让这个圆柱体旋转起来，这回游戏就会不同了。回转仪有初始角动量，它指向何方呢？这可是你要弄明白的第一件事。圆柱体的每个部分都在旋转，如果你对每部分计算 $\boldsymbol{r}\times\boldsymbol{p}$ 的话，方向都是沿径向向外的，这也就是合角动量 $\boldsymbol{L}$ 的方向，如图 11.6 所示。

选择关于 $t=0$ 对称的一段时间 $\mathrm{d}t$，我们看看重力矩的作用效果是什么。俯视图给出了 $t=\mp\dfrac{1}{2}\mathrm{d}t$ 时刻的回转仪。角动量的增量为 $\mathrm{d}\boldsymbol{L}=\boldsymbol{\tau}\mathrm{d}t$，在侧视图中其方向垂直纸面向里，在俯视图中其方向竖直向上。如果取一级无限小近似的话，在 $t=-\dfrac{1}{2}\mathrm{d}t$，0，$\dfrac{1}{2}\mathrm{d}t$ 时刻的角动量大小是相同的，其原因在于 $\boldsymbol{L}\cdot\mathrm{d}\boldsymbol{L}=0$，因此

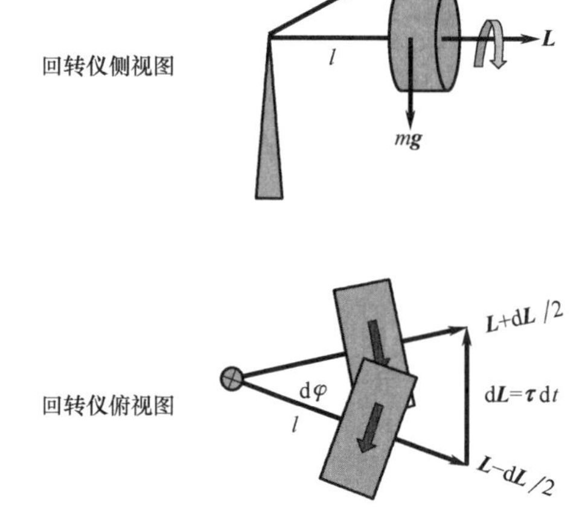

图 11.6 上图：放置在支撑塔上的回转仪在 $t=0$ 时刻的侧视图，此刻回转仪以角动量 $\boldsymbol{L}$ 自转。旋转的圆柱体贡献了全部质量和转动惯量。重力方向竖直向下，其力矩垂直纸面向里。下图：在 $\mp\frac{1}{2}\mathrm{d}t$ 时刻的俯视图。粗箭头表示俯视时圆柱体的转动方向。回转仪角动量的增量为 $\mathrm{d}\boldsymbol{L}=\boldsymbol{\tau}\mathrm{d}t$，与 $\boldsymbol{L}$ 垂直。为了避免混乱，图中没有画出那个水平的矢量 $\boldsymbol{L}(0)=\boldsymbol{L}$。为了清晰起见，图中的角度被夸大了。由于 $\boldsymbol{L}\cdot\mathrm{d}\boldsymbol{L}=0$，因此，取一级无限小近似，$\left|\boldsymbol{L}\pm\frac{1}{2}\mathrm{d}\boldsymbol{L}\right|^2=L^2$。这样，$\boldsymbol{L}$ 只会发生转动，在 $\mathrm{d}t$ 时间内转过的角度为 $\mathrm{d}\phi=\mathrm{d}L/L$。

$$\left|\boldsymbol{L}\pm\frac{1}{2}\mathrm{d}\boldsymbol{L}\right|^2=L^2\pm\boldsymbol{L}\cdot\mathrm{d}\boldsymbol{L}+\frac{1}{4}|\mathrm{d}L|^2\approx L^2 \tag{11.71}$$

与以往一样，略去最后一项 $|\mathrm{d}L|^2 \square \mathrm{d}t^2$，因为它是二阶无限小量。

这就是为什么尽管回转仪获得了 $\mathrm{d}\boldsymbol{L}$ 却不下落的原因。对于一根静止的杆，获得垂直纸面向里的角速度便意味着它的确会下摆。但是，如果回转仪在初态具有角动量，且其增量是垂直方向的，那么新角动量不过是原角动量的旋转版。所以，俯视的话，回转仪所做的是一种被称为进动的运动。回转仪会一圈圈地缓慢转动，而其一端会一直位于那个支撑塔上。

这会使你想起绕地球运转的卫星与下落的苹果吗？两者的加速度均指向地球。对于苹果，这个重力加速度在初始速度为零的条件下造成了向下的速度，苹果加速落向地球。另一方面，卫星在初态具有沿切向的较大的速度，微小的径向增量只能改变其方向，因此一小会儿时间后它运动到圆轨道上的不同部分。

回转仪也如此。无论圆柱体是否旋转，它的角动量的增量都相同，为 $\mathrm{d}\boldsymbol{L}$。在一种情况下，是 $\mathrm{d}\boldsymbol{L}$ 与零相加，结果是回转仪下摆。对于另一种情况，$\mathrm{d}\boldsymbol{L}$ 与非零的 $\boldsymbol{L}$ 相加，结果 $\boldsymbol{L}$ 转动起来。

我们来计算一下进动的频率 Ω_{p}。看图下面的部分，那个俯视图。在 $\mathrm{d}t$ 内，$\mathrm{d}\boldsymbol{L}$

矢量的长度为 $\tau \mathrm{d}t$，并且 $\boldsymbol{L}$ 本身转过了 $\mathrm{d}\phi$ 角。在由 $\boldsymbol{L}-\frac{1}{2}\mathrm{d}\boldsymbol{L}$，$\mathrm{d}\boldsymbol{L}$ 以及 $\boldsymbol{L}+\frac{1}{2}\mathrm{d}\boldsymbol{L}$ 构成的三角形中，应用弧长公式 $\mathrm{d}s=r\mathrm{d}\phi$ 得，

$$\tau \mathrm{d}t=L\mathrm{d}\phi \tag{11.72}$$

由此推导出

$$\Omega_{\mathrm{p}}=\frac{\mathrm{d}\phi}{\mathrm{d}t}=\frac{\tau}{L}=\frac{mgl}{I_{\mathrm{CM}}\omega} \tag{11.73}$$

对于圆柱体，$I_{\mathrm{CM}}=\frac{1}{2}mR^2$。（你不必担心 $\mathrm{d}\boldsymbol{L}$ 是一段弦还是一段圆弧，当 $\mathrm{d}\boldsymbol{L}\to 0$ 时，两者没有区别。）

Yale

第12章 狭义相对论 I：洛伦兹变换

提及相对论理论，公众常常将之与爱因斯坦 1905 年那里程碑式的工作联系在一起，其实相对论理论要比这早得多，可以追溯到伽利略和牛顿。根据相对性原理，若两位观察者相对匀速运动，那么他们就会得到同样的物理规律。相对论的这一观点即使是在爱因斯坦之后也没有被改变过。然而，在伽利略的版本中，涉及的是力学规律，在那个年代，力学规律几乎就是一切。到了 19 世纪，开始发现电磁现象和光似乎并不遵循相对性原理。后来，爱因斯坦拯救了相对性原理，前提是要摒弃牛顿关于时间和空间的许多重要观点。他在 1905 年的工作被称为狭义相对论，以区别于他 1915 年发表的广义相对论。广义相对论是关于引力的理论，普遍地被认为是人类想象力与创造力的最伟大成果之一。

在这门课程中，我们仅学习狭义相对论，而且仅考虑最低的空间维度，也就是一维空间。时间，以前被视为一个绝对参数，将成为另一个维度，其意义稍后会进行精确讲解。

12.1 伽利略和牛顿的相对性

在相对论的教学中，常常会用到某种高速列车，这是一个标准的教学方法。想象一下，在车站，沿 x 轴方向，两条彼此平行的铁轨上，停着两列这样的（无限长）火车。你登上其中一列火车，看到另一列火车是静止的。现在把所有的窗帘都拉上，这样，你就无法看到火车之外了。你安静下来，开始探究自己周围的世界。你给自己倒了杯饮料，打了打台球，玩了玩网球，摆弄了摆弄弹簧振子，等等，你对力学现象有了一些感受和认知。然后，你睡觉去了。在你熟睡期间，两件事情中的一件发生了。这两个件事是：车站上只剩下了你这列火车和一只无形的手使你的列车以 200 mile 的时速行驶。现在来问一个问题：当你醒来，如果不看窗外，你能说出这两件事情中到底发生了哪一件吗？你可以通过在火车上做一些事情来判断火车的速度吗？你可能会说："我没有运动，因为高处的标志显示着美国国铁[㊀]。"这来自社会经验，不是基于实验的物理推论。相对论断言，你恰恰无法知

㊀ 作者打趣美国国铁。——译者注

道自己是在运动或没有。但是，如果列车加速或减速，你可以马上知道。车加速，你会感觉到自己被推靠在椅背上。如果驾驶员急刹车，你会撞到前面的座椅。因此，在封闭的车厢内不用向外看，你也可以察觉到加速运动。问题是，在封闭的车厢内，匀速运动是否能造成可察觉到的变化呢。答案是：不能，依据的是相对论。

还有一种等效的方法也能说明你醒来后一切都是相同的：在运动的车厢内牛顿运动定律依然正确。如果牛顿运动定律是适用的，一切机械现象看上去都没有什么变化。我们对将发生的事件的预期，例如：两个台球的碰撞，或是弹簧振子的振动，都符合牛顿运动定律。因此，结论是当你做匀速运动时，牛顿运动定律将不会改变。

回忆一下，若牛顿运动定律对你成立，你就是惯性系中的观察者，你所在的参考系就是惯性参考系。不是所有的观察者或参考系都是惯性系。例如，$\boldsymbol{F}=m\boldsymbol{a}$ 在加速运动的火车内就不成立：置于地板上的物体，会向后滑动。因此，即使没有外力作用其上，物体也会加速。这就是为什么加速运动的火车不是惯性系的原因。我们对这种情形不感兴趣。所以，假设原来你是车站上的观察者，牛顿运动定律对你是成立的，那么当你醒来后，牛顿运动定律依然成立，尽管你此时已获得了恒定的速度。

记得开始时在你旁边的那列火车吧。假设你醒来，打开窗帘，看到那列车正以200 mile 的时速运动。不可否认，你和那列车之间是有相对运动的，这是实验事实。问题是，你是否能确定这相对运动是由你所在这列车的运动引起吗？也许你这列车没有发生任何事情，而另一列车以200 mile 的时速反向运动呢？相对性原理表明，你真的无法区分这两种情况。你只能说原来相对静止的两列火车之间现在有了**相对运动**，但是，不能说出“谁在运动”。

这意味着，如果你观察到自己与另一个惯性系中的观察者之间有相对运动，你完全有理由认为自己没有运动，而是另一个观察者在反向运动，反之亦然。但是我再重复一下：这个结论只在相对匀速运动时成立。如果你的火车在加速，你不能说“我没有加速，而是另一辆车在反向加速运动，”因为你就是那个脑袋撞到了前面座椅上的人，而另外一个观察者却平安无事。或者，如果你乘坐火箭起飞，G 力很大，是你，而不是地面上的人，处于危险之中。

现在，回到火车的情景中。假设你向另一侧的车窗外望去，看到牛在奔跑，时速为200 mile。什么？我知道你会这样想：一定是火车在以200 mile 的时速运动。这个判断又是基于非物理的观念。你忘记了一点，在你熟睡期间，可能有人将整个布景置于轮子之上，使得火车之外的牛好像是在向相反的方向运动。似乎没有人为了愚弄你而把事情做到了这个程度，**但是如果他们真的这样做了，你确实是无法辨认。**

这就是为什么在做这些思想实验时，我们不打开窗帘看外面的景色，因为这样的话，我们就会存在偏见。我们将只看另外那列火车。这样，当你感受相对运动的时候，就无法判断到底是谁在运动。如果用两艘宇宙飞船来代替那两列火车，而背景上没有其他东西，这一点就会更清晰。

12.2 伽利略相对性原理的证明

现在，我来证明，你醒来后所得到的力学规律是相同的，都是牛顿运动定律，尽管你在睡觉期间获得了恒定的速度。这将再次向大家解释为什么你醒来后得到的力学规律是相同的。我们得先来做一些铺垫工作。

我们从**事件**这个概念开始。一个事件就是在某个地点某个时刻发生的一件事。例如，在某个时刻，如果有一个爆竹在某个地点爆炸了，x 为它发生的地点，t 是发生的时间，那么（x，t）是其**时空**坐标。我们再次看到，时空概念的引入根本不需要爱因斯坦的介入。即使是穴居人组织聚会时，也知道必须给出地点（如在那个死了的霸王龙旁）和时间（如日落时分）。事实上，你需要 x 和 t，或者，对于三维空间中的人来说，需要 x，y，z 和 t 并不新鲜。创新之处稍后就会清楚了。

图 12.1 中有两个参考系，它们的横轴在一条直线上。所有的运动均是沿横轴的。出于教学考虑，我们画出了纵轴，但是却极少用它。我在 S 系中，而你在 S′系中。

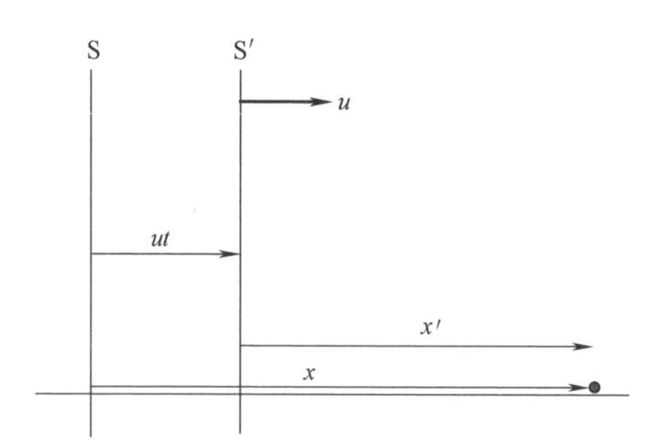

图 12.1 一个事件（实心圆点）在 S 系中（对于我）坐标是（x，t），而在 S′系中（对于你）是坐标是（x'，t'）。在前爱因斯坦年代，$t=t'$不仅在初态时（我们的原点重合，将两个钟校准的时刻）成立，而且总是成立的。在 t 时刻，你的原点在我右侧 ut 远处。所以对于我来说 t 时刻 x 处的爆竹爆炸，对你来说发生在 $x'=x-ut$ 处。

在 S 系中，我位于原点 $x=0$ 处，其实，S 系中不是仅仅只有我一个观察者，我是庞大队伍中的一员，我们这些观察者彼此相对静止。我在 x 轴上布满了我的特工，他们是我的眼睛和耳朵。如果右边有一个爆竹爆炸了，我的人会告诉我，尽管我本人并没有在那个地点。因此，当我说看到了什么，其实指的是我和我的同伴，我们同在一列火车上随火车以相同的速率运动，布满空间，记下所发生的事情。我们可以随后将信息集中一下，但是我们会知道这个爆炸发生于（x，t）。简言之，测量事件的时空坐标得需要一大群人。你，在你坐标系的原点 O'，也需要在 S′系中有一大群情报员。

现在，想象你正相对于我以恒定的速度 u 向右移动。你从我的左侧过来，经过我，过一会儿后，在我右侧的某处。我们安排好，当你经过我时，也就是当我们的原点重合时，你把你的钟调为零，我把我的钟调为零。因此，出现了一个事件，即你与我相遇。这个事件的坐标是什么呢？对于我来说，这个事件发生在原点 $x=0$ 处，而时间已经被设定为 $t=0$。对于你来说，你的原点与我的重合，所以事件的坐标也是 $x'=0$。在牛顿力学中，我们所有人的时间是相同的，当我们的原点相交时，已经设定时刻为零。对于我们的相遇，我们有了这个事件的坐标，你和我两人给出的都是（0，0）。

现在有了第 2 个事件：爆竹爆炸，在图 12.1 中以一个黑点表示。我设定它的坐标为（x，t）。

我认为你的结果如何呢？你会测定这个事件距离你的坐标原点的距离，称这个点为 x'，时间坐标是 $t'=t$。x' 与 x 之间满足什么关系呢？好，这个事件发生在时刻 t，由此我知道你的原点在我原点右侧的 ut 远处。这样，我的结论是，这个事件距离你的原点为 $x'=x-ut$。总结一下，得到等式：

$$x' = x - ut \tag{12.1}$$

$$t' = t \tag{12.2}$$

今后，就用 t 表示我们这个共同的时间。这叫作**伽利略坐标变换**，用以纪念伽利略，他对相对性原理的阐述起了重要的作用。

在式（12.1）中，也可以用 x' 表示 x，得

$$x = x' + ut \tag{12.3}$$

到此为止，x 和 t 之间没有什么关系，可以彼此独立地选定。在任意时刻 t，某个事件的 x 坐标可以是任意值。现在，想象一下，我用（x，t）描述一个运动的粒子，例如子弹，$x(t)$ 为它在 t 时刻相对于我的位置。同样，$x'(t)$ 是在相同的时刻 $t'=t$ 相对于你的位置。按照前面的逻辑，函数 $x(t)$ 和 $x'(t)$ 的差为 ut，即

$$x'(t) = x(t) - ut \tag{12.4}$$

令它对于我的速度是 $v=\frac{dx}{dt}$。设对你来说，其速度为 w。那么，将式（12.1）对时间 t 微分，记住 u 为常量，得

$$w = \frac{dx'}{dt} = \frac{dx}{dt} - u = v - u \tag{12.5}$$

这就是在伽利略相对性下速度的变换关系。它与我们日常生活常识相符。例如，如果我说这个子弹运动的速度为 $v=600$ mph[1]，而你在火车上以 $u=200$ mph 的速度向右运动，那么你测得子弹的速率会减小 200 mph，得到 $w=(600-200)$ mph $=400$ mph。将式（12.1）再对时间求一次微分，u 为常量，便可以得到这个运动物体的加速度

[1] mph：速度单位，英里每小时。——译者注

$$a'(t)=\frac{d^2x'}{dt^2}=\frac{d^2x}{dt^2}=a(t) \tag{12.6}$$

这意味着，你和我给出的这个物体的加速度值相同。对于这个物体的位置，我们给出值是不同的。描述物体运动得有多快时，我们给出的意见是不同的。尽管如此，对于这个物体的加速度，我们两人却意见统一，因为从我到你的速度变换不过是加了一个常数而已。所以，对于你来说，如果这个物体的运动速度为常数，那么对于我来说，这个物体的运动速度也是常数，不过是另一个常数罢了。换言之，如果这个物体具有加速度，我们两人将给出相同的加速度。当我们变换坐标系时，这个事实决定了牛顿运动定律的命运。

假想在我的惯性参考系中研究两个物体，坐标分别为 x_1、x_2，它们之间的作用力与两者间的距离相关。设 $F(x_1-x_2)=A/|x_1-x_2|$,式中 A 为常数,单位为 N · m。对两个物体,有

$$m_1\frac{d^2x_1}{dt^2}=\frac{A}{|x_1-x_2|} \tag{12.7}$$

$$m_2\frac{d^2x_2}{dt^2}=-\frac{A}{|x_1-x_2|} \tag{12.8}$$

依据牛顿第三定律，$F_{12}=-F_{21}$。我们已经知道，可以用你带撇的加速度代替等式左边我的加速度。等式右侧的坐标差也可以用你带撇的来代替我的。因为 $x_1'=x_1-ut$ 且 $x_2'=x_2-ut$，所以

$$|x_1'-x_2'|=|(x_1-ut)-(x_2-ut)|=|x_1-x_2| \tag{12.9}$$

于是，式（12.7）和式（12.8）对于你来说也是成立的，在 S′系中有

$$m_1\frac{d^2x_1'}{dt^2}=\frac{A}{|x_1'-x_2'|} \tag{12.10}$$

$$m_2\frac{d^2x_2'}{dt^2}=-\frac{A}{|x_1'-x_2'|} \tag{12.11}$$

显然，这具有普适性。可以利用它在两个坐标系中研究一个弹簧振子系统，对于两个参考系中的观察者来说，弹簧的伸长或压缩量是相同的。

这就是那个窍门。在我的惯性参考系 S 中，牛顿运动定律成立，我的不带撇的坐标遵循它们。我可以应用伽利略变换证明，在 S′系中，你的带撇的量也遵循这些定律。

可以换一个说法。如果你在行驶的火车上打了个盹，醒来后探究周围的世界，你会像以前那样得到原来的牛顿运动定律。应用前面的方法，地面上的人能够向你这个 S′系的观察者证明这一点。

这就是在牛顿力学中证明相对性原理的方法。

最后，假设相对速度 u 不是常量，由于 $a'=a-\frac{du}{dt}$，所以对于两个参考系来说物

体的加速度是不同的。在加速运动的参考系中，$\boldsymbol{F}=m\boldsymbol{a}$ 不再成立。观察者将看到物体即使不受力的作用也会加速运动，从而意识到自己是非惯性参考系。

12.3　爱因斯坦登场

我们快速回溯 300 年左右的时间。那时，安德烈-玛丽·安培、迈克尔·法拉第、卡尔·高斯等人已经发现了电磁学的基本方程。詹姆斯·克拉克·麦克斯韦将这些发现浓缩为“麦克斯韦方程组”，通过修改其中一个方程以实现数学和物理的协调性，他预言了电磁波的存在。麦克斯韦计算出电磁波的波速为 3×10^8 m/s，当时，众所周知，这就是光速 c。所以，正确地总结出：光一定是一种电磁波。问题是，相对于哪个观察者来说，光速 $c=3\times10^8$ m/s 呢？

我来详细说明一下。后面我们会计算波在一根两端固定的弦上传播时的波速，它是弦中张力和弦的质量密度的函数。这个速度是实验室中的人观察到的，对于这个人来说，除了有一些微小的横向振动以外，这根弦是静止的。同理，如果你去计算室内的声速，这个速度是相对于室内空气的，这是由于声波是在空气中传播的。一般说来，计算波速时是相对于其传播介质的。相对于介质运动的观察者，测得的速度将会不同。

因此，很自然地，人们假设麦克斯韦得到的这个速率 c，是对相对于以太静止的观察者而言的，那时认为传播电磁波的介质是以太，就像传播声波的介质是空气一样。人们想更多地了解以太。首先，因为我们可以看见太阳、星星，所以以太是无所不在的。接下来，你会问，它的密度如何？通常情况下，介质密度越大，信号就会传播得越快。举例说来，声波在密度大的介质中，例如在铁中，会比在空气中传播得快。所以以太一定非常非常致密。并且，它得使天体在其中年复一年地运动，速度不曾降低。这是一种非常奇特的介质。还有一个问题，就是我们相对于这种介质的运动有多快呢？

1887 年，阿尔伯特·迈克耳孙和爱德华·莫雷通过实验对此进行了测量。设在测量时刻，实验室相对于以太的运动速率为 v，那么他们应该测量出光的速率为 $c-v$。但是实验测得的光速恰好为 c。或许在迈克尔逊和莫雷做实验的那个时刻，他们的实验室相对于这无所不在的以太恰好是静止的。好吧。但是，我们知道，12 小时后情况就会改变，由于地球的自转，实验室的速度会反向，而且过了 6 个月后，地球绕太阳运行的速度也会反向。相对于以太来说，你不可能一直都是静止的，因此，不可能在所有时刻都得到相同的答案 c。可这恰恰是实验所得到的结果。

于是，人们尝试用其他方法进行解释。考虑声速，每小时 760 mile。为什么在地球绕自身轴转动以及绕太阳转动过程中，这个值天天都不变呢？你和我在交谈的时候，怎么能感受不到如此之高的速率呢？原因当然是，地球带着空气一起自转并绕太阳运转。因此，如果你能够与介质一起运动，那么你运动得多快都无所谓。在飞机飞行过程中，机舱内的空气与我们一起运动，因此飞机飞行时，声速相对于机舱内的我们与飞机静止时是一样的。当我要枕头的时候，空乘假装没有听到我声音的那段时长是一样的，与飞机的飞行速率无关。因此，人们试图这样解释，地球带有以太，就像它带有空气那样。但是，观测一下遥远的星星，就很容易证明这是不对的。这里没有足够的篇幅来更详细地论述了（如果愿意的话，研究一下光行差）。你不能带有以太，也不能抛弃它，这便是僵局所在。

光速是个大问题。我们停一下仔细琢磨琢磨。设想一发子弹以速率 v 向右运动。你以速率$\frac{1}{2}v$ 向右运动。我推测你测量出的子弹运动速率为$\frac{1}{2}v$。但是，如果这是光线，而不是子弹，你得到的值是 $v=c$，无论你的速率是多大。你以$\frac{3}{4}c$ 的速率沿光线运动，测得的光速依旧为 c。无论是用以太模型还是其他物质模型都无法解释这个结果。

这时，爱因斯坦登场了，对于光的这个令人困惑不已的行为进行了解释。回忆一下伽利略的相对性，那个在停在站台上的火车中入睡的惯性系中的观察者，他醒来之后，无法判定，火车是否已经获得了恒定的速度。但是，如果光速与火车的运动速度相关，那么，通过对比睡前与醒后的光速，这个观察者就可以不看窗外，也能够推测出火车的速率。因为匀速运动造成了可以探测到的变化，不必以外界的事物做参考，它不是相对的而是绝对的。尽管力学规律在运动的火车内是相同的，但是电磁学规律却会出卖火车的速度。

当然，事实并非如此，光速并不随火车的速率发生变化。这意味着，自然界中，电磁现象是掩盖均匀速度的同谋。就像在不看窗外的情况下，由力学现象不能判断我们运动得有多快一样，由电磁学现象也不能。

显然，对爱因斯坦来说，他认为大自然不会创造出这样一个系统，在其中力学规律在运动的参考系中不变，而电磁学规律却发生了变化。因此，他假设，在任何一个相对于那个初始参考系做匀速运动的参考系中，所有的现象，无论是什么性质的，都不会发生变化。这是个极其大胆的假设，即使对于生物学现象，它也是成立的，那可不是他的专长。他坚信，所有的自然现象要么都遵循相对性原理，要么都不遵循。

爱因斯坦的信念是在自然规律背后存在着某种适用于所有自然现象的一致性。这并非一个宗教话题，否则我不会在课堂上说到它。但是，它的确是所有科学家的信念，至少是所有物理学家的，这就是自然规律是优美的、统一的。尽管物理学家们或许不相信神的创造，但是他们坚信存在着这种潜在的、合理的规律，而我们正在试图揭开其面纱。这个信念一直在被一遍又一遍地加固着。

12.4 假设

爱因斯坦的狭义相对论有两个基本假设。

假设1：所有惯性系中的观察者都是等价的。

假设2：光速与光源和观察者的运动状态无关。

假设1中的“等价”意味着在探索自然规律时，惯性系中的每个观察者都不会比其他人更优越。如果你相对于我匀速运动，那么物理定律对于我和你是相同的。假设你和我之间存在着相对运动，如果你有权利说你是静止的而我在运动；那么我也同样有权利说我是静止的而你在运动。对于匀速的相对运动，观察者之间完全是对称的。而在变速的相对运动中，却没有这种对称性。我前面提到过，变速运动产生的效果可以伤害到我，而伤害不到你。因此，加速度是不能避而不谈的，而均匀的速度则不然。这就是第1个假设，它在牛顿时代就已经被确立了。现在的更新之处在于，对所有自然现象来说，惯性系中的观察者都是彼此等价的，包括电磁现象，而不仅仅限于力学现象了。

按照第2个假设，如果运动的火箭发出一束光线，没关系，光速为 c。如果在运动的火箭上看到了一束光线，没关系，测得的光速也将是 c。所有的人对于光速的答案都会是一样的。这是假设，无法推导。

看上去爱因斯坦似乎是这样解决问题的，他认为光之所以具有这样的行为是因为它是掩盖匀速运动这个大阴谋的一部分。然而，我们将看到，为了挽救相对性所付出的代价是昂贵的。他的假设迫使他和我们丢弃了牛顿物理中许多重要的观点。想一想其中的原因吧！假设一辆车相对于我以每小时200 mile的速度运动。你开车以每小时50 mile的速度跟着它。我推测你测得那辆车的速率为每小时150 mile。但是如果你测得的速率也为每小时200 mile，那会如何呢？当然，对于以我说到的速率行驶的汽车来说，这种情况是不会发生的。但是如果将车换为光脉冲的话，事情确实如此。你一定会认为，这与我们日常生活中的观点以及 $w=v-u$ 这个公式太不相符了。令 $v=c$，则 w 等于 c，而不等于 $c-u$。从伽利略变换得不出这个结果，因此伽利略变换不得不出局了。

12.5　洛伦兹变换

我们被引向寻找一个将 $(x,\ t)$ 和 $(x',\ t')$ 联系在一起的新法则或是变换。当借助这个新的变换计算光速时，两个坐标系所得到的答案都将是 c。这将如何实现呢？线索如下。设想我以速率 c 向右发出了一个脉冲，你正以 $\frac{3}{4}c$ 的速率向右运动。按照牛顿的理论，我预测你测量出这个脉冲的速率应该为 $\frac{1}{4}c$，可你确定这个速率就是 c。我该如何向你解释呢？你是这样求解出这个速率的，用这个脉冲运动过的距离除以相应的运动时间。你所得的结果是我的4倍，所以我会这样说：你的“米”尺不足1 m。对于这个例子，我会说尺子缩短到原长（与尺子相对静止时测得的这把尺子的长度）的 1/4，这导致你测量出的速度值是我预测值的 4 倍。

此外，还有其他可能性。在你我相对静止的情况下，你我的钟，它们的走时曾经是相同的。现在，你的钟可能走慢了。尽管只是 1 秒，你却让光走了 4 秒。这就是为什么你测得的光速是我的 4 倍了。抑或是你的米尺和钟都发生了改变。无论如何，我们必须要建立相应的理论，所以在寻找伽利略坐标变换［也就是式（12.1）和式（12.2）］的替代方程时，我们不再假设长度和时间对于两位观察者是相同的了。

因此，对于事件 I(x, t)，其空间坐标对你来说，不再是 $x'=x-ut$ 了，而是

$$x'=\gamma(x-ut) \tag{12.12}$$

式中，γ 是变换因子，用于将我的长度变换为你的。同理，我将你的那个方程 $x=x'+ut'$（我们认定有 $t'\neq t$ 这一可能性）改为

$$x=\gamma(x'+ut') \tag{12.13}$$

类似地，γ 是变换因子，与由我到你的变换相同，反之亦然。否则，我们就不等同了，我们中的某个人就会总持有那把短的"米"尺了。当由我向你变换时，需要将 $u\to-u$，所以 γ 应该是 u^2 的函数。我们按下面的方法确定 γ。

当我们的坐标原点重合时，发出光脉冲。对我来说，光脉冲在（x，t）引爆了一只爆竹；而对你来说爆炸发生在（x'，t'）。对我来说，光脉冲传播 x(m) 所需时间为 t(s)；对你来说光脉冲传播 x'(m) 所需时间为 t'(s)。我们两人都认为，光速为 c，所以对于这个特定的事件可以得到

$$x=ct \quad 和 \quad x'=ct' \tag{12.14}$$

将式（12.12）和式（12.13）左边相乘，令所得结果等于两式右侧的乘积，得到

$$xx'=\gamma^2(xx'+xut'-x'ut-u^2tt') \tag{12.15}$$

由 $x=ct$ 和 $x'=ct'$，得

$$c^2tt'=\gamma^2(c^2tt'+uctt'-uct't-u^2tt') \tag{12.16}$$

$$1=\gamma^2\left(1-\frac{u^2}{c^2}\right) \tag{12.17}$$

$$\gamma=\frac{1}{\sqrt{1-\frac{u^2}{c^2}}} \tag{12.18}$$

注意：我们已经得到了长度的转换因子 γ，尽管它的推导利用了涉及光脉冲的一个具体事件，但是这没有关系。它可用于式（12.12）和式（12.13），对一般事件是成立的。将 γ 代回式（12.12），得

$$x'=\frac{x-ut}{\sqrt{1-\frac{u^2}{c^2}}} \tag{12.19}$$

现在，我们看看式（12.13），$x=\gamma(x'+ut')$。解出 t'，以 x 和 t 表示它如下，得

$$
\begin{aligned}
t' &= \frac{1}{u}\left(\frac{x}{\gamma}-x'\right) \\
&= \frac{1}{u}\left[\frac{x}{\gamma}-\gamma(x-ut)\right] \\
&= \frac{\gamma}{u}\left[\frac{x}{\gamma^2}-(x-ut)\right] \\
&= \frac{\gamma}{u}\left[x\left(1-\frac{u^2}{c^2}\right)-(x-ut)\right] \\
&= \frac{t-\frac{u}{c^2}x}{\sqrt{1-\frac{u^2}{c^2}}}
\end{aligned}
\tag{12.20}
$$

总结一下。设想我是 S（在坐标系 S 中），你是 S′（在坐标系 S′中），你以速率 u 向右（沿 x 轴正向）运动。对于某个事件，我的坐标是（x，t），你的坐标是（x'，t'）。**洛伦兹变换**告诉我们：

$$x' = \frac{x-ut}{\sqrt{1-\frac{u^2}{c^2}}} \tag{12.21}$$

$$t' = \frac{t-\frac{u}{c^2}x}{\sqrt{1-\frac{u^2}{c^2}}} \tag{12.22}$$

若你我之间的相对运动速度远远小于光速，即 $u/c \ll 1$，那么可以看出，洛伦兹变换将退化为伽利略变换。因此，相对论公式其实仅在速度接近于光速的条件下才奏效。

必须要清晰地理解这个公式所建立起的关系。事情都是发生在时空中的，对吧？说这里发生了事情。这个事情有空间坐标和一个时间坐标。有两个观察者，均位于各自坐标系的原点，当两人相遇时，他们的钟指示的时间也是相同的。其中一人以速率 u 向右运动。如果对于一个人来说，某个事件的坐标是（x，t），那么相对于那个以速率 u 向右运动的人，这个事件的坐标（x'，t'）与（x，t）之间的关系由上面的公式表达出来。

现在我们可以明白为什么爱因斯坦享有建立了四维时空这一美誉了。的确，x，y，z 和 t 这 4 个坐标在他之前就出现了。但是之前，无论运动有多快，t'与 t 总是相等的。在爱因斯坦的理论中，变换成为带撇的量时，x，y，z 和 t 是关联在一起的。打个比方。设想一些生物被限制在 x-y 平面上，若他们转动坐标轴，那么 x 和 y 彼此就发生了关联。现在，增加一个维度，与这两者垂直，我们称之为 z。如果

转动仅限于 x-y 平面，那么，z 绝不会与 x 和 y 相关，旋转前后有 $z=z'$。这使得他们的世界是二维的。一旦你允许这些生物的旋转超越 x-y 平面，那么 z 将开始与 x 和 y 关联在一起。对于微小的倾斜（他们也许还没有意识到 z 开始是另一个坐标呢），这种联系是难以察觉的；而对于较大的倾斜，z 与 x、y 间的联系就变得可以察觉到了。在我们的问题中，u/c 就是时空中的倾斜度。如果实验满足 $u/c\ll 1$ 的限制，那么我们就认为 t 是不变的，对所有观察者都相同。爱因斯坦给我们展示出了完整的图景。

你已经可以看到，在这个理论中，速度不能大于光速，否则，$\sqrt{1-\frac{u^2}{c^2}}$ 将是一个虚数。所以那个唯一的对于我们每个人都相同的速率，也就是最大速率。没有任何一个观察者相对于他人的运动速度可以等于或超过光速。

对于任何一个事件来说，相对于不同的参考系，其坐标不同，而这并不意味着物理规律会不同。例如，我站在地面上，抛出一截粉笔，它竖直向上运动然后竖直下落。假设你在一辆运动的火车上观察我，你将会想到，它向上然后向下运动，不过轨道是抛物线。没有人会说那粉笔相对于你也将会向上和向下运动，只会说它的运动仍将遵从牛顿运动定律。其实，这就是两个惯性参考系对事物的看法相同这句话的全部含义。虽然爱因斯坦的理论支持了相对性原理，但是却摒弃了牛顿运动定律。当速度接近光速 c 时，牛顿运动定律必须加以修正。然而，相对论使我们确信，两个彼此相对匀速运动的观察者所修正出的定律将会是一样的。

第13章 狭义相对论Ⅱ：一些推论

13.1 洛伦兹变换总结

让我们从洛伦兹变换开始！有两个不同的坐标系，带撇的坐标系相对于不带撇的坐标系以速度 u 运动，洛伦兹变换将同一个事件在两个坐标系的坐标联系在一起。

$$x'=\frac{x-ut}{\sqrt{1-\frac{u^2}{c^2}}} \tag{13.1}$$

$$t'=\frac{t-\frac{u}{c^2}x}{\sqrt{1-\frac{u^2}{c^2}}} \tag{13.2}$$

洛伦兹变换是相对论的基石，你听说过的所有趣事——棒的缩短、双生子佯谬——一切都来自这些简单的方程，推导过程中甚至都没有用到微积分。如果你要研究在载荷作用下棒的应力和应变，需要用到一大堆难得多的数学知识。这是相对论的了不起之处。在由这些方程推导出那些奇异结论的过程中，爱因斯坦表现出了卓越的勇气和才华。如果你得到了这些方程，你拥有它们，你就别无选择，只能演绎和捍卫这些结论。

现在，你们中的一些人也许会对于方程（13.1）和（13.2）感到困惑，不清楚方程的含义。我来对此进行解释。速度 u 是个定值，是你相对于我的速率。我观察到发生了某个事件，给出该事件的一对坐标值为（x，t）。对于这个事件，你给出的另外那对坐标值为（x'，t'），它们之间的联系由洛伦兹变换给出。

打个比方。设 x-y 平面上有一点 P，如图 13.1 所示。我设它的一对坐标值为（x，y）。你处于另一个坐标系，相对于我转动了 θ 角。我们的坐标值存在如下关系：

$$x'=x\cos\theta+y\sin\theta \tag{13.3}$$

$$y'=-x\sin\theta+y\cos\theta \tag{13.4}$$

角度 θ 就好比是速度 u。如果 $\theta=0$，你和我给出的坐标完全一致。通常，将

(x, y) 代入这些方程，就可以得到 (x', y')。设 $\theta=\frac{1}{4}\pi$，那么，

$$x'=\frac{x+y}{\sqrt{2}} \quad 和 \quad y'=\frac{-x+y}{\sqrt{2}} \tag{13.5}$$

所以，对于每个角度 θ，其正弦和余弦都有相应的值，这里两者恰好都为 $1/\sqrt{2}$。例如，若 (x, y) 为 $(1, 1)$，你的坐标轴相对于我的顺时针旋转了 45°，那么我的 $(1, 1)$ 点恰好在你的 x'轴上。因此，我预测出对于你来说，$y'=0$，实际就是如此。x' 的值有多大呢？它为 $(1+1)/\sqrt{2}=\sqrt{2}$，是位置矢量的长度，这时位置矢量方向是沿着 x'轴的。

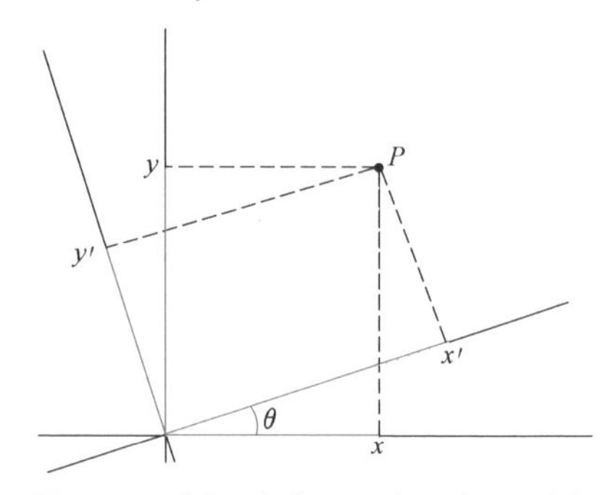

图 13.1　同一个点 P（实心点），我的坐标为 (x, y)，你的坐标为 (x', y')。这对坐标线性关联。虚线指示出来该点的坐标。

洛伦兹变换与此非常类似。例如，第一个方程可以改写为

$$x'=\left(\frac{1}{\sqrt{1-\frac{u^2}{c^2}}}\right)x-\left(\frac{u}{\sqrt{1-\frac{u^2}{c^2}}}\right)t \tag{13.6}$$

因此，

$$\frac{1}{\sqrt{1-\frac{u^2}{c^2}}} \quad 和 \quad \frac{u}{\sqrt{1-\frac{u^2}{c^2}}} \tag{13.7}$$

对应于 $\cos\theta$ 和 $\sin\theta$ 。第二个关于 t'的方程也如此。对于一个 u，它们不过是关于 u 的数值，并且 (x', t') 为 (x, t) 的线性组合。不过我要提醒你，括号内的系数不是什么值的正弦和余弦，如果是的话，它们的平方和就该为 1，它们不是这样的。但这仍然是线性齐次变换。线性是指新坐标 (x', t') 与旧坐标 (x, t) 之间的关系都是一次的，不涉及 t^2 或 x^3 等。变换中坐标的次数只出现第一次，这意味着它是齐次的。线性齐次变换确保了若 $(x,t)=(0,0)$，那么 $(x',t')=(0,0)$ 也成立。

如果要求逆变换，用 (x', t') 表示出 (x, t) 的话，你有两个选择。其一，这是个方程组，可以解之，用 (x', t') 和含有 u 的古怪系数表示出 (x, t)。你将它们视为常量，做一些运算，乘以这个、除以那个，等等，最后分离出 x 和 t，以 (x', t') 表示出它们。但是你无需这样做，因为你知道结果是什么，即原来的那个洛伦兹变换，不过是速度反向了而已：

$$x=\frac{x'+ut'}{\sqrt{1-\frac{u^2}{c^2}}} \tag{13.8}$$

$$t=\frac{t'+\frac{u}{c^2}x'}{\sqrt{1-\frac{u^2}{c^2}}} \tag{13.9}$$

［对于旋转，将方程（13.3）和（13.4）中的 θ 反号，就可以用（x'，y'）表示出（x，y）。］

熟练使用洛伦兹变换的关键步骤是确定好一对事件。设：事件 1 对我的坐标为（x_1，t_1），对你的坐标为（x_1'，t_1'），事件 2 也如此。写出两个事件的洛伦兹变换式，以事件 2 带撇的坐标减去事件 1 带撇的坐标，得

$$\Delta x'=\frac{\Delta x-u\Delta t}{\sqrt{1-\frac{u^2}{c^2}}} \tag{13.10}$$

$$\Delta t'=\frac{\Delta t-\frac{u}{c^2}\Delta x}{\sqrt{1-\frac{u^2}{c^2}}} \tag{13.11}$$

式中，$\Delta x=x_2-x_1$，等等。注意：差值不一定是非常小的。

坐标的差值也像坐标那样遵从相同的洛伦兹变换，这得益于洛伦兹变换的线性性质。如果要以你的坐标表示我的差值，只要将 u 反号即可：

$$\Delta x=\frac{\Delta x'+u\Delta t'}{\sqrt{1-\frac{u^2}{c^2}}} \tag{13.12}$$

$$\Delta t=\frac{\Delta t'+\frac{u}{c^2}\Delta x'}{\sqrt{1-\frac{u^2}{c^2}}} \tag{13.13}$$

13.2　速度变换定律

上面提到的两个事件是彼此无关的。现在，考虑如下两个相关的事件。

事件 1：我开枪

事件 2：子弹击中墙并镶嵌于其中

对于我来说，子弹在 Δt 时间内运动过的距离为 Δx，对于你来说，$\Delta t'$ 时间内运动过的距离为 $\Delta x'$。

我们再来强调一下关于速度的规定

$$v=\frac{\Delta x}{\Delta t} \quad \text{物体相对于我的速度} \tag{13.14}$$

$$w=\frac{\Delta x'}{\Delta t'} \quad \text{物体相对于你的速度} \tag{13.15}$$

$$u=\text{你相对于我的速度} \tag{13.16}$$

当然，因为我们说的是瞬时速度，所以式中所有的 Δ 都无限地趋近于 0。假设我说子弹的速度为 v，将之代入式（13.10）和式（13.11），并在最后令式中所有的增量都趋于 0，就求得子弹相对你的速度为

$$\frac{\Delta x'}{\Delta t'}=\frac{\Delta x-u\Delta t}{\Delta t-\frac{u}{c^2}\Delta x}=\frac{\frac{\Delta x}{\Delta t}-u}{1-\frac{u}{c^2}\frac{\Delta x}{\Delta t}}=\frac{v-u}{1-\frac{uv}{c^2}}=w \tag{13.17}$$

对于很小的速度（$1/c^2$ 项可以略去），结果与我们的常识一致。式（13.17）为相对论速度变换公式。

我们还像以前那样从你的描述转换为我的。假设你说粒子以速度 w 运动，我是怎样认为的呢？我们利用式（13.12）和式（13.13），求它们的比值，还记得 w 的定义吧！由此得

$$v=\frac{w+u}{1+\frac{uw}{c^2}} \tag{13.18}$$

这意味着，将式（13.17）中的 u 反号，且将 w 和 v 互换。速度变换公式使速度的值具有上限。在过去的速度加法中，速度的值是没有上限的。如果我根据相对论说，不会有物体运动的比光速还快，你也许会这样反驳我。你也许会问，子弹可否以 3/4 光速的速度飞行，我回答说：是。然后，你接着问，“火车是否可以以 $\frac{3}{4}c$ 的速度行驶？”我说似乎可以。之后，你会说：“我在以 $\frac{3}{4}c$ 的速度行驶的火车内发射一颗速度为 $\frac{3}{4}c$ 的子弹，那么，地面上的观察者应该认为子弹的速度为 $1.5c$。”噢，那是前相对论的天真的想法。如果你将 $w=\frac{3}{4}c$ 和 $u=\frac{3}{4}c$ 代入式（13.18），得到的答案为

$$v=\frac{\frac{3}{4}c+\frac{3}{4}c}{1+\frac{9}{16}}=\frac{24}{25}c \tag{13.19}$$

如果你看到的是光（$w=c$），我求得的速率为

$$v=\frac{c+u}{1+\frac{u}{c}}=c \tag{13.20}$$

13.3　同时的相对性

我们通常认为同时是绝对的。我固定在地球上，如果发生在洛杉矶和纽约的两个事件对于我来说是同时的，那么对于乘火箭飞行的你来说，它们也同时发生。怎么会不同时呢？如果此刻对我来说在不同的地点发生了两件事，那么对你也应该如此啊！但是，按照洛伦兹变换，情况并非如此。

在我开始讲解之前，我得说，在一种情况下同时是绝对的。如果两件事在相同的时刻发生在相同的地点，$\Delta x=0$，$\Delta t=0$，那么可以由洛伦兹变换得出：$\Delta x'=0$，$\Delta t'=0$。如果我双手合十，那么，我的两只手在同一时刻处于同一位置。如果有人说我的两只手在同一时刻没有在同一位置，那么她就是说我没有双手合十。根据相对论，如果变换了观察者，尽管事件的坐标可以随之变化，但是不能否定这个真实的事件。

现在，对于一般的情况，我们来考虑同时的相对性。S′系是一列火车，你在车上，如图13.2的上半部所示。为了使火车的两端同时发生两件事，你走到火车的中部，向后端（B）和前端（F）发出了两个闪光，引发了两个爆炸。因为你在火车的中部，所以这两个爆炸对于你来说是同时的。现在，我在地面上观察，我看到

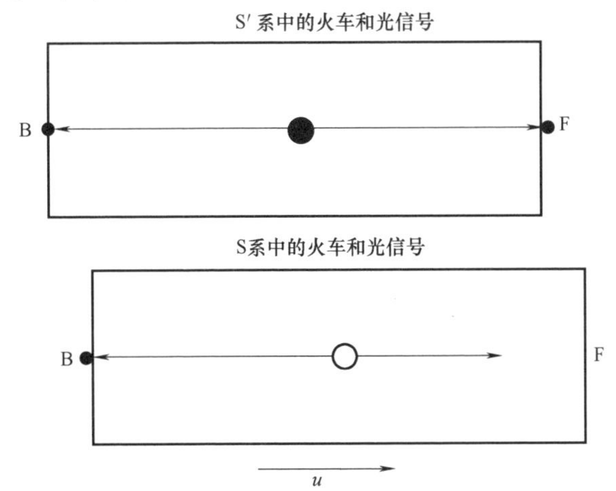

图13.2　上图：你，S′系中的观察者，相对于火车静止，在火车上之所见。你从火车的中间位置发出了光脉冲（大点），在同一时刻达到前端（F）和后端（B），同时引爆了两次爆炸（小点）。下图：我，S系中的观察者，看到你的火车以速率 u 向右运动。我看到火车的后端迎着光脉冲运动而前端顺着光脉冲的方向运动。图中清晰地表示出在光脉冲到达后端B时，向前方运动的光脉冲还没有到达前端F。

了什么呢？在火车前端的F顺着光脉冲的方向运动，而其后端的B迎着光脉冲运动。既然光速对于每一个的观察者均相同，与光源的运动速度无关，那么，因为火车的后端迎着光脉冲运动，且前端顺着光脉冲的方向运动，所以火车后面的爆炸先发生。然而，为什么我们使用沿相反方向传播的一对光脉冲，而不用一对沿相反方向飞行的鸽子去同时引发这两个事件呢？道理在于对于所有观察者来说，光速是相同的，与光源或观察者的运动无关。这是假设。这也是为什么相对论中的许多论证都涉及光脉冲或以光脉冲进行联络：在任何情形下，我们都知道光速。（对于鸽子，我们知道的事情要少得多。）因此，我们知道你没有成功地使这两件事同时发生，并且我确信，我不会同意你的意见。谁对呢？对于这个问题，没有答案。

打个比方。回过头去看图13.1。首先，对于一套坐标轴来说，如果两个点具有相同的x坐标和相同的y坐标，那么对于任何坐标系，都是如此，因为它们彼此重合。接下来，我在平行于x轴的直线上选两个点，对于我来说，它们的y坐标相同。如果你用的是那两个转动的坐标轴，则会说它们的y'坐标不相同。对于是否具有相同的y坐标，没有一个绝对的结论，这依赖于坐标系的选择。在相对论中，无论时间还是空间都恰恰如此，不过两个坐标系之间不是靠相对转动，而是靠相对速度彼此关联的。

13.4 时间膨胀

接下来令人惊讶的事情与钟和时间有关。你和我买了两个完全相同的钟。你把你的钟带上了火车，相对于我运动。我将认为你的钟变慢了，而你也将对我这样说。

我们怎样把关于钟的时间间隔的话题转化为一对事件呢？我有一个钟，它滴答，滴答，滴答地走着。我选了两个事件，事件1是滴答，事件2是下一次滴答。我将钟放在坐标系的原点（实际上，放在哪里都可以）。第一次滴答的时空坐标为$(x=0,\ t=0)$。第二次滴答时，钟在什么位置呢？因为在我的坐标系中，钟是静止的，如果第一件事发生在$x=0$处，那么第二件事也发生在$x=0$处。这连续两次滴答的空间距离为0，时间间隔为τ_0。这意味着，$\Delta x=0$，$\Delta t=\tau_0$。对你来说，这两次连续的滴答间的时间间隔为

$$\Delta t'=\frac{\tau_0-0\cdot\dfrac{u}{c^2}}{\sqrt{1-\dfrac{u^2}{c^2}}}=\frac{\tau_0}{\sqrt{1-\dfrac{u^2}{c^2}}} \qquad (13.21)$$

因为分母小于1，所以我们得到$\Delta t'>\tau_0$。假设，$u/c=3/5$，你会说我的钟的时间间隔为$5\tau_0/4$。实际上，任何相对于我运动的观察者都会说我的钟慢了。

我们再来通过洛伦兹变换的逆变换来推导出此结论，在这种情况下，用你的坐

标来表示我的。我们得

$$\Delta t=\tau_0=\frac{\Delta t'+\frac{u}{c^2}\Delta x'}{\sqrt{1-\frac{u^2}{c^2}}} \tag{13.22}$$

代入另一个方程，它表明对我来说，这两个事件（连续的两次滴答）发生在同一地点：

$$\Delta x=0=\frac{\Delta x'+u\Delta t'}{\sqrt{1-\frac{u^2}{c^2}}} \tag{13.23}$$

它意味着 $\Delta x'=-u\Delta t'$。(这只说明你看到我和我的钟在以速率 u 向左运动。) 将之代入式（13.22)，得到

$$\tau_0=\frac{\Delta t'\left(1-\frac{u^2}{c^2}\right)}{\sqrt{1-\frac{u^2}{c^2}}}=\Delta t'\sqrt{1-\frac{u^2}{c^2}} \tag{13.24}$$

与式（13.21）相符。

这里有一个佯谬。就像我说你的钟慢了一样，你也会说我的钟慢了。怎么我们都指责对方的钟慢了呢？(对于心理学专业的人有个相关的问题：两个人怎么会同时互相瞧不起呢?) 通常的答案是这样的。我采用的是一个真实的钟，比如说我的手表，你问为什么在相对于你运动时，你看着我的表慢了。这很难回答，因为里面有电子器件和其他东西，我一直在调我 VCR 上的钟。对于我们这些不熟悉技术的人来说，有一座特别简单的钟。这座钟有两面相距为 L 的镜子，被置于 y 方向上，还有光脉冲在这两面镜子间被上下反射，如图 13.3 中的 A 图所示。每当光脉冲往返一次，它就触发位于底部的探测器，钟就发出“滴答”声。两次滴答间，脉冲在竖直方向走过的距离为 $2L$，因此，我的钟的时间间隔是 $\tau_0=2L/c$。现在你相对于我以速度 u 运动，因此对你来说，我的钟以速率 u 向左运动，如图 B 所示。我的钟的光束沿着斜线走出折线路径。对你来说，时间间隔 t' 满足方程：

$$ct'=2\sqrt{L^2+\left(\frac{ut'}{2}\right)^2} \tag{13.25}$$

解此方程，得

$$t'=\frac{2L/c}{\sqrt{1-\frac{u^2}{c^2}}}=\frac{\tau_0}{\sqrt{1-\frac{u^2}{c^2}}} \tag{13.26}$$

在证明中，我用到一个事实，就是对两个观察者来说，两面镜子之间沿 y 方向

的距离都为 L。可以这样来理解。假设，我们相对静止时，你和我在 $y=y'=1$ 米的高度画一条无限长的直线。现在我们彼此间有相对运动，对于惯性系中的观察者来说，我们画出的线一定是一样高的：没有理由一条线比另外一条线低。关键是这两条线无限长延伸，在任何地点任何时间都可以将它们进行比较，它们彼此之间不会像位于某处的钟或者棒等物体那样彼此渐行渐远。

为什么我们喜欢这样的钟呢？因为，我们清楚地知道它的工作原理。我们知道那些折线路径的长度大于那上下走向的直线路径的长度，这是由于对于这两条路径来说，纵向坐标是一样。既然光的速度对于所有观察者都是相同的，那么，很简单，光沿较长路径传播时所用的时间就会长。所以，我知道你的钟将会变慢，同样，你也可以说我的钟以相同的因子变慢了，因为折线路径的长度彼此是一样的。

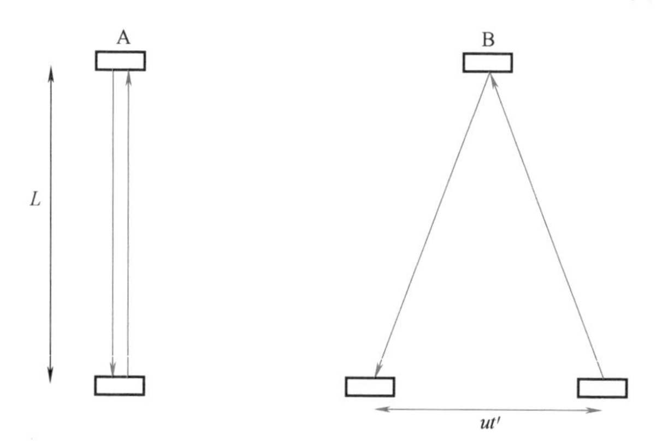

图 13.3　A 图表示我坐标系中的光钟。在钟的两次滴答间，光脉冲沿竖直方向上下走过的距离为 $2L$。B 图表示你看到的这个钟，它以 u 的速率向左运动。你认为这个钟变慢了，因为折线路径的长度大于上下直线路径的长度，而光的速度对于两者却是相同的。静止于你的坐标系中的钟对于我来说是运动的，它的光脉冲沿折线路径运动，因此对于我来说，这个钟慢了。

如果你另有一些钟，内部有传动轮、飞轮和齿轮，又会如何呢？你登上火车后，我怎么知道它也走慢了呢？我不能精确地知道为什么对于我来说这个钟慢了，但是我知道它也应该像光钟那样变慢。要明白这一点，可以将一个光钟 L 和一个与其走时相同的电子钟 E 一起带上火车。当然，你会发现它们是同步的，因为你是惯性系中的观察者，且你认为自己是静止的。将这两个钟都置于 $x'=0$ 处，且在 $t'=0$ 时，两者同时“滴答”作响。在你的参考系中，下一次两个钟的“滴答”将具有相同的时空坐标，因而在我的坐标系中也如此。对于我来说，这两个钟也是同步的。

因此，无论什么样的结构，所有的钟都与光钟功能相同，生物钟也如此。你们自己就是一个生物钟：我观察你们，比如说 40 年或 60 年，会发现有一些变化。你们长高了，头发变白了，牙齿脱落了。我不在意你们的生命系统是如何运行的，但是你们是钟，如果你们相对于我运动，那么我会认为你们一定慢了。这就是为什么物理学家可以预测生命系统的未来，尽管这不是我们的主业。鸡尾酒会上，我们盯

着自己的鞋子时，其实是在做着这件事[1]。

13.4.1　双生子佯谬

话说我的孪生兄弟以很高的速率做了20年的太空旅行。假设他离开时20岁，那么在前相对论的时代，我预测他回来时的年龄是40岁。但是，他回来时将会更年轻，因为作为一个钟，他会变慢。我的20年对于他来说也许就是10年。因此，他回来时比我年轻10岁。可是如果他也这样说，预测我会更年轻，该会如何呢？

谁更年轻呢？问题的答案是唯一的，而且如果我能够单方地给出答案，我的答案一定是对的。

现在，我没有理由相信自己有运动。在整个过程中，我一直都是惯性系，我认为他更年轻。而他不能这样说，因为他一定有加速运动。如果他不先加速，然后减速，掉头返回，再加速向家运动的话，他就不可能离开地球、返回，并最后静止在地球上。在所有速度变化的过程中，我的孪生兄弟没有权利说他和我是等同的。

对于两个沿相反方向运动的钟：设它们相遇时指示的时间都是零。现在我们等一会儿，这段时间内它们匀速地沿相反方向运动。要是它们没有加速度，我们就无法将两者进行直接比较了。要想进行比较的话，它们中的一个或它们两个得改变运动方向，当然也得改变速度。如果它们的变化是对称的，那么在进行第二次比较时两者意见一致。但是，如果一个钟在整个过程中一直都是惯性系，而另一个不是，则后者会落后。如果三胞胎中的两人对称地沿相反方向运动再返回，那么相比于被留在惯性系中的那个人，他们两人会更年轻。这绝不是科学幻想。如果你想活到3000岁，你可以做到。你算一算，求一下所需的速率（与光速很接近），然后，比如说，两年后，你进入火箭离开，去一个遥远的星球（大致500光年远）；然后你再返回。幸运的是你不会被你的任何一个朋友逼照片了，因为他们早已不在人世了。

现在，一直利用亚原子做这种实验。例如，在费米实验室中，亚原子被加速，在环形轨道上运动，由于这种运动，它们有很长的寿命。由于它们的运动，寿命较短（在相对于它们自己静止的坐标系中）的粒子存在的时间会长得多。

总结：在相对于自身静止的坐标系中，钟走得最快。（如果是光钟，光束在其他坐标系中沿折线路径前行，所以走得慢。）

13.4.2　长度收缩

长度收缩是这样的。你和我各有一把米尺，这两把尺子完全相同。你乘坐飞机或火箭出发，我会说你的尺子长度不足一米，并且你也会说我的尺子也如此。实际上，之前，在推导洛伦兹变换时，我算出过一个修正因子，要将你的长度转换为我的，就恰好与该因子相关。如果你说某个物体的长度是多少多少，我会说这段长度

---

[1] 作者打趣物理学家们比较腼腆，酒会上不够活跃。——译者注

实际上更短，因为你们的米尺短。对于我测出的长度，你也会如此评价。

让我证明给你看。一根棒以速率 u 向右运动，棒在你手中，而我要测量其长度。我该怎样做呢？要记住这根棒急速经过我。为此，我将引入一对事件。事件 1 是那根棒的前端到达我标有刻度的 x 轴上的某处；事件 2 是此刻棒的后端与另一点重合。只有满足了这样的条件，也就是我必须同时确定两个端点的位置，这两个点之间的距离才是这根棒的长度。否则，我就把事情搞砸了，对吧？如果我现在测前端，然后午休一会儿，再回来，接着对另外一端进行测量，那么我测出的结果会变小，甚至是负值，因为在这段时间间隔内，这根棒一直在向右运动。

因此，在我的不带撇的坐标系中，两个事件的坐标满足，$\Delta x=L$，$\Delta t=0$。在你带撇的坐标系中，是对静止棒的两端进行测量，因此它们之间的长度是静长 L_0。所以，

$$L_0=\frac{L-u\cdot 0}{\sqrt{1-\frac{u^2}{c^2}}} \tag{13.27}$$

交叉相乘，得到静长 L_0 与在相对于棒以速率 u 运动的参考系中测得的长度之间的关系：

$$L=L_0\sqrt{1-\frac{u^2}{c^2}} \tag{13.28}$$

我们也同样可以使用逆变换很好地考虑这个问题，设棒静止于带撇的坐标系中。可得

$$L=\frac{L_0+u\Delta t'}{\sqrt{1-\frac{u^2}{c^2}}} \tag{13.29}$$

$$0=\frac{\Delta t'+\frac{u}{c^2}L_0}{\sqrt{1-\frac{u^2}{c^2}}} \tag{13.30}$$

这第二个方程保证了我对棒两端坐标的测量是同时的，并且这个方程告诉我们 $\Delta t'=-uL_0/c^2$。将其代入第一个方程，再次得 $L=L_0\sqrt{1-\frac{u^2}{c^2}}$。

所以，在相对自身静止的坐标系中，棒最长，钟最快。

长度收缩的真正含义是什么呢？如果有一根运动的米尺，它收缩到半米长；还有一根不运动的尺子，长度为半米；两者相比在什么意义上是相同的呢？答案是两者都可以被装进一个半米长的静止盒子中去：静止的半米长尺子永远可以，而运动的尺子仅是瞬间的。

假设你运动得足够快，我可以说你的米尺只有半米长。但是你是惯性系，也可以说我的米尺只有半米长。那么你该如何解释我的这一结果呢？也就是我说你的米尺是我的一半长，而不是说我的米尺是你的一半长呢？我来讨论一下这个佯谬。

13.5　更多佯谬

13.5.1　太长了无法下落

我和你都有一根 1 m 长的棒，它们是相同的。你带着你的棒沿着 x 轴在我的无限长的桌面上运动。你的运动速度 u 使得 $\gamma^{-1}=\sqrt{1-\frac{u^2}{c^2}}=0.5$，如图 13.4 最上面的图所示。桌面上有一个长度为 0.5 m 的洞。我会看到在某个时刻整个棒位于这个洞之内。可是你却这样说“我的棒长为 1 m，我是静止的，你和你的桌子以速率 u 向左运动。你认为这个洞 0.5 m 长，在我看来它只有 0.25 m 长。所以，我的米尺根本不可能在某个时刻完全位于这个洞之中。”如果真做这个实验，尺子到底能不能位于这个洞之中呢？这是个佯谬，可以利用图 13.4 对此进行描述和分析。

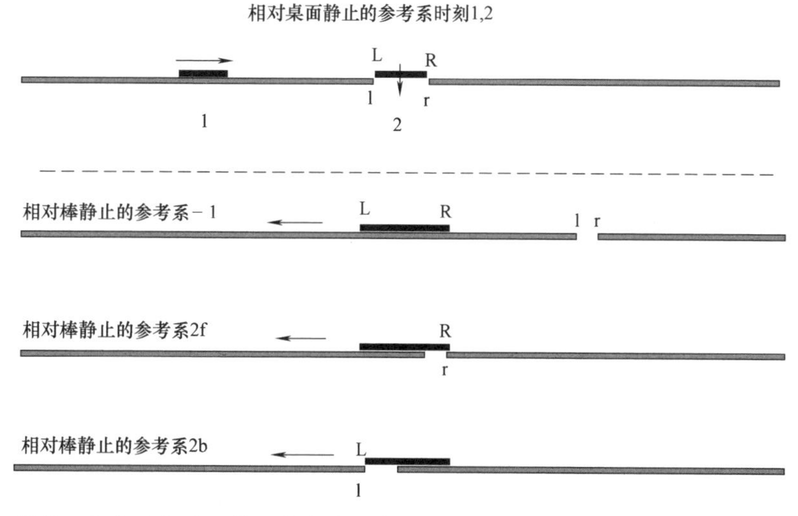

图 13.4　顶部，在我（桌子）静止的参考系中，1，2 两个时刻的快照，棒在无限长的桌面上滑动，长度收缩为 0.5 m，向长为 0.5 m 的洞运动。在我的时刻 1，棒在洞的左侧；时刻 2，它恰好位于洞上，棒的右端（R）和左端（L）与洞的右端（r）和左端（l）分别对齐。下面的部分是在棒静止（你的）参考系中的三幅图。在棒的较早些的-1 时刻，桌子向左运动，其上有一个 0.25 m 长的洞。洞的右端（r）在棒的 2f 时刻通过棒的右端（R）。其后，在 2b 时刻，洞的左端（l）通过棒的左端（L）。对于我来说，2f 时刻和 2b 时刻发生的这两件事，是在时刻 2 同时发生的。如果我在洞附近加上微弱的引力场（方向如最上面图中的小箭头所示），对我来说，棒会下落，对于你来说也应该如此。但是，怎么下落呢？答案见正文。

看最上面图中的 1，2 两个时刻。在我的时刻 1，棒向着洞运动。在时刻 2，棒的右端（R）和左端（L）与洞的右端（r）和左端（l）分别对齐。因此在我看来，这个洞可以容纳这根棒。但是，你不同意。你是按图中虚线以下的部分进行描述的。在你的（也是棒的）-1 时刻，桌子向左运动，其上有一个 0.25 m 长的洞。接下来，洞的右端（r）在你的（也是棒的）2f 时刻通过棒的右端（R）。之后，在 2b 时刻，洞的左端（l）通过棒的左端（L）。棒是整整 1 m 长，它不可能在某个时刻全部位于这个洞之中。在你的 2f 时刻和 2b 时刻发生的两件事，对于我来说是在时刻 2 同时发生的。

如果我在洞附近加上微弱的引力场，方向如最上面图中的小箭头所示，那么这种分歧会更加戏剧化。现在，在我的坐标系中，收缩的棒会落入洞中。那么，你也一定会看到它落入洞中，因为对于棒是否落入洞中不可能有两个答案。一根 1 m 长的棒怎么会落入 0.25 m 宽的洞中呢？W. Rindler 在《美国物理杂志》（29：365，1961[㊀]）上给出了一个解释。为了方便讨论，假设洞的宽度比这根收缩棒的长度大一个无限小量，这不会改变原佯谬。

首先，假设桌面下有一个活板门，棒的左端与洞的左端相遇前，它一直支撑这根棒，直到这根棒完全位于洞之内。令两者的左端相遇时为时空原点，即 $(x, t) = (x', t') = (0, 0)$。

我称你的惯性系为棒系，然而你得一直以速度 u 运动，即使棒开始下落也如此。棒下落后，你只具有它的水平速度。

在 $t=0$ 时刻，活板门迅速落下，使棒不受任何阻碍地在引力作用下以很小的加速度 a 下落。在桌子参考系中，整根棒在 $t=0$ 时刻开始加速。它在微弱的引力场作用下向下加速运动，对于这个运动，我们可以很安全地使用前相对论理论，也就是牛顿理论来进行描述。$t>0$ 时，棒上位于 x 处的竖直坐标（向下测量的值）为

$$z(x,t) = \frac{1}{2}at^2 \cdot \Theta(t) \tag{13.31}$$

式中，

$$\Theta(t) = 0, \quad t<0 \tag{13.32}$$

$$\Theta(t) = 1, \quad t>0 \tag{13.33}$$

函数 $\Theta(t)$ 是一种简洁的表示方法，代表棒仅在 $t>0$ 时才具有向下的加速度。方程中的 $z(x, t)$ 与 x 无关，说明棒上的所有点在引力场中具有相同的加速度，棒在下落过程中是水平的。

现在我们需要做的所有事情就是，将这个结果，一个时空点一个时空点地改写到你的坐标系中去，找出你将观察到什么。利用

㊀ 这篇文章发表在 1961 年 29 卷上，起始页码为 365。——译者注

$$t=\gamma\left(t'+\frac{u}{c^2}x'\right) \tag{13.34}$$

且任一事件在两个坐标系中的横向坐标是一样的，我们得到

$$z'(x',t')=z(x,t)=\frac{1}{2}a\gamma^2\left(t'+\frac{ux'}{c^2}\right)^2\cdot\Theta\left(\gamma\left(t'+\frac{ux'}{c^2}\right)\right) \tag{13.35}$$

式中，(x, t) 和 (x', t') 对应于同一事件的时空点。

尽管在桌子参考系中，$t=0$ 时刻，棒上所有的点都同时开始下落，但是，这些事件在棒系中不是同时发生的。当棒的左端在 $t'=0$ 时刻开始下落时，棒上的其他点已在更早的时刻（负值），我称之为下落时刻，开始下落了。下落时刻 $t'_{\mathrm{d}}(x')$ 与坐标 x' 相关。由式（13.34）可知，$t=0$ 对应的时刻：

$$t'_{\mathrm{d}}=-\frac{ux'}{c^2} \tag{13.36}$$

正如我们所预测的那样，左端 $x'=0$ 在 $t'=0$ 时刻开始下落。从左往右，下落时刻越来越为负值。最右端被看到最早开始下落，它的下落时刻为

$$t'_{\mathrm{d}}(x'=L_0)=-\frac{uL_0}{c^2} \tag{13.37}$$

式中，L_0 为棒的静止长度。

为避免负的时间，我们在你的坐标系中将时间进行平移，定义：

$$t''=t'+\frac{uL_0}{c^2} \tag{13.38}$$

在你的 $t''=0$ 时刻，棒的右端开始下落，过了 $t''=\frac{uL_0}{c^2}$，左端开始下落。在这两个时刻之间，棒上的其他点下落。

在你的参考系中，棒下落时不是直的。在 $0<t''<\frac{uL_0}{c^2}$ 时间间隔内，棒从最左端一直到某个下落点 x_{d}' 是直的，且 $z'=0$，超越这一点，棒向下垂。可以利用式（13.34）求出下落点 x_{d}' 与时间 t'' 的关系，之前我们曾用此公式求出了下落时间 $t'_{\mathrm{d}}(x')$ 随 x' 变化的函数关系。我们得到

$$x'_{\mathrm{d}}(t')=-\frac{c^2t'}{u}=-\frac{c^2}{u}\left(t''-\frac{uL_0}{c^2}\right)=L_0-\frac{c^2t''}{u} \tag{13.39}$$

在 $t''=0$ 时刻，整根棒都是直的，而在 $t''=\frac{uL_0}{c^2}$ 时刻，连棒的左端都开始下落了。

在你的参考系中，洞的右边缘以速率 u 向左运动，且总在 $z'=0$ 处。由于它在棒起始右端的右侧，因此它绝不会追上那个下落点，那个下落点以速率 c^2/u 向左移动。因为 $c^2/u>c$，所以，当洞的右边缘经过棒上的任一点时，这个点已经落到

$z'=0$之下去了。（$\frac{c^2}{u}>c$ 并非意味着某种作用或信号超光速传播。我们在处理这个问题时，组成棒的各点的下落彼此独立。）

根据这个讨论，你或许会得出这样一个结论，即相对论中不存在刚体的概念，你是对的。

总之，你和我可以互相指责对方所用的尺子缩短了，而且我们都是正确的。这是由于测量运动物体长度的操作方法涉及对于其两端的同时测量，而同时是相对的。你说你对我的棒的两端进行了同时测量，而我认为你没有，反之亦然。

13.5.2 飞行的 μ 介子

在地球上可以探测到产生于大气层上部的 μ 介子。在自身参考系中，μ 介子静止，平均寿命为 2.2 μs，之后它们衰变为一个电子和一个中微子-反中微子对。它们的寿命与光速 c 的乘积为 600 m，远远小于自它们在大气层上部的诞生点到地球的距离。它们是怎样到达地球的呢？答案依赖于看这个问题的角度。从地球人的角度看，μ 介子在自身参考系中的寿命为 2.2 μs，由于时间膨胀，其寿命延长了。换句话说，在自身参考系中，μ 介子的诞生和衰亡与钟滴答不停地作响 2.2 μs 是一致的。对地球上的我们来说，这个钟看来是走得慢了。从另外一个角度来说，μ 介子认为它的寿命只有 2.2 μs，但是，它认为，由于长度收缩，大气上部到地表面的距离比我们说的值小得多。对于我们来说，μ 介子的衰亡，就像一个变慢的钟；而对 μ 介子来说，大气层就像一根发生了洛伦兹收缩的棒。

第14章 狭义相对论Ⅲ：过去、现在和未来

在这一章中，我们继续探知由洛伦兹变换推导出的结论。

14.1 相对论中的过去、现在和未来

我们来看看关于1、2两个事件时间间隔的方程：

$$\Delta t'=\frac{\Delta t-\frac{u}{c^2}\Delta x}{\sqrt{1-\frac{u^2}{c^2}}} \tag{14.1}$$

首先有一件事发生了，之后另外一件事发生了，对于两件事，它们的时间间隔为 $\Delta t=t_2-t_1$。设 $\Delta t>0$，那么，对于我，也就是不带撇的坐标系来说，第二件事发生在第一件事儿之后。关于它们的先后顺序，你的看法会如何呢？Δt 与 $\Delta t'$ 的符号不一定相同，因为它还要减去 $\frac{u}{c^2}\Delta x$ 这项，这项可以为正，还可以是任意大的。因此，$\Delta t'$ 可以是负值。你们肯定明白这可非同一般。我说这事在前，那事在后。可是，你说，非也，顺序是颠倒的。这就会引起严重的逻辑矛盾，特别是当事件1为因、事件2为果时。无论是对狭义还是对广义相对论，人们常常用的标准例子是这样的：事件1是某个孩子祖母的出生，事件2是这个孩子的出生。对于我来说，孩子的出生时间远远晚于他祖母的。倘若对于其他观察者来说，这个孩子已经出生了，而他的祖母还没有出生，并且发生了一些事情阻止了其祖母的出生。那么，这个孙子是从哪里来的呢？或者这样想。事件1：我开枪发射了一颗子弹。事件2：某人中弹。你找到了这样一个参考系，在其中这个人已经中弹了，可是我还没有发射子弹。于是，你过来把我干掉。这样的话，就会有个人毫无原因地受伤了，因为其原因（我开枪发射子弹）已经被消灭了。这一定是不可能的。爱因斯坦认为如果A可以是B的原因，我们最好不会找到这样的观察者，他看到事件发生的顺序是相反的，因为如果某事件的成因滞后，那么就会有时间使人去阻止原因这件事本身的发生，因而我们将会失去事件的原因。所以，只要第一件事是或者可能是第二件事

的起因，我们就希望保证 $\Delta t'$ 的符号不能是相反的。因此，你对公式（14.1）发问："如果 Δt 是正的，什么情况下 $\Delta t'$ 是负的呢？"这是简单的代数问题。你要的是分子上的第二项大于第一项。对于以速度 u 运动的参考系，要求满足：

$$\frac{u}{c^2}\Delta x>\Delta t \tag{14.2}$$

$$\frac{u}{c}>\frac{c\Delta t}{\Delta x} \tag{14.3}$$

现在，我们来比较这两段距离：

- $c\Delta t$，在两事件发生的时间间隔 Δt 内，光传播的距离
- Δx，两事件间的空间距离

如果 $c\Delta t>\Delta x$，光信号有足够的时间从事件 1 传播到事件 2。在这种情况下，我们要找的这个坐标系比光走得还快，$u/c>1$。当然，这样的坐标系不存在。因此，对于所有可能的观察者来说，两个事件的因果关系不会颠倒。但是在这种情况下，事件 1 可能是事件 2 的原因，因为可以借助传递光信号来引发事件 2。按照相同的逻辑，如果 $c\Delta t<\Delta x$，那么光没有足够的时间从事件 1 传播到事件 2。在这种情况下，我们找的这个坐标系比光走得慢，$u/c<1$。当然，这样的坐标系是存在的。所以，事件的顺序可以颠倒，事件 2 可以发生在事件 1 之前。但是在这种情况下，事件 1 最好不是事件 2 的原因。如果我们用于联系事件的最大速度是光速，那么这就是确定的。因为在两事件间的时间间隔是如此得短，以致连光信号都无法及时地从 1 到达 2，所以它们之间不可能存在任何因果联系。

换言之，我们要说的是如果连光信号都没有足够的时间从事件 1 传播到事件 2，那么事件 1 就不可能是事件 2 的原因。所以，没有信号可以比光传播得更快，使这个理论合乎逻辑。

2011 年，我们听到了一个传言，说中微子运动得比光还快，我们大多数人都不相信。这不是因为我们相信爱因斯坦是一贯正确的（他也不是永远正确的），而是因为我们相信在这个世界上是存在因果关系的。如果它缺失了，如果事件之间没有因果关系，那就没有必要去探求它们所遵循的定律了。

我们现在对于时空的观念如图 14.1 所示。当然，其中一个坐标轴是 x 轴。另外一个轴量度的是 ct，而不是 t，这样，两个坐标轴上坐标的量纲就相同了。如果我们要尽可能对称地处理时间和空间，这就是个很自然的要求。（要用除了 c 之外的其他速度也可以满足此要求，但是会很不自然，因为 c 在这个理论中的作用太独特了。随意选定个速度，还会"玷污"我们的公式，使之不够简洁。）

事件 1 表示我在时空坐标的原点，我的钟指零，我在（0，0）时空点。在牛顿的世界中，任何 $t>0$ 的点，例如事件 2 和 4，都是我的绝对未来，任何 $t<0$ 的点，例如事件 3 和 5，都是我的绝对过去，而 x 轴上所有的点 $t=0$，叫作"现在"。这种分类是绝对的，因为所有观察者看到这些事件的时序都相同（包括同时性）。

我可以影响未来的事件。例如，假设我在事件 1 处决定要在 4 或者 2 处引发一次爆炸，我就可以让它发生。事件 3 和 5 在我的过去。例如，事件 5 处的某人决定在 1 处伤害我，他就可以做。因此，在牛顿的世界里，有三个区域：未来，过去和现在，所有区域都是绝对的，在任何坐标系中都成立。

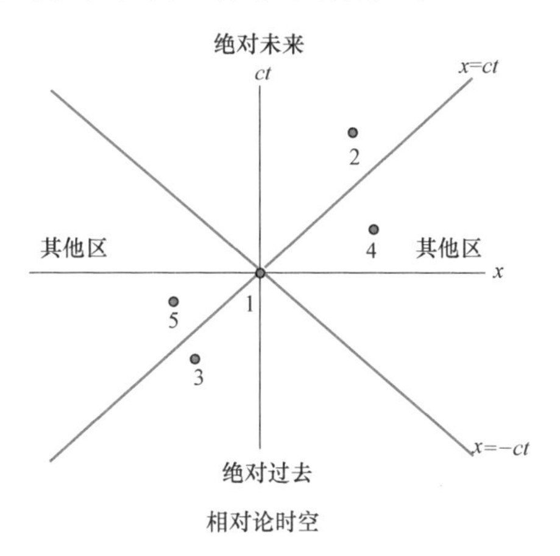

图 14.1　对于发生在原点（0，0）的事件，牛顿时空分为绝对未来（$ct>0$），绝对过去（$ct<0$）和绝对现在 $ct=0$，这个绝对指的是对所有观察者均如此。在如图所示的相对论时空中，是非常不同的。我在原点（0，0），是事件 1。事件 2 位于我的绝对未来，这意味着我可以影响它，对于所有观察者来说，它都会在我之后发生。事件 3 位于我的绝对过去，这意味着它可以影响我现在的事件 1，所有观察者都说，它都是在我之前发生的。事件 4 在我的未来，但不是绝对未来，意味着我可以找到一个人，他认为 4 在 1 之前出现。然而，这并不存在任何逻辑上的矛盾，因为只要采用以光速或小于光速传播的信号，1 根本无法对 4 产生任何影响。同理，5 是我的过去，但不是绝对过去，我可以找到一个人，他说 5 在 1 之后出现。

爱因斯坦之后，我们新加了两条线，$x=\pm ct$，表示过 1 点沿两个方向传播的光信号。$x=ct$ 这条线表示原本来自从我左侧的光线，它在 $t=0$ 时刻经过我，然后，在 $t>0$ 的时间内向右传播。

现在，我们看事件 2。因为 $ct>x$，光有足够的时间从 1 走到 2。不仅仅相对于我来说，事件 2 在我的未来，对于任意观察者都如此。换言之，对于我来说 Δt 是正值，根据式（14.1），因为 $ct>x$，所以不会有人说事件 2 在事件 1 之前发生。还有一种说法是，在 1 处，采用小于光速的信号，我能使 2 处发生一个事件，例如，一次爆炸。并且，事件的时序不会发生混乱。注意，我们所要求的一切是：1 可能是 2 的原因，没有说它一定就是。如果它可能是原因，这个理论自然而然地得出结论：对于所有观察者，1 先于 2 发生。基于此逻辑，所有位于倾角为 45°的直线 $x=\pm ct$之上的事件，均是我的**绝对未来**。“绝对”，意味着，不仅对于我，而且对于所有的观察者，均是事件 1 的未来。较之滞后的秒数可以是不同的，但是一定发生在其后。发生于绝对未来的事件位于“前部光锥”内。我用了“光锥”这个术语，因为在高维空间中，这些点位于一个锥体里。

可以将相似的想法用于光锥的后部，图中将之标为绝对过去。因此，事件 3 可能是现在正发生的事件 1 的原因。可以由它发出一个低于光速 c 的信号，到达我所处的地方。

现在我们来看光锥之外（记为“其他区”）的事件，例如事件 4。假设在事件 1 处，我开启了一个信封，信中说在 4 要发生一些很可怕的事件。若我距离 4 为 2 秒乘以光速那么远，而且它将在 1 秒后发生。尽管（对于我来说）什么还都没有发生，我也无能为力。在牛顿时代，我可以做一些事情：告知他人赶紧到那里做些事情。但是，现在我不行，因为那人的速度必须要大于光速才可以，而这是不允许的，它位于光锥之外。所以，即使知道有人计划在那里做坏事，你也无法防范。对于要去法学院学习的人，这件事很重要。你知道，我们可以借助生物学中的 DNA 进行辩护，对吧？“我当事人的 DNA 与之不符，你得宣判无罪。”这儿还另有一个来自物理的依据可以用于辩护。如果你的当事人被控告在 4 做了什么事情，而他最后是在 1 处被看见的。你就可以这样进行辩论：“我的当事人在光锥之外。”这个“在光锥之外的辩护”绝对是滴水不漏的。如果一个事件位于你当事人的光锥之外，他就不会对此事负责。你的当事人得借助大于光速的信号才可以完成，而陪审团的每位成员都知道，这是不可能。事件 4 处于这样的情形，我可以找到一个运动速度低于光速的观察者。在他眼中，4 在 1 之前发生。所以，这些事件发生的顺序颠倒了。但是，其中并无任何逻辑上的矛盾，因为我们知道两个事件之间根本没有因果联系。同理，3 是我的绝对过去，它可能与我现在的这些麻烦事有关，可是我的 1 事件却怪不得 5 什么事。

所以，时空，我们曾经将之分为上半平面和下半平面，未来和过去，并由一条被称为现在的线将它们分隔开。现在时空被分为三个区域，你可以对之产生影响的绝对未来，曾经影响过你的绝对过去，和“其他区”。你在（0，0），“其他区”中的事件不能影响你，也不受你的影响。

洛伦兹变换的方程看似简单，比关于角动量的方程简单得多，可其结论却非常了不起。如果你发明了这样的理论，就得确定其中没有矛盾之处。当意识到事件的顺序会颠倒，你可能会不安。但是，这个理论是如此漂亮，具有如此地内在一致性。它表明事件顺序的颠倒仅仅在其间没有因果关系时才会发生。在这个理论中，“没有因果联系”意味着信号从第一个事件到第二个事件的传播速度得比光速还要大。

14.2 时空几何

现在我们要讲的内容在数学上非常漂亮，物理意义也很深刻。

一个点的坐标并不具有权威性，它依赖于观察者是谁和观察方向。还记得我们旋转坐标轴后，新坐标（x'，y'）与旧坐标（x，y）之间的关系吧！

$$x' = x\cos\theta + y\sin\theta \tag{14.4}$$

$$y' = -x\sin\theta + y\cos\theta \tag{14.5}$$

但是，即使在这样的世界中，仍有一些很权威的东西：$x'^2 + y'^2 = x^2 + y^2$。也就是距原点的距离（或更一般地说，两点间的距离）与旋转无关。该距离被称为不变量。两个矢量的点积也如此，因为它包括两个矢量的长度和夹角，这些量都不受旋转坐标轴的影响。

因此，对于相对论的情况，很自然地要问这样一个问题，是否对于两个观察者来说，时间坐标的平方加上空间坐标的平方是相同的？我们发现，情况并非如此，x^2+t^2并不是一个不变量。但是，即使是在这样做之前，你也应该为这样的写法而颤栗了。你不能将t^2和x^2加在一起，因为它们的量纲不同。在我们的时空坐标中，两个坐标的量纲分别为长度和时间的。标准的技巧是引入一个对象使两个分量具有相同的量纲。我将这个对象称为X。X的第一个分量叫作x_0，就是ct。第二个是x_1，就是我们熟悉的x。对四维的情况有，$X=(x_0, x_1, x_2, x_3)$，有时将之记为

$$X = (x_0, \boldsymbol{r}) = (ct, x, y, z) \tag{14.6}$$

式中，$\boldsymbol{r}$为通常三维空间中的位置矢量。为什么我要从ct和x变为x_0和x_1呢？如果你处理很长的字符串儿，需要10个坐标：一个是x_0，其他9个为空间坐标，x_1，…，x_9。常用数字标记，而不用字母，因为字母可能不够用，而数字是用不完的。而且，对数字标记求和比对字母求和显得更自然。

如果将洛伦兹变换用X的分量来表示，它会是什么样子呢？利用无量纲的速度β，可以将洛伦兹变换写为如下形式，你们自己验证。

$$x_0' = \frac{x_0 - \beta x_1}{\sqrt{1-\beta^2}} \tag{14.7}$$

$$x_1' = \frac{x_1 - \beta x_0}{\sqrt{1-\beta^2}} \tag{14.8}$$

$$\beta = \frac{u}{c} \tag{14.9}$$

现在，你看，这些关系式很美，很对称。如果用x和t来表示的话，这个坐标变换就不是对称的，原因在于一个坐标是长度，而另外一个坐标是时间。对于y和z方向的垂直坐标，有

$$x_2' = x_2 \qquad x_3' = x_3 \tag{14.10}$$

换句话说，对于与垂直于运动方向的长度值，大家的意见总是一致的。

我们再回到那个问题，是否与坐标轴的旋转一样，有$(x_0')^2+(x_1')^2=x_0^2+x_1^2$呢？答案是否定的。但是，下式成立：

$$(x_0')^2 - (x_1')^2 = x_0^2 - x_1^2 = s^2 \tag{14.11}$$

式中，s^2叫作时空间隔。

我们利用公式（14.7）和（14.8）来验证一下这个基本结论。

$$
\begin{aligned}
(x_0')^2-(x_1')^2 &= \frac{(x_0-\beta x_1)^2-(x_1-\beta x_0)^2}{1-\beta^2} \\
&= \frac{(x_0^2-x_1^2)(1-\beta^2)}{1-\beta^2} \\
&= x_0^2-x_1^2
\end{aligned} \tag{14.12}
$$

利用我们所熟悉的量，可以写为

$$(ct')^2-(x')^2=(ct)^2-x^2 \tag{14.13}$$

如果我们考虑的是两个事件的差（不必一定是无限小），它们也满足：

$$(\Delta x_0')^2-(\Delta x_1')^2=\Delta x_0^2-\Delta x_1^2=\Delta s^2 \tag{14.14}$$

因为坐标差也像坐标那样进行变换。

这个结果表明，尽管大家对于一个事件的时间和空间坐标，或两事件的时间差和空间差各持己见，但是对于坐标平方的差，我们称之为 s^2，倒是意见一致。这就是不变量的例子，不变量是指那些在给定变换（此处是洛伦兹变换）下不变的量。注意尽管符号为 s^2，但它并不总是为正，你们可以自己证明一下，在光锥内部，s^2 为正，我们称之为类时区；而在光锥外部，s^2 为负，被称为类空区；在光锥上，它的值是零，光锥本身叫作类光区。

对于一般的旋转，你做平方和，但是这里你必须做平方差。这正是其中的方法。尽管时间像另一个坐标，与空间交融在一起，但是它很独特。在空间方向上，你可以向前、向后，但是在时间轴上不行。我们所在的三维空间是欧几里得空间，那个距离不变量由所有坐标平方之和给出。而时空是非欧的。

将横向（与速度 u 垂直）坐标考虑在内，s^2 将被改写为

$$s^2=(x_0')^2-(x_1')^2-(x_2')^2-(x_3')^2=x_0{}^2-x_1{}^2-x_2{}^2-x_3{}^2 \tag{14.15}$$

在大部分时间里，我都不考虑横向坐标。

14.3 迅度

进行 x-y 平面的旋转操作时，三角函数自然地进入了新旧坐标的变换公式，与此类似，双曲函数简直就是为洛伦兹变换定制的。如果你已经学过这些函数，就会体会到它们很有用。如果你没有学过它们，可以在这里借此机会学学，而且对于没有证明的恒等式，我建议你们自己去证明一下。你也可以跳过此段，这并不妨碍学习的连续性。

我们先学学这些函数的性质，然后看它们的应用。双曲函数 $\sinh\theta$（读作 “cinch” θ）和 $\cosh\theta$ 分别与 $\sin\theta$ 和 $\cos\theta$ 对应。利用 $e^{\pm\theta}$，将它们定义如下：

$$\cosh\theta=\frac{e^{\theta}+e^{-\theta}}{2} \tag{14.16}$$

$$\sinh\theta=\frac{e^{\theta}-e^{-\theta}}{2} \tag{14.17}$$

由定义可以直接得

$$\cosh^2\theta-\sinh^2\theta=1 \tag{14.18}$$

注意：与 $\cos^2\theta+\sin^2\theta=1$ 相比，式（14.18）中是负号。还可以由定义得到求和公式：

$$\cosh(A+B)=\cosh A\cosh B+\sinh A\sinh B \tag{14.19}$$

$$\sinh(A+B)=\sinh A\cosh B+\cosh A\sinh B \tag{14.20}$$

与 $\tan\theta$ 相对应的双曲正切，读作“tanch” θ，为

$$\tanh\theta=\frac{\sinh\theta}{\cosh\theta}=\frac{e^{\theta}-e^{-\theta}}{e^{\theta}+e^{-\theta}} \tag{14.21}$$

若 $\theta\to0$，它为零，当 $\theta\to\pm\infty$ 时，它趋于±1。

其他公式：

$$\tanh(A+B)=\frac{\sinh(A+B)}{\cosh(A+B)}=\frac{\tanh A+\tanh B}{1+\tanh A\tanh B} \tag{14.22}$$

式（14.22）为关于 sinh 和 cosh 的求和公式（14.19）和（14.20）的延续。

现在，看它们在相对论中的应用，我们从速度变换开始。我们已经知道，如果你相对于我以速度 u 运动，且你观察到一个物体的运动速度为 w，那么这个物体对于我的速度并不像非相对论物理中给出的那样，为 $v=w+u$。而是

$$\frac{v}{c}=\frac{\frac{w}{c}+\frac{u}{c}}{1+\frac{w}{c}\frac{u}{c}} \tag{14.23}$$

分母 $1+\frac{wu}{c^2}$ 的作用很关键，它使速度不会大于 c。

我们将无量纲的速度 $\frac{u}{c}$，$\frac{v}{c}$ 和 $\frac{w}{c}$ 以迅度 θ_u，θ_v 和 θ_w 表示，定义如下：

$$\frac{u}{c}=\tanh\theta_u \tag{14.24}$$

$$\frac{v}{c}=\tanh\theta_v \tag{14.25}$$

$$\frac{w}{c}=\tanh\theta_w \tag{14.26}$$

注意等式两侧的值位于［+1，-1］区间内。利用这些方程，你也可以反过来求与无量纲速度对应的 θ。例如，令 $\beta=\frac{u}{c}$，则

$$\theta_u = \ln\sqrt{\frac{1+\beta}{1-\beta}} \tag{14.27}$$

现在，相对论速度变换的形式为

$$\tanh\theta_v = \frac{\tanh\theta_w + \tanh\theta_u}{1+\tanh\theta_w \tanh\theta_u} = \tanh(\theta_w + \theta_u) \tag{14.28}$$

推导中，利用了公式（14.22）。由此式，可以导出一个极其简单的结论

$$\theta_v = \theta_w + \theta_u \tag{14.29}$$

换句话说，与速度不同，迅度的变换就是简单的相加。因此，如果你观察到某物体以迅度 θ_w 运动，而你相对于我以迅度 θ_u 运动，那么该物体对于我的迅度为 $\theta_v = \theta_w + \theta_u$。然而，这意味着当我们从一个坐标系变换到另外一个坐标系时，迅度可以无限地增大，但是 $|\tanh\theta| \leqslant 1$ 保证了相应的速度值不会超过 c。

现在，我们来看洛伦兹变换。设

$$\frac{u}{c} = \tanh\theta_u \tag{14.30}$$

$$= \frac{\sinh\theta_u}{\cosh\theta_u} \tag{14.31}$$

$$= \frac{\sqrt{\cosh^2\theta_u - 1}}{\cosh\theta_u} \tag{14.32}$$

我们也可以反过来解出 $\cosh\theta_u$ 和 $\sinh\theta_u$：

$$\cosh\theta_u = \frac{1}{\sqrt{1-\frac{u^2}{c^2}}} = \frac{1}{\sqrt{1-\beta^2}} \tag{14.33}$$

$$\sinh\theta_u = \frac{u/c}{\sqrt{1-\frac{u^2}{c^2}}} = \frac{\beta}{\sqrt{1-\beta^2}} \tag{14.34}$$

它们满足 $\cosh^2\theta - \sinh^2\theta = 1$。

我们可以用 θ_u 将以式（14.7）和式（14.8）表达出的洛伦兹变换改写为

$$x_0' = x_0\cosh\theta_u - x_1\sinh\theta_u \tag{14.35}$$

$$x_1' = -x_0\sinh\theta_u + x_1\cosh\theta_u \tag{14.36}$$

这两个式子与坐标轴旋转的公式非常相似。利用 $\cos^2\theta + \sin^2\theta = 1$，可以推出：$x'^2 + y'^2 = x^2 + y^2$。与此类似，利用 $\cosh^2\theta - \sinh^2\theta = 1$，可以得到时空间隔的不变量为

$$(x_0')^2 - (x_1')^2 = x_0^2 - x_1^2 = s^2 \tag{14.37}$$

设一个洛伦兹变换通过参数 θ_1 将 X' 与 X 联系在一起，第二个洛伦兹变换通过参数 θ_2 将 X'' 与 X' 联系在一起。如果要消掉 X'，以 X 表示 X''，我们会发现得到的洛伦兹变换是以迅度 $\theta_1 + \theta_2$ 为参数的。[这还得再用到求和公式（14.19）和

(14.20)]。这又一次表明连续做两次洛伦兹变换后，迅度相加，就像连续经过两次旋转后，角度相加那样。

即使粗略地读一读此部分，也会给你留下这样的印象：数学家的发明是多么了不起，他们常常会预期到物理学家们的需要。

14.4　四维矢量

现在，我来介绍一些概念。我们的朋友 $X=(x_0, x_1, x_2, x_3)=(x_0, \boldsymbol{r})$ 是第一个四维矢量的例子。接下来，我们会接触到其他一些四维矢量，每个矢量有四个分量。如果 $A=(a_0, a_1, a_2, a_3)$ 是四维矢量，且相对速度沿 a_1 方向，那么它的分量就像 X 的分量那样进行变换。

$$a_0'=\frac{a_0-\beta a_1}{\sqrt{1-\beta^2}} \tag{14.38}$$

$$a_1'=\frac{a_1-\beta a_0}{\sqrt{1-\beta^2}} \tag{14.39}$$

$$a_2'=a_2 \tag{14.40}$$

$$a_3'=a_3 \tag{14.41}$$

这个变换定律定义了四维矢量，更准确地说，是洛伦兹变换下的四维矢量；正如在普通旋转下，$\boldsymbol{r}$ 要作为三维矢量进行变换一样。我们用空间的三个分量，外加一个时间分量，构成了四维位置矢量 X。与此类似，我们遇到的每个四维矢量都是组合体，由像 $\boldsymbol{r}$ 那样的三维矢量和第四个分量（例如时间）构成。这第四个分量不受普通旋转的影响，然而，它与其他分量合在一起参与洛伦兹变换。

现在我们来定义两个四维矢量 A 和 B 的点积：

$$A \cdot B=a_0b_0-a_1b_1 \tag{14.42}$$

请你们自己证明在另一个参考系中：

$$A' \cdot B'=a_0'b_0'-a_1'b_1'=a_0b_0-a_1b_1=A \cdot B \tag{14.43}$$

原因同样是因为在洛伦兹变换下 $X \cdot X$ 是不变量。

14.5　原时

现在，我将用时空间隔的概念研究单个粒子的运动。以前，我们用 Δx，Δt 代表两个随机、彼此无关或是任意的两个事件间的间隔。但是现在，我让你考虑下面这个事件。一个粒子在时空中从 1 点运动到 2 点，相对于一个普通的观察者，在 $\mathrm{d}t$ 时间内运动过的距离为 $\mathrm{d}x$。因此，在其所经历的路径上，有两个事件。我们来看这两件事的无限小时空间隔 $\mathrm{d}s^2=c^2\mathrm{d}t^2-\mathrm{d}x^2$。将其改写为

$$ds^2=c^2dt^2-dx^2=(cdt)^2\left[1-\frac{1}{c^2}\left(\frac{dx}{dt}\right)^2\right] \tag{14.44}$$

$$ds=cdt\sqrt{1-\frac{v^2}{c^2}} \tag{14.45}$$

式中，$\frac{dx}{dt}=v$ 是这个粒子的运动速度。因为 ds 是不变量，所以它对所有观察者均相同，那么我们就以粒子本身作为参考系。粒子不会认为自己在运动，所以 $v=0$。因此，对于一般观察者来说，粒子出现在这里和粒子出现在那里这两个事件的 x 坐标是不同的，但是对于粒子本身，这两个事件的坐标相同。然而，粒子一定会认为经过了一段时间间隔 $d\tau$。因此，利用 $d\tau$ 可以得到

$$ds=cd\tau \tag{14.46}$$

时间 τ 为由随粒子运动的钟所测量的值，叫作原时。换言之，若粒子有一个自己的钟，它会认为其轨道上两个连续点间所经过的时间是 $d\tau$。不难理解，为什么所有人对原时都没有分歧。对于粒子由这里到那里所经过的时间，你和我的答案不一定是相同的。但是如果问相对于这个粒子所用的时间，我们问的是同一个问题，而且我们会给出相同的答案：$d\tau$。

在一个粒子的轨道上发生了两个事件，原时差为 $d\tau$；一个相对于该粒子运动的观察者认为：该粒子的运动速度为 v，这两个事件的时间差为 dt，那么 $d\tau$ 与 dt 间的联系为

$$d\tau=dt\sqrt{1-\frac{v^2}{c^2}} \tag{14.47}$$

也就是，

$$\frac{dt}{d\tau}=\frac{1}{\sqrt{1-\frac{v^2}{c^2}}} \tag{14.48}$$

为了今后的应用，请记住这个结论。

第15章 四维动量

Yale

在牛顿力学中，粒子都有坐标，我们称之为 (x, y)，坐标可以随时间变化。我们借此构成一个二维矢量 $\boldsymbol{r}=\boldsymbol{i}x+\boldsymbol{j}y$。旋转坐标轴后，粒子的新坐标为 (x', y')，且有

$$x'=x\cos\theta+y\sin\theta \tag{15.1}$$

$$y'=-x\sin\theta+y\cos\theta \tag{15.2}$$

设某个量有两个分量 (V_x, V_y)，坐标轴旋转后，变为 V'_x 和 V'_y，如果它们与 (V_x, V_y) 之间的关系严格满足式（15.1）和式（15.2），那么就可以整体地定义一个矢量 $\boldsymbol{V}$（二维）。

现在，我要对你说，“好，这里有一个矢量，就是那个位置矢量 $\boldsymbol{r}$。你还能说出其他矢量吗？”你或许给出一个答案，速度 $\boldsymbol{v}=\dfrac{\mathrm{d}\boldsymbol{r}}{\mathrm{d}t}$。这很正确。但是，为什么一个矢量的导数仍然是矢量呢？那，什么是导数呢？就是你给矢量一个增量 $\Delta\boldsymbol{r}$，再将之除以时间间隔。很显然，矢量的增量还是矢量，因为两个矢量的差仍然是矢量。除以时间等于乘以时间的倒数，等效于与一个标量相乘，因为旋转[㊀]不改变时间。我以前讲过，矢量与一个数值的乘积还是矢量，不过使之变得更长或更短罢了。所以，$\Delta\boldsymbol{r}/\Delta t$ 是矢量，因为它等于末态位矢与初态位矢之差，再除以一个很小的时间 Δt，这等同于乘以一个很大的数——10 000 或是 1 000 000，无所谓。故这个极限 $\boldsymbol{v}=\dfrac{\mathrm{d}\boldsymbol{r}}{\mathrm{d}t}$ 仍然是矢量。因此如果你将矢量对一个参量求导，而这个参量是时间或像时间那样不随旋转而改变，那么求导所得的量仍然是矢量。一旦你得到这个导数，就会着迷，可以求二阶导数，得到加速度 $\boldsymbol{a}$。你可以将之乘以质量或惯性质量，这是个标量或说它是旋转不变量。那么，$m\boldsymbol{a}$ 是一个矢量，牛顿令它等于力 $\boldsymbol{F}$，也是一个矢量。

沿着这条思路，我将由四维位矢 X 导出更多的四维矢量。设运动物体的时空坐标为 X。我想要将之求导，自己在相对论中找出可以被称为速度的东西。我当然可以对时间求导，但是在四维空间中，一个矢量的时间导数不再是矢量，因为时间

㊀ 是指坐标轴旋转。本页中提到的旋转均是此含义。——译者注。

与任何其他分量的地位是相似的。这样的做法就好比将一个运动粒子的 y 对 x 求导来求速度。你得到的不是矢量。你必须对一个在洛伦兹变换下不变的量去求导，从一个观察者变到另一个观察者后，这个量不发生变化。你们能猜出我接下来要借此做什么吗？我指的是，你可以对 τ 求导，即对由这个粒子测得的时间求导。所以，我将构成一个新的物理量 V，叫作四维速度：

$$V=\frac{\mathrm{d}X}{\mathrm{d}\tau}=\left(\frac{\mathrm{d}x_0}{\mathrm{d}\tau},\frac{\mathrm{d}x_1}{\mathrm{d}\tau}\right) \tag{15.3}$$

通过这种方式，构建出的是一个四维矢量。当你变换到一个运动的坐标系中，它的四个分量像 X 的四个分量那样进行变换。但是，我们对于 τ-导数的直觉不够好，$\mathrm{d}x$、$\mathrm{d}t$ 是一般的观察者测得的间隔，而相对这个粒子，所用的时间是 $\mathrm{d}\tau$。因此，我们改写公式（15.3），将 V 与一般观察者测得的量直接关联。为此，利用公式（14.48），我们用 t-导数代替 τ-导数，得

$$V=\frac{\mathrm{d}X}{\mathrm{d}\tau}=\frac{\mathrm{d}X}{\mathrm{d}t}\cdot\frac{\mathrm{d}t}{\mathrm{d}\tau} \tag{15.4}$$

$$=\frac{1}{\sqrt{1-\frac{v^2}{c^2}}}\frac{\mathrm{d}X}{\mathrm{d}t} \tag{15.5}$$

$$=\frac{1}{\sqrt{1-\frac{v^2}{c^2}}}\left(c\,\frac{\mathrm{d}t}{\mathrm{d}t},\ \frac{\mathrm{d}x}{\mathrm{d}t}\right) \tag{15.6}$$

$$=\left(\frac{c}{\sqrt{1-\frac{v^2}{c^2}}},\ \frac{1}{\sqrt{1-\frac{v^2}{c^2}}}\frac{\mathrm{d}x}{\mathrm{d}t}\right) \tag{15.7}$$

$$=\left(\frac{c}{\sqrt{1-\frac{v^2}{c^2}}},\ \frac{\boldsymbol{v}}{\sqrt{1-\frac{v^2}{c^2}}}\right) \tag{15.8}$$

上面的最后一个方程适用于有四个维度的情况。

这个四维速度有一个特性：其“长度的平方”

$$V\cdot V=V_0^2-V_1^2=c^2 \tag{15.9}$$

与粒子的运动速度无关。你可以利用公式（15.7）计算 $V_0^2-V_1^2$ 后推出此结论，不过会比较繁琐。也可以采用这样一个简单的方法来推导，即选定相对于粒子静止的坐标系，那么 $V=(c,\ 0)$，再来计算这个不变量。

现在，我们可以来定义四维动量 P 了，它等于质量 m 与四维速度 V 之积。

$$P=m\frac{\mathrm{d}X}{\mathrm{d}\tau} \tag{15.10}$$

对于二维，

$$=\left(\frac{mc}{\sqrt{1-\frac{v^2}{c^2}}},\ \frac{mv}{\sqrt{1-\frac{v^2}{c^2}}}\right)=(p_0,\ p_1) \tag{15.11}$$

对于四维，

$$=\left(\frac{mc}{\sqrt{1-\frac{v^2}{c^2}}},\ \frac{m\boldsymbol{v}}{\sqrt{1-\frac{v^2}{c^2}}}\right)=(p_0,\ p_1,\ p_2,\ p_3) \tag{15.12}$$

这要是一个四维矢量，其中的 m 应该对于所有参考系均相同，即是洛伦兹变换下的不变量。

这样，我们制造出了一个具有四个分量的新怪兽。它是什么呢？我令速度沿 x 轴方向，但是还称之为一个四维向量。

首先，

$$p_1=\frac{mv}{\sqrt{1-\frac{v^2}{c^2}}} \tag{15.13}$$

若$\frac{v}{c}\ll 1$，得（分母为 1）

$$p_1=mv \tag{15.14}$$

由此我们知道，在相对论中，p_1表示粒子的动量。但是，如果粒子的速率不断增大，我需要考虑一下分母。当 $v\to c$ 时，p_1无限地增大；也就是，在此理论中，尽管粒子的速度有上限，但是动量却没有。

有人喜欢这样写：

$$p_1=\left(\frac{m}{\sqrt{1-\frac{v^2}{c^2}}}\right)v\equiv m(v)v \tag{15.15}$$

式中，$m(v)=m/\sqrt{1-v^2/c^2}$，是新的依赖于速度的质量。他们将 $m(0)=m$ 设为静止质量 m_0。他们的观点是，如果引入一个与速度相关的质量，那么动量就像以前一样等于质量乘以速度。我们不这样做，对于我们，m 永远是静止质量，而动量是关于质量和速度的比较复杂的函数。

设 v/c 很小，但是不能被完全略去。利用下面这个式子可以得到关于动量的好一些的公式：

$$(1+x)^n=1+nx+\cdots$$

对于 $x\ll 1$，有

$$\frac{1}{\sqrt{1-\frac{v^2}{c^2}}}=\left(1-\frac{v^2}{c^2}\right)^{-\frac{1}{2}}=1+\frac{v^2}{2c^2}+\cdots \tag{15.16}$$

且

$$p_1=mv+m\frac{v^3}{2c^2}+\cdots \tag{15.17}$$

上式中的省略号代表那些更小的、被忽略掉的项。我们可以取更多项，也可以直接用精确表达式$\sqrt{1-\frac{v^2}{c^2}}$。

如果引入 p_2 和 p_3，很清楚，我们得到这样一个矢量

$$\boldsymbol{p}=\frac{m\boldsymbol{v}}{\sqrt{1-\frac{v^2}{c^2}}} \tag{15.18}$$

第 0 维分量代表什么呢？

$$p_0=\frac{mc}{\sqrt{1-\frac{v^2}{c^2}}} \tag{15.19}$$

令 $v=0$，它就是粒子的质量与光速 c 的乘积，这是个常量。我们像以前那样进行近似，得

$$p_0=mc+\frac{1}{2c}mv^2+\cdots \tag{15.20}$$

若两侧同时乘以 c 后，会出现很眼熟的东西：

$$cp_0=mc^2+\frac{1}{2}mv^2+\cdots \tag{15.21}$$

我们看到，等式右侧的第二项正是非相对论动能。所以，当我们考虑快速运动的粒子时，省略号代表的所有 v/c 的更高次项一定是对动能的修正项。

但是，第一项 mc^2 也一定代表能量，粒子静止时的能量。这项叫作**静能**。爱因斯坦没有告诉我们怎样提取这个能量（相比之下，运动的动能可以被提取出来，比如，水力发电机利用涡轮机减慢水流）。后来，发现了核聚变和核裂变，人们发觉反应后的质量减少了，而且这亏损的质量（乘以 c^2 后）与最终粒子所增加的动能严格相等。为此，P 被称为**能量-动量**或**四维动量**。

总之，我们已经学了两个四维矢量

$$X=(x_0,\ x_1)=(ct,\ x) \quad \text{四维位置矢量} \tag{15.22}$$

$$P=(p_0,\ p_1)=\left(\frac{E}{c},p\right) \quad \text{能量-动量或者四维动量} \tag{15.23}$$

下面是关于四维动量 P 的一些结论。

· 从一个坐标系变换为另外一个坐标系时，P 分量的变换如下：

$$p_0' = \frac{p_0 - \beta p_1}{\sqrt{1-\beta^2}} \tag{15.24}$$

$$p_1' = \frac{p_1 - \beta p_0}{\sqrt{1-\beta^2}} \tag{15.25}$$

$$p_2' = p_2 \tag{15.26}$$

$$p_3' = p_3 \tag{15.27}$$

式中，$\beta = \frac{u}{c}$。从现在起我们不再考虑 p_2 和 p_3 了。

换个方法验证关于 p_0' 和 p_1' 的公式会对你非常有益。为此，设粒子在不带撇的坐标系中以速度 v 运动，清晰地以 m 和 v 写出 p_0 和 p_1 的表达式，放在手边。现在问自己，相对于一个以速度 u 运动的观察者，该粒子的速度 w 如何表达。用 w 写出她关于 p_0' 和 p_1' 的表达式，并用 u 和 v 表示出 w。验证一下所得结果与上面给出的公式是否一致。练习中可以令 $c=1$。

· $P_A \cdot P_B$ 是不变量，P_A 和 P_B 是任意两个四维动量，可以是两个不同的粒子 A、B 的；也可以是同一个粒子的，这时，$A=B$。

首先，考虑一个粒子的 $P \cdot P$。由于可以任意选择坐标系，所以我们采用粒子自身坐标系。这样，$p_1 = 0$，$p_0 = mc$。因此，

$$P^2 \equiv P \cdot P = p_0{}^2 - p_1{}^2 = m^2c^2 \tag{15.28}$$

你可以自己证明，如果选择一般坐标系，用 v 表达出 p_0 和 p_1，所得结果相同。

如果有两个粒子，我们可以断定：

$$P_A \cdot P_B = p_{A0}\, p_{B0} - p_{A1}\, p_{B1} = \frac{E_A E_B}{c^2} - p_{A1}\, p_{B1} \tag{15.29}$$

对所有观察者都相同。若以 B 为坐标系，则 $P_A \cdot P_B = E_A m_B$，E_A 是在 B 坐标系中测得的 A 的能量。

光子没有质量。这意味着，

$$K \cdot K = 0 \tag{15.30}$$

式中，K 是任意光子四维动量的共同符号。没有相对于光子静止的坐标系；在任何坐标系中，光子的速率均为 c。然而，其分量（k_0，k_1）在坐标系变换中遵从洛伦兹变换。K 的分量也是 E/c 和光子的动量。质量为零的含义为

$$0 = K \cdot K = k_0^2 - k_1^2 \rightarrow k_1 = \pm k_0 \tag{15.31}$$

式中，空间动量 k_1 可正可负，但是，k_0 对应着能量，总是正值。

光子的能量和动量通常以 ω 和 k 表示：

$$K=(k_0,k_1)=\left(\frac{\omega}{c},k\right) \tag{15.32}$$

利用零质量的条件，得

$$k=\pm\frac{\omega}{c} \tag{15.33}$$

有一个与之等效且可以清晰地表达零质量条件的方法

$$K=(k,\ k)\ \text{向右运动的光子} \tag{15.34}$$

$$K=(k,-k)\ \text{向左运动的光子} \tag{15.35}$$

一定要明确：式中 $k>0$。因此，用一个数值，即光子的动量 $\pm k$，就可以确定一维空间的 K。

也可以用 ω 代替 k，将 K 表示为

$$K=\left(\frac{\omega}{c},\frac{\omega}{c}\right)\ \text{向右运动的光子} \tag{15.36}$$

$$K=\left(\frac{\omega}{c},-\frac{\omega}{c}\right)\ \text{向左运动的光子} \tag{15.37}$$

· 四维动量，如果它在一个坐标系中是守恒的，那么根据洛伦兹变换，在任意坐标系中它都是守恒的。

动量有一个很好的特性，就是：如果我们在一个坐标系中确定动量是守恒的，那么在任何坐标系中动量都守恒。例如，如果粒子 A 和 B 转变成了 C，D，E，且在某个坐标系中有

$$P_{初}=P_A+P_B=P_C+P_D+P_E=P_{末} \tag{15.38}$$

那么在另外一个坐标系中就有

$$P'_{初}=P'_A+P'_B=P'_C+P'_D+P'_E=P'_{末} \tag{15.39}$$

因为如果两个矢量 $P_{初}$ 和 $P_{末}$ 在一个坐标系中相等，那么在另外一个坐标系中它们也相等。必须清楚，与此相似，对于一般矢量，如果 $\boldsymbol{A}+\boldsymbol{B}=\boldsymbol{C}$，即这三者构成一个三角形，那么坐标轴旋转后，它们仍然构成一个三角形。或者可以这样解释，$\boldsymbol{A}+\boldsymbol{B}-\boldsymbol{C}=0$，是零矢量，那么等式左侧在任意坐标系中都是零矢量，因为零矢量在旋转后仍然是零矢量。对于洛伦兹变换，若 $P_{末}-P_{初}=0$，两者在一个坐标系中没有差值，那么在任意坐标系中它们都没有差值。这个结果还说明，如果你不喜欢我这个四维动量的定义，而自己去构造一个，那么你的那个也许不具备此性质，这就是只要在一个坐标系中守恒就在所有的坐标系中守恒。可以在所有坐标系中守恒是动量的一个重要的性质，为此它必须是四维动量。

15.1 相对论散射

我们来学习几个相对论散射的例子。

15.1.1 康普顿效应

设动量为 K 的光子沿 x 轴运动，被一个动量为 P 的静止电子撞了回来，如图 15.1 所示。此过程叫作康普顿效应。我们考虑一维情况，这样的话，末态的电子和光子都只能沿 x 轴运动。这个光子反向离开后具有多少能量呢？我将向你演示如何利用 $c=1$ 的单位解决此问题。这样做会使得验算起来比较容易。我还会演示，最终怎样借助量纲将 c 恢复回来。利用这样的单位，光子的初、末态动量为

$$K=(\omega,\omega),\quad K'=(\omega',-\omega') \tag{15.40}$$

电子在碰撞前、后的四维动量分别为

$$P=(m,0),\quad P'=(E',p') \quad 且 \quad E'^2-p'^2=m^2 \tag{15.41}$$

为了准备后面的推导，我们利用下面的公式计算四维矢量的点积。

$$A\cdot B=a_0b_0-a_1b_1 \tag{15.42}$$

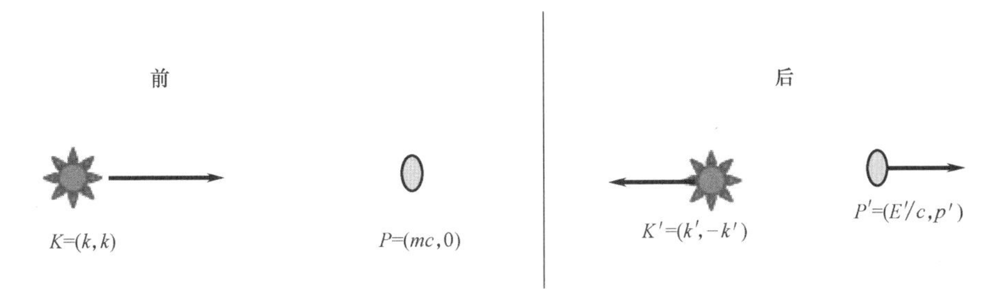

图 15.1 光子被静止的电子撞了回来。这是康普顿散射的一维情况。

需要用到下面的等式：

$$K\cdot K'=[\omega\omega'-(\omega)(-\omega')]=2\omega\omega' \tag{15.43}$$

$$P\cdot K=[m\omega'-0\omega]=m\omega \tag{15.44}$$

$$P\cdot K'=[m\omega'-0(-\omega')]=m\omega' \tag{15.45}$$

依据守恒定律：

$$K+P=K'+P' \tag{15.46}$$

我们不关心 P'，也就是那个被散射的电子，所以将之分离出来，并进行平方（自己与自己做点积），因为我们知道对于任意的粒子，无论运动状态如何，四维动量的平方为 $m^2c^2=m^2$（$c=1$）。具体计算如下：

$$P'\cdot P'\equiv(P')^2=m^2=(P+K-K')^2 \tag{15.47}$$

$$=P^2+K^2+K'^2+(2P\cdot K-2P\cdot K'-2K\cdot K') \tag{15.48}$$

$$=m^2+0+0+2(m\omega-m\omega'-2\omega\omega') \tag{15.49}$$

$$0=m(\omega-\omega')-2\omega\omega' \tag{15.50}$$

$$\frac{1}{\omega'}=\frac{1}{\omega}+\frac{2}{m} \tag{15.51}$$

$$\frac{1}{\omega'}=\frac{1}{\omega}+\frac{2}{mc^2} \tag{15.52}$$

式（15.52）中，我恢复了 c^2，因为 ω 为能量，所以得是 mc^2。在三维情况下，光子的运动方向可以与 x 轴成 θ 角，我们推出：

$$\frac{1}{\omega'}=\frac{1}{\omega}+\frac{1-\cos\theta}{mc^2} \tag{15.53}$$

[式（15.52）对应于 $\theta=\pi$。] 散射实验是由康普顿完成的，这个实验证实了上述预言，并且在很大程度上帮助物理界接受了光子具有粒子性的观点。

15.1.2 对生

如果一个入射质子与另外一个静止的质子碰撞后，我们得到了 p，p，p 和 $\bar{\text{p}}$，也就是三个质子和一个反质子（反粒子与粒子的质量相同），如图 15.2 所示，那么这个入射质子要具备的最低能量是多少呢？

入射质子的动量-能量为 $P_1=(E,p)$，而静止质子的为 $P_2=(m,0)$。（记住 $c=1$。）在实验室坐标系中，有

$$P_{总}^{实验室}=P_1+P_2=(E+m,p) \tag{15.54}$$

对于能量最低的反应，最终的四个粒子的能量也会最低，但是，根据动量守恒，它们不会全部静止。所以，我们利用质心坐标系。在质心坐标系中，反应前两个质子以相反的空间动量彼此接近，它们的四维动量为（$E_{质心系}$，$p_{质心系}$）和（$E_{质心系}$，$-p_{质心系}$）。因此，初态的合动量为 $P_{总}^{质心系}$ =（$2E_{质心系}$，0）。现在，可以基于静止来构建出这四个粒子的合末态四维动量了，它等于

$$P_{总}^{质心系}=(4m,0) \tag{15.55}$$

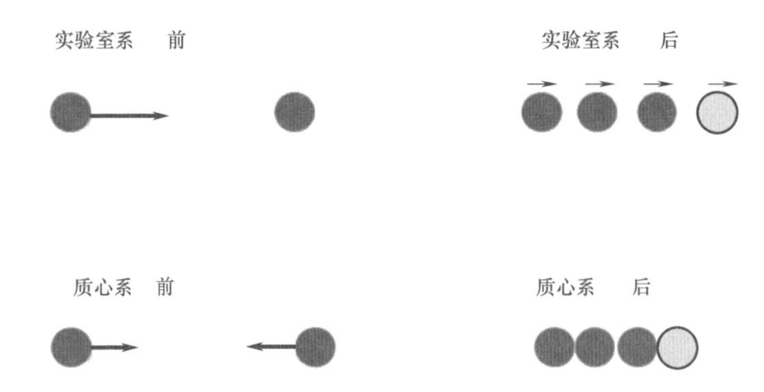

图 15.2　上图：入射质子与静止的靶质子碰撞，以最低能量产生了三个质子和一个反质子。由于动量守恒，它们不会全部静止。
下图：在质心系中最低能量的碰撞，允许最终的四个粒子都静止。

现在，我们回忆一下，对于任意一个四维矢量 V，$V\cdot V$ 是不变量，其值对于所有坐标系相同。将此结论用于总动量，我们可以得到，对于这个最低能量过程，有

质心坐标系　　$P_{总}\cdot P_{总}=16m^2$

实验室系　　$P_{总}\cdot P_{总}=E^2+m^2+2mE-p^2=m^2+m^2+2Em$

令两个坐标系中的 $P_{总}\cdot P_{总}$ 相等，得到结果：

$$E=7m=7mc^2 \tag{15.56}$$

如果我们只考虑能量，就会猜测来自加速器的质子的能量应该是 $E=3mc^2$，与靶质子的 mc^2 一起，可以使反应后的粒子静止。但是，动量必须守恒，所以，入射粒子的能量理当是 $7mc^2$，而不是 $3mc^2$，以分配给最后四个粒子必须具有的动能。伯克利劳伦斯国家实验室建造了质子回旋加速器，每个质子的能量稍稍大于 $7mc^2$。1955 年，欧文·张伯伦和埃米利奥·塞格雷利用这个加速器成功地生成了反质子。

在 CERN（欧洲核研究组织）的大型强子对撞机的圆形轨道上，沿相反方向运动的质子以相同的能量发生碰撞，所以实验室坐标系也是质心坐标系。这样所有的射线能量都用于产生粒子。每个碰撞质子的能量恰为 $E=2mc^2$，使得最后的三个质子和一个反质子静止。当然，大型强子对撞机主要是为了产生希格斯玻色子以及更重要的粒子，而不是反质子。

15.1.3　光子吸收

最后，我们看一个光子吸收的例子。如果一个原子吸收了一个能量为 ω 的光子，它会后退，而且由于吸收了能量，其质量增加。我们希望求出其新质量。有些学生会对此感到困惑，“你说过粒子的质量不受其动量的影响：尽管 E 和 P 是随速度变化的，永远有 $E^2-c^2p^2=m^2c^4$。你计算这个原子的新质量是什么意思呢？”只要一个粒子作为一个整体存在，例如康普顿散射中的电子和质子，它的质量就是不变的。可是，此处情况并非如此：一个光子消失了，出现了一个“被激发”的原子。处于内激发态的原子视为一个新粒子，其质量 m' 为一个自由参数。我们想要求出 m' 的值。（电子似乎没有能量不同的内激发态，所以在康普顿散射中我们没有提及此话题。）

你也许猜测答案是 $m'=m+\omega/c^2$。我们来求求看。如图 15.3 所示，这次将 c 明确地写出，且对四维动量的每个分量都写下动量守恒。令

$$P=(mc,0) \tag{15.57}$$

$$K=\left(\frac{\omega}{c},\frac{\omega}{c}\right)=(k,k) \tag{15.58}$$

$$P'=\left(\frac{m'c}{\sqrt{1-\frac{v^2}{c^2}}},\frac{m'v}{\sqrt{1-\frac{v^2}{c^2}}}\right) \tag{15.59}$$

分别为初始静止原子、入射光子和最后原子的四维动量。根据四维动量或能量-动量守恒定律，得

$$P+K=P' \tag{15.60}$$

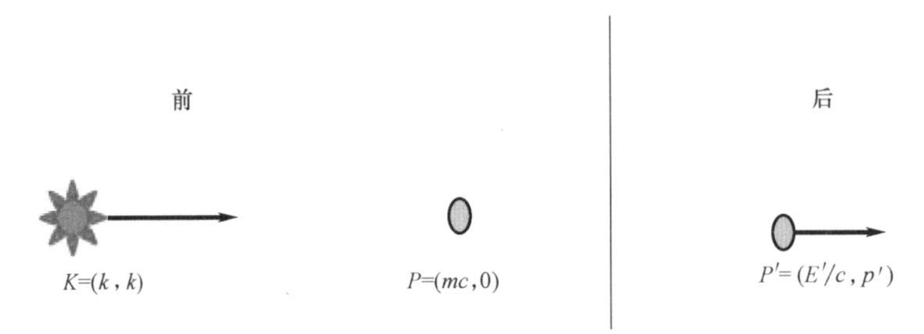

图 15.3　质量为 m 的原子吸收了一个光子，它后退并进入激发态，可视为一个新的、质量 m'更大些的粒子。

改写为分量形式：

$$mc+\frac{\omega}{c}=\frac{m'c}{\sqrt{1-\frac{v^2}{c^2}}} \quad \text{能量 } E/c \text{ 守恒} \tag{15.61}$$

$$0+k=\frac{m'v}{\sqrt{1-\frac{v^2}{c^2}}} \quad \text{动量守恒} \tag{15.62}$$

可以利用这些方程解出 m'，但是利用四维矢量还是一个比较快的方法。因为我们只要解 m'，所以只需按下面的方法计算 $P'\cdot P'=m'^2c^2$：

$$m'^2c^2=P'\cdot P' \tag{15.63}$$

$$=(P+K)\cdot(P+K) \tag{15.64}$$

$$=P\cdot P+K\cdot K+2P\cdot K \tag{15.65}$$

$$=m^2c^2+0+2\left(mc\frac{\omega}{c}-0\cdot\frac{\omega}{c}\right) \tag{15.66}$$

$$m'=\sqrt{m^2+2m\frac{\omega}{c^2}} \tag{15.67}$$

当$\frac{\omega}{mc^2}$很小时，近似为

$$m'=m\sqrt{1+2\frac{\omega}{mc^2}}=m\left(1+\frac{\omega}{mc^2}+\cdots\right)=m+\frac{\omega}{c^2}+\cdots \tag{15.68}$$

所得结果与我们那个没有考虑反冲的天真预期是相符的。换言之，光子不能将其全部能量用于增大原子的静质量，因为它要运动，以满足动量守恒。因此，增加的静能量与动能之和一定与光子的能量相等。

记住，处理相对论中的碰撞问题时，通常要用到下面的技巧：（1）在涉及四维矢量的方程中，对你所知最少的动量进行平方，因为其结果永远是 m^2c^2。（2）有时，你要平方的动量不单独位于等式的一侧。如果这样，先将之分离出来（将其他项移至等式的另一侧），然后再对它进行平方。

第16章 数学方法

16.1 函数的泰勒级数

我将介绍一些数学技巧。到现在为止，你可能已经注意到，物理学与数学息息相关。如果数学不好，你做不好物理。

第一个重要的技巧叫作泰勒级数。泰勒级数的基本原理是这样的。有个函数 $f(x)$，图 16.1 给出了它的图像。假设你的关注点仅在 $x=0$ 附近一个很小的区间内。问题是这样的，对于偏离 $x=0$ 处，你怎样写出整个函数的有效近似表达式呢？假设除了在 $x=0$ 点的事情以外，我什么都没有告诉你，我给你的只有 f（0）。函数在这点的值为 92。对于偏离 $x=0$ 处你该怎么办呢？你没有这个函数的任何其他信息，不知道其增大还是减小。你能做的最好近似就是图 16.1 中的那条平平的直线。就你所掌握的信息来说，没有理由使之向上或是向下倾斜。如果不取那个常数 92 的话，你甚至在已经给你数值的那个地方（$x=0$）都得不出这一答案。

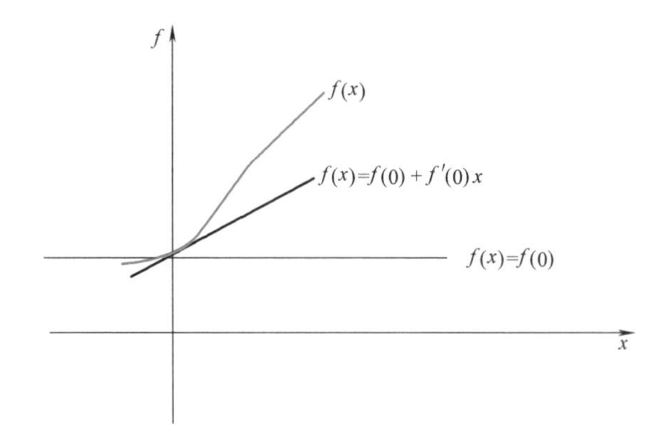

图 16.1　函数 $f(x)$ 和它在 $x=0$ 附近基于泰勒级数的两个近似。假设当我们偏离 $x=0$ 处时，$f(x)$ 没有变化，那么 $f(x)=f(0)$，由图中那条水平的直线来表示。它基于泰勒级数的第一项。第二条线，$f(x)=f(0)+f'(0)x$ 是基于第二项的线性近似，它与函数在 $x=0$ 处的数值以及导数值都相符。它假设的是斜率不变。

因此，你会说这个函数的一级近似为

$$f(x)=f(0)+\cdots \tag{16.1}$$

式中，省略号表示偏离 $x=0$ 的地方会有修正，但你不知道该如何修正。等式左边为实际的函数。等式右边为一个近似，它在 $x=0$ 处与真实值相符，若我们偏离这点，则它有待修正。如果 $f(x)$ 真是一个常数，那么图1.6中的水平直线就精确地代表了这个函数。

令 $f(x)=f(0)$ 就像是说：“今天（$x=0$）的温度是92。我不知道其他了，所以，对于偏离 $x=0$ 处，我的最好的猜测就是92，以水平的虚线 $f(x)=92$ 表示它。”但是，如果你知道这是在夏天，温度会一天天地以已知的变化率升高，而且有人对你说：“我知道今天的温度变化率为 $\left.\frac{df}{dx}\right|_0$”，那么你可以利用这个信息预测出明天的温度或是倒推出昨天的温度。这就是说，对于 $x\neq0$，利用对 $x=0$ 处导数的了解，你可以将对 f 的预测改进为

$$f(x)=f(0)+\left.\frac{df}{dx}\right|_0\cdot x+\cdots \tag{16.2}$$

$$\equiv f(0)+f'(0)\cdot x+\cdots \tag{16.3}$$

式中，我用了另外一些常用符号，为

$$f'(x)=\frac{df}{dx},f''(x)=\frac{d^2f}{dx^2},\cdots \tag{16.4}$$

式中，撇的数量表示求导的阶数。如果我们求导的次数不是非常多，那么这种符号使用起来比较方便。因为 $f'(0)$ 是 $x=0$ 时的一阶导数，所以，偏离 $x=0$ 后，它与 x 之积就是我们对于变化量的最好猜测。现在将这个函数近似为一条具有准确截距和斜率的直线，如图16.1所示。如果，这个函数确实是一条直线，那么你的任务就完成了。它甚至都不是近似，一直到无限远，它都描述了这个函数。但是，当然，也可能是这样的，这个函数是向上弯曲的，就像我给出的这个例子那样，如果偏离得过远的话，这个线性近似就不成立了。只是在一小段上，它与这个函数相切，之后，这个函数就偏离开去。因此，只是在 x 非常小的条件下它才是很好的，你可以说：“好吧！我想在偏离更远时，也做得好一些”。

这个近似忽视了变化率的变化率。线性近似所假设的是：函数的变化率为固定值，与原点处的变化率相同。变化率的变化率为函数的二阶导数 $f''(0)$。假设这也是已知的，那么你怎样利用它呢？答案是

$$f(x)=f(0)+f'(0)\cdot x+f''(0)\cdot\frac{x^2}{2!}+\cdots \tag{16.5}$$

为什么要除以2！呢？因为我们目标是生成一个近似，它具备任何你对这个函数的预知。$\frac{1}{2!}$确保了它在 $x=0$ 点的二阶导数是正确的。我们来验证一下这一点以

及其他性质。

首先，我们来比较式（16.5）的两侧在 $x=0$ 点的值。左侧是 $f(0)$。在右侧，将 $x=0$ 代入，x 和 x^2 项便消失了，剩下的只有 $f(0)$，与左侧的值相符。因此，此处的函数值当然是正确的。

然后你说："若对这个函数求导，比较在 $x=0$ 点的结果会如何呢?" 先对式（16.5）两侧求导，得

$$f'(x)=0+f'(0)+f''(0)x+\cdots \tag{16.6}$$

左侧为 $f'(x)$。对式（16.5）右侧求导，第一项为 $f(0)$，是个常数，求导的结果为零。对第二项中的 x 求导后结果为 1，最后对 x^2 求导结果为 $2x$，所以，我得到的结果为 $f''(0)$ 乘以 x。现在，看 $x=0$ 点的导数。还带有 x 的项会为零，我的近似函数与实际函数的导数是相符的。

这个函数的二阶导数会如何呢？对式（16.5）左侧求二阶导，得到了左侧的 $f''(x)$。看看右侧如何？求两次导数，剩下的只有含 x^2 的项，结果为 f''，其系数为 1。若令 $x=0$，左侧为 $f''(0)$，右侧也如此。因此，有了 $\frac{1}{2!}$，你构造的这个函数在原点给出了正确的数值，正确的斜率，以及正确的斜率变化率。

很清楚，你再往下该如何做了。如果知道了更多阶的导数，你写出的近似函数应该是

$$f(x)=f(0)+\left.\frac{\mathrm{d}f}{\mathrm{d}x}\right|_0\cdot x+\left.\frac{\mathrm{d}^2f}{\mathrm{d}x^2}\right|_0\cdot\frac{x^2}{2!}+\left.\frac{\mathrm{d}^3f}{\mathrm{d}x^3}\right|_0\cdot\frac{x^3}{3!}+\cdots+\left.\frac{\mathrm{d}^nf}{\mathrm{d}x^n}\right|_0\cdot\frac{x^n}{n!}+\cdots \tag{16.7}$$

你可以继续一直这样做下去。如果你知道 13 阶导数，那么在放弃点点部分之前，你可以将 13 代入。那还仍然是近似值，除非这个函数恰好是 13 次多项式。

有些时候，你会中了头奖，知道所有阶的导数。如果有人告诉了你这个函数的所有阶导数，为什么要停下来呢？把它们都加在一起吧！

$$f(x)=\sum_{n=0}^{\infty}\left.\frac{\mathrm{d}^nf}{\mathrm{d}x^n}\right|_0\cdot\frac{x^n}{n!} \tag{16.8}$$

式中，$n=0$ 的项就是 $f(0)$。

如果在每个 x 处都做那无限多项的和，并且这个和是有意义的，为一个有限的值，那么，实际上，它就是你要找的那个函数。这就是泰勒级数：由无限多项组成，这些项的和为某个有限的值，实际上几乎是与左侧相等的。

著名的例子有

$$f(x)=\frac{1}{1-x} \tag{16.9}$$

你和我都知道这个函数；我们知道怎样用计算器求它的值，知道其函数图像。给我一个 x 值，我用 1 减去它放在分母上，就会得到这个函数的值。但是，代之以另外的方法，假设这个函数是逐渐呈现在我们面前的。比如，我们只知道 $f(0)$。这里

$f(0)$ 是何值呢？令 $x=0$ 得到 $f(0)=1$。我们求一下这个函数的导数，

$$\frac{df}{dx}=\frac{1}{(1-x)^2} \tag{16.10}$$

得在 $x=0$ 点，$f'(0)=1$。

现在，如果你对这个函数求二阶导数，以及它在 $x=0$ 点的值（我这里不做了），你会求得结果为2!。实际上，原点处的 n 阶导数为 $n!$。这很好，因为泰勒级数就可以写为

$$f(x)=1+x+x^2+x^3+\cdots=\sum_{n=0}^{\infty}x^n \tag{16.11}$$

泰勒级数就是这些无限多项的和。实际上，你或许仅需保留几项即可。

我们来感受一下那几项的作用。以 $x=0.1$ 为例；实际值为 $\frac{1}{0.9}=1.1111\cdots$，后面都是 1。这是我们的目标值。利用级数计算结果会如何呢？级数从 1 开始，加上 1/10，加上 1/100，加上 1/1000，等等。可以看出，当我保留更多项时，不过是在后面添加 1。如果停在 1/1000 项，那么，你恰好停在 1.111。或许从这个简单的例子，我希望你能明白，如果保留了所有项，你确确实实地会得到无限多个循环的 1。

想想这无限的泰勒级数吧！将无限多的数值求和是个很深奥的话题。我可不打算去讲述它，在我写的那本数学书中，对此进行了论述。但是，在这里要给出一些说明。有时，求出的和是没有意义的，你必须放弃它。例如，令 $x=2$。正确的函数值为 $\frac{1}{1-2}$，结果是 -1。而我们对于 $x=2$ 的近似似乎为 $1+2+4+8+\cdots$。最重要的是，因为后面的数字越来越大，这个和趋于无限大。这个和似乎总是正值，而正确的答案应该为负值。显然，这个级数不能用。因此，关于的泰勒级数的下一课就是，可以写出一个级数，但是，自起点超出了某个范围后，它的和可能是没有意义的。如果你在 $x=0$ 点做泰勒展开，在 $x=2$ 时，你就发现，像我们上面那样做时，是行不通的。因而你会发问："我可以偏离原点多远呢?"好吧，对于这个简单的例子，我们知道当 $x=1$ 时，这个函数为无限大，因此，你不能到此点或是超越它到其右侧。这个函数在 $x>1$ 的那侧有很好的定义，但是，这个级数、对这个函数的了解以及它在原点的各阶导数，不足以使你过渡到那一侧去。这个示例显示出在 $x=1$ 点存在的问题。事实上，你也不能到达 $x=-1$ 或是越到 $x=-1$ 左边去，尽管函数本身在那里是没有问题的。还有，看看类似于 $1/(1+x^2)$ 那样的函数，无论 x 为何值，它似乎都没有麻烦。然而，如果你对它做泰勒展开，就会发现，若超出了 $|x|\geqslant 1$ 的范围，那么级数将会爆炸性增长。（这个问题的起因在于，这个函数本身在 $x=\pm i$ 时是爆炸性增长的。如果要想看看在这个级数失效前可以走多远的话，你的确需要一个复平面。）

我不打算讲级数的数学理论。我只是想告诉你可以用级数对函数做近似。而且，如果你幸运的话，用几项就可以做到。如果你更幸运，知道所有阶导数，那么在某个范围内，整体的和可以收敛到一个有限的结果。在这种情况下，这个级数几乎就是那个函数。一个人可以用 $1/(1-x)$，另外一个人可以用含那无限多项的级数，无论从道理上还是从数学上说，两者在任何意义上都是相等的，只要你不要超越这个无限级数的有效范围。

最后，请注意一个很明显的推理：若在 $x=a$ 处，而不是 $x=0$ 处，f 以及它的导数是已知的，那么，利用相同的方法，我们可以写出

$$f(x)=\sum_{n=0}^{\infty}\left.\frac{\mathrm{d}^n f}{\mathrm{d}x^n}\right|_a\cdot\frac{(x-a)^n}{n!} \tag{16.12}$$

式中，$n=0$ 项为 $f(a)$。

16.2 关于泰勒级数的举例说明

现在回到我反复用过的那个常见的例子，$(1+x)^n$。我想对它做泰勒展开。我们看到 $f(0)=1$。这个函数的导数是什么呢？它是 $n(1+x)^{n-1}$，在 $x=0$ 时，结果就是 n。我们就是这样得到了那个著名的结果：

$$(1+x)^n=1+nx+\cdots \tag{16.13}$$

如果 x 足够小，便就是这样了，因为下一项中有关于 x^2 的项，接下来是 x^3 的项，等等。如果 x 很小很小，那么就不必在意 x 的大指数项，可以去掉它们。但是，如果我们还想给出下一项，就需要求二阶导数：

$$\frac{\mathrm{d}^2(1+x)^n}{\mathrm{d}x^2}=n(n-1)(1+x)^{n-2} \tag{16.14}$$

$x=0$ 时，它的值为 $n(n-1)$，所以得到

$$(1+x)^n=1+nx+\frac{n(n-1)}{2!}x^2+\cdots \tag{16.15}$$

如果 n 为正整数，比如 2，会怎样呢？毕竟，我们在很小的时候就知道

$$(1+x)^2=1+2x+x^2 \tag{16.16}$$

而上面的函数给出的是

$$(1+x)^2=1+2x+\frac{2(2-1)}{2!}x^2+\cdots=1+2x+x^2+\cdots \tag{16.17}$$

我们已经知道了答案，上式中的省略号有什么用呢？幸运的是，级数中的下一项中的因子为 $2(2-1)(2-2)$，它等于零，而接下来的项均包含 $(2-2)$ 这个因子，所以它们也等于零。通过这个论证可知，若 n 是个整数，那么展开式将截止在 x^n 项。对于其他的指数，分数或负数，将不会这样。（我建议你取 $n=-1$ 试一试。）

看相对论中的一个例子。一个粒子的能量

$$E=\frac{mc^2}{\sqrt{1-v^2/c^2}}=mc^2\left[1-\frac{v^2}{c^2}\right]^{-\frac{1}{2}}=mc^2+\frac{1}{2}mv^2+\cdots \tag{16.18}$$

我们过去从不知道第一项的存在（在我们结算动能的所有方程中，它都被消掉了）。我们仅保留了第一个非平凡项$\frac{1}{2}mv^2$，并且以这样的方法开展了300年的力学研究。所以这个近似非常有用。如果你说："好吧，我想用精确的！"你可以回去用整个的$\sqrt{1-\frac{v^2}{c^2}}$。不幸的是，某个人或是其他人将会告诉你："这也不是精确的。有个理论叫作量子力学，它会告诉你整个事情都是不对的，运动的粒子是没有轨道的。"我非常重视近似，如果不能近似地描述这个世界，我们将不能取得现在成果。对于你能提出的问题，如果要求答案可以达到任意的精度，那么没有人知道这个精确的答案是什么，我们实在给不出来。有时，我们甚至不知道这个问题在更高等的理论中是否是有意义的，就像当我们从牛顿力学到量子力学时，关于轨道的例子。牛顿力学适用于低速。相对论力学对任何速度都适用，但它不适用于非常微小的物体。对于非常微小的物体，你需要用量子力学，随后是相对论量子力学。如果要再加入引力的话，我们需要广义相对论。因此，由于旧理论总是会让路于新理论，所以，近似在我们逐渐前进的过程中是非常重要的。

16.3 一些常用函数的泰勒级数

现在我来看下面这个函数：e^x。大家都知道并且喜欢它。每个孩子都知道e^x的导数就是它本身。这意味着e^x的任意阶导数都是e^x。为什么我们喜欢这个特性呢？这是因为它在原点处的所有阶导数都是已知的而且恰好为1。接下来，有

$$e^x=\sum_{n=0}^{\infty}\frac{x^n}{n!} \tag{16.19}$$

现在，我需要知道e的值，因为我在机场锁箱子和托运它的时候，用到的不是e就是π，与我的周年纪念日相比，它们是我仅可以推算出来的两个数。所以，如果我忘记了e的值，我就说：

$$e=e^1=1+\frac{1}{1!}+\frac{1^2}{2!}+\frac{1^3}{3!}+\cdots \tag{16.20}$$

并一直求下一项，直到我打开箱子。它的值大约是2.718，对于大多数锁来说，这足够用了。而且，π也是一个很好的数字，但是计算其数值的方法会更难一些。

这个指数函数的级数有个非常好的性质，这就是：它对任何x都适用，不像那个$1/(1-x)$的级数，它在撞上$|x|=1$时就会毁掉。这个级数总是完好的。你取$x=3\,700$万代入，得到的结果是1加上3 700万，再加上1/2乘以3 700万的平方，

再加上 1/6 乘以 3 700 万的立方，一直往下加。不过别担心，分母上的阶乘最终将会抑制住这个级数，使之收敛，无论你取什么值，最终结果是 e 的你所取值的那么多次方。对此，我就不证明了。

我们都看到了式（16.19）定义了一个 x 的函数，但我们为什么要称这个式子为 e 的 x 次方呢？在这个级数中，x 真的是个指数么？你知道，若指数为整数，当你将一个数的某次方与这个数的另一个方次相乘，那么两者的积是这个数的两个指数之和次方，指数合并在一起。因此，$2^5 2^6 = 2^{11}$。若指数为整数，这适用于 2 以及所有数的整数次方，但是我们怎么知道这对 e^x 也适用呢？特别是 x 当不是整数时。下面我们来核实一下这个性质，将 e^x 和 e^y 的两个级数相乘，来验证这个性质，看看是否可以得到 e^{x+y} 的级数，计算出前几个幂，直到我们可以得到证明：

$$e^x e^y = \left(1+x+\frac{x^2}{2}+\cdots\right)\left(1+y+\frac{y^2}{2}+\cdots\right) \tag{16.21}$$

$$= 1+\underbrace{x+y}_{\text{线性}}+\underbrace{xy+\frac{x^2}{2}+\frac{y^2}{2}}_{\text{二次项}}+\frac{xy^2}{2}+\frac{yx^2}{2}+\cdots \tag{16.22}$$

$$= 1+(x+y)+\frac{(x+y)^2}{2}+\cdots \tag{16.23}$$

$$= e^{x+y} \tag{16.24}$$

即使将 x 和 y 换为复数，这个证明依然成立，我们很快就会用到这个结果。

现在来看看 $\cos x$。要写出它的级数，对于 $x=0$ 点，我需要知道些什么呢？我知道 0 的余弦值是 1。对 $\cos x$ 求导得到 $-\sin x$，它在 0 处的值为 0。再次求导得到 $(-\cos x)$，在 0 处的取值为 -1，等等。每隔一次，导数就为零，留下的导数交替为 ±1，给出的结果是

$$\cos x = 1-\frac{x^2}{2!}+\frac{x^4}{4!}-\frac{x^6}{6!}+\cdots \tag{16.25}$$

$$= \sum_{n=0}^{n}(-1)^n \frac{x^{2n}}{(2n)!} \tag{16.26}$$

显然，由这个级数可以看出，$\cos x$ 是偶函数：$\cos x = \cos(-x)$，因为式子中仅出现 x 的偶数次幂。$x=0$ 附近，这个级数从 1 开始并按平方形式减小。所以一个十分有用的近似是

$$\cos x = 1-\frac{x^2}{2!}+\cdots \tag{16.27}$$

由这个级数，你不清楚 $\cos x$ 是否是有界的。如果你从这个式子中截取几项，却又行不通。开头两项，$1-\frac{x^2}{2!}$ 看上去很好，那个余弦从 1 开始减小。但是，很快这个近似就变得太负了，这对你很不好，接下来一项 $\frac{x^4}{4!}$ 会使之有所转变，但是不

久就使所得的值太正了，等等。然而，如果将所有的指数幂相加，出乎意外地，你将重塑出这个漂亮的函数，它以 2π 为周期振荡。很难想象式（16.26）的这个级数实际上是具有这样特性的余弦函数，但它的确是。

同理

$$\sin x = \frac{x}{1!} - \frac{x^3}{3!} + \frac{x^5}{5!} + \cdots \tag{16.28}$$

$$= \sum_{n=0}^{n} (-1)^n \frac{x^{2n+1}}{(2n+1)!} \tag{16.29}$$

很明显，这是一个奇函数，$\sin(-x) = \sin x$，但它的有界性或者周期性却不明显。

对于所有有限的 x 值，$\sin x$ 和 $\cos x$ 都是收敛的，就像 e^x 一样。

如果你被困在某个机场并感到很无聊的话，利用级数将余弦的平方与正弦的平方相加，将相同指数的 x 项组合到一起。你首先得到的是 1，它来自 $\cos x$ 中 1 的平方，而所有 x 非零指数项的合系数都将奇迹般地等于零。

16.4 三角函数和指数函数

我们不做任何铺垫，直接讲个数 $i=\sqrt{-1}$。我仅会用到这样一些性质：$i^2=-1$，$i^3=-i$，$i^4=+1$，$i^5=i$，等等。看下面这个相当奇怪的东西，e^{ix}。e 是个数字，如果它有个指数，比如说 2，那很正常。但是，现在，给了 e 一个复数的指数 ix。这代表什么含义呢？将 e 相乘 ix 次？这个对指数的定义是不好的。然而，以级数定义的 e^x 对于各种 x 都适用，我们可以大胆地定义，即使指数为复数，对于 e^x 的级数依然是那个级数，不过将 x 以 ix 代替罢了。这样，可以简单地利用指数的级数来定义指数函数，而不用 e 的某次幂的概念。从而得到，

$$e^{dog} = 1 + dog + \frac{dog^2}{2!} + \cdots \tag{16.30}$$ [㊀]

按照这种办法，e 的指数可以为任何数：实数、复数、矩阵等，你想要它是什么都行。如果你有一只宠物，你大可以把它带到指数函数中来。当然，你需要很谨慎。你不可以计算 e 的狗（dog）次幂，因为单位会不匹配：这里是狗（dog），下一处却变成了狗的平方（dog^2），等等。你要用它除以某个标准狗，比如说奥巴马总统的狗。取一个标准值，然后除以它，你就会得到这样的无量纲的量：

$$e^{\frac{dog}{Bo}} = 1 + \frac{dog}{Bo} + \frac{1}{2!}\left[\frac{dog}{Bo}\right]^2 + \cdots \tag{16.31}$$

无论狗（dog）为多大，它都收敛。

这是思维的奇妙跳跃。让我们一起来思考一下 e^{ix} 这个级数：

㊀ 此处英文 dog 是狗的意思，后面一段中 dog 的含义同。——译者注。

$$e^{ix}=\sum_{n=0}^{\infty}\frac{i^n x^n}{n!} \tag{16.32}$$

利用关于指数 i 的知识，我们得到下面的各项：

$$e^{ix}=1+ix+\frac{i^2x^2}{2!}+\frac{i^3x^3}{3!}+\frac{i^4x^4}{4!}+\cdots \tag{16.33}$$

$$=\left[1-\frac{x^2}{2!}+\frac{x^4}{4!}-\frac{x^6}{6!}+\cdots\right]+i\left[x-\frac{x^3}{3!}+\frac{x^5}{5!}+\cdots\right] \tag{16.34}$$

利用它，莱昂哈德·欧拉获得了下面这个巅峰性的成果：

$$e^{ix}=\cos x+i\sin x \tag{16.35}$$

这公式棒极了，值得我们记住它。没有这个公式，我们所知道的生活就不能继续下去。它表明，三角函数和指数函数通过这个级数而非常紧密地联系在一起。如果将 $x=\pi$ 代入，你会由这个等式得到一个相当漂亮的特例：

$$e^{i\pi}+1=0 \tag{16.36}$$

大家都认为这一定是我们可以想出来的最美的等式之一，它包含了数学中所有的关键数字：π，自古就被定义为圆的周长与直径之比；i，所有复数之母；e，对数函数的底；最后是 0 和 1，利用它们我们可以表示二进制里的所有数。

现在，来做下面两个变化，之后我们会接着讲。如果将式（16.35）中的 x 换为 $-x$，并利用 $\cos x$ 和 $\sin x$ 的偶/奇性，就会得到

$$e^{-ix}=\cos x-i\sin x \tag{16.37}$$

联立式（16.35）和式（16.37），得

$$\cos x=\frac{e^{ix}+e^{-ix}}{2} \tag{16.38}$$

$$\sin x=\frac{e^{ix}-e^{-ix}}{2i} \tag{16.39}$$

这表明如果有了指数函数，只要你不畏惧使用复数指数，就可以用它们构造出三角函数。此外，还可以由此推出所有关于正弦和余弦的恒等式。例如，$\cos^2 x$ 加上 $\sin^2 x$，结果是 1。可以将式（16.38）和式（16.39）的右侧平方后相加，只要你记得 $e^{ix}e^{-ix}=e^{i(x-x)}=e^0=1$，你就会得到 1。

16.5 复数的性质

现在我将多讲一些复数的知识。我向你提起 i 的时候说，它是 −1 的平方根。尽管我们没有去寻找，但复数却进入了我们的生活。不必去猎奇，你就可以用实数写下这样的方程式：

$$z^2+1=0 \tag{16.40}$$

你发现式（16.40）无解。你会说："我希望 z^2 等于 −1"，这时你就可以造出一

个数 i，它的性质是 $i^2=-1$；自然而然地，你就可以将±i 作为你的答案了。所以，复数的出现是为了解实数系数的二元方程。我再给你写一个更有趣的二元方程：

$$z^2+z+1=0 \tag{16.41}$$

记得它的解为

$$z=\frac{-1\pm\sqrt{-3}}{2} \tag{16.42}$$

但是，我们不知道如何处理$\sqrt{-3}$，将它写成$\sqrt{-1}\cdot\sqrt{3}$，结果为

$$z=-\frac{1}{2}\pm\frac{\sqrt{3}}{2}\mathrm{i} \tag{16.43}$$

按下面的意义上说，它们是方程（16.41）的正规解。取其中一个根，比如取带+号的根，代入方程（16.41），它满足方程：

$$z^2+z+1=\left(-\frac{1}{2}+\frac{\sqrt{3}}{2}\mathrm{i}\right)^2-\frac{1}{2}+\frac{\sqrt{3}}{2}\mathrm{i}+1 \tag{16.44}$$

$$=\frac{1}{4}-2\frac{1}{2}\frac{\sqrt{3}}{2}\mathrm{i}+\left(\frac{\sqrt{3}}{2}\mathrm{i}\right)^2-\frac{1}{2}+\frac{\sqrt{3}}{2}\mathrm{i}+1 \tag{16.45}$$

$$=\frac{1}{4}-\frac{\sqrt{3}}{2}\mathrm{i}-\frac{3}{4}-\frac{1}{2}+\frac{\sqrt{3}}{2}\mathrm{i}+1=0 \tag{16.46}$$

在这些运算过程中，你只需要知道 $i^2=-1$ 即可。利用这个性质，你现在就可以解出任何一个二次方程了。人们认识到，如果将数的范围扩大到复数，我们就可以解任意的 n 次多项式方程并得到 n 个解。如果是二次方程，就有两个根；如果是三次方程，就有三个根。即使方程中所有系数都是实数，其根也可能是复数。因为复数是从实系数方程里推出来的，那系数为复数的方程会导致更加神奇的数出现吗？幸运或者不幸的是，结果并非如此，复系数的 n 次复多项式方程有 n 个根，一般为复数。

现在，我们需要注意的非常重要的一点是，$z=-\frac{1}{2}\pm\frac{\sqrt{3}}{2}\mathrm{i}$，作为一个整体，是一个复数。不要把它当成是两个数的和；它无法再化简了，就像一个二维矢量 $\boldsymbol{V}=2\boldsymbol{i}+3\boldsymbol{j}$ 不能被进一步化简那样。

我们将把这个特例推广，按下面的方法引入复数：

$$z=x+\mathrm{i}y \tag{16.47}$$

就像 x 表示任意一个实数那样，z 表示任意一个复数。然而，z 有两部分：x，叫作实部；y，叫作虚部。那个二次方程的根，$-\frac{1}{2}+\frac{\sqrt{3}}{2}\mathrm{i}$ 中，实部为$-\frac{1}{2}$，虚部为$\frac{\sqrt{3}}{2}$。我们将复数 $z=x+\mathrm{i}y$ 可视化，将之视为复平面上的一个点，如图 16.2 所示。注意点（x，y）代表 $z=x+\mathrm{i}y$。我们再引入一个相关的复数 z^*，读作 z 星，叫作 z 的复共

轭，为

$$z^{*}=x-\mathrm{i}y \tag{16.48}$$

即把 z 中的 i 反号，或者是将 z 关于实轴进行反射，就可以得到 z^{*}。

复数怎样进行加、减、乘、除这些运算呢？首先，我们定义两个复数 $z_1=x_1+\mathrm{i}y_1$ 与 $z_2=x_2+\mathrm{i}y_2$ 的加法：

$$z_1+z_2=(x_1+x_2)+\mathrm{i}(y_1+y_2) \tag{16.49}$$

它与矢量的加法真的很相像。减法与此相似。

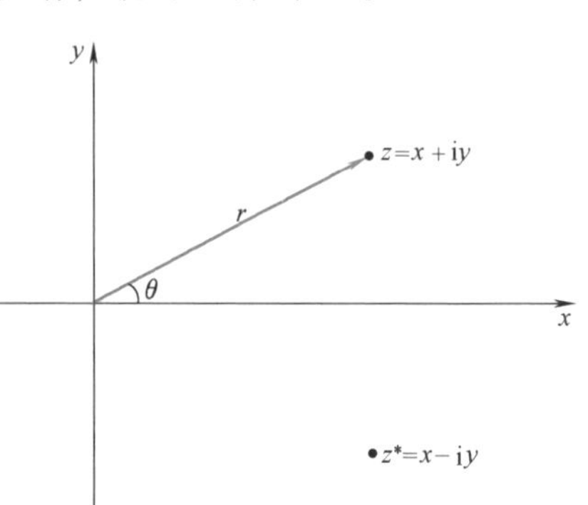

图 16.2 复平面上的一个代表点 $z=x+\mathrm{i}y$，其复共轭为 $z^{*}=x-\mathrm{i}y$。以极坐标表示它时，z 有长度 r 和一个角度 θ。我们将会明白 $z=r\mathrm{e}^{\mathrm{i}\theta}$。注意，沿 y 轴量度的是 y，而不是 iy。

如果要得到 z 的实部或是虚部，你可以采用如下方法：

$$\mathrm{Re}[z]\equiv x=\frac{z+z^{*}}{2}$$

$$\mathrm{Im}[z]\equiv y=\frac{z-z^{*}}{2\mathrm{i}} \tag{16.50}$$

当然，若已知 $z=x+\mathrm{i}y$，便可略去这些步骤，直接观察出实部和虚部的值。然而，不久，你就会需要在更复杂的表达式中的找出实部和虚部了。通常，如果给你一个表达式 f，不用管实数，将其中的每个 i 变为 −i，就可以得到它的复共轭。例如，设 A、B 为实数，若

$$f=(\cos A+\mathrm{i}\sin B)^2=\cos^2A-\sin^2B+2\mathrm{i}\cos A\sin B \tag{16.51}$$

那么，

$$f^{*}=(\cos A-\mathrm{i}\sin B)^2=\cos^2A-\sin^2B-2\mathrm{i}\cos A\sin B \tag{16.52}$$

f 的实部和虚部可以直接观察出来，或是用下面的更正规方法得到。

$$\mathrm{Re}[f]=\frac{(f+f^{*})}{2} \tag{16.53}$$

$$\mathrm{Im}[f]=\frac{(f-f^{*})}{2\mathrm{i}} \tag{16.54}$$

z_1 和 z_2 如何相乘呢？只要打开括号，并记住 $\mathrm{i}^2=-1$，即可得到

$$z_1\cdot z_2=(x_1+\mathrm{i}y_1)(x_2+\mathrm{i}y_2) \tag{16.55}$$

$$=x_1x_2-y_1y_2+\mathrm{i}(x_1y_2+y_1x_2) \tag{16.56}$$

$$\mathrm{Re}[z_1z_2]=x_1x_2-y_1y_2 \tag{16.57}$$

$$\mathrm{Im}[z_1z_2]=x_1y_2+y_1x_2 \tag{16.58}$$

如果将 z 和 z^{*} 相乘，可以得到很漂亮的结果

$$zz^{*}=(x+\mathrm{i}y)(x-\mathrm{i}y)=x^2+y^2\equiv|z|^2 \tag{16.59}$$

我们将

$$|z|=\sqrt{x^2+y^2} \tag{16.60}$$

称为复数 z 的模，根据勾股定理，它就是图 16.2 中 z 的长度 r。

如果用 z_1除以 z_2，就要借助 z^*。z_1/z_2 是什么呢？

$$\frac{z_1}{z_2}=\frac{x_1+\mathrm{i}y_1}{x_2+\mathrm{i}y_2}? \tag{16.61}$$

如果分母上只有 x_2，我可以用 x_1和 $\mathrm{i}y_1$除以它，因为它是个普通的实数，但是，现在我的除数是 $x_2+\mathrm{i}y_2$。方法是上下同时乘以分母的复共轭，按下面的方法来做：

$$\frac{z_1}{z_2}=\frac{x_1+\mathrm{i}y_1}{x_2+\mathrm{i}y_2}=\frac{(x_1+\mathrm{i}y_1)(x_2-\mathrm{i}y_2)}{(x_2+\mathrm{i}y_2)(x_2-\mathrm{i}y_2)} \tag{16.62}$$

$$=\frac{(x_1+\mathrm{i}y_1)\ (x_2-\mathrm{i}y_2)}{|z_2|^2} \tag{16.63}$$

分母是个普通的实数，$|z_2|^2$，同时分子上也可以把括号打开。记住，如果分母是个复数，而且你不喜欢它，那么上下同时乘以分母的复共轭，分母将成为一个纯粹的（正）实数，整个事情就是这样，例如，$|z_2|^2$可以是 36。这样，除数是个复数就不是问题了。

16.6 复数的极坐标表示

我们采用欧拉公式：

$$\mathrm{e}^{\mathrm{i}x}=\cos x+\mathrm{i}\ \sin x \tag{16.64}$$

我们用图 16.2 中的那个复数 $z=x+\mathrm{i}y$。就像对一个普通的矢量那样，我们引入角度 θ 和长度 r，r 就是 $|z|$。对于一个矢量，它可以有直角分量 x 和 y，或是极坐标分量，长度 r 和它与 x 轴的夹角 θ。它们之间的关系为

$$x=r\cos\theta \quad y=r\sin\theta \tag{16.65}$$

$$r=\sqrt{x^2+y^2} \quad \theta=\arctan\frac{y}{x} \tag{16.66}$$

对于 z，我们也这样做，从直角坐标形式开始，写出

$$z=x+\mathrm{i}y=r\cos\theta+\mathrm{i}r\sin\theta=r(\cos\theta+\mathrm{i}\ \sin\theta)=r\mathrm{e}^{\mathrm{i}\theta} \tag{16.67}$$

这叫作复数的极坐标形式。人们称 r 为 z 的幅值，称 θ 为 z 的相角。其复共轭为

$$z^*=r\mathrm{e}^{-\mathrm{i}\theta} \tag{16.68}$$

$$|z|^2=z^*z=r\mathrm{e}^{\mathrm{i}\theta}\cdot r\mathrm{e}^{-\mathrm{i}\theta}=r^2 \tag{16.69}$$

注意：z 的模与幅值是相等的：

$$|z|=r=\sqrt{x^2+y^2} \tag{16.70}$$

直角坐标和极坐标形式描述的都是同一个复数。一个明显地给出了复数的实部与虚

部，另外一个给出了这个复数的幅值以及与实轴的夹角。做加法时，采用直角坐标形式比较容易（实部与实部相加，虚部与虚部相加），而极坐标形式对于乘法和除法是最适宜的，我马上就说这一点。

两个复数 $z_1=r_1e^{i\theta_1}$ 和 $z_2=r_2e^{i\theta_2}$ 相乘。结果为

$$z_1z_2=r_1e^{i\theta_1}r_2e^{i\theta_2}=r_1r_2e^{i(\theta_1+\theta_2)} \tag{16.71}$$

将两个复数相乘，积的长度等于这两个复数的长度之积，积的相角等于这两个复数的相角之和，如图 16.3 所示。对比我们在式（16.56）中的做法可知，采用极坐标形式做复数的乘法比用直角坐标要容易很多。

如果说极坐标形式非常适合于做乘法，那么对于除法来说，它就更适宜了

$$\frac{z_1}{z_2}=\frac{r_1e^{i\theta_1}}{r_2e^{i\theta_2}} \tag{16.72}$$

$$=\frac{r_1}{r_2}e^{i(\theta_1-\theta_2)} \tag{16.73}$$

除以一个复数，就是除以它的模，并且从分子的相角中减去它的相角。

下面是你头脑中必须具有的知识，因为它非常、非常重要。每个复数都具有长度和方向。当你乘以第二个复数时，可以同时做两件事情。可以改变其长度，并且可以旋转它的方向。长度要调整到第二个因子的长度那么多倍，而旋转过的角度为第二个因子的相角。正是因为这两个操作是同时完成的，所以复数在物理学、工程、数学物理中起着难以置信的重要作用。计算我的减免税款时，我发现虚数也是有用的。

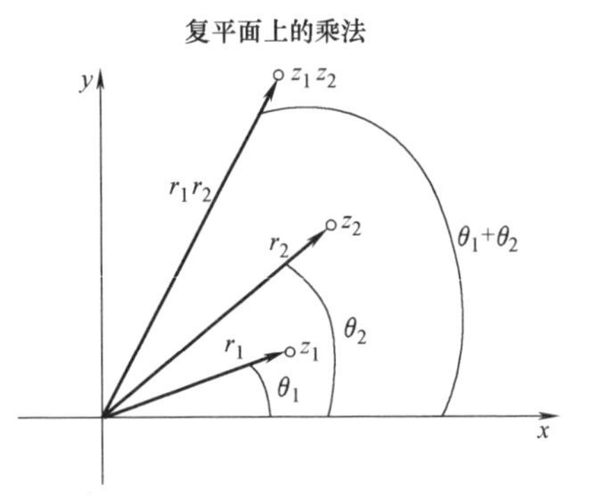

图 16.3　复数 z_1 和 z_2 相乘的法则；相角 θ_1 与 θ_2 之和为积的相角，幅值 r_1 和 r_2 之积为积的幅值。

第17章 简谐运动

我们现在要学习一些小幅度的振动，或称简谐运动。任取一个处于平衡状态的机械系统。平衡指的是作用在物体上的合力为零，它没有运动的趋势。如果你轻轻碰它一下，将其推离平衡点，结果会如何呢？存在着两种主要的可能性。想象山顶上有一个石球，它处在非稳定的平衡状态。你轻推它一下，它便会滚下山去并再也无法返回。另一种可能性涉及稳定的平衡：如果你将此系统推离平衡点，将会有力使之返回。置于碗中的石球就是个典型的例子，处于碗底的石球受到扰动后，会来回滚动，直至再次稳定下来。有一根用转轴悬挂在天花板处的竖直杆，如果你把它向一侧拉，然后再释放，它会往复摆动。这些都是系统受到轻微扰动偏离平衡点后做简谐振动的实例。

现在我们要讨论这样一个例子。一个物体质量为 m，静止在桌面上，它与一根弹簧相连，而弹簧与墙壁连接。弹簧即没有被拉伸也没有被压缩，物体静止，如图 17.1 所示。这便是我说的平衡状态。现在使这个物体偏离平衡点，偏离量为 x。弹力为 $F=-kx$，由牛顿定律得

$$m\frac{d^2x}{dt^2}=-kx \tag{17.1}$$

如果物体向右偏离，则 x 为正值，$-kx$ 向左，这就可以使之返回其平衡位置。如果 x 为负值，则回复力为正值，又是指向平衡位置的。

我们需要了解这种物体的行为，那么如何解决这个问题？任务是找到满足如下方程的函数 $x(t)$：

$$\frac{d^2x}{dt^2}=-\omega^2x \tag{17.2}$$

$$\omega=\sqrt{\frac{k}{m}} \tag{17.3}$$

你可以将它看成一个文字游戏，来这样说："我在找一个函数，如果不管 ω^2 这个数的话，它的二阶导数就是它自身的负数。"三角

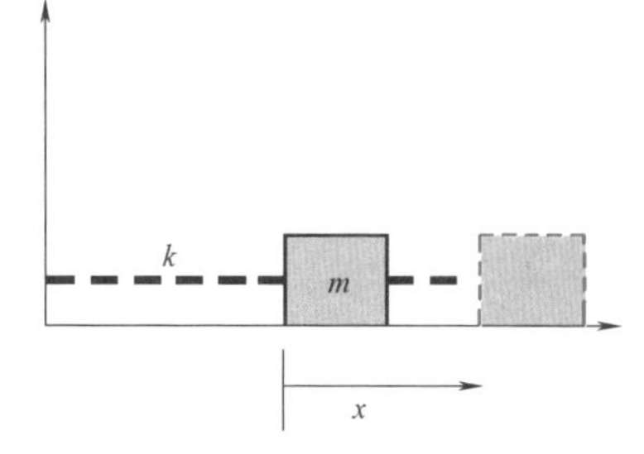

图 17.1　物体 m 置于桌上，且与一根劲度系数为 k、固定在墙上的弹簧相连。以 x 表示相对平衡位置的位移。图中的 x 为正，但 x 也可以为负，这种情况下物体是向另一侧偏离的。

函数有这样的性质，你将其求二阶导后，它们还原为自身的负数。你可以猜想它是 $x=\cos t$，但这似乎不行，就如同我之前展示过的一样。然而，可以这样猜：

$$x(t)=A\cos\omega t \tag{17.4}$$

它满足这个等式。很明确，A 为振幅，ω 与振动频率相关，后面会说到这一点。如果在 $t=0$ 时刻由 $x=A$ 开始，那么我们等待需要多长时间它才能又回到 A 呢？若我们需要等待的时间为 T，使得

$$\omega T=2\pi \tag{17.5}$$

因为这样余弦才会回到 1。这意味着我需要等待的时间为

$$T=\frac{2\pi}{\omega} \tag{17.6}$$

也可以改写为如下形式：

$$\omega=\frac{2\pi}{T}=2\pi f \tag{17.7}$$

此处 $f=\frac{1}{T}$ 即为我们通常所说的频率，它等于每秒完成振动的次数。它是周期的倒数。从物理的角度讲，频率通常指的是 ω。

所以，如果你拉开一个物体并释放它，它振动的频率与弹簧的劲度系数和质量有关。如果那根弹簧十分僵硬，k 非常大，那么振动频率会很高。如果物体质量很大，物体的运动就会非常迟缓，则 f 较小。至此，那个方程的解定量地表达出了你的所有直观感觉。其实，方程的解所给出东西的更多。举个例子，如果物体的质量变为四倍大，则运动的周期会翻倍，直观感觉到这一点可不那么容易。

上面给出的解有个很棒的地方，无论 A 取何值，ω 与 T 都不改变。想一想这意味着什么呢。振幅 A 表示你释放物体前使之移动的量。你会发现无论你把弹簧拉开 1 英寸还是 10 英寸，它们完成一次完整的往复运动所用的时间都相同。如果将弹簧拉伸 2 英寸，与拉伸 1 英寸相比，它运动过的路程将更长。但是，你若使弹簧伸长 2 英寸，那么它就会绷得更紧，对物体施加的力更大，因此在大部分时间内物体运动地更快，这是显而易见的。它实际上跑得更快，以完全相同的方式在完全相同的时间内完成了这个行程，这是式（17.2）给出的一个神奇的性质。如果你改动它，在它所受的力上添加就算一个很小的项，比如说一个与 x^3 成比例的项，那么这个特征便会消失。就如同行星仅仅在 $\frac{1}{r^2}$ 力的作用下，才绕太阳沿闭合的椭圆轨道运动，即使将力只减小到 $\frac{1}{r^{2.0000001}}$，也不行。

现在我们考虑解的变形。你在图中原点处将你的时钟调为零，而我在图 17.2 垂直虚线所标示的时刻 $t=\pi/2$ 将我的时钟调为零。当我的表显示为零时，x 并不为最大值，而是零。但是，其中的物理是相同的，所用的方程也是相同的。那么，描

述我之所见的解在哪里呢？它是存在的。它来自这样的事实，我们有在解中加上某个角度 ϕ 的余地，这个角度 ϕ 叫作解的一个相位：

$$x(t)=A\cos[\omega t+\phi] \tag{17.8}$$

对于你的选择，$\phi=0$；对于我的选择，$\phi=\frac{\pi}{2}$。你可以证明，无论 ϕ 取何值，上面的 $x(t)$ 都是方程的解，因为对含有 ϕ 的解求二阶导数后，得到的仍是 $-\omega^2$ 乘以它自己。并且，无论 A 为何值这都是成立的，因为在式（17.2）中，两侧的 A 会被消去。所以，一旦你有了个振子，比如说，是一个物体和弹簧组成的系统，你若想要知道 x 在任意时刻的值，仅知道它满足式（17.2）是不够的；你需要知道振幅和那个相位。这取决于你对这个解的了解，你需要知道两件事情，通常是某个时刻的 x 和 v，一般取 $t=0$ 时刻的。正因为如此，我们把它们叫作初始值数据。

我给你举个例子。假设有一个振子，在 $t=0$ 时，$x(0)=5$，且速度 $v(0)=0$。这意味着什么？我将这个物体拉开了 5 个单位长度，然后释放它，并告诉你劲度系数 k 以及物体质量 m 的值，再问："之后 x 将是多少？"

首先看到相应于式（17.8）的速度为

$$v(t)=-\omega A\sin(\omega t+\phi) \tag{17.9}$$

我们知道 $t=0$ 时刻的两件事情：

$$5=A\cos[0+\phi] \tag{17.10}$$

$$0=-A\omega\sin[0+\phi] \tag{17.11}$$

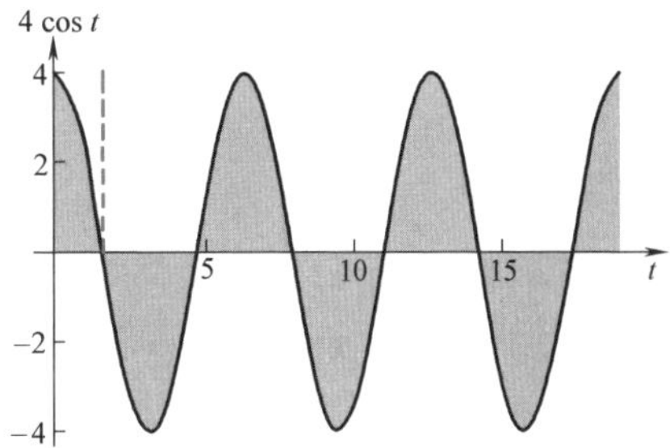

图 17.2　当 $A=4$，$\omega=1$ 时的函数 $A\cos\omega t$。垂直的虚线表示不同起始时间，即选择了另一个相位，$\phi=\pi/2$。

对于式（17.11），我们有两种选择：或是 $A=0$，这是个平凡解；或是 $\phi=0$，它可使 A 不为 0。若 $\phi=0$，则式（17.10）中的 $A=5$，得出解 $x(t)=5\cos\omega t$。这个问题中，我们需要 ϕ 为零。但是有可能出现如下情况，开始实验时，你恰好在原点右侧的某点，在图 17.2 中虚线那儿，你将自己的钟调到了零。那么，你的初始条件为 $x=0$，$v=-5\omega$，即 $\phi=\pi/2$。当然，A 和前面一样，仍然为 5。

我们有个共识，如果只有一个振子，你随意地将自己的时钟调到 0，而不是在振子到达最大位移时将自己的时钟调到 0，那就太不合情理了，因为这样做将会有

$$x(t)=A\cos\omega t \tag{17.12}$$

（如果有两个不同步的振子，对于两者来说，同时取 $\phi=0$ 是不可能的。你可以在其中一个振子到达最大位移的时刻将时钟设为零，但此时另一个不在其最大位移处。）请记住：在任意时刻，速度和加速度为

$$v(t)=-\omega A\sin\omega t \tag{17.13}$$

$$a(t)=-\omega^2A\cos\omega t\left(=-\frac{k}{m}x(t)\text{，根据 }F=ma\right) \tag{17.14}$$

因此，速度也按正弦规律振动，但振幅为 ωA。加速度也是振动的，但振幅为 $\omega^2 A$。这两个结果对任意的相位 ϕ 均成立。

让我们证明能量是守恒的。看总能量：

$$E(t)=\frac{1}{2}mv^2+\frac{1}{2}kx^2 \tag{17.15}$$

$$=\frac{1}{2}m\omega^2A^2\sin^2\omega t+\frac{1}{2}kA^2\cos^2\omega t \tag{17.16}$$

$$=\frac{1}{2}kA^2\left(因为\ \omega^2=\frac{k}{m}\right) \tag{17.17}$$

因此，神奇的是，依赖于时间的项 $\sin^2\omega t$ 和 $\cos^2\omega t$ 居然有相同的系数，你会发现，$E(t)$ 实际上根本与时间无关。尽管位置和速度在不停地变化，而两者按上式结合在一起后得到的值与时间无关。当物体到达一个尽头时，将会掉头，故速度为零，仅有 $x=A$，振子的全部能量均为势能，$\frac{1}{2}kA^2$。

17.1 更多振动的例子

如果物体处于稳定平衡状态，受到扰动后，它会做简谐运动，往复振动。系在弹簧上的物体，就是教科书中的标准例子，我们刚刚讲过了。但这是一种普遍存在的情景，如图 17.3 所示。跳过物体和弹簧的例子，看上面的右图，用一根缆绳将横梁悬挂在天花板下面，缆绳系在物体的质心处。如果你将其扭转了一个角度 θ，它将有自己扭回的趋势。此时并没有回复力，却有回复力矩。这个回复力矩 τ 的表达式是什么呢？如果你什么都没有做过，那缆绳也不会做什么，故当 $\theta=0$ 时力矩 τ 也为零。如果 $\theta\neq0$，力矩将是 θ 的某个函数，泰勒展开的首项是与 θ 成比例的：

$$\tau(\theta)=-\kappa\theta \tag{17.18}$$

系数 κ 是扭转常数，负号告诉你：它是回复力矩。意味着当 θ 为正时，力矩将试图将你向反方向扭转。扭转常数等于单位角位移的力矩，对于旋转来说，它就像线性振动中的劲度系数，劲度系数是单位位移的回复力。

你需要求出未知的 κ，就像要求出 k 那样。一旦求得它，你就可以说：

$$I\frac{d^2\theta}{dt^2}=-\kappa\theta \tag{17.19}$$

式中，I 为横梁对于悬点的转动惯量。

从数学上看，式（17.19）与下式在形式上是等价的：

$$m\frac{d^2\theta}{dt^2}=-kx \tag{17.20}$$

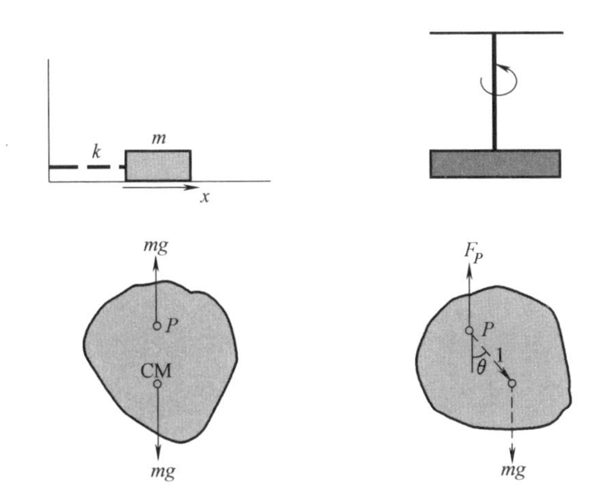

图 17.3　简谐运动实例。左上为永远的最爱：物体和弹簧。右上是以缆绳悬挂在天花板下的横梁。左下和右下表示支点位于 P 的物理摆，处于平衡状态和发生角位移 θ 的状态。矢量 $\boldsymbol{g}$ 表示竖直向下、大小为 9.8 m/s^2 的重力场。

不过是做了代换，$x\to\theta$，$m\to I$，$k\to\kappa$。故所需的解为

$$\theta(t)=A\cos\omega t \tag{17.21}$$

$$\omega=\sqrt{\frac{\kappa}{I}} \tag{17.22}$$

物块-弹簧系统做线振动，而横梁做角振动。单摆也是一种角振动。它的摆锤质量为 m，挂在长度为 l 的细绳下。如果令其垂直悬挂，它会总保持那样，没有力矩，没有运动。假设你将它拉开一个角度 θ，然后再释放它。为了预测其运动，需要求出 I 和 κ。I 很容易得出，对于离悬点距离为 l、质量为 m 的单个物体，$I=ml^2$。要想求得 κ，需要知道单位角位移的回复力矩。若你使之偏离了 θ，则对悬点的力矩为

$$\tau=-mgl\sin\theta\simeq-mgl\theta \tag{17.23}$$

此处，我将 $\sin\theta$ 近似为 θ，这是泰勒展开的首项。仅用这一项，我们就可以解出 κ：

$$\kappa=-\frac{\tau}{\theta}=mgl \tag{17.24}$$

所以，

$$\omega=\sqrt{\frac{\kappa}{I}}=\sqrt{\frac{mgl}{ml^2}}=\sqrt{\frac{g}{l}} \tag{17.25}$$

由此得到那个熟悉的公式：

$$T=\frac{2\pi}{\omega}=2\pi\sqrt{\frac{l}{g}} \tag{17.26}$$

请注意如果你令这个摆发生了大角度偏移，使得不能将 $\sin\theta$ 近似为 θ，那么振动频率将与振幅相关。

求 ω 需要做些工作。你必须使系统偏离平衡位置，求出单位角度的回复力矩 $\kappa=-\frac{\tau}{\theta}$，还要计算 I；而对于物块-弹簧系统，只要简单地给你 k 和 m 就可以了。对于扭转的缆绳这种情况，会给你 κ 的值，因为从第一原理出发计算这个值超出了这门课程的范围。

现在，我们从这个全部质量都集中在摆锤上的摆过渡到物理摆。有个不规则的平面物体，如图 17.3 的下半部所示。你在上面某点 P 处敲进一个钉子，将之作为悬点将该物体挂在墙上。它将静止在某个位形。想一想质心会在哪儿。在过 P 点的竖直线上，否则等效于作用在质心的重力将会产生力矩。

我们来看看作用力。这个物体，处于静止位置时，受到两个力的作用：钉子，对它施予向上的力；重力 $m\boldsymbol{g}$，方向向下，两个力相互抵消。尽管钉子使物体不会下落，但不能阻止这个物体的摆动，因为钉子的力作用于悬点，不产生力矩。而你旋转物体的那一刻，$m\boldsymbol{g}$ 可以施加力矩，图中已经清晰地显示了出来。因此，你转动它，然后放手，它就开始前后摆动。

这力矩有多大呢？和以前一样，为 $-mgl\sin\theta$，l 为悬点与质心间的距离。但是，转动惯量与全部质量都集中于质心时不同，那时它等于 ml^2。所以，不要搞错了。并非所有质量都集中在质心，质量是分布在空间中的。根据平行轴定理，转动惯量等于 $I=I_{\mathrm{CM}}+ml^2$，对不规则物体来说，I_{CM} 很难计算。

这样，你将遇到的所有题目都与这两者之一相似。或是某个物体线性运动，你可以将其坐标叫作 x，或是某个物体转动或是扭转过一个你可以称之为 θ 的角度。要想求出振动频率，你要给出一个扰动，使之离开平衡位置，将一个物体从平衡位置拉开，自平衡位置扭转缆绳或是转动摆，这样就可以求出单位位移的回复力或是力矩。

17.2 解的叠加

我将利用上一章学过的一些公式，讲一些更复杂的振动。要用的最重要的公式是

$$e^{i\theta}=\cos\theta+i\sin\theta \tag{17.27}$$

应该记住这个公式。你要知道，给定一个带复数的方程式，可以将其两边取复共轭，从而得到另外一个方程式，这只要将每个 i 变为 -i 即可。这样就能得到

$$e^{-i\theta}=\cos\theta-i\sin\theta \tag{17.28}$$

这是正确的，因为如果两个复数 $z_1=x_1+iy_1$ 与 $z_2=x_2+iy_2$ 相等，那么实部和虚部就分别相等；它们的复共轭也如此，$z_1^*=x_1-iy_1=x_2-iy_2=z_2^*$。由上面两个方程可以反

解出

$$\cos\theta=\frac{e^{i\theta}+e^{-i\theta}}{2} \tag{17.29}$$

$$\sin\theta=\frac{e^{i\theta}-e^{-i\theta}}{2i} \tag{17.30}$$

一旦有了指数函数，只要你令那个指数为复数或是虚数，就不需要三角函数了，这个例子说明了什么是统一。人们总是说麦克斯韦统一了这个，爱因斯坦统一了那个。统一是指你认为无关的事情，实际上，是相关的，它们不过是相同事情的不同表现。开始发现三角函数时，我们想到的是直角三角形，对边、邻边，等等。之后，我们发现了指数函数，顺便说一下，银行家也尝试用它实时连续计算复利。这些函数是关联在一起的这个事实是个极好的结论，但是，只有你用了复数之后，才会有这个结果。

最后，记得可以用两种方法来表示复数：

$$z=x+iy=re^{i\theta}\equiv|z|e^{i\theta} \tag{17.31}$$

现在，我们利用新工具向熟悉的方程发起进攻：

$$\ddot{x}\equiv\frac{d^2x}{dt^2}=-\omega_0^2x \qquad \omega_0=\sqrt{\frac{k}{m}} \tag{17.32}$$

式中，将对 x 的二阶导数写为 $\ddot{x}$，振子的固有频率为 ω_0，此处给它加了个下标以区别于后面马上要用到的另外一个 ω。以前解这个方程时，我们将它化为一个文字游戏："一个函数的二阶导数与自身相似，除具有一个比例系数外。这个函数 $x(t)$ 是什么呢？"我们在头脑中搜寻，记起来了，余弦和正弦具有这个性质，求一次导不行，正弦变为了余弦，反之亦然。求二次导数就可以将这个函数带回到你开始用的那个函数，所以答案应该为余弦或是正弦函数。但是，我现在用另外一种方法来做。我知道一个更好的函数，对它求导一次就可以复制自己。如果是这样的话，那么求 92 次导数后它也还是原来那个函数。回想一下，为什么我们不用下面这个函数呢？

$$x(t)=Ae^{t} \tag{17.33}$$

我要的是求导后正比于 $-x(t)$ 的那个东西，这个函数不行：得到的是 $+x(t)$。要想试试像 Ae^{-t} 那样的函数也不行。所以，这个函数不能用。当然，它也不像我们想要的函数。即使不做什么，我也知道，将弹簧拉伸后放开，它将往复运动，可是，这个函数是指数增长或是指数衰减的；它们解不开迷局。但是，我们有一条出路：让指数为复数。

我们来做个猜测，商业上叫作拟设：

$$x(t)=Ae^{\alpha t} \tag{17.34}$$

我们允许式中的 α 为某个一般的复数。

拟设是一种尝试性猜测，对某些参数，此处为 A 和 α，进行选择，看怎样才能出现正确的解。如果成功了，你当然很幸运。如果不行，你就转去试试其他的解，就像闪约那样。

好，对于式（17.34），我们进行拟设，将它代入式（17.32），要求它满足：

$$\ddot{x}+\omega_0^2x=0 \tag{17.35}$$

$$\alpha^2Ae^{\alpha t}+\omega_0^2Ae^{\alpha t}=0 \tag{17.36}$$

$$A(\alpha^2+\omega_0^2)e^{\alpha t}=0 \tag{17.37}$$

如果我们能设法使（$Ae^{\alpha t}$）（$\alpha^2+\omega_0^2$）为零，那么我们就成功了。要实现这个愿望都有什么方法呢？有个选择是 $A=0$，这是个平凡解，表示这个振子永远静止不动。A 应该是某个非零的值。式中的 $e^{\alpha t}$也不可能为零（即使 α 为复数），它也不能使等式为零，所以一定是

$$\alpha^2+\omega_0^2=0 \qquad 因此 \qquad \alpha=\pm i\omega_0 \tag{17.38}$$

[更一般地说，对于式中非零的 $e^{\alpha t}$，要是有同样非零的其他函数可以代替它，我们还可以在非零时刻消去它，推出式（17.38）。]

现在由 $Ae^{\alpha t}$得到了两个解。A 可以取任意值，实际上可以是实数或是复数，这没有关系，都能满足方程。但是 α 只能是$\pm i\omega_0$两者之一。

我们在两者间如何选择呢？

$$x_+(t)=Ae^{i\omega_0 t} \tag{17.39}$$

和

$$x_-(t)=Ae^{-i\omega_0 t}? \tag{17.40}$$

其实可以两个都选，我告诉你我的意思。首先，式（17.32）是线性齐次方程。我举个例子来说明其中的含义。

$$17\frac{d^{96}x}{dx^{96}}+16\frac{d^3x}{dx^3}+2x=0 \tag{17.41}$$

是齐次的，因为各处的 x 指数是单一的，此处恰好为一次方。它还是线性的，因为其中要么是函数 x，要么是它的导数，而不是立方的平方或是 x 的更高阶指数或是导数。注意 96 阶导数不影响这一点，它还是 x 的 96 阶导数，而不是，比如说，x^3。与之相反，

$$\frac{d^2x}{dt^2}+3x^2=0 \tag{17.42}$$

由于 x^2的存在，这是个非线性方程。线性方程有个性质，它是我们所做的如此之多的事情的核心，叫作叠加原理。它的表述是：如果 $x_1(t)$ 和 $x_2(t)$ 是某个线性齐次方程的两个解，那么两者带有常系数 A 和 B（与时间 t 无关）的任何线性叠加

$$x(t)=Ax_1(t)+Bx_2(t)$$

也是方程的解。

我们以振子为例对此进行证明，看看线性的来源。已知

$$\ddot{x}_1+\omega_0^2x_1=0 \tag{17.43}$$

$$\ddot{x}_2+\omega_0^2x_2=0 \tag{17.44}$$

将式（17.43）乘以 A，式（17.44）乘以 B，然后把它们相加，得

$$A\ddot{x}_1+A\omega_0^2x_1+B\ddot{x}_2+B\omega_0^2x_2=0 \tag{17.45}$$

$$\frac{\mathrm{d}^2(Ax_1+Bx_2)}{\mathrm{d}t^2}+\omega_0^2(Ax_1+Bx_2)=0 \tag{17.46}$$

它明确地表明 $x(t)=Ax_1(t)+Bx_2(t)$ 也是方程的解。我们用了这样的事实，线性组合的导数等于导数的线性组合，而且没有被求导的项为 x 的线性项。可以对非线性的情况试一试。比如说，对于式（17.42），你会发现不行，因为$3Ax_1(t)^2+3Bx_2(t)^2\neq 3[Ax_1(t)+Bx_2(t)]^2$。

其中的本质是，对于线性齐次方程，已知两个彼此独立的解，我就能生成无限多个解，因为我可以任意选择 A 和 B。$x_1(t)$、$x_2(t)$ 这两个解就好像是单位矢量 $\boldsymbol{i}$ 和 $\boldsymbol{j}$，两者以各个可能的系数线性组合在一起生成了二维空间中的无限多个矢量。提醒大家注意：$\boldsymbol{i}$ 和 $3\boldsymbol{i}$ 也是两个矢量，但是两者的组合只能得出平行于 $\boldsymbol{i}$ 的解。这两个矢量是线性相关的，在这个简单的例子中，一个是另外一个的倍数。同样，除了 $e^{i\alpha t}$倍数以外，$e^{i\alpha t}$和 $5e^{i\alpha t}$不能生成任何其他东西。然而，$e^{-i\alpha t}$是与之独立的，因为它不是的 $e^{i\alpha t}$倍数。

与利用 $\boldsymbol{i}$ 和 $\boldsymbol{j}$ 相似，如果两个线性无关函数的一个线性组合与另外一个线性组合相等，那么，两侧相应的系数相等。

$$Ae^{\alpha t}+Be^{5\alpha t}=Ce^{\alpha t}+De^{5\alpha t} \quad 则 \tag{17.47}$$

$$A=C \qquad B=D \tag{17.48}$$

17.3　简谐振子解的条件

我们来看看通解

$$x(t)=Ae^{i\omega_0t}+Be^{-i\omega_0t} \tag{17.49}$$

如何确定 A 和 B 的值呢？一般说来，它们是任取的。但是，如果你在某一天，将弹簧拉长了 9 cm，由静止释放它，那么，就要选择 A 和 B 使得在 $t=0$ 时刻，$x(0)=9$ cm，并且速度 $v(0)=0$。但是，这里有个更大的问题。我们不很明确这个答案是否是实数，而我们确定 x 是个实函数。这不是数学上的要求，而是物理上的要求。说 x 是实数，意思如下。一个复数 $z=x+iy$ 的复共轭为 $x-iy$，对实数来说，求出的复共轭没有变化，满足条件 $z=z^*$。没有虚部可供改变符号。实数的复共轭就是它自身。

所以，解不仅要满足基本方程，还必须为实数。要求 $x(t)$ 与其复共轭 $x^*(t)$ 相等。

$$x^*(t)=A^*e^{-i\omega_0t}+B^*e^{+i\omega_0t}=x(t)=Ae^{i\omega_0t}+Be^{-i\omega_0t} \tag{17.50}$$

已知 $x(t)$ 求 $x^*(t)$，那么我对视线之内的所有东西求复共轭。A 和 B 的复共

轭为 A^* 和 B^*。$e^{i\omega_0 t}$的复共轭为 $e^{-i\omega_0 t}$，反之亦然，因为 i 变为负 i，而 t 和 ω_0 为实数，没有变化。

如果要在所有时刻都有 $x(t)=x^*(t)$，那么式（17.50）中 $e^{\pm i\omega_0 t}$的系数要满足

$$A=B^* \quad B=A^* \tag{17.51}$$

然而，如果 $A=B^*$，那么就自然有 $B=A^*$，因为这两个式子都在说明同一件事：A 和 B 有相同的实部和相反的虚部。也可以从另一方面来看，在 $A=B^*$ 等式两边取复共轭，我们得到 $A^*=(B^*)^*=B$，因为对任何复数取两次复共轭等于将其虚部的符号变化两次，即相当于什么都没有做：$(z^*)^*=z$。

x 为实数使这个解变为

$$x(t)=Ae^{i\omega_0 t}+A^*e^{-i\omega_0 t} \tag{17.52}$$

换句话说，B 不是独立于 A 的数。如果 x 是实数，那么 B 一定是 A 的复共轭。我希望你可以一眼看出上面式子的解就是实数，因为不管第一个项是什么，第二个项一定是它的复共轭，有相反的虚部。当你把它们相加时，答案就是实数。但是，A 不一定非得是实数。在极坐标形式中，它有模 $|A|$和一个辐角 ϕ，所以

$$\begin{aligned} x(t) &= |A|e^{i\phi}e^{i\omega_0 t}+|A|e^{-i\phi}e^{-i\omega_0 t} \\ &= |A|e^{-i(\phi+\omega_0 t)}+|A|e^{-i(\phi+\omega_0 t)} \\ &= |A|\left[e^{i(\phi+\omega_0 t)}+e^{-i(\phi+\omega_0 t)}\right] \end{aligned} \tag{17.53}$$

现在，我放在括号里的是什么呢？你应该能认出来，这家伙像余弦函数。最终，我们得到

$$x(t)=2|A|\cos(\omega_0 t+\phi) \tag{17.54}$$

这描述了振幅为 $2|A|$和相位[㊀]为 ϕ 的振子。注意一下，振子的振幅和相位是怎样被记录在单个复数 A 之中的。

假设你选择了 $\sin \omega_0 t$ 和 $\cos \omega_0 t$ 代替 $e^{\pm i\omega_0 t}$作为两个基本解，那么通解应该为

$$x(t)=A\cos\omega_0 t+B\sin\omega_0 t \tag{17.55}$$

其中 A 和 B 是任意的，然而，x 为实数，这迫使它们两个都是实数。不管你如何下手，一个物理振子的解中仅有两个自由参数：它们可以是两个实数 A 和 B 或像之前那样是一个复数 $A=|A|e^{i\phi}$。

这是一条漫长而艰难的路，回到了昔日的答案。你的反应可能是，“我们可不需要这些复数。我们生活中的问题已经够多了；我们用正弦和余弦处理问题就很好了，谢谢你。”但是，我现在要给你一个问题，仅靠把它转化为文字问题是无法回答出来的。

17.4 用指数函数作为通解

来看这个问题：一物块质量为 m，系在劲度系数为 k 的弹簧上，在有摩擦的表

㊀ 中文教材中习惯称之为初相。——译者注

面上运动。出现摩擦的那一刻，就多了一个力。我们知道，如果物块向右运动，摩擦力则向左；如果物块向左运动，摩擦力则向右。就是说，摩擦力与速度有关。基于随速度变化的粗略模型，给出方程

$$m\ddot{x}=-kx-\gamma m\dot{x} \tag{17.56}$$

这里我把因子 m 与摩擦系数合到一起，以简化后续的代数运算。除以 m，方程变为

$$\ddot{x}+\gamma\dot{x}+\omega_0^2x=0 \tag{17.57}$$

你能将之作为一个文字问题吗？这很难，因为你想找到这样一个函数，它在你求过两次导数后，加上一定量的自身一阶导数，然后再加上一定量的自身，得到零。我们看不出来三角函数能行。但是，指数一定行，因为不管你求多少次导数，它都能再现自己。因此，我们进行拟设

$$x(t)=Ae^{\alpha t} \tag{17.58}$$

请注意，我并没有明显地要使用复数指数。如果 α 确是复数，它就会以那种形式显现出来；在做这个拟设时，我们不强迫它是实数。因为每次求导数都会带来一个因子 α，所以将它代入式（17.57）会得到

$$A(\alpha^2+\gamma\alpha+\omega_0^2)e^{\alpha t}=0 \tag{17.59}$$

再次，A 不能是零，因为如果 A 为零，就失去了整个解，而 $e^{\alpha t}$ 也不会为零，所以唯一的办法就是令括号里的项等于零：

$$\alpha^2+\gamma\alpha+\omega_0^2=0 \tag{17.60}$$

这意味着，你在这个猜测中放入的 α 必须是这个式子的一个根：

$$\alpha_\pm=\frac{-\gamma\pm\sqrt{\gamma^2-4\omega_0^2}}{2}=-\frac{\gamma}{2}\pm\sqrt{\frac{\gamma^2}{4}-\omega_0^2} \tag{17.61}$$

通解为

$$x(t)=Ae^{\alpha_+t}+Be^{\alpha_-t} \tag{17.62}$$

$$=A\exp\left[\left(-\frac{\gamma}{2}+\sqrt{\frac{\gamma^2}{4}-\omega_0^2}\right)t\right]+B\exp\left[\left(-\frac{\gamma}{2}-\sqrt{\frac{\gamma^2}{4}-\omega_0^2}\right)t\right] \tag{17.63}$$

由这个解所描述的运动与$\frac{\gamma}{2\omega_0}$的值有关。

17.5 阻尼振动：分类

我们按$\frac{\gamma}{2\omega_0}$对将出现的各种行为进行分类。

17.5.1 过阻尼振动

我们先来考虑过阻尼的情况：

$$\frac{\gamma}{2}>\omega_0 \tag{17.64}$$

在这种情况下，这两个根 $\alpha_{\pm}$ 都是实数，而且都是负的：α_- 等于两个负数的和，所以它是负数；而那个正平方根比 $\gamma/2$ 小，所以 α_+ 也是负数。这意味着 $x(t\rightarrow\infty)\rightarrow 0$，与我们的预期相符，即最终，振动会由于摩擦而停止。

那么，A 和 B 为什么值呢？首先，它们都是实数，使 $x(t)$ 与其复共轭相等就可以看出这一点来。因为指数函数是实数，取复共轭后不变，而且我们的要求是 $A=A^*$ 和 $B=B^*$。

为了找到 A 和 B，我们需要两个数据，初始位置 $x(0)$ 和初始速度 $v(0)$。如果我把 $t=0$ 代入式（17.62），得

$$x(0)=A+B \tag{17.65}$$

接下来，对式（17.63）求导，再令 $t=0$，得到

$$v(0)=A\alpha_+ +B\alpha_- \tag{17.66}$$

联立这两个方程，就可求出 A 和 B。自我测试一下，尝试证明：若给振子某个正的初始位移 $x(0)>0$，然后由静止释放它，$v(0)=0$，那么 $x(t)$ 再也不会变为零，因此不能成为负数。这意味着物块将只能松弛向其平衡位置，没有任何振动。

17.5.2 欠阻尼振动

来看我们所关注的摩擦力：γ 从最开始例子中的 0，跳为大于 $2\omega_0$ 的值。现在，考虑介于两者之间的情况：$0<\gamma<2\omega_0$。这个解是什么样的呢？应该能够猜出，至少对于非常小的 γ 值，振子会振动，但幅度将逐渐减小。我们来检验一下这个预期并将之量化。

现在，根为

$$\alpha_{\pm}=-\frac{\gamma}{2}\pm\sqrt{\frac{\gamma^2}{4}-\omega_0^2} \tag{17.67}$$

$$=-\frac{\gamma}{2}\pm \mathrm{i}\sqrt{\omega_0^2-\frac{\gamma^2}{4}} \tag{17.68}$$

$$\equiv-\frac{\gamma}{2}\pm \mathrm{i}\omega' \tag{17.69}$$

我们这里引入了另外一个频率

$$\omega'=\sqrt{\omega_0^2-\frac{\gamma^2}{4}}<\omega_0 \tag{17.70}$$

它表明这个运动是含有振动成分的。注意，两个根互为复共轭：

$$\alpha_+=\alpha_-^* \tag{17.71}$$

方程的通解为

$$x(t)=A\mathrm{e}^{\alpha_+ t}+B\mathrm{e}^{\alpha_- t} \tag{17.72}$$

$$=\mathrm{e}^{-\frac{1}{2}\gamma t}[A\mathrm{e}^{\mathrm{i}\omega' t}+B\mathrm{e}^{-\mathrm{i}\omega' t}] \tag{17.73}$$

你再自己独立地证明一下：$x=x^*$ 意味着 $A^*=B$，因为求过复共轭后，A 和 B 两项互换了。重复用 $\gamma=0$ 时的分析，可以将解写为

$$x(t)=C\mathrm{e}^{-\frac{1}{2}\gamma t}\cos[\omega' t+\phi] \tag{17.74}$$

式中，

$$C=2|A| \text{ 且 } A=|A|\mathrm{e}^{\mathrm{i}\phi} \tag{17.75}$$

图 17.4 显示的是一个阻尼振动，其中 $A=2$，$\gamma=1$，$\omega'=2\pi$。如果你所激发的系统由于摩擦造成的损失不大，这就是将看到的典型运动。如果 γ 非常小，你可能都意识不到振动受到了阻尼。

17.5.3　临界阻尼振动

考虑过了 $\gamma>2\omega_0$（过阻尼）和 $\gamma<2\omega_0$（欠阻尼）的情况，我们来看看临界阻尼 $\gamma=2\omega_0$ 的情况。在这种情况下，$\alpha_+=\alpha_-=-\frac{\gamma}{2}$。伴随着 $A\mathrm{e}^{-\frac{1}{2}\gamma t}$ 的第二个解在哪里呢？我们知道每个问题一定有两个解，因为我们应该能够任意选择初始位置和速度。这属于数学问题，我们暂且不讨论，但是你可以核对一下，第二个解为 $Bt\mathrm{e}^{-\frac{1}{2}\gamma t}$。这不是纯粹的指数函数。你可以在我的数学书中找到这个解的推导。对于临界阻尼，通解为

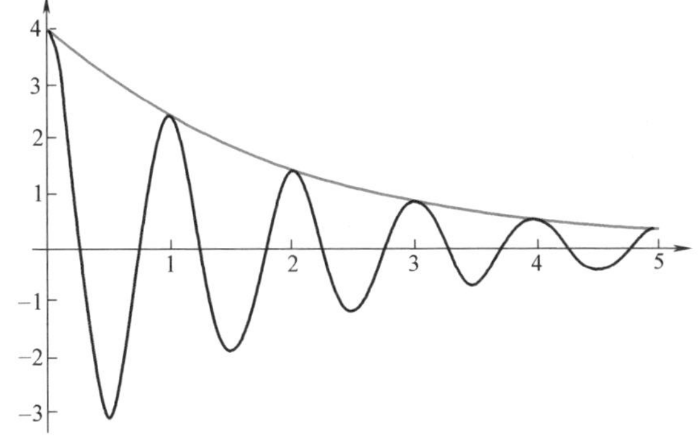

图 17.4　阻尼振动 $x(t)=4\mathrm{e}^{-5t}\cos(2\pi t)$，其中 $A=2$，$\gamma=1$，$\omega'=2\pi$。下降的指数曲线显示了振幅的衰减。

$$x(t)=\mathrm{e}^{-\frac{\gamma t}{2}}[A+Bt] \tag{17.76}$$

尝试去证明一下，在这种情况下，$A=x(0)$，且 $B=v(0)+\frac{\gamma}{2}x(0)$。

17.6　受迫振动

接下来，我们转向一个更有挑战性的问题。像前面那样，有物块、弹簧、摩擦力。但是，现在我要再加上一个力，$F_0\cos\omega t$。这叫作受迫振动。设想我用手主动地推动物块，施加一个力 $F_0\cos\omega t$。现在有三个 ω 了：$\omega_0=\sqrt{\frac{k}{m}}$，无阻尼的固有频率振动；$\omega'=\sqrt{\omega_0^2-\frac{\gamma^2}{4}}$，对于欠阻尼振子引入的；最后是 ω，驱动力的频率，它的

值完全由我确定。要求解的方程为

$$m\ddot{x}+\gamma m\dot{x}+kx=F_0\cos\omega t \tag{17.77}$$

我们重写为

$$\ddot{x}+\gamma\dot{x}+\omega_0^2x=\frac{F_0}{m}\cos\omega t \tag{17.78}$$

这个问题很难，因为你无法将它转换为文字问题而猜出它的答案：无论 $x(t)\propto\cos(\omega t)$ 还是 $x(t)\propto\sin(\omega t)$ 都不是个好的拟设，因为这假设不能使方程中的四项是同一种函数。事实上，只有指数函数可以使所有这四项具有相同的函数（指数）形式，因为求任意次导数，它都会保留原来的形式。但我们的驱动力是余弦而不是指数函数。

有个巧妙的方法可以应对这个问题。回想一下，没有驱动力时，若有

$$\ddot{x}_1+\gamma\dot{x}_1+\omega_0{}^2x_1=0 \tag{17.79}$$

和

$$\ddot{x}_2+\gamma\dot{x}_2+\omega_0{}^2x_2=0 \tag{17.80}$$

那么，式（17.79）乘以常数 A，式（17.80）乘以常数 B，再相加，我们发现Ax_1+Bx_2也是一个解：

$$\frac{d^2[Ax_1+Bx_2]}{dt^2}+\gamma\frac{d[Ax_1+Bx_2]}{dt}+\omega_0{}^2[Ax_1+Bx_2]=0 \tag{17.81}$$

我用到了一个结果：线性组合 Ax_1+Bx_2的导数等同于对导数进行相同的线性组合。

现在，设 x_1和 x_2是有驱动力的：

$$\ddot{x}_1+\gamma\dot{x}_1+\omega_0{}^2x_1=\frac{F_1(t)}{m} \tag{17.82}$$

$$\ddot{x}_2+\gamma\dot{x}_2+\omega_0{}^2x_2=\frac{F_2(t)}{m} \tag{17.83}$$

用相同的操作，得

$$\frac{d^2[Ax_1+Bx_2]}{dt^2}+\gamma\frac{d^2[Ax_1+Bx_2]}{dt^2}+\omega_0^2[Ax_1+Bx_2]$$
$$=A\frac{F_1(t)}{m}+B\frac{F_2(t)}{m} \tag{17.84}$$

换句话说，在线性方程中，对力进行线性组合后的响应等于响应的相应线性组合。

现在讲一讲这个技巧。令 x（t）为如下方程的解：

$$\ddot{x}+\gamma\dot{x}+\omega_0{}^2x=\frac{F_0}{m}\cos\omega t \tag{17.85}$$

同时令 $y(t)$ 为如下方程的解：

$$\ddot{y}+\gamma\dot{y}+\omega_0^2y=\frac{F_0}{m}\sin\omega t \tag{17.86}$$

（我们可以把这两个解称为 x_1，x_2，这样命名是有根据的。）将式（17.86）乘以 i，再与式（17.85）相加，得

$$\frac{d^2[x+iy]}{dt^2}+\gamma\frac{d[x+iy]}{dt}+\omega_0^2[x+iy]=\frac{F_0}{m}(\cos\omega t+i\sin\omega t) \\ =\frac{F_0}{m}e^{i\omega t} \tag{17.87}$$

$$\ddot{z}+\gamma\dot{z}+\omega_0^2 z=\frac{F_0}{m}e^{i\omega t} \tag{17.88}$$

式中，

$$z(t)=x(t)+iy(t) \tag{17.89}$$

这是式（17.84）的一个特例，其中 $A=1$ 且 $B=i$。

所以，在式（17.88）中给出的这个问题中，发生振动的不是一个实数，而是 $z=x+iy$。这个驱动力也不是一个实数，它是 $\frac{F_0}{m}e^{i\omega t}$。问题的关键是，如果我能设法解出这个问题，就能得到 $x(t)$，它是答案的实部。[它的虚部 $y(t)$，是假想方程（17.86）的解。]

我可以很容易地解出方程（17.88）中的 $z(t)$，因为我可以做个拟设：

$$z(t)=z_0e^{i\omega t} \tag{17.90}$$

因为每一次求导数都给出一个 $i\omega$，所以我们得到

$$[-\omega^2+i\omega\gamma+\omega_0{}^2]z_0e^{i\omega t}=\frac{F_0}{m}e^{i\omega t} \tag{17.91}$$

因为 $e^{i\omega t}$ 不会等于零，所以我们完全可以消去它，得到关于 z_0 的方程：

$$z_0=\frac{F_0/m}{[-\omega^2+i\omega\gamma+\omega_0^2]} \tag{17.92}$$

$$=\frac{F_0/m}{Z(\omega)} \tag{17.93}$$

这里，我们定义：

$$Z(\omega)=[-\omega^2+i\omega\gamma+\omega_0^2] \tag{17.94}$$

该指数的神奇之处就是使微分方程（17.88）退化为关于（复数）幅值 z_0 的代数方程

$$Z(\omega)z_0=\frac{F_0}{m} \tag{17.95}$$

两边同时除以 $Z(\omega)$，得

$$z_0=\frac{F_0/m}{Z(\omega)} \tag{17.96}$$

可以得出

$$z(t)=z_0\mathrm{e}^{\mathrm{i}\omega t}=\frac{[F_0/m]\mathrm{e}^{\mathrm{i}\omega t}}{Z(\omega)} \tag{17.97}$$

现在我们只需要取实部得到 $x(t)$ 即可。如果你认为这就是用 $\cos\omega t$ 取代 $\mathrm{e}^{\mathrm{i}\omega t}$的话，那么，你错了，因为

$$Z(\omega)=[-\omega^2+\mathrm{i}\omega\gamma+{\omega_0}^2] \tag{17.98}$$

$Z(\omega)$ 本身是复数，它的实部和虚部可与 $\mathrm{e}^{\mathrm{i}\omega t}$的实部和虚部混合起来。因此，正确的做法是这样的。取 $Z(\omega)$ 的笛卡儿形式：

$$Z(\omega)=[\omega_0^2-\omega^2]+\mathrm{i}\omega\gamma \tag{17.99}$$

并写出它的极坐标形式：

$$Z(\omega)=|Z|\mathrm{e}^{\mathrm{i}\phi} \tag{17.100}$$

其中，

$$|Z|=\sqrt{[\omega_0^2-\omega^2]^2+\omega^2\gamma^2} \tag{17.101}$$

$$\phi=\arctan\left[\frac{\omega\gamma}{\omega_0^2-\omega^2}\right] \tag{17.102}$$

图 17.5 在复平面上给出了 z。

把这个结果代回式（17.97），得

$$z(t)=\frac{[F_0/m]\mathrm{e}^{\mathrm{i}\omega t}}{Z(\omega)}=\frac{[F_0/m]\mathrm{e}^{\mathrm{i}\omega t}}{|Z|\mathrm{e}^{\mathrm{i}\phi}} \tag{17.103}$$

$$=\frac{F_0}{m|Z|}\mathrm{e}^{\mathrm{i}(\omega t-\phi)} \tag{17.104}$$

现在，我们取实部就很容易了，因为$\frac{F_0}{m|Z|}$是实数。最终答案为

$$x(t)=\frac{F_0}{m|Z|}\cos(\omega t-\phi)\equiv x_0\cos(\omega t-\phi) \tag{17.105}$$

注意：振动的起因，$\frac{F_0}{m}\cos(\omega t)$，它造成的一个效果是幅度减小，为原来的$1/|Z|$倍，造成的另外一个效果是相角的移动，成为 $\cos(\omega t-\phi)$。同时，还有个方法能得出这两个以实数表示的变换，用复数做，这会容易得多：将力除以复数 $Z=|Z|\mathrm{e}^{\mathrm{i}\phi}$，便可一下得到这两个效应。记住，无论初始时间怎样选取，相角 ϕ 都不能被消掉，因为它是相对于力 $F_0\cos\omega t$ 的相角。

让我们停一下，对式（17.105）进行分析。若保持$\frac{F_0}{m}$固定不变，改变 ω，即驱动力的频率，那么 x_0，也就是振幅如何呢。当 $\omega=0$ 时，驱动力不随时间变化，我们可以得到

$$|Z(0)|=\sqrt{[\omega_0{}^2-\omega^2]^2+\omega^2\gamma^2}\Big|_{\omega=0}=\omega_0^2 \quad (17.106)$$

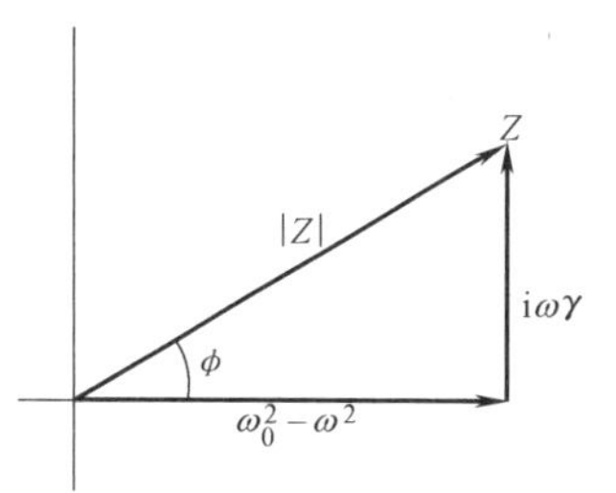

图 17.5　复数 $Z(\omega)$ 的笛卡儿和极坐标形式。

所以，

$$x_0=\frac{F_0}{m\omega_0^2}=\frac{F}{k} \quad (17.107)$$

这是合理的：一个恒定的力 F 引起的位移为 F/k。

若 $\omega\to\infty$，则 $x_0\to 0$。在这两个极限点之间，系统的响应存在峰值。很明显，若 γ 非常小，则 $\omega=\omega_0$ 时，$|Z|$最小，出现最大响应值。这叫作共振。它告诉我们，当驱动频率等于系统的固有频率时，系统的响应最大。想象一下，你正在推一个荡秋千的孩子，周期性地用力。如果你随意地用某个频率推，有时会减慢孩子的摆动，有时会加快孩子的摆动。效果最好的是在孩子恰好要远离你的时候用力推。注意，对于实际的秋千，$\gamma>0$，孩子没有飞到无穷远的危险。

收音机就用到了共振现象。现在，这个房间里充满了来自许多电台的电磁信号，而你依然可以听到想听的那个。其中的道理在于，你可以通过转动转盘调节电路的固有频率，拾取出与你感兴趣的电台相匹配的那个信号。要使这一方案成功，需要图 17.6 中的曲线非常尖锐。设想只有来自两个电台的两个频率。即使你把收音机调到与其中的一个频率发生共振，也会有来自另一个尾部的微小的响应。这样做的目的是将这种干扰减到最小。

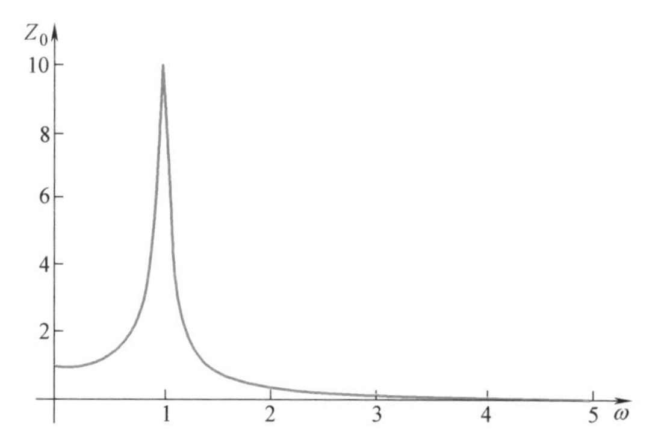

图 17.6　系统在外力$\frac{F_0}{m}=1$驱动下的振幅 $z_0(\omega)$，其中 $\omega_0=1$，$\gamma=0.1$。

在这个问题中自由参数在哪里呢？式（17.105）中的一切似乎都是确定的。如果这个解与给定某些初始条件，如特定的 $x(0)$ 或 $v(0)$，不相符该怎么办呢？答案是，我们可以将这个解（叫作特解）与方程 $F(t)=0$ 的解相加。$F(t)=0$ 的解称作通解，由式（17.73）给出。因此，受迫振动的最一般的解为

$$x(t)=\frac{F_0}{m|Z|}\cos(\omega t-\phi)+\mathrm{e}^{-\frac{1}{2}\gamma t}[A\mathrm{e}^{\mathrm{i}\omega' t}+B\mathrm{e}^{-\mathrm{i}\omega' t}] \quad (17.108)$$

即使加上了这项，$x(t)$ 依然满足方程式（17.78），这是因为加入的这一项经过左侧的运算后为零。还可以使用叠加原理来对此进行解释：将式（17.78）的右边视

为$\frac{F_0}{m}\cos(\omega t)+0$，并且加上对于0的响应，而它就是那个通解函数。再次，给定初始条件后，比如说初始位置和速度，可以选择与相之匹配的数字A和B了。如果振动时间非常长，人们可以不在意这个通解函数，因为它会按指数方式消失掉。

最后，考虑前面提到的推孩子的力。尽管它具有周期性，但却不是简单的函数$\cos\omega t$。（例如，每个周期内，对孩子作用力仅占一小部分时间，而余弦函数在一个周期内除了两次以外均不为零。）令人惊讶的是，我们可以采用上面的方法，找到对任何周期力的响应，并不限于简单的余弦或振动的指数函数。这得益于数学家约瑟夫·傅里叶，他证明任何周期为T的函数$F(t)$都可以写为周期性的、带有相应系数F_n的振动指数项之和：

$$F(t)=\sum_{n=-\infty}^{\infty}F_n e^{2\pi int/T}\equiv\sum_{n=-\infty}^{\infty}F_n e^{i\omega_n t}\tag{17.109}$$

式中，

$$\omega_n=\frac{2\pi n}{T}\tag{17.110}$$

式（17.109）的右边，是对频率为$\omega_n=\frac{2\pi n}{T}$的力求和。已知$F(t)$后，我直接给出式中的系数，此处不进行证明了：

$$F_n=\frac{1}{T}\int_0^T F(t)e^{-i\omega_n t}dt\tag{17.111}$$

问题解决了，因为总和中每个振动项$F_n e^{i\omega_n t}$的响应$z_0(n)$已经被解出来了，并且根据之前关于线性的结论，可以得出总响应是相应的各个响应的总和：

$$z(t)=\sum_{n=-\infty}^{\infty}z_0(n)e^{i\omega_n t}\tag{17.112}$$

式中，

$$z_0(n)=\frac{\frac{F_n}{m}}{Z(\omega_n)}\tag{17.113}$$

可以证明，如果驱动力$F(t)$为实数，上面的$z(t)$自然转变为实数。如果你想使用复数做更多的练习，请阅读如下证明。

首先，注意：

$$-\omega_n=\frac{2\pi(-n)}{T}=\omega_{(-n)}\tag{17.114}$$

$$F^*_n=\frac{1}{T}\int_0^T F(t)e^{+i\omega_n t}dt\tag{17.115}$$

$$= \frac{1}{T}\int_0^T F(t)\,\mathrm{e}^{-\mathrm{i}(-\omega_n)t}\mathrm{d}t = \frac{1}{T}\int_0^T F(t)\,\mathrm{e}^{-\mathrm{i}\omega_{(-n)}t}\mathrm{d}t \tag{17.116}$$

$$= F_{-n} \tag{17.117}$$

现在，式（17.112）中任意一对 n 和 $-n$ 项的贡献为

$$z_0(n)\,\mathrm{e}^{\mathrm{i}\omega_n t}+z_0(-n)\,\mathrm{e}^{\mathrm{i}\omega_{(-n)}t}=\frac{\frac{F_n}{m}}{Z(\omega_n)}\mathrm{e}^{\mathrm{i}\omega_n t}+\frac{\frac{F_{-n}}{m}}{Z(\omega_{-n})}\mathrm{e}^{\mathrm{i}\omega_{(-n)}t} \tag{17.118}$$

$$=\frac{\frac{F_n}{m}}{Z(\omega_n)}\mathrm{e}^{\mathrm{i}\omega_n t}+\left[\frac{\frac{F_n}{m}}{Z(\omega_n)}\mathrm{e}^{\mathrm{i}\omega_n t}\right]^* \tag{17.119}$$

它是某个量加上其共轭，所以显然为实数。我们还用到了

$$Z(\omega_{(-n)})=Z(-\omega_n)=Z^*(\omega_n) \tag{17.120}$$

因为对于任何 ω，我们可以得到

$$Z(\omega)=[-\omega^2+\mathrm{i}\omega\gamma+\omega_0{}^2] \tag{17.121}$$

$$Z^*(\omega)=[-\omega^2-\mathrm{i}\omega\gamma+\omega_0{}^2]=Z(-\omega) \tag{17.122}$$

第18章 波 I

我们换一个话题：波，每个人对于它都有丰富的直观感觉。假定你把某个物体扔进湖中，会看到从中心向外扩展开来的一个个波纹。如果保持视线与水面平齐，你就会发现这些波纹起起伏伏在向外传播。因此，有人说波是介质的某种位移。这不是一个完美的定义，因为电磁波在真空中也可以传播。这门课中，你应该将波想象为介质被扰动后的样子。一旦有了水波这个例子，每当我说到“波”的时候，你就可以与这个例子挂上钩。

对于波，你可以这样想。你对简谐振子非常了解，对吗？一个物块与弹簧组成的系统处于平衡状态时，会永远保持静止。如果你给它一个扰动，它将在平衡位置附近开始振动。这时，你需要跟踪记录的只有一个变量 $x(t)$，即 t 时刻物块的位置。波是整个介质的振动，这意味着在空间中的每一点（这里存在介质）都有某种东西可以参与振动。这样，你的系统有无限多的自由度，因为各点的水面高度是独立变量。如果你不去扰动水，水面保持其应有的高度，但是，如果你来回和弄水或者是丢进去一块物体，水面就会开始振动。我用符号 $\psi(x, t)$ 表示 x 点的水面在 t 时刻相对于未受扰动时高度的增量，或者更一般地说，介质相对于其平衡位形的位移。与单个的振子不同，这里的 x 不是动力学量，它是介质中各个点的标识，而 $\psi(x, t)$ 是动力学量：它才是那个上下跳动的东西。为简单起见，我只考虑一维空间的波；对于一般的情况，我必须得用 $\psi(x, y, z, t)$。

波以某个速度 v 传播。如果将一块石头丢入湖中，你看看波传播到岸边所用的时间，测出波传播的距离，并用它除以所需的时间，就得到了波的速度。如果某个人点燃鞭炮，你可以由鞭炮到你的距离以及声音到你这里所用的时间确定出声波的速度。那就是声波在空气中的速度。除了光以外，其他所有波的速度都与各种条件相关。光速不同，它与什么都没有关系。举个例子来说，声波在空气中的速度受温度的影响。声波也可以在固体中传播。找一根铁棒，你知道它是由许许多多的原子构成的，用锤头敲击它。从根本上说，你挤压了一些原子，被挤压的原子又相应地去挤压相邻的原子，这样被激起的波就会沿着这根棒传播；这也叫作声波。这种波的速度比在空气中传播的声波的速度要快得多。打雷和闪电是最著名的例子，显示出不同现象的不同传播速度：光先达到你，之后才是声音。

波可以是纵波，也可以是横波，如图 18.1 所示。

当我对着你说话，就像现在这样，房间中空气的压强是一定的。压强会从外部压迫你的鼓膜，空气也会进入你的耳道从内部压迫鼓膜。这两个压强保持平衡时，你没有任何感觉。说话时，我的声带往复运动，使空气的压强增大或减小。这些波会通过空气进入你的耳朵，冲击你的鼓膜，鼓膜就感觉到外界压强相对于内部恒定压强的变化。因此，鼓膜就响应这种变化而来回振动。鼓膜后面有三块小骨，它将鼓膜的运动传递到内部的一种流体中。这种流体中的小绒毛会摇摆起来，将信号传送到你的大脑，大脑相应地识别出我所说内容。那是一条很长的、令人惊叹的直达你大脑的声波能量的传输链。我就说到鼓膜为止，不想继续讨论它的那一侧了。但是，我很清楚声波是纵波：空气的往复运动与声音信号的传播是在一个方向上的——两者都沿着你我间的这条直线的方向。对于纵波，比如声波，介质的运动方向和声波的传播是在同一方向上的。

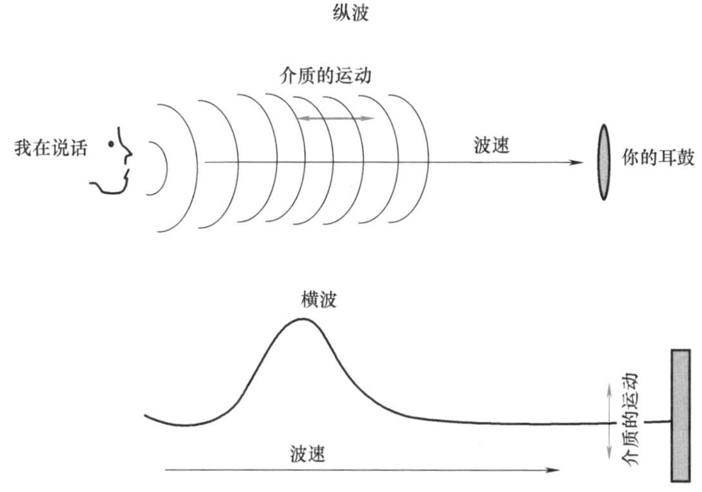

图 18.1 上图声波是纵波：声音从左向右传播，空气也来回振动。
下图：弦波是横波：波从左向右传播，弦却上下振动。

情况并不总是这样。在横波中，介质的运动方向与波的速度垂直。拿来一根绳子，固定住它的右端，拉紧它以给它一定的张力，然后在左端给它一个微小的抖动。你激起的波将会沿着绳子传播，然而绳子的位移（那个凸起部）却与波的速度垂直，如图 18.1 所示。这就是一种横波。

不要把介质的运动和信号的运动相混淆。对于绳子，在某个指定的点，要么静止不动要么上下振动，但是信号却是从左向右传播的。即使在声波的例子中，当我对你说话时，空气分子可以在声速的方向上来回晃动，但是它们的平均位置却是不变的；撞击你耳朵的那些空气分子并不是我嘴边的这些空气分子。因此，介质实际上并没有随着声波传走。有个叫作电话的游戏就能说明这一点：孩子们排成一排，每个孩子告诉他身边的另一个孩子某个秘密；这个秘密最终就这样一直从头传到尾。被传播的东西就是这个秘密。在排头的孩子并没有亲自跑到排尾去。每个孩子从一侧相邻的人那里听来某些东西，再把它传给在另一侧与他相邻的人。然后，每个孩子复原，无事可做。当那个凸起在绳子中传播时就是这样的。开始时没有参与运动的一段绳子在那个凸起过来时上下跳动一会儿。然后，它平静下来，而与之相邻的那一段则开始了运动。

18.1 波动方程

波有许多许多种：水波、电磁波、弹性波等等。我想举个具体的波动的例子，这样你就可以感觉到该如何处理波。我将讨论一根绳子上的波。

想像有一根绳子，在两端（$x=0$ 和 $x=L$，见图 18.2）被固定住。图中的水平细线表示 x 轴，它就是绳子处于平衡状态时的位置。对于绳上的每个点，以绳子处于平衡位置时它的 x 值来表示它。以 ψ（x，t）表示 x 点在 t 时刻的位移，它是一个的新动力学量。我们要用它写出运动方程。

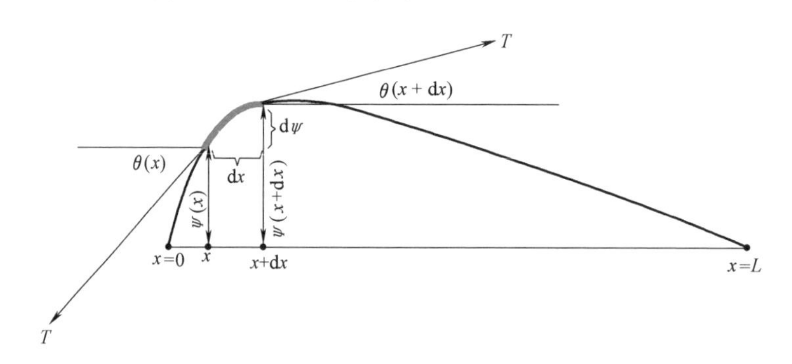

图 18.2　一根拉紧的绳子。绳中张力为 T，单位长度的质量为 μ，被固定在 $x=0$ 和 $x=L$ 之间。加粗的那一段为 dx 宽，其两端的张力 T 大小相等，方向有略有不同。为了看得清楚一些，位移 ψ 角度 θ 被夸大了。只有当这些量非常小时，相应的推导才成立。

绳子处在一定的拉力 T 下。这意味着你在它的两端挂了一些重物或者是用一些螺丝拧紧它的两端，就像小提琴中的弦那样。张力意味着如果你去剪断它，绳子就会反抗被分割。你会看到，如果没有张力，后面的就都不行了。另一个基本的参量是 μ，即绳子单位长度的质量。为了确定它的值，你可以将绳子放在天平上，得到其质量，然后再用它除以绳子的长度。比如说，如果你有一根 10 m 长的绳子，它的质量为 0.01 kg，那么，单位长度的质量就是 $\mu=10^{-3}$ kg/m。

现在，我拉或是拨动绳子，使之形如图中给出的那条实曲线 $\psi(x, 0)$，然后我想知道，接下来，整个绳子将会怎样运动。将它和物块-弹簧系统作个比较吧。在物块-弹簧系统中，你将物块拉到一个新的位置 $x(0)$，然后释放，你要知道 $x(t)$。那里只有一个自由度，即物块的位置 $x(t)$。答案是 $x(t)=x(0)\cos\omega t$。这里，在 0 到

L之间的每个点 x，都有一小段绳子。每段相对于平衡位置的位移都是一个自由度，$\psi(x)$。在 $t=0$ 时刻，我使所有这些无限多自由度上具有的位移为 $\psi(x, 0)$。我想得到 $\psi(x, t)$。为此，我们需要找到 $\psi(x, t)$ 所满足的方程。

绳子的行为是由什么决定的呢？答案是牛顿定律。在这里，我不会用到新的定律。我不会说："我们之前研究过物块-弹簧系统了；今天我们来研究绳子吧！这是一种新的运动定律。"只有一个运动定律，那就是 $F=ma$。我全部的目的就是要说明这条规律的确支配着一切，这就是它为什么是一条超级定律。

这根绳子是一个长长的、伸展开的复杂物体。我在图中取了一段长度为 dx 的微元，把它加粗了。我将计算小微元所受的合力，使之等于微元的质量与加速度之积。重力对振动不是必需的，我们将忽略它的影响。

图中给出了微元所受的两个力，大小都等于张力 T，它的大小不会随位置而变化。但是，张力的方向却不是必然相同的。它与绳子相切，切线方向（相对于水平线）由 $\theta(x)$ 变化到 $\theta(x+dx)$。一般情况下，绳子呈曲线形；因此微元两端的切线方向不是完全一样的，一般来说，会有合力作用于微元上。

所以，我将计算出两个力的竖直分量并且取其差。作用在 $x+dx$ 处力的竖直分量向上，大小是 $T\sin[\theta(x+dx)]$，微元左端力的竖直分量向下，大小是 $-T[\sin\theta(x)]$，产生的合力为 $T[\sin(\theta(x+dx))-\sin\theta(x)]$。它等于质量和加速度的乘积。这段微元的质量等于单位长度的质量 μ 与微元长度 dx 之积。现在，该怎样以微分学语言来描述加速度呢？不，它不是$\frac{d^2x}{dt^2}$，而是$\frac{\partial^2\psi(x,t)}{\partial t^2}$，因为 $\psi(x, t)$ 才是线元的纵坐标。上下振动的是 ψ，因此加速度是它的二阶导数。我用的是偏导数，因为 $\psi(x, t)$ 随 x 以及 t 而变化。所以，$F=ma$ 变为

$$T[\sin(\theta(x+dx))-\sin\theta(x)]=\mu dx\frac{\partial^2\psi(x,t)}{\partial t^2} \tag{18.1}$$

现在，看等式左边，想象一下式中的角度很小，也就是说，绳子没有从水平位置偏移太多。如果你记得级数：

$$\sin\theta=\theta-\frac{\theta^3}{3!}+\cdots \tag{18.2}$$

$$\cos\theta=1-\frac{\theta^2}{2!}+\cdots \tag{18.3}$$

$$\tan\theta=\frac{\theta-\frac{\theta^3}{3!}+\cdots}{1-\frac{\theta^2}{2!}+\cdots}=\left(\theta-\frac{\theta^3}{3!}+\cdots\right)\left(1+\frac{\theta^2}{2!}+\cdots\right)=\theta+\cdots \tag{18.4}$$

你只要保留那些 θ 级的项，就得到了如下近似：

$$\sin\theta\approx\theta\approx\tan\theta=\frac{\partial\psi}{\partial x} \tag{18.5}$$

式（18.1）变为

$$T\left[\frac{\partial\psi}{\partial x}\bigg|_{x+\mathrm{d}x}-\frac{\partial\psi}{\partial x}\bigg|_{x}\right]=\mu\mathrm{d}x\,\frac{\partial^2\psi(x,t)}{\partial t^2} \tag{18.6}$$

两边同时除以 T 和 $\mathrm{d}x$，并且令 $\mathrm{d}x\to 0$，最终得到了波动方程

$$\frac{\partial^2\psi(x,t)}{\partial x^2}=\frac{\mu}{T}\frac{\partial^2\psi(x,t)}{\partial t^2} \tag{18.7}$$

这是一个偏微分方程。它常被改写为

$$\frac{\partial^2\psi(x,t)}{\partial x^2}=\frac{1}{v^2}\frac{\partial^2\psi(x,t)}{\partial t^2} \tag{18.8}$$

$$v=\sqrt{\frac{T}{\mu}} \tag{18.9}$$

v 具有速度量纲。实际上，它是绳波的波速。

总之，一根绳子，你向上拉了它一下后，它会再落回去，因为此处线元两端张力的竖直分量不能完全抵消。合力的大小取决于 $\sin\theta\approx\tan\theta=\frac{\partial\psi(x,t)}{\partial x}$的变化率，这是一个变化率的变化率，故波动方程的左边会出现$\frac{\partial^2\psi(x,t)}{\partial x^2}$。而对时间的二阶偏导数则为线元的加速度。

在此处经常会问到两个问题。从图上看，$\mathrm{d}x$ 实际上是线元的长度在水平方向的投影。难道我们在求线元的质量时不该使用整个线元的长度吗？我们是不是应该考虑一下，不同的线元被拉伸的量是不同的，实际上，质量线密度 μ 不是应该为 $\mu(x)$ 吗？不要担心，因为我们使用了小角度近似。根据勾股定理，线元的长度为

$$\mathrm{d}l=\sqrt{(\mathrm{d}x)^2+(\mathrm{d}\psi)^2}=\mathrm{d}x\sqrt{1+\left(\frac{\partial\psi}{\partial x}\right)^2} \tag{18.10}$$

$$\approx\mathrm{d}x\left[1+\frac{1}{2}\left(\frac{\partial\psi}{\partial x}\right)^2\right] \tag{18.11}$$

$$=\mathrm{d}x\left(1+\frac{1}{2}\tan^2\theta\right)\approx\mathrm{d}x \tag{18.12}$$

因为 $\tan^2\theta$ 至少是 θ 二次方，所以它被忽略掉了。因此，在这个近似下，绳子的每一部分在水平方向被拉伸的量与被扰动前是一样的。这是绳中各处张力值 T 为常量的原因。

第二个问题：为什么我们没有考虑线元两端 T 的水平分量差。原因是，如果我们的近似只取到 θ 这一级，那么这些分量正比于 $\cos\theta=1+\frac{\theta^2}{2}+\cdots\approx 1$。

方程（18.8）是常见的，适用于受到微小扰动的弹性介质。微小扰动 ψ 满足这个方程，并且 v 是它的传播速度。

18.2 波动方程的解

波动方程所给出的结论是什么呢？为什么 v 是波速呢？为了找到答案，我们从一个有限长的绳子出发，继而探讨到无限大的介质，例如一个无限大的湖。

为进行进一步的探讨，需要猜出这个波动方程的解。对于振子，我们说过："x 的二阶导数等于一个数乘以 x。答案是 x 应该是 $\cos\omega t$ 或 $\sin\omega t$。"不过，现在波动方程中含有对空间的二阶导数和对时间的二阶导数。我们知道对时间和空间来说，ψ 都是上下振动的。为了分解这个问题，想象有一列行进中的水波；如果你在某个给定的瞬间给水波拍了一张照片，则空间各处的水是高高低低的。或者，若你站在水中的某处，让水波从你的脚下经过，此处的水则会随时间上下振动。故波随时间和空间一起振动，而我们需要猜出答案。我可以告诉你怎样推导出答案，不过限于篇幅，此处省略。我只写出这个解，然后验证它服从波动方程，之后对之进行分析。事实上，满足这个波动方程的解有许多，此处给出一种：

$$\psi(x,t)=A\cos(kx-\omega t) \tag{18.13}$$

注意！式中的 k 不是劲度系数。它表示一个新的物理量，被称作波数。我们知道 ω 的单位为时间的倒数，那么 k 的单位则必须为长度的倒数，这样才能保证余弦函数中的变量是无量纲的。

现在我们来验证式（18.13）是波动方程的解。考虑$\frac{\partial^2\psi}{\partial x^2}$，当我们对 x 做偏微分时，可以不理会时间，把 x 当作唯一的变量来处理。所以，

$$\frac{\partial^2\psi}{\partial x^2}=-Ak^2\cos(kx-\omega t) \tag{18.14}$$

同理，

$$\frac{\partial^2\psi}{\partial t^2}=-A\omega^2\cos(kx-\omega t) \tag{18.15}$$

波动方程为

$$\frac{\partial^2\psi}{\partial x^2}=\frac{1}{v^2}\frac{\partial^2\psi}{\partial t^2} \tag{18.16}$$

这样可以推导出：

$$-Ak^2\cos(kx-\omega t)=-A\frac{\omega^2}{v^2}\cos(kx-\omega t) \tag{18.17}$$

两端可以同时消去 A 和 $\cos(kx-\omega t)$，因为它们都不为 0。这意味着满足式（18.13）

所给形式的解中，振幅 A 可以是任意值。（当然，A 不能是完全任意的。在计算中，曾假设了 $\sin\theta \approx \tan\theta$，以及 $\cos\theta \approx 1$。所以，一旦你做了近似，得到了答案，就不能将答案盲目地用于方程不成立的情况中。尽管答案中 A 可以取任何值，但实际上，当小角度近似不成立时，它就不能用了。）

在式（18.17）两侧消去 $A\cos(kx-\omega t)$ 后，我们发现：要使上述解成立，ω 和 k 就要满足如下关系式：

$$k = \pm\frac{\omega}{v} \tag{18.18}$$

我们总是取 ω 为正值，而 k 的符号对应于波的两种传播方向。

现在我们写出符合式（18.18）条件的解，首先考虑第一种情况，即 $k=\frac{\omega}{v}$：

$$\psi(x,t) = A\cos(kx-kvt) = A\cos[k(x-vt)] \tag{18.19}$$

这个方程表明，看上去似乎可以分别与 x 和 t 相关的 $\psi(x,\ t)$，实际上只能通过 $x-vt$这个组合与它们相关。换句话说，$\psi(x,\ t)$ 不能由 x 或 t 分别确定，只有 $x-vt$ 这个组合才能确定 $\psi(x,\ t)$。如果 $x-vt$ 这个组合有确定的值，那么 ψ 就有某个确定的值。如果我改变 x 和 t，但保证 $x-vt$ 恒定，那么这个函数就不会改变。现在，我们来证明这确实表示它是以速度 v 传播的波。

对于一个钟形函数

$$f(x) = A\mathrm{e}^{-k^2x^2} \tag{18.20}$$

它在 $x=0$ 处取得最大值。用 $x-vt$ 替换其中的 x，函数变为

$$f(x,t) = A\mathrm{e}^{-k^2(x-vt)^2} \tag{18.21}$$

这个函数在哪里取得最大值呢？显然，它在 $x=vt$ 时取得最大值。所以，如果你将 $f(x,\ t)=f(x-vt)$ 作为时间的函数而跟随它，那么 $t=0$ 时刻出现在 $x=0$ 处的波峰在 t 时刻移动到了 $x=vt$ 处：波形保持原样以速度 v 运动。

现在回到我们的波，在 $t=0$ 时，波形为 $A\cos(kx)$，我们都知道，它在 $x=0$ 处为最大值或者是个峰顶。如果稍等一下，最大值会移动到哪里呢？如果时间增加了 $\mathrm{d}t$，那么你就必须将 x 增大 $\mathrm{d}x$，使得 $k\mathrm{d}x$ 和 $\omega\mathrm{d}t$ 的两个增量相互抵消消，这样的话，余弦函数里的角度值依旧保持为零。这意味着

$$\frac{\mathrm{d}x}{\mathrm{d}t} = \frac{\omega}{k} = v \tag{18.22}$$

它表明那个峰顶在以速度 v 移动。

由此可知，$\psi[k(x-vt)]$ 描述了一个以速度 v 向右传播的波。如果你要波向左传播，就要取 $k = -\omega/v$，解将会是 $\psi\ [k(x+vt)]$ 的形式。

微积分爱好者可以证明，任意形如 $f(x-vt)$ 的函数（不仅是余弦函数）都满足波动方程。运用链式法则：若 $w=x-vt$，对于 $f=f(w)$，有

$$\frac{\partial f}{\partial x}=\frac{\mathrm{d}f(w)}{\mathrm{d}w}\cdot\frac{\partial w}{\partial x}=\frac{\mathrm{d}f(w)}{\mathrm{d}w}\cdot 1 \tag{18.23}$$

$$\frac{\partial^2 f}{\partial x^2}=\frac{\mathrm{d}^2 f(w)}{\mathrm{d}w^2}\cdot 1^2 \tag{18.24}$$

$$\frac{\partial f}{\partial t}=\frac{\mathrm{d}f(w)}{\mathrm{d}w}\cdot\frac{\mathrm{d}w}{\mathrm{d}t}=\frac{\mathrm{d}f(w)}{\mathrm{d}w}\cdot(-v) \tag{18.25}$$

$$\frac{\partial^2 f}{\partial t^2}=\frac{\mathrm{d}^2 f(w)}{\mathrm{d}w^2}\cdot(-v)^2 \tag{18.26}$$

最后，得

$$\frac{1}{v^2}\frac{\partial^2 f}{\partial t^2}=\frac{\mathrm{d}^2 f(w)}{\mathrm{d}w^2}=\frac{\partial^2 f}{\partial x^2} \tag{18.27}$$

由此可知，不仅$f(x-vt)$而且$f(x+vt)$也满足波动方程。甚至

$$\psi(x,t)=A\mathrm{e}^{-k^2(x-vt)^2} \tag{18.28}$$

都遵从波动方程，尽管当你想到波时，它不会像余弦函数那样出现在你的头脑中。

注意介质中的每个波都有确定的波速，但是，只有平面波具有确定的波数和频率。对于式（18.28）那样的波，它有确定的波速，可是它不会在空间上或是随时间重复自己。一旦波峰从你身旁经过，一切都结束了。

18.3 频率与周期

我们现在问问："$A\cos(kx-\omega t)$ 中 k 和 ω 的含义是什么呢？"对于单变量函数，我们有很好的理解，但是，这个函数却有两个自变量。为了理解这个函数，首先，我们令时间一定，例如，$t=0$。在 $t=0$ 时刻，这个函数变为 $A\cos kx$，它在 $x=0$ 处的值为 A，若 $kx=2\pi$，则经过这段距离 x 后，它就经历了完整的一周。定义这段距离为波长 λ，且 $k\lambda=2\pi$。而 k，被称为波数，它与波长 λ 间的关系可以直接由下面公式给出：

$$\lambda=\frac{2\pi}{k}\quad 或是\quad k=\frac{2\pi}{\lambda} \tag{18.29}$$

对于图 18.3 的图线，$A=2$，$k=1$（$\lambda=2\pi\approx6.28$）。

现在，你可以提问，如果选取除了 $t=0$ 以外的其他时刻，k 和 λ 间的关系是否会不同呢？这样想：ωt_0是余弦函数中的某个角 ϕ_0，它仅能使这个图线平移一定的量。相位的变化不能使峰与峰之间的距离 λ 发生改变。

接下来，我们的问题是："如果有个人静止在某处，他看到这个随时间变化的

函数会如何呢？”例如，大海里面可以形成波，传向岸边。你站立在岸附近的一个地方，波从你身边经过，你会上下浮沉，这就是数学上要做出的描述。因此，我选定一个地点，为方便起见，取 $x=0$，则 $\psi(0,\ t)=A\cos\omega t$。我没有丢掉负号，因为对于余弦函数，将其中的角度变为它的负角没有关系。同样看这幅图，这次它是时间的函数，会出现什么情景呢？在 $t=0$ 的开始时刻是最大值，随着时间的延续，这个函数发生振荡，在 T 时刻，达到另一个最大值，波峰。T 叫作周期，且

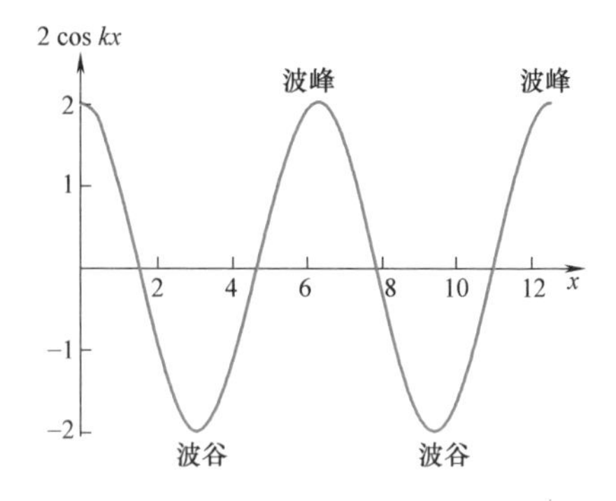

图 18.3 波 $A\cos(kx-\omega t)$ 在 $t=0$ 时刻仅是 x 的函数。其中 $A=2$，$k=1$。根据式（18.29），$k=1$ 时，λ 应为 $2\pi\approx6.28$，图中的确如此。最大值叫作波峰，最小值叫作波谷。

$$\omega T=2\pi \quad \text{或是} \quad \omega=2\pi/T=2\pi f \tag{18.30}$$

式中，f 叫作频率。在单个振子部分，就应该对 ω 与 T 之间的关系非常熟悉了。最小值叫作波谷。

你还可以将平面波写为

$$\psi(x,t)=A\cos\left(\frac{2\pi x}{\lambda}-\frac{2\pi t}{T}\right) \tag{18.31}$$

它与 $A\cos(kx-\omega t)$ 是严格相等的，两种形式的写法均可。由式（18.31），你会更清晰地理解到：若 x 变化了 λ 或 t 变化了 T，那么余弦函数的值不发生变化，因为你不过是使自变量变化了 2π。

让我们用 λ 和 $f=\dfrac{1}{T}$ 将 $\omega=kv$ 改写为

$$v=\frac{\omega}{k}=\frac{2\pi f}{\dfrac{2\pi}{\lambda}}=\lambda f \tag{18.32}$$

式（18.32）可以这样来理解。假定我在原点手持一根无限长的绳子。我以频率 f 晃动它时，将会有一个个凸起向右移动。我们等一秒钟。在一秒钟内，我可以制造出 f 个完整的波形，长度均为 λ。因此，经过一秒钟，波前向前行进了 $x=\lambda f$，按照定义，这就是波速。我正在激发着 λ 那么长的东西，每秒 f 个，不停地将它们送出去，因此，这个波的前沿在一秒内向前推进的距离为 λf。

图 18.4 显示出随 x 和 t 变化的波，图中取 $A=k=1$ 和 $\omega=2$，且 x 和 t 的变化区间均在 $[0,\ 4\pi]$。如果你想象将它在固定的 x 或 t 处切开，如图中的两条虚线所示，你可以数出来 x 上有两个周期和 t 上有四个周期。

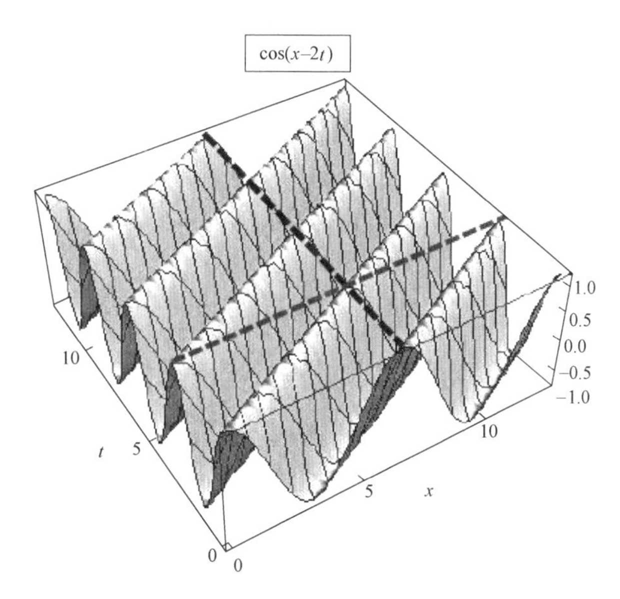

图 18.4　$A=1$，$k=1$，$\omega=2$ 或 $\lambda=2\pi$，$T=\pi$ 的波 $A\cos(kx-\omega t)$，其中 x 与 t 变化的区间为［0，4π］。如果在某个确定的 t 处切开它（$t=2\pi$ 时的虚线），你将会观察到 x 上有 2 个完整周期，如果在某个确定的 x 处切开（$x=2\pi$ 处的虚线），你将观察到 t 上有 4 个完整周期。这两虚条线是按照最大值或是波峰描绘出来的，但是取 1 个周期内的其他任何值也都是可以的。

第19章 波Ⅱ

19.1 波的能量与能流

显然，一根绳子振动时的能量大于不振动时的能量。设一根绳子在振动，其位移为

$$\psi(x,t)=A\cos(kx-\omega t) \tag{19.1}$$

我来计算一下其中的能量。如果这根绳子无限长，那其中的能量也是无穷大的，所以要给出绳子单位长度的能量。取一小段绳子，长度为 $\mathrm{d}x$，问一问："它的能量有多大？"

这能量包括动能和势能。动能很简单，为

$$\mathrm{d}K=\frac{1}{2}\mu\mathrm{d}x\left[\frac{\partial\psi}{\partial t}\right]^2 \tag{19.2}$$

这不过就是这一小段的质量乘以其速度平方的一半。将式（19.1）代入，得

$$\mathrm{d}K=\frac{1}{2}\mu\mathrm{d}xA^2\omega^2\sin^2(kx-\omega t) \tag{19.3}$$

势能 $\mathrm{d}U$ 的起源深奥些。绳子中有张力 T。一旦绳子偏离平衡位置，$\mathrm{d}x$ 这小段的长度会变为（见图 18.2）

$$\mathrm{d}l=\sqrt{\mathrm{d}x^2+(\mathrm{d}\psi)^2}=\mathrm{d}x\sqrt{1+\left[\frac{\partial\psi}{\partial x}\right]^2}\approx\mathrm{d}x\left(1+\frac{1}{2}\left[\frac{\partial\psi}{\partial x}\right]^2\right) \tag{19.4}$$

它要抵抗张力，而被拉长的量为

$$\delta l=\mathrm{d}l-\mathrm{d}x=\left(\frac{1}{2}\left[\frac{\partial\psi}{\partial x}\right]^2\right)\mathrm{d}x \tag{19.5}$$

因此，需要的功和所储存的势能为

$$\mathrm{d}U=T\delta l=\frac{1}{2}T\left[\frac{\partial\psi}{\partial x}\right]^2\mathrm{d}x \tag{19.6}$$

将式（19.1）的解代入，得

$$\mathrm{d}U=\frac{1}{2}Tk^2A^2\sin^2(kx-\omega t)\cdot\mathrm{d}x=\frac{1}{2}\mu A^2\omega^2\sin^2(kx-\omega t)\cdot\mathrm{d}x=\mathrm{d}K \tag{19.7}$$

上面的推导用到了

$$Tk^2 = T\frac{\omega^2}{v^2} = T\omega^2 \frac{\mu}{T} = \mu\omega^2 \tag{19.8}$$

注意，对每个 x 和 t 值，动能均等于势能。特别地，当这小段绳子达到最大位移时，速度为零，故 $\mathrm{d}K$ 为零。此时，它的斜率为零，故伸长量 δl 为零，所以 $\mathrm{d}U$ 也为零。当位移为零时，它具有最大速度和最大斜率，因此，具有最大的 $\mathrm{d}K$ 和 $\mathrm{d}U$。这与简谐振子不同。对于简谐振子，由于能量守恒，K 和 U 之和是一个常量，一个为最大值时，另一个是最小值。对于一小段绳子，问题可不是这样的，因为它不是一个孤立的系统，它会从相邻段的绳子那里得到能量（或将能量传给相邻段的绳子）。

总能量为

$$\mathrm{d}E = \mathrm{d}K + \mathrm{d}U = 2\mathrm{d}K = \mu \mathrm{d}x A^2\omega^2 \sin^2(kx-\omega t) \tag{19.9}$$

每单位长度的能量，也就是能量密度

$$u(x,t) = \mu A^2\omega^2 \sin^2(kx-\omega t) \tag{19.10}$$

需要关注的是，平均能量密度 $\bar{u}$，也就是空间中一个完整波形（一个波长）上或者时间上完整的一周（一个全周期）内能量的平均值。对于两种情况，$\sin^2$ 的平均值都是$\frac{1}{2}$，所以，我们得出最终结论：

$$\bar{u} = \frac{1}{2}\mu A^2\omega^2 \tag{19.11}$$

我们扰动介质，向这个波输入的平均能流是多少呢？想象绳子在无限远的那端被固定，而我在 $x=0$ 这端不停地抖动它。假设波传播到了 $x=L$ 处。在这点以后的绳子是静止的。再过 1 s 之后，另外一段长为 v 的小段开始振动。这一小段的平均能量为多少呢？等于 v 乘以单位长度上的平均能量，$\frac{1}{2}\mu A^2\omega^2$。所以，我平均每秒输入的能量，或是平均能流为

$$P = \frac{1}{2}\mu A^2\omega^2 v = \bar{u}v \tag{19.12}$$

一维波有个特性，就是它传播过程中振幅不会减小。你可以离我 10 mile 或 100 mile远，而振幅仍然为 A，所有能量都是沿这条直线传播的，没有损失或扩散。更有代表性的是三维空间中的情景。如果有一座很高的塔，你在塔顶上放个喇叭，那么随着时间的流逝，能量将辐射过一个个同心球面。当你向外走，波源的能量将分布到越来越大的球面上。在三维空间中，我们要引入强度的概念，它是单位面积的能流。如果有个喇叭向外发射声波，我拿一扇 1 m×1 m 的窗户，把它举在我面前，并且问问通过它的平均能流是多大，这就是波的强度 I，单位为 W/m²。当然窗户的面积不一定非要为 1 m²那么大。你也可以取一扇面积更小的，只要用能流

除以面积就可以求得强度 I。对于一维情况，不需要这个概念，因为你不能在一维空间中举起一扇窗，使之与速度垂直。

在三维空间中，在距离波源 r 处，能流 P 分布在 $4\pi r^2$ 的面积上，而强度为

$$I=\frac{P}{4\pi r^2}(\mathrm{W/m^2}) \tag{19.13}$$

这对电磁波仍然成立。

对于声音，它的强度 β 以分贝（dB）来度量，定义如下：

$$\beta=10\ \lg\frac{I}{I_0}\ \mathrm{dB} \tag{19.14}$$

式中，$I_0=10^{-12}\ \mathrm{W/m^2}$，为参考强度，其大小为人耳可以听到的平均最小值。因此，按照这个公式，我们能听到的最小声强为 0 dB。

耳语的声强通常为 15 dB，而摇滚音乐会或喷气机引擎的声强大约为在 120 dB。在摇滚音乐会中，

$$10\ \lg\frac{I}{I_0}=120 \tag{19.15}$$

$$\frac{I}{I_0}=10^{12} \tag{19.16}$$

$$I=I_0\cdot 10^{12}=1\ \mathrm{W/m^2} \tag{19.17}$$

因为用的是对数标度，所以强度增加 100 000 倍会引起 50 dB 的增长，我们对于声音大小的感知似乎是按强度的对数而不是强度本身来增长的。我们需要对数标度，因为我们能忍受的最大强度是能听到的最小强度的 10 000 亿倍！

不同的强度 I_1 与 I_2 的分贝差值为 $10\ \lg\frac{I_1}{I_2}$。

19.2 多普勒效应

现在，我们看看波传播时一种完全不同的性质——多普勒效应。我以声波为例进行说明。有个众所周知的现象，就是用它来解释的。频率一定的波源，如消防车的警笛，朝向观察者运动时，听到的频率会变高；当它远离观察者时，听到的频率会变低。我们将对此进行解释，并且给出频率变化了多少。答案基于 $v=\lambda f$。

我们取个静止的波源 S，它向外发射球面波，如图 19.1 左图所示。图中给出了某个时刻三个等间距的波峰。你是观察者 O，站在右边，在仔细地听。波通过你，而你观测到了波长。它是相邻波峰间的距离，称为 λ_0。（我们需要用脚标，因为后面还会用到另一个 λ。）

$$\lambda_0 f_0=v \tag{19.18}$$

式中，f_0为频率。现在，假设波源以速率 u 向右运动，如图 19.1 右图所示。不难

想象出这样的情景，空气中的波在向右的前进方向上被压紧了，因为，发射出一个波峰后，波源向右移动了一点，然后才又发射了下一个波峰。所以，新的 λ 等于 λ_0减去在时间 $T=1/f_0$内波源移动的距离。这样，得

$$\lambda=\lambda_0-uT=\lambda_0-\frac{u}{f_0} \tag{19.19}$$

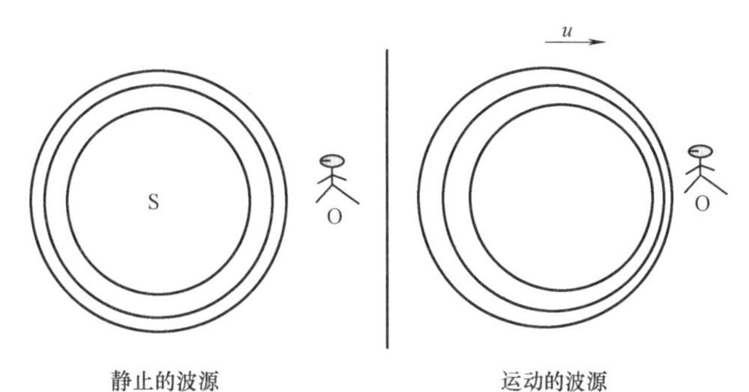

图 19.1 左图中的波源和观测者 O 均静止。在空气中，发出的三个波峰间距相同，观察者 O 观测到的也如此。右图中，波源以速度 u 运动。因为在发射一个波峰后，波源向右移动了一点，再发射下一个波峰，所以，前方的波面被压紧了，后方的波面则相反。

你听到的新频率有多高呢？用下面这个常见的关系就可以确定出来：

$$\lambda f=v \tag{19.20}$$

你一定知道，即使波源向右移动，声速也不会因此而改变。一辆行驶中的卡车向前发出的声波的速率不会增加。声波在介质中的速率取决于该介质的性质，与波源的速度无关。如果介质是空气，声波就只能以某个特定的速率传播。然而，如果在一辆行驶的卡车上装有一挺机枪，该机枪以它自身为参考系，向着各个方向以相同的速率发射子弹，那么，对地面上的人来说，向前打出的子弹比向后打出的子弹运动地更快。无论如何，新频率为

$$f=\frac{v}{\lambda}=\frac{v}{\lambda_0-\frac{u}{f_0}}=\frac{v}{\frac{v}{f_0}-\frac{u}{f_0}}=\frac{f_0}{1-\frac{u}{v}} \tag{19.21}$$

观察到的频率等于正常的频率 f_0除以 $1-\frac{u}{v}<1$。所以观察到的频率升高了。如果想知道波源左侧的情况，你只需要将这个公式中波源相对于声波的运动速度变号就可以了（波源向右运动。而波向左传播，通过波源左侧的观察者）。所以，适用于两种情况的公式为

$$f=\frac{f_0}{1\mp\frac{u}{v}} \tag{19.22}$$

[波源朝向（远离）静止观察者而运动。]

你利用普通常识就可以分辨出什么时候应该用什么符号。

那么如果是光或者是以相对论速率 u 运动的话，情况又会如何呢？真空中的光速为 c，但是很多原因会导致频率的变化。首先，根据标准的相对论时间延缓效应，相对于你来说，救护车里的钟会变慢。即使它不是向着或远离你运动，而是绕着你运动也如此。因此，$f<f_0$。这叫作横向多普勒效应。还会有很熟悉的由于波源向着你或远离你运动而产生的多普勒效应，它在 $\frac{u}{c} \ll 1$ 的情况下退化为式(19.22)。

现在说说声爆，这要回到公式

$$f=\frac{f_0}{1 \mp \frac{u}{v}} \tag{19.23}$$

相对论中有很多这样的公式，尽管其分母可能为零，但却绝不会等于零，因为 c 是速率的极限。可是声速却并非如此，有的飞机的飞行速率 $u>v$。当 $u \to v$ 时，前方的波峰越压越密，直到 $u=v$，所有的波峰聚集到了一起；这时会发生声爆。如果你可以比这走得更快，你身后会留下一串波，而你前面什么都没有。所以，如果一架飞机以超音速向你飞来，你没有时间躲闪——飞机将会在你听到声音之前就撞到你。

还有一种情况可以引起多普勒效应：波源静止，而观察者朝向波源运动。汽笛(静止于空气中)，向外发射漂亮的球形波面，而你以速度 $-u$ 迎着这些波面跑去。你看到波峰以多大的频率出现呢？以空气为参照系，声波以速率 v 向右传播，你以速率 u 向左运动，所以，你以速率 $u+v$ 依次通过那些波面，且这些波峰相距 λ_0。（波峰间的距离并没有受什么影响，它们就像图 19.1 左图的那样。）你给出的频率等于你每秒钟相对于介质运动过的距离除以每个完整波形的长度：

$$f=\frac{u+v}{\lambda_0}=\frac{v}{\lambda_0}\left(1+\frac{u}{v}\right)=f_0\left(1+\frac{u}{v}\right) \tag{19.24}$$

如果你远离波源运动，就要改变符号。一般公式为

$$f=\frac{v}{\lambda_0}\left(1 \pm \frac{u}{v}\right)=f_0\left(1 \pm \frac{u}{v}\right) \tag{19.25}$$

[观察者朝向（远离）静止的波源运动。]

所以，当你向着波源运动，修正因子出现在分子上；当波源向你运动，修正因子出现在分母上。选择±号时，你必须按常识选择。例如，很显然，如果你迎着波面运动，频率就应该更高。你可以继续问这样的问题，如果你和救护车都在运动，将会如何呢？乐趣无限。

19.3 波的叠加

本章余下的部分集中讲波的一个基本性质，叫作干涉。看一看波的方程，它是线性的。不要被$\frac{\partial^2\psi}{\partial x^2}$或是$\frac{\partial^2\psi}{\partial t^2}$中的那些数字 2 所迷惑。它不会使波动方程是二次方程，波动方程两边仍然是一次方。在脑子里回想一下，如果 ψ_1 和 ψ_2 是方程的解，那么 $\psi_1+\psi_2$ 也是。它真正的意义是这样的。假设你发射声波，你正在发出的是某个波 ψ_1，它在空间传播。我将你的关掉，打开另一个扬声器，我们说这个扬声器发出的另一个声波为 ψ_2。如果你和这个扬声器同时发声，那么空气的扰动将是 $\psi_1+\psi_2$ 这个和。因此，如果一个起因引起了一个波并且第二个起因引起了第二个波，那么，当两者同时存在时，它们引起的波将是那两列波的和。这就是叠加原理，它源于波动方程是线性的。从现在到本章结束，我们将分析两列波相加所出现的各种情形。

看一个最简单的问题。选择一个地点，比如 $x=0$，倾听两列平面波，现在它们只是时间 t 的函数：$\psi_1=A\cos\omega_1 t$ 和 $\psi_2=A\cos\omega_2 t$。我取的两列波振幅相同，但是频率却可以不同。因此，你听到的信号为

$$\psi=\psi_1+\psi_2=A\cos\omega_1 t+A\cos\omega_2 t \tag{19.26}$$

你可以利用三角恒等式推出结果是什么，但是我想让你先思考一下。想想这两列波。如果频率相同，就没什么稀奇的，对吗？如果 $\omega_1=\omega_2=\omega$，那么 $\psi=2A\cos\omega t$。这表明它们彼此加强。在每一时刻，得到 ψ 的都是你前面用到的两倍。现在考虑频率不同的情况。开始时，它们是同步的。这个余弦是 1，那个余弦也是 1，两者之和是 $2A$。随着时间的推移，$\omega_1 t$ 和 $\omega_2 t$ 开始不同，余弦不再同步。过了一段时间之后，这两个余弦相差半个周期，或者说余弦里的角度相差 π 的奇数倍。于是两者完全抵消。如果再等一会儿，它们将再次同步，如此下去。可以这样想一下，两个人在圆形轨道上跑步。他们同时起跑，但是速率稍有不同。在跑步过程中，一个人开始落后另外一个人，两者位于那个圆轨道的不同部分。如果时间足够长，他们会再次同时位于起跑线上，但是有个不同之处：那个跑得快的人比另外一个人多跑了整数圈。

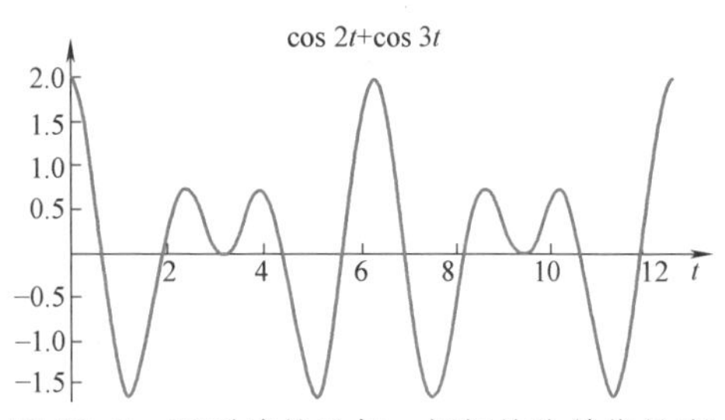

图 19.2 两列波的叠加。振幅均为单位长度 $A=1$，角频率为 $\omega_1=2$ 和 $\omega_2=3$。$t=0$ 时刻，它们同步；$t=\pi$ 时刻，它们的相差为 π，彼此抵消；$t=2\pi$ 时刻，它们同步。这种情况每 2π 秒重复出现。

看 $\omega_1=2$ 和 $\omega_2=3$ 这两个频率，它们比较小，方便我们跟随其振动，图 19.2 对之进行了描绘。$t=0$ 时刻，两者同步（两人同时起跑）；$t=\pi$ 时刻，它们的相差为 π（两人各自在跑道的两边），彼此相消；最后在 $t=2\pi$ 时刻，它们是同步的（慢者跑了两圈；快者跑了三圈。）。这种情况每 2π 秒重复出现。

下面考虑 ω_1 和 ω_2 都很大，但是它们的差值却很小的情况。我们最好利用

$$\cos A+\cos B=2\cos\left[\frac{1}{2}(A+B)\right]\cos\left[\frac{1}{2}(A-B)\right]$$

在式（19.26）中，会得到

$$\psi(t)=2A\cos\left[\frac{1}{2}(\omega_1-\omega_2)t\right]\cos\left[\frac{1}{2}(\omega_1+\omega_2)t\right] \tag{19.27}$$

例如，若 $\omega_1-\omega_2=2$ 且 $\omega_1+\omega_2=2\cdot10^6$，那么得到下式：

$$\psi(t)=[2A\cos t]\cos[10^6t] \tag{19.28}$$

在第一个余弦完成一个周期的时间内，第二个余弦已经完成了一百万个。反过来说，在第二个余弦完成 100 个周期的时间内，第一个余弦几乎没有变化。这样，第二个余弦是快速振动的，可以将缓慢变化［$2A\cos t$］视为第二个余弦的振幅。这个振幅的上升和下降叫作拍，它可以被耳朵感知到。图 19.3 给出了 $\omega_1=41$ rad/s 和 $\omega_2=39$ rad/s 的情景。注意图中快速振动的包络本身就是按余弦规律变化的，并且两个相邻极大值间的时间 T 等于 π，拍频为 $\omega_b=\frac{2\pi}{T}=2=\omega_1-\omega_2$。看到式（19.28）中第一个余弦的自变量，你或许认为，应该是 $\omega_b=\frac{1}{2}(\omega_1-\omega_2)$。经过

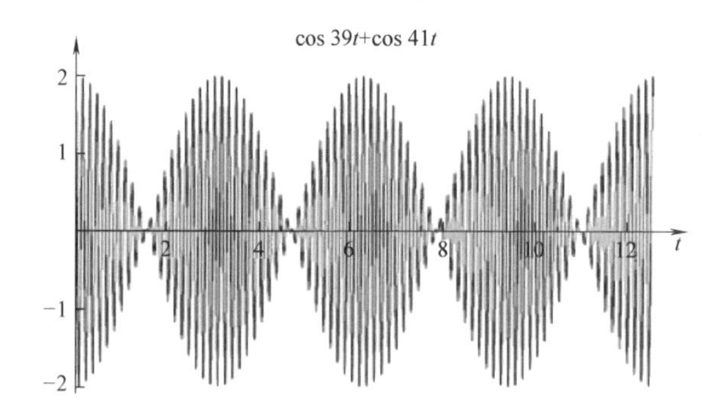

图 19.3　两列波的拍频。它们的幅度为单位 1，$A=1$，频率都很大但是近似相等，$\omega_1=41$ rad/s 和 $\omega_2=39$ rad/s。它们的（角）拍频应该是 $\omega_b=(41-39)$ rad/s，这表明拍之间的时间为 $T=\frac{2\pi}{\omega_b}=\pi$，与图中的一致。

2π 时间，振幅的确是 $2A$，然而经过时间 $T=\pi$，它的值是 $-2A$。不管怎样，$-2A$ 也是幅度的极大值，与 $2A$ 的音量一样响亮。也可以这样想，拍的时间周期是两个连续的零振幅间的时间间隔。对于 $\cos\left[\frac{1}{2}(\omega_1-\omega_2)t\right]$，零在每一次完全的振动内会出现两次。

钢琴调音师是这样利用拍的。他们敲击音叉，音叉会以某个特定的频率振动，比如说 $f=440$ Hz。假设你的钢琴稍稍有些不准，或许是 438 Hz。那么拍频是 2 Hz。调音师会不停地摆弄，直到拍频（不是整个声音）消失为止。

19.4　干涉：双缝实验

现在我们来看将两列波相加时，出现的复杂一些的问题。在拍的案例中，我坐在一个地点，把传到我的两列波作为时间的函数相加。现在，我要看看两列波在空间各个地点干涉的结果是怎样的，这被称为双缝干涉实验，如图 19.4 所示。图中画出了一个大水箱的俯视图。图的左侧有个振源 E，它发射出水波。在波源附近，波面是一系列同心圆，但是如果你向波源的右侧走远些，可以将波面视为平行线。图中画出了三个波峰和两个波谷，波长 λ 和振幅 A。这些波面接下来会遇到一个不能穿透的障碍物，其上开有两条缝，S_1 和 S_2。于是，这两条缝开始发射自己的波，向右侧辐射出去。图中给出了分别由这两条缝发出的一个以实线画出的波峰和一个以虚线画出的波谷。

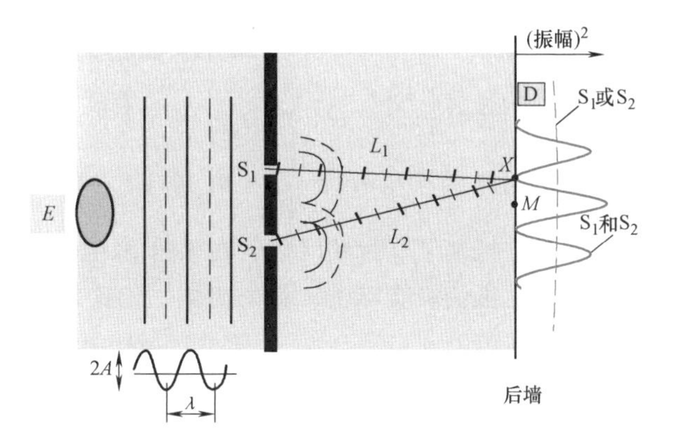

图 19.4　双缝实验，从左到右。我们正在俯视一个大水箱。波从 E 点发射出来，较远处的波峰和波谷是平行线。图中画出了三个波峰和两个波谷。波面遇到两条缝 S_1 和 S_2。半圆形的波从两条缝发出。用实线（虚线）表示出几个极大值（极小值）。在 L_1 和 L_2 两条线上，细刻线和粗刻线分别表示沿着两条路径上的最大值和最小值。探测器 D，可以沿着后墙滑动，在最右侧检测干涉花样。M 点为最大值，X 点为最小值。探测器测出的最大值和最小值源于两列波干涉所致的振幅平方的变化，不要将之与振动的 ψ 本身相混淆，图中两条缝左侧表示的是 ψ，并标出了其波长 λ。图中深色的虚线表示只有一条缝打开时振幅的平方，假设它基本为常数。

假设你有水波探测器 D（例如，一个穿在竖直杆上的软木塞），可以沿矩形实验区域的右边移动，用它测量水波的振幅。那么，在各个点测量出的振幅有多大呢？

先取位于 S_1 和 S_2 两条缝中垂线上的点 M。这点的结果如何呢？在这点你接收到来自每条缝的信号。它们同步到达或是说它们是同相的，因为它们是来自左侧的同一平面波同步地遇到了两条缝所产生的，而且它们到达 M 点时走过的距离相同。因此，来自 S_1 的波峰到达 M 点之时，来自 S_2 的波峰也到达了 M 点，波谷也如此。假设每条缝发出的是振幅为 A 的波，它们的和在 M 点的振幅为 $2A$。（我们忽略来自这两条缝的波在传播过程中振幅的轻微减小。）所以，水波在 M 点的起伏会很大。如果你关掉一条缝，那么振幅会跌回来自一条缝的值（图中那条几乎为常数的虚线）。两条打开的缝，给出的值是 $2A$，这很合理。

但是，考虑 M 点上方的 X 点。图 19.4 中给出了来自两条缝的波的快照，粗刻线表示波峰，细刻线表示波谷。设由两条缝到 X 点距离分别为 L_1 和 L_2。在 M 点，根据对称性有 $L_1=L_2$，可在 X 点却并非如此。在 X 点 $L_1-L_2=\frac{1}{2}\lambda$。我们知道，在每两个波峰间会有一个波谷，波谷的 ψ 等于振幅的负值；不像在波峰处，该处的 ψ 等于振幅。因此，若 $L_1-L_2=\frac{1}{2}\lambda$，在来自 S_2 的波峰到达了 X 点时，由 S_1 到来的却是波谷，与之抵消了。过些时候，在来自 S_2 的波谷到达了 X 点时，由 S_1 到来的却是波峰，与之抵消。实际上，每个时刻，无论来自 S_2 的信号是什么，来自 S_1 的都是其负值。这种情况之所以出现，是因为$\frac{1}{2}\lambda$ 的波程差相应于 $\cos\frac{2\pi x}{\lambda}$函数中 π 的相差。在 X 点，水永远是完全静止的，振幅为零。这个 X 点称为干涉极小，而 M 点称为干涉极大。M 点为相长干涉，X 点为相消干涉。

这个 X 点很有意思。看看这个理论告诉你的事情吧。它表明，如果你坐在那里，原本在一条缝打开时上下浮动的水，在两条缝同时打开时却是静止的。这是由波的性质决定的：两列波可以使得什么事都不发生，而一列波却不行——没有东西去可以去中和它。这是你必须要知道的。举个例子，如果你的蚊帐上有个洞，蚊子可以由此钻进帐中，即使你在蚊帐上再戳个洞，也无法阻止蚊子进入蚊帐。像蚊子这样的粒子不会发生干涉，因为蚊子的数量不会是负值。

现在，我在矩形的右边上再向上走，到达一个点，若该点的 L_1-L_2 为波长的整数倍，那么我就回到了同步的情形。当然，整数波长可以是，来自 S_1 的第 13 个波峰和来自 S_2 的第 14 个波峰是同步到达的，我们不关心，只要是波峰与波峰，就是相长干涉。当我们在后墙上下运动时，两个波合振动的振幅就像实线所示的那样起伏，在 M 点最大，在 X 点最小，以此类推。记住探测器测出的最大和最小值源于两列波干涉形成的幅度（平方）的变化，不要将之与 ψ 本身的振动相混淆，图中两条缝左边表示的是 ψ，并标出了其波长 λ。（虚线表示只有一条缝打开时振幅的平方，它基本上是常数。若某个点的振幅是 5 cm，那么水将向上和向下运动 5 cm。）

现在做更深入地理解，由两条缝发出的半圆形波的表达式为

$$\psi_1(\boldsymbol{r},t)=A\cos(kr_1-\omega t) \quad 和 \quad \psi_2(\boldsymbol{r},t)=A\cos(kr_2-\omega t) \tag{19.29}$$

式中，r_1和r_2分别是由两条缝到我们选定的某个点$\boldsymbol{r}$的距离。（实际上，对于二维情况，A随距离衰减，但是这是个很小的效应，我们将它略去。）在任意时刻，对于ψ_1和ψ_2，它们的等相线分别为圆心位于S_1和S_2的半圆。对于探测器所在处，$r_1=L_1$且$r_2=L_2$。在任意时刻，我们可以不理会与时间相关的ωt，因为对于两个波来说它是相同的。它们的相差为$k(L_1-L_2)=\frac{2\pi}{\lambda}(L_1-L_2)$。结果是，如果波程差为$m\lambda$，$m=0$，$\pm1$，$\pm2$，…，那么相应的相差为$\pm2\pi m$，得到的是相长干涉；如果波程差为半波长的奇数倍，那么相应的相差为π的奇数倍，结果是相消干涉。

干涉相长和相消的严格条件为

相长干涉

$$L_2-L_1=m\lambda \qquad m=0,\pm1,\pm2,\cdots, \tag{19.30}$$

相消干涉

$$L_2-L_1=\left(m+\frac{1}{2}\right)\lambda \qquad m=0,\pm1,\pm2,\cdots, \tag{19.31}$$

求相长干涉和相消干涉点实际上是个简单的几何问题了。例如，要找第一个相消的点，你利用勾股定理，得到它到两条缝的距离，求差，再令它等于$\frac{1}{2}\lambda$即可。然而，如果探测器和后墙所在处远远大于d和λ的话，那么由两条缝到探测器的两条线几乎平行，如图19.5所示，我们就常常采用如下的近似来计算L_2-L_1。设它们沿与前方成θ角的方向到达探测器，那么可以看出，由下面的缝发出的波多走了$d\sin\theta$的距离，其中d为两条缝的间距。（图中的两个θ相等，早在研究斜面的那个懵懂时代，这就应该很熟悉了。）所以，我们令式（19.30）和式（19.31）中的

$$L_2-L_1=d\sin\theta \tag{19.32}$$

已知d和λ，就可以知道在什么角度可以观察到第一个极小值，等等。反过来，已知d和最大值或最小值所对应的θ角，就可以推出波长。

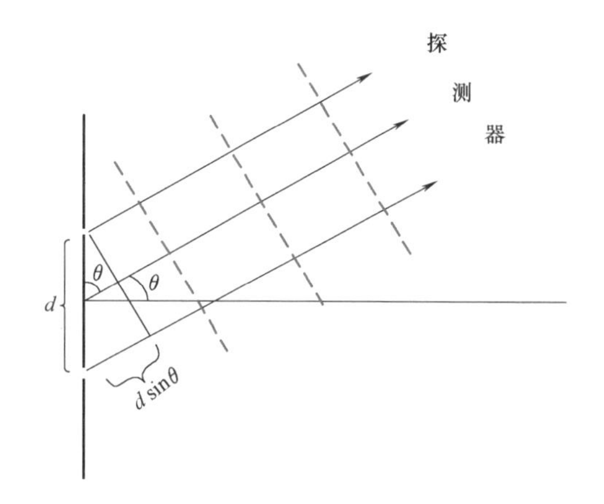

图19.5 双缝干涉实验中，在探测器离两条缝非常远的条件下计算波程差。图中的虚线表示波谷。

19世纪初，人们还不明确光到底是波还是一束粒子流。托马斯·杨利用光进行了双缝实验，观测到了干涉花样，从而解决了这个问题：不可能由于又打开了一条

缝而减小了到达像 X 这样的点的粒子数（为零）。他还设法从已知的 d 和 θ 求出了波长，而那时人们还不清楚传播光的到底是什么介质以及是什么发生了振动。

19.5 驻波与乐器

我拿一根弦，将它的一端固定在墙上，并开始抖动它的另外一个自由端。假如我只抖动一下，发出一个向右运动的脉冲，如图 19.6 中 A 所示。当这个尖峰到达墙时，这根弦在那里不能振动。因此，是墙施加了一个合适的力，确保了墙发出的信号和我发出的信号在那里相加为零。结果是，墙发出的信号，变成了反射波，方向和符号都变得相反，如图中的 B 部分所示。

还有一个方法可以理解反射波。假设没有墙，而我在右侧它原来所处的地方。我看见你发过来一个尖峰，它向右传播，如图中的 A 部分所示。这尖峰向着反射点 R 传过来，我就造出一个它的反向的镜像，如图中 C 部分的虚线所示。我算计好了，使两个尖峰在原来墙的那个位置相交时，它们都永远严格地相消。这样，它们彼此穿过（根据叠加原理），结果我的脉冲交叉穿越过去向左传播，成为你的反射波。由于它们的共同影响，这根弦在 R 点不能运动，所以这意味着即使我将这根弦固定在那里的墙上，结果也还是一样的。这样，我们就确信入射的脉冲是如所说的那样被反射的。

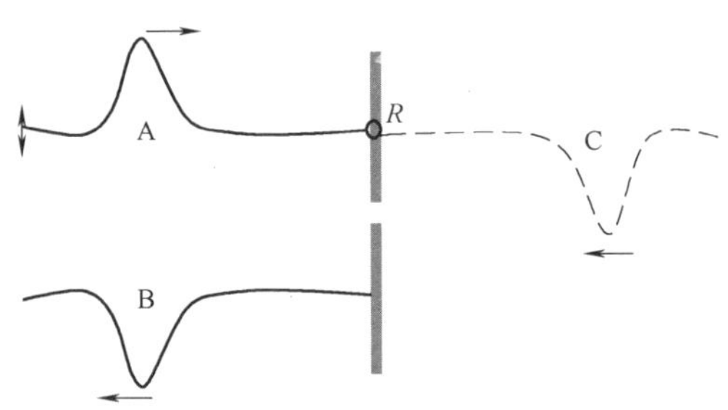

图 19.6　A 部分：我发出的（左侧的上和下箭头）那个尖峰向着右侧的墙（竖直的实线）传播。B 部分：那个尖峰在 R 点被墙反射，方向和符号都变得相反。C 部分：没有墙，但是有一个从右侧来的尖峰，在墙所在处在所有时刻都与原来的尖峰相消。前者一直向左运动，成为 B 部分中的那个反射的尖峰。

现在，我要研究的不是一个入射的单个脉冲，而是一个周期性的入射波 $\psi_i = A\cos(kx-\omega t)$。来的是一个连续信号，它怎样回来呢？它是这样返回的：

$$\psi_r(x,t) = -A\cos(-kx-\omega t) = -A\cos(kx+\omega t) \tag{19.33}$$

已经选定墙所在处 $x=0$，并且将入射波的方向和符号都变得相反就得到了反射波。我不停地向那堵墙发射东西，而那墙一直将它们向着我反射回来。两者在墙的左侧区域共存，产生了

$$\psi(x,t) = \psi_i+\psi_r = 2A\sin[kx]\sin[\omega t] \tag{19.34}$$

推导上式时用到了

$$\cos x-\cos y = 2\sin\left[\frac{x+y}{2}\right]\sin\left[\frac{y-x}{2}\right] \tag{19.35}$$

因此这根弦各处均以频率 ω 振动，x 处的振幅为 $2A\sin kx$。这叫作驻波。在满足 $kx=0$，$-\pi$，-2π，…的地点处，不发生振动。(记住，在墙的左侧，x 为负值。) 这些点叫作波节。在两个波节的正中间，即在 $kx=-\frac{1}{2}\pi$，$-\frac{3}{2}\pi$，…等处，为波腹，这些点处振幅为 $2A$。图19.7显示的是弦上的驻波，其中 $A=0.5$ 且 $k=1$ 或是 $\lambda=2\pi$。振动中的弦看上去是模糊的，由图中阴影部分表示。注意：两个波节之间的距离等于$\frac{1}{2}\lambda$。

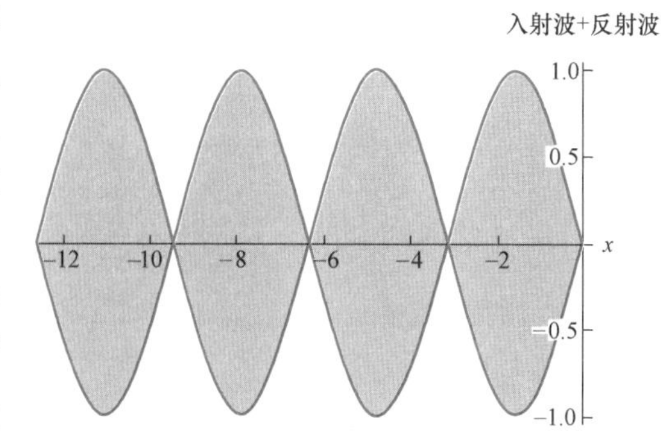

图 19.7 一根弦上的波节和波腹，$A=0.5$，且 $k=1$ 或是 $\lambda=2\pi$。入射和反射波形成了驻波，波节在 0，$-\pi$，-2π，…处，波腹在$-\frac{1}{2}\pi$，$-\frac{3}{2}\pi$，…处。振动的弦看上去是模糊的，如阴影区所示。

如果你用手指捏住波节，不会有什么事，因为这根弦在这里本来也没有什么振动。你还可以捏住两个波节，也不会有什么事的。利用这个结论，我们可以处理一根两端分别固定在 $x=0$ 和 $x=L$ 处的弦的问题。它可能的振动频率是多少呢？要解决此问题，我们先要问一问："可能的驻波有哪些？" 答案是，弦的长度必须为一个整数 n 乘以$\frac{1}{2}\lambda$。但是，弦的长度已经确定为 L 了，因此，可能出现的 λ_n 或是 k_n，以 n 表示，必须满足

$$L=n\frac{\lambda_n}{2} \quad n=1,2,3 \tag{19.36}$$

这表明

$$k_n=\frac{2\pi}{\lambda_n}=\frac{n\pi}{L}$$

$$\omega_n=k_n v=\frac{n\pi v}{L} \tag{19.37}$$

$$f_n=\frac{nv}{2L}\equiv nf_1 \tag{19.38}$$

推导中，我用到了 $\omega=vk$，且上面的 f_1 叫作基频。弦以模式 n 振动时的位移为

$$\psi_n(x,t)=A\sin\left[\frac{n\pi x}{L}\right]\sin\left[\frac{n\pi vt}{L}\right] \tag{19.39}$$

我从式（19.34）出发，利用 $\omega_n = vk_n$ 推导出上面的方程。图 19.8 中，画出了前三种振动模式。

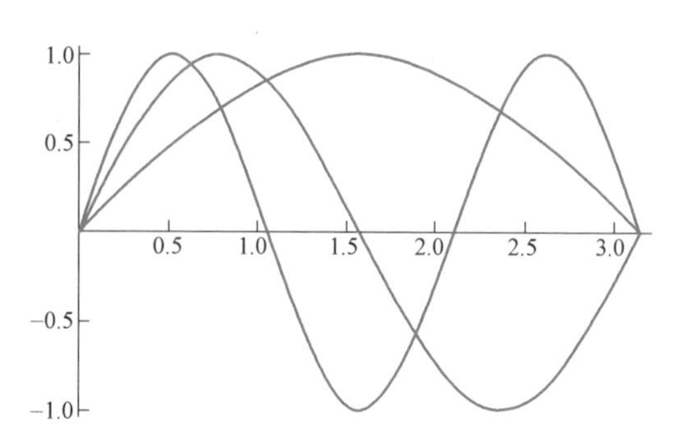

图 19.8　函数 $A\sin\left[\frac{n\pi x}{L}\right]$ 当 $n=1$，2，3，且 $L=\pi$ 时的图线。对于为半波长 n（整数）倍的模式，频率为 $\omega_n=\frac{n\pi v}{L}$。

一根两端固定的弦只可能以基频 $\omega_1=\frac{\pi v}{L}$ 或是它的整数倍这样的模式振动，那个整数给出了这个弦上波腹的个数。

这种推理对下面的问题完全有启发作用。取一根两端封闭的管子。声波是纵波，可以在其中来回传播形成驻波。方程仍然是波动方程，并且两端是波节，因为封闭的两端处不允许出现任何纵向的振动。我们还可以用图 19.8 所示的情景，频率 ω_n 由同一公式给出。唯一的小差异是现在图 19.8 不代表横向运动，相反，它们表示的是分子相对于平衡位置的纵向位移。如果图中某处的高度为2 mm，它表示那里的分子前后（不是左右）运动了 2 mm。出于习惯，我们还以 y 轴表示位移，但是这并不表明运动是垂直于这根管子的。

有个挑战。我有一根管子，一端封闭，另外一端开放，就像百事可乐的瓶子那样，我向里面吹。我听到了某个频率的哨音。它由什么决定呢？我在开口端给出了那个噪音，这端是波腹，那里的振幅最大。当然那个封闭端是波节，那里不会有纵向振动。所以我描绘出的是什么图景呢？在开口端振动最大，而在另一端没有振动。我把频率最低的振动画出来，如图 19.9 顶部的那部分图。我们能看到的只是 L 那么长，而它是一个完整波形的四分之一，所以我们由此推测出

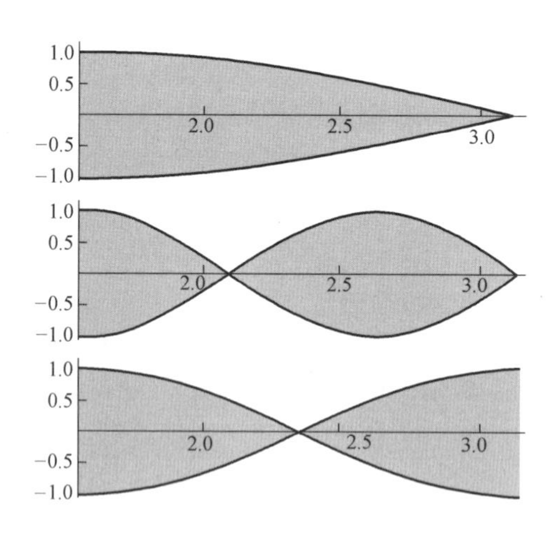

图 19.9　从上到下：前两个为长度为 π 且右端封闭左端开口管子的前两种振动模式，接下来的是长度为 π 且两端均开口的管子的第一个振动模式。你可以直接看出各个波长的值，并且根据 $v=\lambda f$ 推导出频率的值。

波长为 $\lambda=4L$，而频率为 $f=\frac{v}{4L}$。图 19.9 中间的那条图线对应的是 $f=\frac{3v}{4L}$。当一端开口，一端封闭时，频率为基频 $f_1=\frac{v}{4L}$的奇数倍。

最后，考虑两端都开口的管子，它的两端为波腹。图 19.9 中最下图描绘出了它的振动。很明显，$\lambda=2L$，且频率为 $f=\frac{v}{2L}$。同样，在这里，各频率均等于基频的整数倍。所以，故事是这样的：只要两端都是开口的或都是封闭的（两端为波节或是波腹），各个频率均等于基频的整数倍。如果一端开口，一端封闭，得到的是基频奇数倍的频率。

来个挑战：小号是怎样通过改变振动的空气柱长度来变化音高的？或是为什么小提琴家移动手指就可以改变音高？

流体

20.1 流体动力学和流体静力学简介

这一章的主题相对简单。学过高中物理的同学对流体都会有所了解。当我说到流体的时候，你都可以把它想象成水或者油。

20.1.1 密度和压强

描述流体基本性质的一个物理量是密度，用 ρ 表示。水的密度是 $\rho_{水} = 1000\ \mathrm{kg/m^3}$。另外一个更微妙的概念是压强。如果下潜到游泳池的底部，你感受到的压强会增大。压强的标准定义是什么呢？下面我来讨论一下。

如果在流体中选择一个点说这点的压强如何如何，我们要表达的意思可以从下面的例子来解释。你进入那种液体中并且想为自己开拓出一个小空间，比如在水中放置一个玻璃立方体，你想住在那个立方体里面。水从各个方向往里推，想把这个立方体压缩，因此你不得不用力往外推立方体的每一个壁。如果你对壁施加的力是 F，壁的面积是 A，那么比值就是压强。假如你所在的立方体无穷小，则压强不依赖于你选择了哪个壁。压强给出的是水向里推的强度。即使你不在立方体内，那里的压强仍然存在，但是一种测量压强的方法是尝试走进那里并且向外推流体并且测出它往回推的力度。压强的单位为 $\mathrm{N/m^2}$，叫作帕斯卡，符号为 Pa。

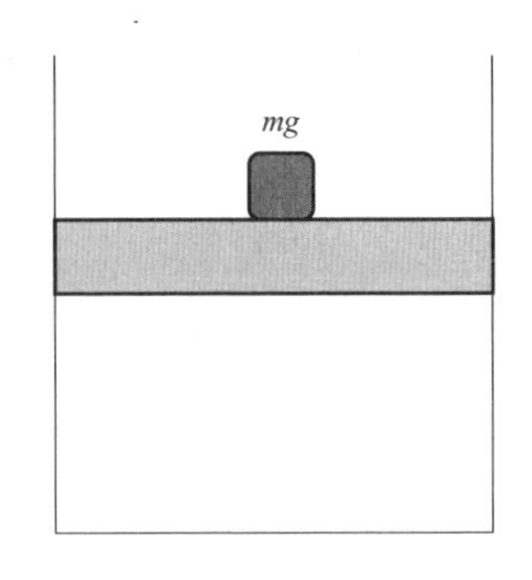

图 20.1　一个充满气体的气缸，顶部有一个质量不计、面积为 A 的活塞。质量为 m 的物块产生的力为 $F=mg$，压强为 $P=mg/A$。

还有另一个关于压强的例子。你有一个如图 20.1 那样的气缸，里面充满气体，顶部有一个质量不计的活塞。内部气体的压强和活塞外部的大气压强相等。如果你想增大内部气体的压强，可以在活塞上再放上一个质量块，所产生的重量 mg 会把活塞向下推，mg 除以活塞的面积 A 所得到的 $P=mg/A$ 就是你增加的额外压强。如果外面没有大气压强，P 是气体的压强；如果外面有大气压强，气体的压强是大气压强加上 mg/A。大气压强无处不在，所以当你向下推活塞使气体进一步压缩时，你在大气压强上增加了一额外的压强，它等于推力除以面积。全部的压强叫作绝对压强，由 mg 引起的那点额外压强叫作计示压强（表压）。举一个例子，当你的车有一个轮胎瘪了，你要辩证地看待这个问题：好的一方面是它内部的压强不为零，它等于大气压强；不幸的是这对你没有任何帮助，因为外界的压强也是这么大。当你把测量器伸进阀杆内测量的时候，显示 32 lb/in^2，这就是所谓的计示压强。

20.1.2 压强与深度的函数关系

压强常用来表示流体不同位置的状态。流体压强的一个重要性质就是在给定深度的任意方向上压强都相等。我们可以按照以下方式来理解这一点。想像有一个水平放置的由同样的流体构成的圆柱形区域，如图 20.2 中容器下方虚线所示。这是同种液体，我只是假想分离出了一个看起来像圆柱体的一部分流体，这个假想的图像用虚线表示。

在液柱左侧 L 和右侧 R 的压强会不同吗？不会的。因为如果左边的压强比右边的大，左边的压强乘以左边的面积就会比右边的压强乘以右边的面积大，液体就会移动到右边。但是液柱不会移动，它处在平衡状态，维持这种平衡的唯一方式就是液柱两面都受到相等的推力。所以给定深度处各方向上压强都相等。

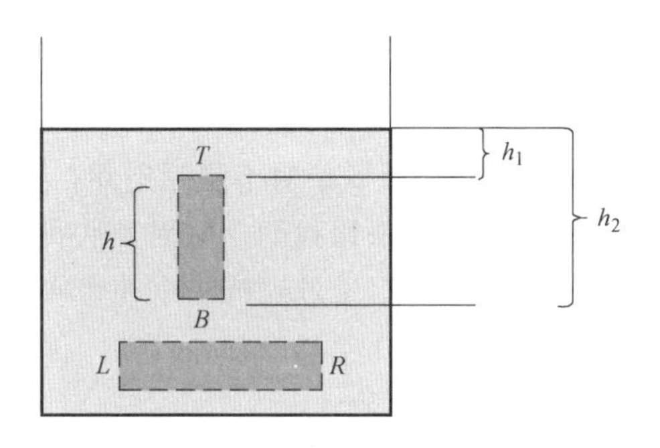

图 20.2 水平虚线所示的圆柱体表示一部分在左侧和右侧的压力下处在平衡状态的流体，竖直的虚线所示的圆柱体表示的那部分流体在受到顶部和底部的力以及自身重力 Mg 作用下处于平衡状态。

现在取一个竖直放置的圆柱体，用 T 和 B 分别表示其顶部和底部，底面积为 A，高度为 h。我们已经论证了为什么水平放置的圆柱体左右两侧压强相等，用同样的方法可以解释顶部和底部的压强不能相等。如果顶部和底部的压强相等，作用在相等的面积上所产生的向上的合力会是零，于是就没有力保持液柱不下落。所以，一定有向上的合力平衡液柱的重力，我们现在用这个概念来计算压强差。

记深度为 h_1 与 h_2 处的压强分别为 P_1 与 P_2，它们所产生的向上的合力等于圆柱体内液体的重力，这个重力等于其质量 $M=\rho Ah$ 乘以 g：

$$A(P_2-P_1)=Mg=\rho Ahg=\rho Ag(h_2-h_1) \tag{20.1}$$

可以改写为

$$P_2=P_1+\rho g(h_2-h_1) \tag{20.2}$$

面积 A 被消掉了，因为压强差应该与所选择的液柱无关。

液柱的侧面是什么情况呢？任意高度两侧的力都消掉了，因为在任意高度左边和右边推力都相等。

通常把点 1 取在流体表面（所以 $h_1=0$），把点 2 取在流体内部，把该点的深度简写为 h。所以 h 随点在流体中深度的增加而增大。在流体内任一点的压强等于流体顶部的压强，加上 ρgh，顶部的压强通常是大气压强 P_A，最后得到流体内任一点的压强

$$P=P_A+\rho gh \tag{20.3}$$

湖表面的压强取决于大气压强。如果你潜入深度为 h 的水下，压强增大了 ρgh。如果你到达海洋的底部，你身体外部的压强会变得非常大，而体内肺部压强只有大气压强那么大。这就是人类无法在海洋底部生存的原因。这也就是为什么潜水艇必须被设计成能抵抗压强差的原因。但是鱼类就不用担心这个问题，因为鱼类可以在水中呼吸，进入它们身体里的水和排出的水的压强相等。

现在谈谈大气压强。之所以存在大气压强是因为我们人类本身生活在一个充满空气的池子底部。我们头顶上空气的密度随高度的增加而降低，而且在高度超过大约 $h\simeq 10^5$m 时空气完全消失。对于池子底部，因为上面有整个空气层，其大气压强是 $P_A=10^5$Pa。所以相对于星际空间，我们生活在压强为 10^5Pa 的池子底部。这么大的压强却没有杀死我们，原因是从我们的身体外部向内的压强和从内向外的压强相等。但是你一定见过这样一个神奇实验，加热一个容器使其内部空气膨胀并溢出，然后密封容器并使其冷却，容器内部压强减小，产生的作用大到足够使容器向内爆裂。

现在问自己这样一个问题：如果我们所处的环境不是大气层而是水层，要多深才能产生相同的压强呢？答案是，

$$10^5\,\text{Pa}=\rho_{水}\,gh \tag{20.4}$$

水的密度是 $\rho_{水}=10^3\ \text{kg/m}^3$，取 $g=10\ \text{m}\cdot\text{s}^{-2}$，得 $h\approx 10$ m，约为 32 ft。

现在我们要用公式 $P=P_0+\rho gh$ 进行计算。首先你给自己制作一个气压表，这个气压表告诉你当下的压强。当我说大气压强是 10^5 Pa 时，我指的是平均压强。大气压强并不是真正保持在某一确定值，而是每天都有涨落。这就是为什么天气预报员告诉你气压升高或者降低了多少。一种测量气压的方式是这样的，在一个容器里盛满某种液体，把一个试管抽成真空，然后如图 20.3 所示把试管口浸入液体中。在试管顶部出现一段真空，大气压把液体表面（点 X）向下推，所以液体会上升某一高度 h。这个高度是多少呢？试管内部与液面处于同一高度的点 Y 处的液体压强和试管外作用在液体表面的压强（点 X）相等。因为 X 点与 Y 点高度相等，所以有相等的压强。

现在 X 点处压强为大气压强 P_A，这是我们要测量的量。在 Y 点的压强是作用在试管内液体顶端的压强（为0），加上液体的压强 ρgh：

$$P_A=0+\rho gh \tag{20.5}$$

所以如果你用水来制作这个气压计，水柱会上升到大约32 ft的位置。没有人想要一个32 ft高的气压计，所以我们可以用水银来代替水，因为水银的密度很大。ρ 增大后，再得到相等的大气压强只需要较小的 h，约为760 mm。这就是为什么天气预报员说今天的气压是多少多少毫米，或者水银柱下降了多少，等等。我不知道为什么他们不厌其烦地给出数字，因为对于我们中的大多数而言，那些数字没有任何意义。比如746 mm，它对你而言意味着什么呢？对我而言什么也不是。这不像说今天的温度是67 ℉[㊀]这样我能真实感受到。所以天气预报中水银柱有多少毫米对于我而言就像中微子束穿过人体那样毫无感觉。你可以用任何流体，但是你要记得你的选择。因此，读数是760 mm时，得确保那是水银，因为如果人们谈论的是水，你就犯了一个严重的错误。

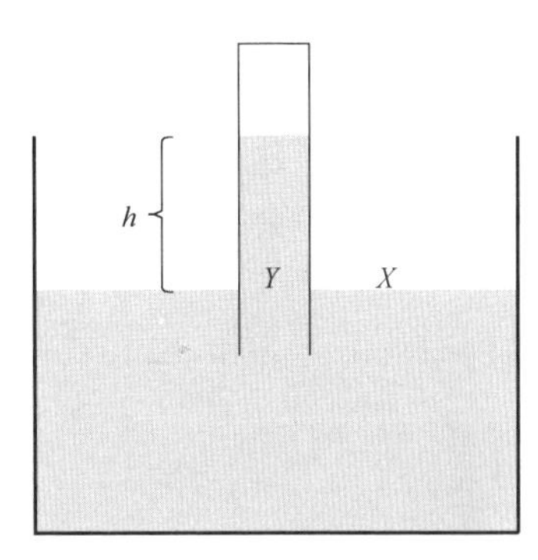

图20.3　一种气压计。X 点与 Y 点压强相等，X 点处压强为大气压强 P_A，Y 点的压强等于真空区压强0加上竖直液柱压强 ρgh。

想像你在用吸管喝东西，你喝的液体不是水银而是水，你正在做一个不同的实验。你知道当你用吸管喝水的时候在你口中形成了一个局部真空区，就像图示的抽成真空的试管顶部那样，只不过你口中的气压不为零而只是比大气压低。所以，你需要不断减小口中的气压直到液体可以上升到你的口中，你口中压强需要减小的量取决于吸管的高度。如果你想用吸管从一口深32 ft的井中喝水，不幸的是即使你的脑袋是完全真空的，你也不能使水上升得比32 ft更高。

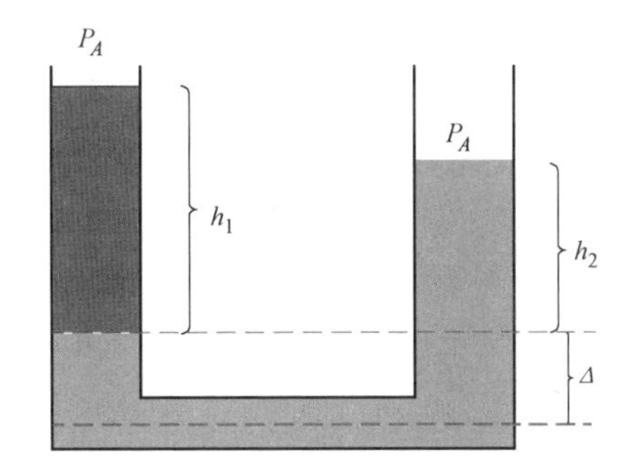

图20.4　U型管可以用来给出两种液体的密度的比值，要求两种液体互不相溶，例如左边的油和右边的水。液体中粗虚线上任意两点的高度相等因而压强相等，于是得到 $\rho_1gh_1+\rho_2g\Delta=\rho_2gh_2+\rho_2g\Delta$。在细虚线处得到的关系式与之相比就是在两边同时减去 $\rho_2g\Delta$。

接下来，给你一种不溶于水的液体，让你来测定它的密度。有好多方法可以做到这点，一种方法是测量质量和

㊀　℉，华氏度。华氏度=摄氏度×1.8+32。——编辑注

体积然后相除，当然还有另一种方法。把这种液体放在如图 20.4 所示的 U 型管（英文为 U-tube）中。U-tube 不是 Youtube 这种人们发布令人尴尬的录像和类似基于这本书的课程的网站，它对流行文化有实在的推动作用，当然有时也起着负面作用。现在你在 U 型管两端注入不同的液体：比如在 U 型管左边注入油，右边注入水。图示告诉我们油的密度比水的密度小。我们可以说深度相同的两点有相等的压强，比如图中深色虚线上所有点的压强必须都相等：如果在这里分离出一个假想的水平水柱，它不会被推到边上，所以，我们得到

$$P_A+\rho_1 gh_1+\rho_2 g\Delta=P_A+\rho_2 g(h_2+\Delta) \tag{20.6}$$

两边同时消去 P_A 和 $\rho_2 g\Delta$，就得到了我们想要的两个密度之间的关系：

$$\frac{h_1}{h_2}=\frac{\rho_2}{\rho_1} \tag{20.7}$$

如果知道一种液体的密度，就可以确定另一种液体的密度的大小了。

值得注意的是尽管你不能把细的虚线上的点用水柱联系起来，但你可以从深色虚线开始，用同一种液体进行计算，可以得出细虚线上的两点的压强相等。但你不能比较细虚线之上同一水平线上两点的压强，因为这一水平线穿过的是不同种类的液体。

20.2 液压机

关于液体中高度相同的两点有相等的压强这一事实，还有另一应用：液压机。图 20.5 中的两个面积分别为 A_1 与 A_2 的活塞以图示方式连接，活塞内充满不可压缩的液体，也就是说并不能通过改变压强来改变液体的体积。没有任何液体是完全不可压缩的，但是近似不可压缩的液体是存在的，比如水。在左边的活塞上放上物体，然后在右侧活塞上施加力，使左边的物体上升。

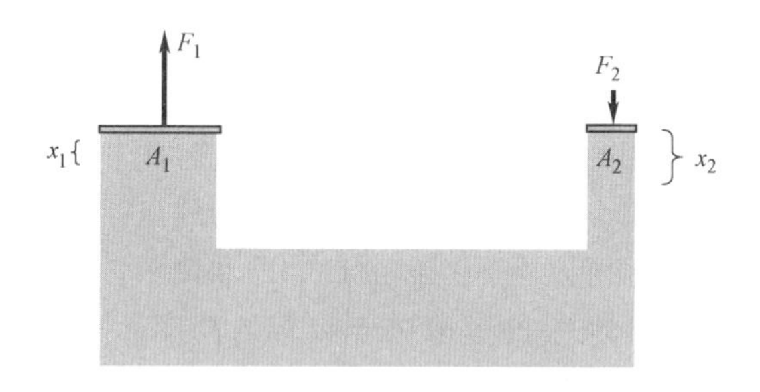

图 20.5　一台可以将力放大的液压机，由两个面积分别为 A_1 与 A_2 的活塞通过水平段连接。两端压强相等有 $P_2=F_2/A_2=F_1/A_1=P_1$，因为两侧移动的液体体积相等得到 $A_1x_1=A_2x_2$。可以得到 $F_2/F_1=A_2/A_1=x_1/x_2$。作用在右侧活塞上的一个很小的力 F_2 使不可压缩的液体移动了 x_2，使得抵抗左侧很大的力 F_1 使活塞移动了较小的距离 x_1。$F_1x_1=F_2x_2$ 与杠杆关系相同，能量守恒。

当我用一个大小为 F_2 的力向下压右侧的活塞时，左侧会发生什么呢？如果这两个活塞在相同的高度，我们知道 $P_1=P_2$。但是即使两侧的活塞移动微小的距离这个等式也成立，因为大多数的压强来自于作用在活塞上的力而不是来自于液体的 ρgh。令两侧

压强相等，

$$\frac{F_2}{A_2}=\frac{F_1}{A_1} \quad 即 \quad F_1=F_2\frac{A_1}{A_2} \tag{20.8}$$

假设左侧有一个重为 F_1 的大象，想通过在右侧施加一个力 F_2 来抬升它。如果 $A_1/A_2=1000$，在右侧施加 1 N 的力就可以抬起一个重 1000 N 的大象。

但这还不是书中记载的最古老的花招，更古老的花招是由穴居人发明的，比如可以用杠杆增大力。但是你要明白你并没有不劳而获，换句话说，当我抬起大象时，$F_1\neq F_2$ 是可以的，但是我做的功必须等于另一侧被抬起的功，这就是能量守恒定律。我做的功是力乘以距离，力等于压强乘以面积，所以我们得到

$$F_1x_1=F_2x_2 \quad 或者 \quad P_1A_1x_1=P_2A_2x_2 \tag{20.9}$$

因为 $P_1=P_2$，我们得到 $A_1x_1=A_2x_2$ 也就是两侧移动的液体体积相等。这意味着，液体的总体积不变，也证明了这种液体是不可压缩的。用任何装置都不会使输出的功比输入的功多。但是液压机依然有用，因为我可以在右边移动 1 m 把大象抬高 1 mm。

这也是汽车刹车器的工作原理。你踩下刹车踏板，继而推动充满液油的狭长气缸。在这端你移动了相当大的距离，有几厘米，在另一端是一个粗的气缸，它的活塞推动鼓轮使运动的车轮减速。它移动的距离非常小但是产生的力非常大。液油在所有的位置都有相等的压强，但是你用脚施加的力与鼓轮对运动车轮的力相比要小很多。（实际上，这个力从你的脚产生之后经过中间杠杆被放大了。）

20.3　阿基米德原理

阿基米德在洗澡的时候注意到浸没在液体中的物体似乎更轻一些。想像你把一个物体放在弹簧秤上称重，弹簧的 $-kx$ 等于物体的重力 mg。如果你把物体浸没在液体中再次用弹簧秤称重，会发现它看起来变轻了。问题是它变轻了多少呢？阿基米德的回答很简单。减少的重量等于它排开液体的重量。现在问题是如何证明这个结论呢？一种我喜欢的证明方式是这样的。图 20.6 中有一个形状不规则的物体，例如一块重量为 Mg 的石块，悬浮在液体中。现在，如果挂在液体中的是和石块形状相同的一大块同种液体，你什么也不用做，这一大块液体就会自然悬浮在液体中。但是如果你把这一大块液体拿出来放上相同形状的石块，其他部分的液体就不知道你做了什么，它们依然产生像支持原来那块液体相等的力。也就是说，其他的液体依然做好了准备姿势来支持这个形状的液体。所以，如果你把那块液体拿出来，放上相同形状的其他物体，液体对这个物体的力依然是那么多。其余的重量当然应该由你来解决，你要提供大小等于剩余重量的力，即减去浮力后的力，以使物体悬浮在原来的位置。

现在，严格地证明阿基米德原理的一种方法是这样的：考虑如图 20.6 所示的

一个底面积为 A，高为 h 的圆柱体，它所受的净浮力是多少呢？是它底部的压强 P_B乘以底面积再减去它顶部的压强 P_A乘以底面积。我们已经得到了压强差 $P_B-P_A=\rho_l gh$，其中 ρ_l 为液体的密度。于是，浮力为

$$F_{浮}=\rho_l\cdot hA\cdot g \tag{20.10}$$

也就是被排开的液体的重量。你可以把这个结果应用到形状不规则的物体上，只需要把它想象成由许多无限小的圆柱体组成的即可。

所以，物体在水里之所以变轻了，是因为它下方所受的向上的推力比上方所受的向下的推力更大，之所以这样是因为液体压强随深度的增加而增大。

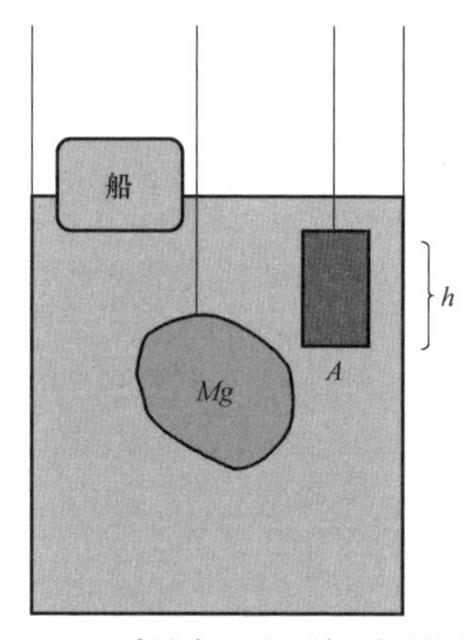

图 20.6　质量为 M 的不规则形状的物体排开了与其体积相同的液体，物体减少的重量就是那块液体的重量。对于像右侧的圆柱体这样的规则物体，这个证明很容易。在左侧上方有一艘船，它的重量等于它排开水的重量。

图 20.6 假定浸没在水中的物体是由类似金属的物质组成的，一大块这种物体的重量比其排开水的重量大，同时你需要提供大小等于两者之差的力来保持其处于悬浮状态。现在假设这个物体不是用金属而是用软木做成的。那么它不会待在水里，因为在水中时水施加给它的力比它的重力大，所以软木会浮在液体表面。对于人体也是如此，就像黑手党断言的那样：如果你想要人体待在水下你需要通过让其穿上混凝土鞋子之类的方式增加重量。举一个更贴近日常生活的例子，比如浴缸里的橡皮鸭。如果你想让橡皮鸭在水平面以下，你需要把它往下压。一旦松手它就会浮到水面上。

假设你不把它往下压，总体积为 V 的物体 O 仅有部分体积浸没在水中，设这部分体积占总体积的比例为 f，其余的部分不在水中，现在来推导 f 的值。物体的重量和它排开水的重量相等，于是我们得到

$$\rho_{水}(fV)g=\rho_O Vg \quad 或 \quad f=\frac{\rho_O}{\rho_{水}} \tag{20.11}$$

也就是说，如果漂浮的物体密度是水的 90%，体积的 90% 会浸没在水中。对于冰这种密度比水小的物质也是如此。通常当你冰冻东西的时候它的体积会减小，密度会增大，但是当你降低水的温度在 4 ℃以下时它的体积会略微增大。这就解释了为什么冰能浮在水面，为什么冰山大部分在水面以下，为什么我们有类似《泰坦尼克》这样的电影。

阿基米德原理有很多应用。我们想要用铁建造一艘船，现在不要再问如何能使铁船浮在水面上这样的问题了，因为铁船并不是实心的。如果你琢磨一艘实心的铁

船，我劝你还是转行吧！船是用铁制造的，但它基本是空心的，如图 20.6 所示，可以很容易计算出这艘船下沉多深才能平衡掉自身的重量。如果告诉我船的重量 Mg 和底面积 A，我会告诉你下沉深度 H：

$$\rho_{水}(HA)g=Mg \tag{20.12}$$

当然，也可以运一些货物，当船无法排开足够的水来抵消船和货物的重量时就会沉没。一艘船可以运载多少货物呢？载有最大重量货物的船几乎完全浸没在水中，也就是船排开水的体积等于船的体积。

20.4　伯努利方程

下面，我们开始研究运动的流体。再一次我只引用 $F=ma$，但是我们需要聪明些，就像我们在研究压强随深度变化时假想孤立的一大块水处在平衡状态那样。

图 20.7 是所有教科书中的标准图，这是流体理论出现 300 多年后我们能给出的最好的图示。密度为 ρ 的不可压缩流体在管中流动，我们沿着流动方向选择两个点标记为 1 和 2，然后来研究两点间的液体。管子的截面积可以变化，两点的截面积分别为 A_1 和 A_2，对应的速度分别为 v_1 和 v_2，压强分别为 P_1 和 P_2，高度（相对于某个参考高度）分别为 h_1 和 h_2。记住在随后的讨论中 h_1 和 h_2 表示从某个选定的参考平面量起的高度。与之相对，之前用的 h（比如在公式 $P=P_A+\rho gh$ 中）是指从液体表面向下测量的深度。

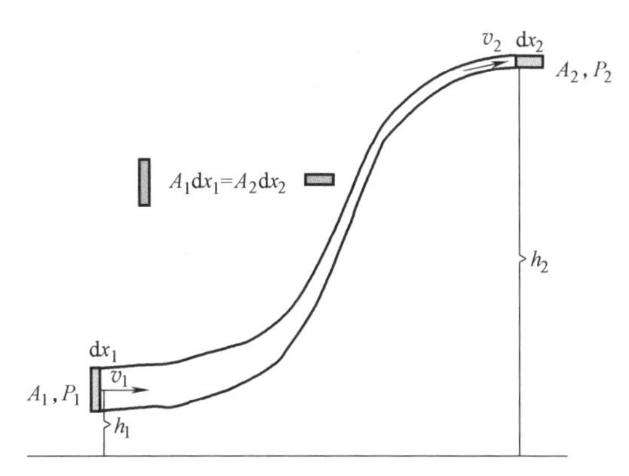

图 20.7　液体在管内流动，每个地方管子的直径、压强和高度都有所变化。我们关注的是管径为 A_1 和 A_2 之间的液体，在 $\mathrm{d}t$ 时间间隔内，这部分液体左端减少了很薄的一层，体积为 $A_1\mathrm{d}x_1=A_1v_1\mathrm{d}t$，这些液体从左侧移动到右侧，右侧端口外液体增加了相等体积 $A_2\mathrm{d}x_2=A_2v_2\mathrm{d}t$。

我们要用能量守恒定律来寻找 1 处和 2 处的上述物理量之间的关系。

20.4.1　连续性方程

首先进行纯运动学分析。不可压缩的流体遵从连续性方程，即在 1 处液体流入引起的体积增加率与 2 处液体流出引起的体积减小率相等。因为液体密度不变，一定的空间（1 处与 2 处之间的空间）内流入的液体必须等于流出的液体。在 $\mathrm{d}t$ 时间间隔内有多少液体从 1 处流入呢？你可以这样想，在 $\mathrm{d}t$ 时间间隔内左侧流体移

动的距离为 $dx_1=v_1dt$，所以左侧有体积为 A_1v_1dt 的液体流入，同时在 2 处有体积为 A_2v_2dt 的液体流出。令流入与流出的体积相等并消去 dt，得

$$A_1v_1=A_2v_2 \tag{20.13}$$

这就是**连续性方程**。

想象一下沿着不断变窄的高速公路行驶的汽车，与现实生活中不同，我们不让汽车扎堆，让汽车的密度保持不变。这就意味着道路变窄的时候需要让车加速来保证交通通畅。我到检查站观察每秒有多少辆车驶过，在任意一个检查站所得到的数目都应该相等。所以速度与道路宽度（或者对于管子来说为截面积）成反比，或者说速度与道路宽度的乘积是一个定值。

现在我们要找 1 处和 2 处变量之间的关系。在我们导出公式之前先想一想将会发生什么。你能想到流体向上流动的过程中要克服重力做功因而使流速慢下来吗？根据能量守恒定律，液体的高度和液体流速之间是有关系的。但是你不会忘记当有额外的力作用到系统上时，$E=K+U$ 并非恒定不变，还需要加上外力做的功，这个外力是指其他液体作用在所选液体两端的力。

$$E_2-E_1=\text{两端的力所做的功} \tag{20.14}$$

我们将把这个公式应用在截面积为 A_1 和 A_2 之间的液体上。现在假想给这段液体标记上不同的颜色，在 1 处和 2 处之间任意一点的液体有确定的速度和高度，所以在 $t=0$ 时有确定的动能和势能。很小时间间隔内这段被标记的液体向右移动了一段微小距离。与之前相比大部分液体都没有变化，只有左边减少了宽度为 $dx_1=v_1dt$、质量为 $A_1v_1dt\rho$ 的液体，同时右边增加了宽度为 $dx_2=v_2dt$、质量为 $A_2v_2dt\rho$ 的液体。这个过程中动能的变化为

$$dK=A_2v_2dt\,\frac{1}{2}\rho v_2^2-A_1v_1dt\,\frac{1}{2}\rho v_1^2 \tag{20.15}$$

势能的变化为

$$dU=A_2v_2dt\rho gh_2-A_1v_1dt\rho gh_1 \tag{20.16}$$

1 处压强做的功是 $F_1dx_1=+P_1A_1dx_1=P_1A_1v_1dt$，另一侧的功是 $-P_2A_2v_2dt$，之所以为负功是因为位移和力的方向相反。式（20.14）所示的功能原理可以改写为

$$A_2v_2dt\,\frac{1}{2}\rho v_2^2+A_2v_2dt\rho gh_2-A_1v_1dt\,\frac{1}{2}\rho v_1^2-A_1v_1dt\rho gh_1$$

$$=A_1v_1dtP_1-A_2v_2dtP_2 \tag{20.17}$$

两侧同时消去恒成立的等式 $A_1v_1dt=A_2v_2dt$（连续性方程）：

$$\frac{1}{2}\rho v_2^2+\rho gh_2-\frac{1}{2}\rho v_1^2-\rho gh_1=P_2-P_1 \tag{20.18}$$

移项后得到伯努利方程

$$P_1+\frac{1}{2}\rho v_1^2+\rho g h_1=P_2+\frac{1}{2}\rho v_2^2+\rho g h_2 \tag{20.19}$$

在开始的时候应该有一个抽水泵推动液体流动，但是你并不总需要追溯到抽水泵。最终需要关心的是作用在所选择的液体部分上的力，是所选部分左侧的液体对其做功，同时它也对右侧液体做功。

在真实的流体中，管壁会产生一个平行于自身的力，即对流体会产生一个拉力，因为流体不想直冲管壁运动。所以靠近管道中心的流体更容易运动，流体的不同部分有不同的流速，而且因为黏度的影响也会有许多能量损耗。在导出伯努利方程的过程中我们略去了黏度和其他能量损耗。

20.5 伯努利方程的应用

图 20.8 中有一个盛满水的容器，水面高度为 H，现在你的目的是在高度为 h 的地方挖一个洞使水能够喷射到地面上小狗的碗中。这个问题要分两步解决：(i) 让从小洞喷出的水的水平速度为 v_2；(ii) 水到达地面时经过的水平位移为 d。

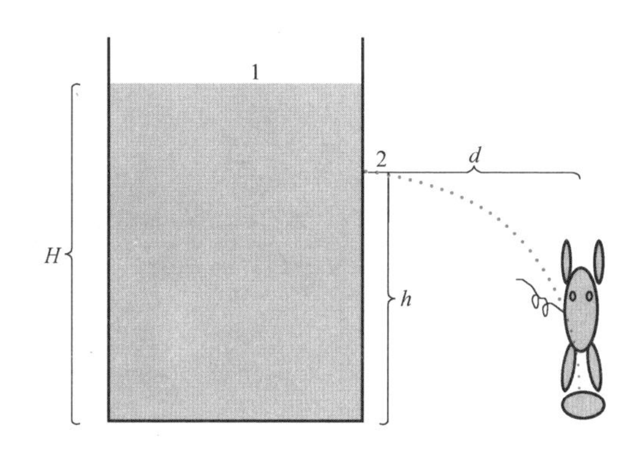

图 20.8 选择合适的高度使得小狗能够喝到水。

在水的表面上选一点作为伯努利方程的 1 处。假定在水泄露的过程中容器中水面下降非常缓慢，可设 $v_1=0$，压强 $P_1=P_A$，即大气压强。把 2 选在孔外临近孔处一点，则高度 $h_2=h$，$P_2=P_A$，可以通过下式计算 v_2：

$$P_A+\rho_{水} gH+\frac{1}{2}\rho_{水}0^2=P_A+\rho_{水} gh+\frac{1}{2}\rho_{水}v_2^2 \tag{20.20}$$

这意味着

$$v_2^2=2g(H-h) \tag{20.21}$$

水的速度与水从高度 $(H-h)$ 自由下落后的速度相等。然而，从孔中出来的水并非是从顶部落下的水。如果你给顶部的水着色后再开那个孔，从孔中射出的水是没有颜色的。

如果射出的水在落到地面之前走过了 t 的时间，由我们熟悉的运动学可以得到

$$h=\frac{1}{2}gt^2 \tag{20.22}$$

$$d=v_2t \tag{20.23}$$

消去 t 并利用式（20.21）可以得到

$$h=\frac{d^2}{4(H-h)} \tag{20.24}$$

这个方程有两个解，分布在中点 $H/2$ 的上方和下方的等距离处：

$$h=\frac{H\pm\sqrt{H^2-d^2}}{2} \tag{20.25}$$

如果我们选择比 $H/2$ 高的那个解，水流出的速度比较慢，但是在空中走过的时间长。另外一个则刚好相反。可以看出抛射最远的距离是 $d=H$（超过它后根式的值则为虚数），此时我们应该把孔开在中点 $h=H/2$ 处。

另一个例子是图 20.9 左图所示的香水喷瓶。容器中盛有某种香水，压强为大气压强 P_A。现在你用力挤压气囊使得高速（气流速度为 v_2）气流从气囊的尖嘴处喷出，喷到香水瓶口的上方。这会降低香水瓶口处的压强使其低于 P_A，进而从瓶中吸出香水并被气流吹到你的脸上。

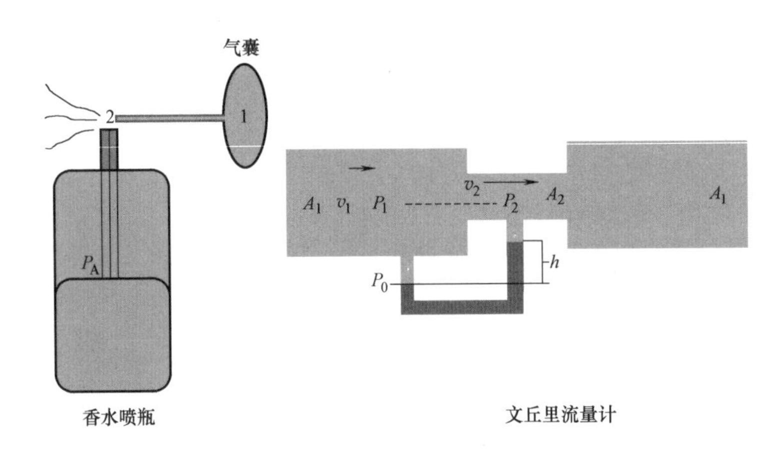

图 20.9　香水喷瓶和文丘里流量计。

伯努利方程的最后一个应用是文丘里流量计，见图 20.9 的右图。假定密度为 $\rho_{油}$ 的油流过管子，你想知道管子内油的流量是多少 m^3/s。当然它应该是 A_1v_1，但是你只知道 A_1 却不知道 v_1。因此你把其中的一段管子截面压缩为 A_2 并连上一个 U 型管，如图中所示。U 型管中装有另外一种不溶于油且密度为 $\rho_{流}>\rho_{油}$ 的流体。由连续性方程 $A_1v_1=A_2v_2$ 可知，收缩处的油的运动速度变大因而压强变小。这个差别很容易由图中所示的高度 h 求出来。考虑实的水平线所示的位置，在那个平面上 U 型管两端的压强相等，记为 P_0。这是因为它们同处于静态液体中且高度相等。管子中部两点的压强 P_1 和 P_2 等于 P_0 减去相应的 ρgh 项。消去方程两边相同的项，得

$$P_1-P_2=(\rho_{流}-\rho_{油})gh \tag{20.26}$$

因此，我们得到下列方程：

$$P_1+\frac{1}{2}\rho_{油}\ v_1^2=P_2+\frac{1}{2}\rho_{油}\ v_2^2 \tag{20.27}$$

$$A_1v_1=A_2v_2 \tag{20.28}$$

$$P_1-P_2=(\rho_{流}-\rho_{油})gh \tag{20.29}$$

解这个方程，得

$$v_1=\sqrt{\frac{2(\rho_{流}-\rho_{油})gh}{\rho[(A_1^2/A_2^2)-1]}} \tag{20.30}$$

第21章 热学

21.1 热平衡和第零定律：温度

本章中我们将学习热、温度和热传导。为我们后面学习热力学打好基础。

我们对温度已经有了直观的认识。下面先介绍一个对多数同学来说没有见过的概念：热力学平衡态。当系统的宏观特性，即用眼睛或者温度计等宏观探测器能够辨别的特性，不再发生改变时，我们称它处于热力学平衡态。

拿一杯热的黑咖啡和一杯冷的粉红苏打水，使它们两者之间以及和环境之间都保持热隔绝。无论等待多长时间，咖啡一直是热的，颜色是均匀的黑色，而苏打水则一直是冷的，颜色也没有变化。咖啡和苏打水各自处于自己的平衡态。

如果你把一个杯子中的液体倒入另一个杯子里。在一段时间内这个系统没有明确的温度和均匀组成成分，即它不处于平衡态。例如，如果你把咖啡从顶层倒入苏打水，最初的一段时间里，热的黑咖啡会在上面，冷的粉红苏打水在底部。存在一段过渡时间，这期间内你无法知道这混合物的温度是多少。混合物的一些部分是热的，而另外一些部分是冷的，整个系统没有一个整体的温度。宏观上，它正在发生改变。它的组成成分也不均匀；一些部分是黑色的，一些部分是粉红色，还有一些部分处于两者之间。但是如果你等待的时间足够长，直到这两部分溶液相互融合，它们会转变成不能饮用的温热的混乱液体，但是好的方面是此时的状态有一个明确的温度和均匀的组成，再等待更长的时间也不会再有变化，系统再次处于平衡态。

来看另一个例子。假如你把一些气体放进一个气缸内，在气缸的上面有一个质量不计、面积为 A 的活塞，见图 21.1 中的左图。在活塞的上面放上重量为 mg 的物体，它将产生一个 $P=mg/A$ 压强。（我们假定气缸外面不存在大气压。因为气体很轻，我们也不考虑气体由于自身质量而产生的压强 ρgh。）因为肉眼可见的宏观的状态不再改变，我们说气体处于平衡态。活塞将会稳定在那个位置。但是当你突然移走 1/3 的重量时，活塞将会突然上升，并上下振动几下。一段时间之后活塞将会停在一个新的位置，气体处于一个新的平衡态。在原来的平衡态和新的平衡态之间的时间里，你看到了活塞的移动，气体混乱不堪并伴随着涡流和湍流，并且气体内部压强有些区域高有些区域低。系统处于非平衡态。

下面总结一下宏观状态和微观状态的不同。即使系统没有处于平衡状态，微观状态下组成气体或者液体的原子或分子在每一瞬间都处于一个确定的状态。每个分子都有一个确定的位置和速度，由牛顿定律可推知分子的未来状态。在宏观状态下，这时我们不注意细节，处于非平衡态时，温度和压强等这些整体参量没有一个确定的值。相反地，处于平衡态时，温度和压强等宏观参量均匀一致且固定不变，而其内部分子仍然在永不停息地运动着。

现在，一个系统一旦处于平衡态，我们就可以给它指定一个温度 T。目前关于温度，除了一点直观感受外，我们什么都不知道。因此我们将从头开始建立温度的概念。

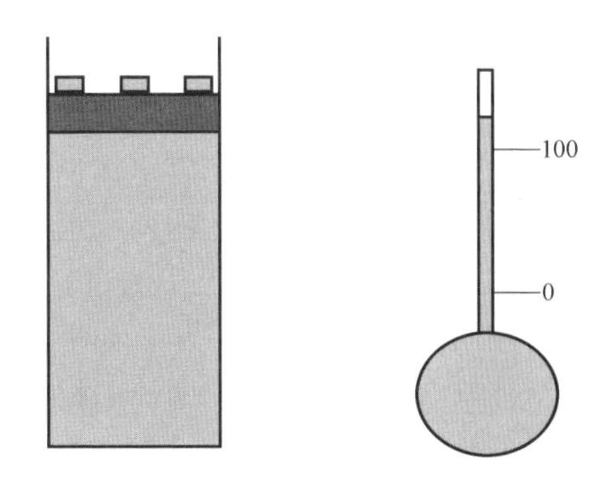

图 21.1　左侧：气体被一个面积为 A 的活塞封在气缸内。重物在活塞的上面产生了一个压力 F 和压强 F/A。右侧：温度计，液体从球形容器内扩展到细玻璃茎内。

我们从**热力学第零定律**开始，之所以叫第零定律是因为在热一律和热二律确定之后，人们意识到还需要有一个更加基本的概念。第零定律的内容："如果 A 和 B 温度相同，并且 B 和 C 温度相同，那么 A 和 C 温度也相同。"

你可能会问："你把这个东西称为定律？"是的，因为它是使我们能够从整体上描述温度的关键。假设我在一个地方用温度计测量某个物体的温度，然后在另一个地方测量另一个物体的温度，温度计的读数相同，然后根据热力学第零定律我能推断出这两个从未直接相互接触过的物体有相同的温度。这意味着如果我使这两个物体接触，它们将继续处于平衡的状态。也许对你来说这是显而易见的。但是温度的整个概念是基于事实推断出的，这个事实就是你可以定义一个属性，这个属性可以让我们从整体上比较两个从未直接接触过但都与第三个系统接触过的系统。

21.2　温度的标定

一旦我们对热和冷有一些想法，我们会希望把它进一步定量化。用高或者矮来描述某人是一个不错的开始，但是我们常常想知道有多高——多少英尺、多少英寸。对更多定量信息的需要导致了这样一个主意，"让我们找出随温度而变化的物体，然后利用那个变量把温度定量化，之后制作成温度计。"

例如，你到国家标准局找出那把放在玻璃柜里并保持特定温度的金属米尺。拿另一把同样的复制品并且放在玻璃柜的外面，你会发现当房间的温度比玻璃柜里的温度高时，玻璃柜外面的尺子膨胀，长度改变了。当房间比玻璃柜里面冷时它会缩短。放在装有空调的玻璃柜里的尺子的长度不会变化。因此应该是外面的尺子伸长或者缩短了。一种定义温度的方法是在某种独特的方式下使温度值和尺子的长度关联起来。例如，温度可以规定为以厘米为单位测出的尺子的长度值，测量方法是与玻璃柜中的尺子相比。可是，如果想要把这把尺子变成一个便携式的温度计，我们需要拿它与一个容易携带且不会热胀冷缩的标准尺子作一比较。我们可以选择一个由木头制成的米尺做标准，我们注意到无论房间多冷或者多热，它的长度几乎等同于在玻璃柜里的金属尺子的长度。我们可以携带这把木头尺子和一个金属尺子并且利用它们长度的差值作为温度的一种度量。

首先我们要做的是利用第零定律说明什么时候两个物体有相同的温度。你把金属直尺分别浸入装有不同液体的两个桶中，等待足够长的时间使它们达到热平衡，如果达到热平衡后（用木头尺子测量）金属尺子有相同的长度。我们可以说这两种液体有相同的温度。更进一步，如果尺子的长度不相同，你可以认为较长的尺子对应的液体较热。为了具体说明热的程度，我们可以说（用木头尺子测量出来的）金属直尺的长度就是温度。或许我们不习惯用长度来表示温度，但是这种测量单位与度数一样有效，就像 760 mmHg 是被认可的大气压强的一种量度一样。

实际当中人们会选择一个比金属-木头尺子的结合测温器更加方便的测温装置。我们知道加热液体它会膨胀。如果你在热天给你的煤气罐充气，你需要在煤气罐的顶层预留一部分空间供煤气膨胀。一种测量温度的方法是取一些液体放在一个罐子里，标注此时的液面高度，观察液体膨胀或者收缩到一个新的高度并且标注此时的高度。（这里，我们略去罐子自身的伸展，可以通过其他的方法证明这是合理的。）你可以使每一个记号与一个确定的温度相对应。这个记号可以是 0，可以是 5，可以是 19；你得确定它是单调的。因此在客观上标记为 21 时比标记为 19 时要热，如某种物质在温度为 21 时会熔化而 19 时则不会。

图 21.1 的右侧给出了一种有更大实用价值的温度计的设计方法，在一个大的球形容器内充满液体，容器顶部连着一个抽空的非常细的茎管。这样设计的聪明之处在于，即使液体膨胀 1%的体积，它在狭小的茎管内也会上升非常多，因为这个茎管非常细，一点液体在茎管内也会形成相当长的一段液柱。实际上，这个茎管就像嵌入的棱镜一样把水银或者酒精柱放大进而让我们肉眼可以分辨液体的变化。

接下来，我们想设计一种普适的温度计，使得世界上不同的地方、不同的国家、不同的实验室的人们有统一的标准。也就是说，我们想让每个人通过下面的步骤制作他或者她自己的温度计成为可能。我们将温度计浸入一个装有水和冰处于平衡态的水桶中。水和冰的共存好像只能在一个确定温度下发生。称为冰的熔点或者水的冰点。我们找到一个水和冰共存的湖边。将温度计浸入湖中，发现只要水和冰共存读数就不会发生改变，只有当水全部转换成冰时读数才会改变，反之亦然。无论我们得到什么读数我们理所当然地认为是 0 ℃。这只是一个定义。在图 21.1 所示的温度计中，我们在茎管上标上这一点为 0 ℃。但是现在我们利用只有一个记号的温度计只能判断另一个物体是高于、低于或等于 0 ℃。

因此我们需要找到另一个被人们普遍接受的事物来确定另外一个温度。水的沸点是众所周知的一个。如果你将水放在一个高压锅内并将高压锅放在炉子上不停地加热，直到水开始沸腾并且气化，当水和水蒸气共存时温度将保持不变，从此时汞柱不会上升可以知道这一点。此时共存的温度被称为 100 ℃。当这发生时你将温度计浸入此时的水中并且将此时溶液的高度记为 100 ℃。之后，在细茎上记号为 0 ℃和记号为 100 ℃之间取一个区间（见图 21.1），然后将这个区间平分成相等的 100 份。这种等分的刻度也可以扩展在区间之外，区间外的标度对应 0 ℃和 100 ℃之外的温度。（这好像说一把米尺可以用来测量多于或少于 1 米的长度。）如果液体已经从 0 刻度向 100 刻度走了 79%的刻度，这时的温度是 79 度，这就是**摄氏温标**。大家知道还存在其他的温标。你可以用华氏温标或者其他温标，在这些温标中水的冰点可以对应不同的数字。有的人认为是 0，有的人认为是 32。你也可以给沸点指定一个不同的数字：100 或者 212，并且你可以将此时的区间分成 100 份，或者 180 份，只要你喜欢。但是基本原理有相同的三步骤。你找到方便在实验上重现的两个点，将这两点之间的区间分成相等的若干份，然后用你自己的名字来命名这个温标。

现在谈谈这个方法存在的一些问题。问题之一是水的沸点似乎没有一个非常真实可信的标准。如果我在高海拔地段比如洛基山脉上煮水，此时水好像没有在海平面煮的水那样热。我知道这些是因为在煮米饭时我发现，在洛基山脉上当水已经沸腾时米饭还没有完全煮熟，但是在纽黑文市当水沸腾时米饭已经完全熟了。根据煮饭这种物理现象，我推断出水在山脉上比在平原上沸腾的更早。在海平面上的标准温度计与在山脉上的温度计不一致。因此，应该由山上的人还是应该由海平面上的人来决定水沸腾时真正的温度是多少？当你说沸点和冰点时你必须格外小心，因为它们与海拔高度、压强等因素有关。

现如今，人们有了许多奇特的方法来标定温度，我在后面会给大家介绍一些。但是现在不必担心在不同海拔的地方沸点不同这个事实；因为所有在海平面上标度的温度都一致，全球范围内海平面上的条件都相同。

现在我们转向一个更加深奥的问题，即使你已经确定出可靠的沸点和冰点，这个问题也会存在。如果你用自己喜欢的液体，比如水银，制作了一个温度计。我用酒精制作了一个温度计，它们会在 0 和 100 处相一致。这是因为这两个温度就是这样定义的。我们规定在 0 度时每个人都认为是 0 度，在 100 度时每个人都认为是 100 度，但是 75 度呢？如果我的液体上升到了通向顶部 3/4 的路程，我说此时是 75 度。在这一点上，你的液体并没有走过 3/4 的路程。换种方式说，我们在图 21.2 中给出了两个条线。x 轴给出水银温度计测量的温度值。y 轴是另一个温度计，比如酒精温度计，测出的温度值。为了方便做比较，给出直线 $y=x$，该线上 y 的读数和在水银温度计上的读数相同。根据定义知两种温度计测得的 0 度和 100 度相同。弧线上的点在中间部分 x 和 y 的值并不相同。当水银温度计读数为 75 度时，另一个温度计的读数可能是 55 度，你必须选择其中一种液体，然后说“我相信这种液体。当这种液体充满一半时，我们说此时是 50 度。”在选择一种液体时你得有一条国际惯例，你了解它之前，在酒精的拥护者和水银的拥护者之间将会有一场争论。

要是我给你展示数百个彼此一直保持一致的温度计会怎样呢？很明显应该存在这样的数百个相互一致的温度计，什么样的温度计呢？它们是气体温度计。下面我来解释它们是怎样工作的。这需要下一番功夫，但是很值得。

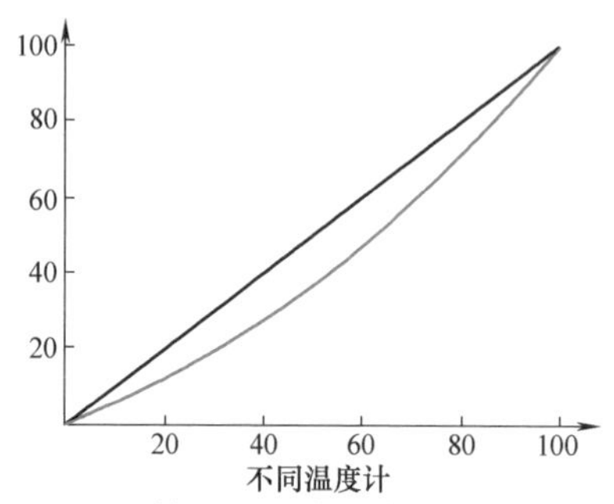

图 21.2　x 轴用一个作为参考的温度计比如水银温度计的读数标注，y 轴用另一个温度计比如酒精温度计（弧线）的读数标注。直线 $y=x$ 是为了方便比较而给出的，该线上 y 的读数和水银温度计的读数相同。

首先，在某个压强 P 下我把少量气体放进一个汽缸内，从汽缸底部到活塞之间的体积为 V。这就是我作为参考的温度计。我把它放进沸腾的水里直到它达到平衡并且记下压强和体积的乘积 $[PV]_0$ 的值，下标 0 表示这是作为参考的温度计。我在一个冰水共存的桶里重复上述步骤。然后再次记录下相应的 $[PV]_0$ 值。现在我用这个值在 x 轴上标注出刻度（见图 21.3）。把 x 轴上的对应于冰点的这个位置定为 0 ℃，沸点定 100 ℃。然后把 0 ℃和 100 ℃之间的区间分成相等的 100 份。这就是根据气体温度计确定的摄氏温标。为了测量一个物体的温度，我拿这个气体温度计与这个物体接触，等达到平衡时测量出 $[PV]_0$ 的值。这个值对应的摄氏温度计所标注数字就是这个物体的摄氏温度。因此在本图中这个值 $[PV]_0=350$ 相当于摄氏温度 75 ℃。我可以在冰点的左边和沸点的右边继续标注相同间隔的刻度。

我现在考虑另外两种用不同量且不同种类气体制成的温度计，在图中把它们的 PV 值作为我的摄氏温标的函数给出，我的摄氏温标以 $[PV]_0$ 的值为基础沿着 x 轴。在图中显示两条这样的线，关键在于它们都是直线。这就保证了除两端处的已知重合的点外，中间与延长线上其他点都一致。我们来解释一下其中的原因。观察下方那条标注为 2 的曲线和阴影部分的直角三角形，三角形在 x 轴方向从 0 延展到 100，在 y 轴方向延展到其对应的 $[PV]_2$ 值。$[PV]_2$ 的值从冰点到沸点呈线性增长（如直角三角形斜边所示）。当然，我们想要得到的并不是 $[PV]_2$，而是相应的摄氏温度。这说明我们必须将每个 $[PV]_2$ 的值与一个特定的温度对应起来。按照惯例，我们将冰点标为 0 ℃，沸点标为 100 ℃，接着将 $[PV]_2$ 从 0 ℃到 100 ℃之间的

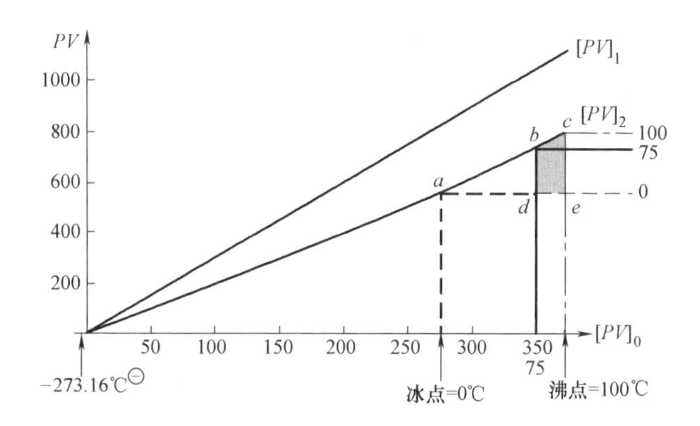

图 21.3 不同气体温度计（分别标注为 0，1 和 2）的比较。
x 轴表示其中一种气体，另外两条线代表另外两种气体温度计，这些气体温度计可能充有不同的稀薄气体。图形的线性保证了这些温度计不仅仅在 0 和 100 度时一致，并且在这两点之间的温度也一致，只要三角形 *abd* 和三角形 *ace* 相似。当 $[PV]_0=350$ 时，温度为 75 ℃。

差值等分为 100 份，每份为 1 ℃，如图中直角三角形竖直方向的直角边所示。这样看来，如果 $[PV]_2$上升的量是从 0 ℃ 到 100 ℃ 变化量的 75%。从标号为 2 的温度计读出的温度则为 75 ℃。这也正好是 x 轴上面对应的温度，因为在 x 轴其变化量也是 75%，这可以从三角形 *abd* 和三角形 *ace* 相似得出。同样道理，使用 $[PV]_1$值来测温的标注为 1 的温度计与其他两个温度计的测量结果处处一致。事实上，对于任何气体温度计，都能用一条直线来表示其 *PV* 值所标度的温度，并且与其他气体温度计所标度的温度处处吻合。不同种类和不同量的气体形成的直线的斜率不同（例如，等压情况下气体体积变为 2 倍，会使 *PV* 值及斜率变为 2 倍），但那只是改变了每摄氏度对应的 *PV* 间距。

该结论的基础是，任意两个点确定一条直线。

用气体温度计来标定 x 轴本身十分重要。如果有一温度计与该气体温度计在中间点上不吻合，我们再用它来标定 x 轴，那么所有温度计的 *PV* 测量图线均会弯曲。

做一个好的温度计还有一个要求：气体必须非常稀薄。满足这个条件，每个人都能制造出气体温度计并使用它。

21.3 绝对零度与开尔文温标

从不同气体温度计的比较（见图 21.3）中我们知道了不但每个气体温度计都可以用直线来表示，而且所有这些线与 x 轴相交于同一点 −273.16 ℃㊁。（事实上，

㊀ 交点处温度应为−273.15℃。——译者注

㊁ 应为−273.15℃。——译者注

PV 线在没达到 0 处就中断了，但根据线性关系我们可以推算出在哪个地方达到零。）这一温度非常特别，因为所有气体都通过同一点，被称为绝对零度。之所以这样命名，理由有很多。其一，它不同于 0 ℃，0 ℃绝不是物体可能达到的最低温度，绝对零度才是温度的最低限。为什么呢？因为气体压强不可能降低到零点以下，那么在没有压强的情况下温度也不能再降低下去了。之后我们会知道即使从理论上来说也不能实现温度再降低的原因。那要求你能够从原子级别上去理解冷和热。但是现在，图 21.3 显示所有气体温度计都指向这一温度。所以人们称使水凝固的温度为人为规定的零度，那是基于人们对水的特殊认识。但是如果你想用物理定律来描述整个宇宙，那在没有水的星球上该如何描述温度呢？假定你与另一个不同的文明交流，就比如猿的星球，你告诉它们："猿们，我们要统一温度了，0 度代表水的凝固点。"然后它们说："水是什么？"你不能将水定义为它们喝的东西，因为你不知道它们喝什么。它们可能喝液化甲烷，或液氢。另一方面，如果你说，"任取一种气体，等到它的体积和压强都变为 0，然后将那个温度称作零度，"那才是全宇宙的温度标准，它并不依附于那个被称为水的东西。绝对零度指的就是0 K，K 在这里代表的就是开尔文（公爵）。

确定完零点，我们需要另一个温度来形成一个温标。而水的三相点最终被确定为 273.16 K。什么是水的三相点呢？在 *P-T* 图上，冰和水可以共存于某条曲线，而水和水蒸气又可以共存于另一条曲线，这两条线的交点非常特殊，是冰、水、水蒸气三相共存的点。此时该系统无法被确定处于三相中的哪个相。在开尔文温标中我们将那个点标记为+273.16 K。（为了我们的目的，这一三相点本质上就是特定压强下的冰点，我们在图标注为"冰点"。）摄氏温标与开尔文温标的区别仅在于零点的位置，开尔文温标中每改变 1 K，相应在摄氏温标改变 1 ℃，在两种标度中，绝对零度和三相点之间均相差了 273.16 度。

这里有一个规定（这并非不成文的规定）。你可以说"50 摄氏度"，但一般不说"50 开尔文度"，而应该说成"50 开尔文"。我一直不管这个规定，目前为止也并没有因此而遇到什么麻烦。但是你在参加 GRE 考试或求职面试时必须要记住这一点。一旦你被授予了终身职位，你也可以随心所欲地说成"50 开尔文度"，不会有什么可怕的后果。

21.4 热和比热

热用字母 *Q* 表示。说到热的时候一般讨论哪些方面呢？我们再利用一下自己的直觉。假如现在有一桶水，我们想给它加热。我们将桶放在温度比水高的炉子上，这两者放在一起的时候，水就不自觉地变得越来越热。我们说我们把水加热了，我们说我们给水传递了热。然而至今，科学家们还是始终不能确定被传递的到底是什么。有什么东西从炉子进入了水中？如果不接通电源，为什么炉子会随着水的变热而变冷？一些理论学家设想，高温的物体中有大量的一种特定的物质叫作热质，而在低温物体中热质较少。当我们将高温物体与低温物体放在一起时，热质从高温物体流向低温物体，在这过程中，低温物体被加热。我们用卡路里来衡量传递的热。那么接下来我们需要定义卡路里。你也许会问："一桶水温度升高 10℃需要消耗多少热量?"计算规则是这样的：所需的卡路里等于以克为单位的水的质量与水的温度的变化量的乘积：

$$\Delta Q = m\Delta T \tag{21.1}$$

换句话说，如果你有 4 g 水，让它温度上升 7 ℃，根据定义，你需要给它输入 28 cal 的热量。如果是 4 kg 水，那就是 28 kcal。有时我们以克和卡路里为单位，有时则是以千克和千卡路里为单位。但是定义是一致的：你在克前面加了一个"千"字，那么在卡路里前面也相应加上一个"千"字。

现在，假设你想加热一些别的东西，比如 1 g 铜，然后你写下下面的规则。加热任何物体所需热的量一定与你所要加热的物体的量成正比。这是我们直觉上的概念。如果你有一块金子，它需要一定量的卡路里，然后你有另一块完全相同的金子，那么它将需要等量的卡路里。如果你将它们放在一起，很明显，不论热质是什么，与单独一块金子相比，你都需要双倍的量。因此，ΔQ 应该与被加热物体的质量成正比，也与我们所需要达到的目的，即温度的上升量成正比。无论是铜、木或是金，这对一切物体都成立。不论你加热什么，所需的热量都与物体质量和温度的上升量成正比。那么不同材质的物体之间的区别是什么呢？这里我们介绍一个物理量，比热 c，其定义为

$$\Delta Q = mc\Delta T \tag{21.2}$$

比热是材料本身的一种属性，后面我们会讨论它的测量方式。式（21.1）告诉我们，水的比热为 1 cal/g：

$$c_{水} = 1\ \text{kcal/kg} = 1\ \text{cal/g} \tag{21.3}$$

你必须理解公式既与普适的特定参数有关，又会与具体物质的特性相关。在以上例子中，对 m 和 ΔT 的依赖是普适的，然而对于 c 来说，它是由不同材质决定的。

举另一个例子来证明这一逻辑。如果我问：将一根杆的温度上升 ΔT，它将伸长多少？伸长量 ΔL 必须与原长成比例。为了得到这个结论，取一根 1 m 长的杆，伸长一定量，然后在后面接着放一根相同的 1 m 长的杆，这根 2 m 长的杆的伸长量为 1 m 时伸长量的两倍。因此，我们将长度 L 放在右侧。当然，还有引起杆伸长的原因即温度增量 ΔT。无论你加热什么物体——一块木头或钢——都有

$$\Delta L \propto L\Delta T \tag{21.4}$$

然而同样的热量对铜和木头有不同作用效果这一事实引出了 α，线性膨胀系数，它由物体材质决定。我们得到

$$\Delta L = \alpha L\Delta T \tag{21.5}$$

因此铜有一个特定的 α 值，铁有一个与之不同的 α 值，以此类推。也许你会说："加热某一种材料使其温度升高 1 度，它的长度伸长 9 in；加热另一种材料使其温度升高 1 度却伸长了 2 in。" 显然第一种材料更容易伸长吗？不是的，因为第一种材料可能原长有 1 英里而第二种可能原长只有 10 in。因此，你要把普适因素找出来，剩余的因素就可以归入不同材料的特性。

根据定义，已知水的比热 $c_水 = 1$ kcal/kg，我可以由此测量其他材料的比热。取一装有少量水的容器，忽略容器自身质量。质量为 m_2 的水初始温度为 T_2。我有一些别的材料——铅，现在我想测它的比热。于是，我取质量为 m_1 的铅质小球，将其加热到 T_1，然后将小球放入水中。当我放入的时候，有一段时间系统的温度是不确定的。很快，水和铅质小球达到同一温度，最终，平衡时温度为 T_f，质量为 m_1+m_2。

现在我们假设 Q 的变化总量为 0。换句话说，如果一个物体消耗了热 Q，而被另一个物体获得了，那么获得的 Q 量与消耗的量是相等的。这是一条新的定律，叫作热质守恒定律。你可以自己建立各种你想建立的定律，你也不知道它们是否正确，但这是你首次提出的定律。对于这个特定的问题你有什么想说的？对于这个热量测定问题，我建议你画出图 21.4。它显示了在开始时 T_1 和 T_2 温度下质量为 m_1 铅和质量为 m_2 水，以及它们在混合后到达末态温度 T_f。所有变化量 ΔQ 的代数和为 0：

$$\Delta Q_1+\Delta Q_2=m_1c_1(T_f-T_1)+m_2c_2(T_f-T_2)=0 \tag{21.6}$$

值得注意的是，水的 ΔQ 是正的，因为 $T_f>T_2$（水获得热量），而铅球失去热量，ΔQ 为负，因为 $T_f<T_1$。

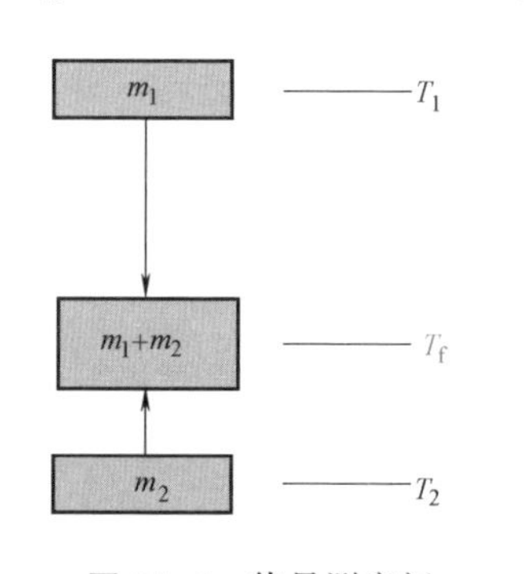

图 21.4　热量测定问题：T_f 将会是多少？

已知水的质量为 m_2，铅球的质量为 m_1，$c_2=1$ kcal/kg。再测得 T_1，T_2 和 T_f，最后可计算出 c_1。

现在实验发现物体的比热不是一个真正常量，它会随温度的改变而改变，而且在 T 趋于 0 时基本消失。寻找比热与温度的函数关系是一个复杂的工作，要从原子和量子力学开始着手分析。在一定的温度范围内，一般在接近室温（大约 300K）的时候，我们可以将其视为常量。

我们视作常量的量事实上没有一个是真正意义上的常量。前面在我们知道原子之前，我们把比热说成是常量能够成立。物理学家在努力做到尽善尽美。正如上文所说的那样，他们在实验上发现铅的比热是一个定值，金也一样。其他实验中，他们利用上述方法测定的铅和金的比热值计算得到 ΔQ 加起来确实为 0，Q 是守恒的。但这是基于那个时代最精确的测量了。之后，随着精确测量技术的改善，在更大的温度范围内，我们发现如果在热量测定实验中热质是守恒的话，不能再把比热看成与温度无关的量了。

21.5 相变

现在，我们转到一个新的概念上。我现在使用摄氏温标，这样更容易与冰块相联系。将-30 ℃的冰块放到热源上，该热源装置每秒会释放出固定数量卡路里的热，经过一段时间的作用后，冰块的温度会升高。我每秒获得一定量的卡路里，产生 $mc_{冰}\Delta T$ 的热，其中 $c_{冰}$ 是冰块的比热。记住冰和水的比热是不同的。虽然冰是由水分子组成的，将 1 g 冰加热，使其上升 1 度所耗的热大约只占了使等量的水上升 1 度所消耗热的一半。由于 m 和 $c_{冰}$ 是常量，ΔQ 与 ΔT 成比例。温度上升的速度与热量传入系统的速度成正比。如图 21.5 所示，冰块的温度从最初的-30 ℃到-20 ℃，再到-10 ℃，以这样的趋势上升。而一旦温度到达 0 ℃即 A 点处，就固定不动了。尽管我们知道热还在不断输入，但冰块温度不再上升。然后我们注意到冰块开始熔化。随着热量的输入，会出现一段温度不再上升的时期，但这期间，我得到了冰到水的转换，这就叫作相变。当物质的原子排列方式改变时，相变发生。在这种情况下，组成物质的原子从固态的规则排列变化到液态的可自由移动。

固态物质中的原子就跟教室里的孩子一样：每个人有一个固定的位置但可以在位置上做小的动作。而容器中的液体更像一个有围栏的操场上的孩子，可在其容纳的空间内到处跑。

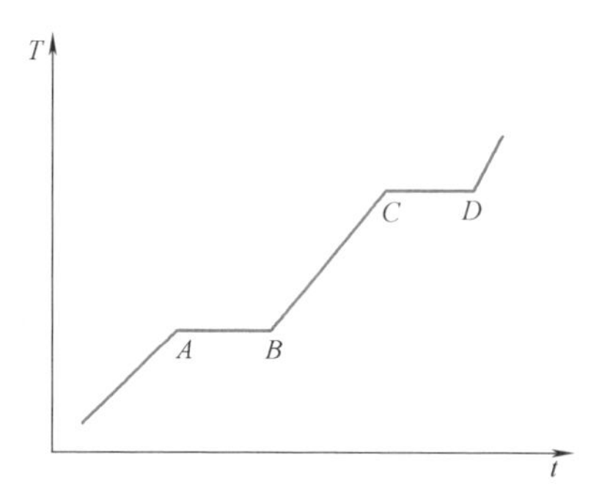

图 21.5 从 0 ℃的冰到 100 ℃水之间的不同相。随着时间的演化，持续热流把冰块从 0 ℃加热到 A 点；AB 段温度为 0 ℃冰熔化变成水；BC 段水在被加热；CD 段温度为 100 ℃水蒸发成为水蒸气；之后变成过热蒸气。

再回过头来讨论冰水混合的状态，在 A、B 两点之间，在冰完全转化为水之前，系统的温度都固定在 0 ℃不变。这是一个非常有趣的性质。现在，如果你真把一个容器放在热源上加热，再在容器中放入一块冰块，你很清楚会发生什么。冰块底部开始熔化，甚至会沸腾，蒸发，而此时顶部可能依旧是固态。但那不是我想要说的，因为此时系统没有一个统一的温度。我希望你慢慢地给冰块加热，也就是你对系统每输入一点热量，都给它足够的时间让整个系统受热均匀，这样使整个系统达到共同的温度。如果这样做的话，你会发现一直到所有冰块熔化，系统温度保持不变。

熔化所消耗的卡路里被称作熔化潜热，用 L 表示。不同物质的熔化潜热不同，水的熔化潜热值为 80 kcal/kg。

当所有冰块都熔化为水后，就到达了 B 点，整个系统温度又开始上升，我猜你应该知道下一个停止的点了。当到达 100 ℃的 C 点时，温度不再上升直到所有水都蒸发成为水蒸气。而在 D 点之后，全部水都转化成水蒸气。然后你就得到了温度高于 100 ℃的过热蒸气。在这个相变过程中，每 1 kg 物质所消耗的热就是汽化潜热，用 L_v表示。水的汽化潜热大约在 500 kcal/kg㊀。具体数值我不太记得了。

因此，如果我给你一些-30 ℃的冰和 5000 cal 的热，你把这些热输给这些冰，最终的结果会是什么？如图 21.5 所示。你首先要花费部分热让冰的温度从 A 之下上升到温度为 0 ℃的 A，然后如果热还有剩余，你可以用来熔化那些冰；可能你会用光所有的热，达到 A 与 B 之间的某点所表示的状态，此时得到的是冰水混合物。如果你仍然有热剩余，你可以把冰全部熔化（B 点）并开始加热这些水直到它全部蒸发，然后加热那水蒸气，等等。

你所碰到的同类问题在大部分情况下都相当简单。你唯一会真正遇到困难的情形是这样的。假如我混合一些 20 ℃的水和一些-40 ℃的冰。那么最终的产物会是什么呢？现在，这是一个非常复杂的问题。如果你有一些 20 ℃的水然后你加入了更多 60 ℃的水，你能容易地猜到最后会得到处于两个温度之间的水，这一点你能非常简单地计算出来。可现在这的问题更复杂。所得到的答案依赖于你有多少水和多少冰。如果你是用像大西洋那么多的 20 ℃的水和仅仅几块冰块，我们是知道会发生什么的。这些冰块会被完全熔化掉。你最后得到的都是水。然后，你可以很简单地通过写下以下的公式（都用摄氏温度）并计算出最后的水的温度 T_f。

$$0 = M_{大} c_{水}(T_f-20)+M_{冰} c_{冰}[0-(-40)]+M_{冰} L+M_{冰} c_{水}(T_f-0) \tag{21.7}$$

$$= M_{大} c_{水}(T_f-20)+M_{冰} c_{冰}40+M_{冰} L+M_{冰} c_{水} T_f \tag{21.8}$$

式中，$M_{大}$和 $M_{冰}$分别是大西洋中海水的质量和冰块的质量；$c_{冰}$和 $c_{水}$分别是冰和水的比热，L 是熔化潜热。第一项是海水从 20 ℃降到 T_f放出的热 ΔQ，第二项是冰从-40 ℃升高到 0 ℃的吸收的热 ΔQ，第三项就是冰熔化时吸收的热量，最后一项是由冰熔化成的水温度升高到 T_f所吸收的热。

一般来说，给你一些 0 ℃以下的冰和一些 0 ℃以上水，你不可能提前知道最后会得到全部的冰还是 0 ℃的冰水混合物或者是全部的水。你可以首先做一个乐观的假设：你最后得到的全部是水，其温度是一个未知值 T_f。列出你的方程式，包含冰熔化成水吸收的热，然后解出 T_f的值。如果得到一个答案为正，你可以使用它，因为你假设的整个过程——加热这些冰，把冰熔化为水，然后把水从 0 ℃加热到最终的温度 T_f——是正确的。假如你做了计算并得到一个负的答案，这个结果与你在写方程时所做的假设不一致。之后，你需要尝试别的假设，比如你可以假设最后全部都是冰。假如你认为 T_f是在 A 之下的一个值，也就是温度小于 0，那你就是仅仅把非常冷冰变成不太冷的冰。把温度 $T>0$ 的水的温度降到 0，放出 $mc\Delta T$ 的热，

㊀ 标准大气压时约为538.1 kcal/kg。——译者注

然后让 0 ℃的水变成 0 ℃的冰，放出一定量的熔化潜热。最后把冰从 0 ℃降到 T_f。让水放出的热和冰吸收的热相等。如果你解出 T_f是一个负数，那你就对了。这就好像我洒了两滴水在冰山上；我们知道最后会成为冰。

如果我给你的是没有特点的数字，你无法判断清楚到底是冰会获胜还是水会获胜，假如两种都失败了，你可能会不得不想到第三种可能性：你最后得到的是一些 0 ℃的水和一些 0 ℃的冰，即状态对应的点处于 A 和 B 之间。所以问题就不再是最后温度是多少了——因为最后的温度是 0 ℃——而是有多少数量的水和多少数量的冰。

你可以按照下面说的方法来解决这个问题。水的温度为处于 B 和 C 点之间，假定为 25 ℃。你提取出 $\Delta Q=m_{水}\ c_{水}\ 25$ 的热把水降为 0 ℃的水，这也就是最后平衡的温度。然后把这些热量传给冰，先把冰的温度从 A 点之下上升到 A。它需要吸收 $m_{冰}\ c_{冰}\ \Delta T$ 的热，$m_{冰}\ c_{冰}\ \Delta T$ 表示冰的质量乘以冰的比热再乘以温度增量。如果冰的起始温度是-40 ℃，则温度增量 $\Delta T=+40$ ℃。你当然有足够的热量来这么做，这是因为你知道最后所有得到冰是处于 0 ℃的。如果热量还有剩余，你可以利用这些热量以 L（kcal/kg）的速率来熔化冰。没有被熔化的那些冰就是最终的冰的量，剩下的质量为水。

21.6 辐射、对流和传导

现在，我们来讨论热的不同的传递方式。

辐射是热不通过任何中间介质的帮助从一个物体传到另一个物体的过程，就好比从太阳来的热，就是电磁辐射。电磁辐射不需要空气传播，它的传播不需要任何介质。事实上，如果它需要像空气一样的介质来传播的话，我们就不会从太阳得到哪怕一丁点的热，这是因为地球和太阳之间大部分都是真空。因此，如果你站在一些有着灼热的发红线圈的小型取暖器的前面，你会感到温暖。这时如果有人在把空气从屋子中抽出去，你最后的想法会是，“嗯，可是我仍然感到很暖和。”

第二种热传递的方式是对流，我们用下面的例子来解释。假设你有一大盆水；你把它放在一个热盘上。然后，底部的水开始变热。当水变热时，它会膨胀进而密度减小。因此，在浮力的作用下，这部分水会慢慢地升起来。记住，这部分仍然是水。密度小的其他东西在水中会浮到顶端。但关键是，水的密度并不固定。如果你把水加热，它的密度会下降，所以下方的水密度较小然后会如同一个软木塞一样升至上方。当它到了顶端，高密度的冷水会沉下来。所以，你建立起了一个环流。热水会升至上方，冷水会沉至下方。这种情况也会发生在大气中。在一个热天，靠近地面的空气会被加热并且上升，冷空气下降，这种过程就导致了热气流。所以，这里你在尝试通过某些物质的实际运动把一个热区域和一个冷区域之间温度变相等。

在辐射中，你不需要介质传导热量因为介质有时根本就不存在。在对流中，介质在运动并且热是通过介质的真实运动来传导的。

最后一种热传递的方式是**热传导**，我想用更加定量方法来分析。大家都对热传导有过一定的经验。为什么一个煮饭锅有一个木制的手柄呢？原因非常简单：假设你的体温是98℉，而煮饭锅的温度是200℉，一个铁制的把手会把热量从煮锅传导到你的手上。我们想要弄清热量从热端传导至冷端的速率。

我现在要介绍一个新的术语，也就是**热库**。热库非常大，大到它的温度在热力学过程中不会改变。如果你坐在一个热库[㊀]上面你会被烧焦并且蒸发掉，这个过程中它的温度保持不变。事实上不存在真正的热库。如果你把一块冰块丢进大西洋里，大西洋的温度会降低，但仅仅降低一个可以忽略的量。所以，在极限情况下，大西洋可以看作无限大，这就是一个很好的热库了。热库可以只用温度一个物理量来刻画。可以把你所坐的房间非常好地近似为一个热库。如果你放一杯热咖啡在里面，它温度会变成与房间的温度一样。事实上，房间的温度也上升非常小的一点，以便与咖啡的温度相等，但房间温度的上升在实际当中可以忽略。我们认为房间温度为定值，与进入和走出房间的人几乎无关。

在图21.6中，长为L、横截面为A的刚性杆连接两个热库，右边热库可能是一缸0℃的冰水混合物，温度用T_2表示；左边热库可能是一个100℃的水汽混合物，温度用T_1表示。我们知道热会从热端传导至冷端。我想写出一个公式来表示每秒传导了多少热。它与哪些量成正比呢？横截面应该是其中之一。我们可以这样来理解。你拿一根杆，为了简便，假定它的横截面为矩形。再拿另一根同样的杆，相同的时间内它们两个传导同样多的热。把它们黏合在一起成为一根有两倍横截面的杆。它会传导两倍的热，此时面积为原来的两倍。所以，热传导的速率与横截面A成正比。为什么会有热传导呢？那是因为存在着温差ΔT。所以，公式中应该包含温差，它是热传导的根本原因。温差是热力学中的动力，也是导致热传导的原因。但是，我们发现了一个实验事实，即热传导的速率会随热库之间的距离也就是杆的长度的增长而减小。热传导看来不仅仅取决于温度差，还取决于空间中的温度梯度。所以你要除以L，也就是高温热库和低温热库之间的距离。这些热传导的特征还与我们所用的具体物质存在直接的关系。所以，目前来说，我们得到了

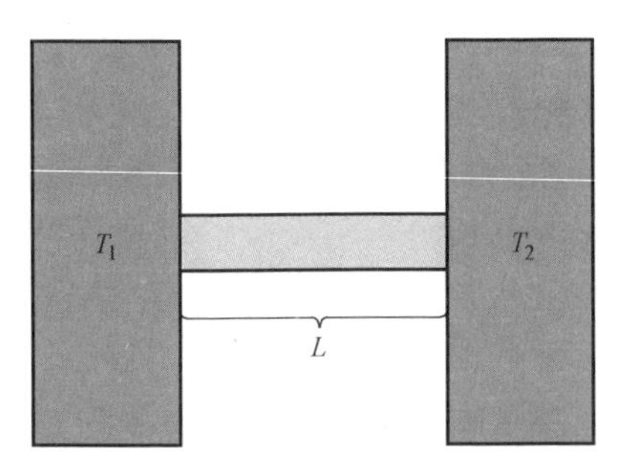

图21.6　热从一个高温热库T_1通过一个长为L、横截面积为A的传导杆传向一个低温热库T_2。

㊀ 温度非常高。——译者注

$$\frac{\mathrm{d}Q}{\mathrm{d}t} \propto A\frac{(T_1-T_2)}{L} \tag{21.9}$$

同样地，考虑到这些普遍因素之后，你会问：“这个公式如何区分开铜杆和木杆呢?”答案是你还得加入一个系数 κ，即热传导率，它的大小和物质存在如下关系：

$$\frac{\mathrm{d}Q}{\mathrm{d}t} = -\kappa A\frac{(T_1-T_2)}{L} \tag{21.10}$$

前面的负号说明当 T 随 x 的增大而减小时（也就是，当我们往右走时会变得更冷），热流的传导方向沿着 x 的正方向。

让我们凭感觉再一次提出问题：“我有两个热库，一个温度高一个温度低。用两根不同的杆连接它们。其中一个杆相对于另一根杆每秒传导两倍的热。这是否意味着，第一根杆是一个更好的热的导体?”不一定，也许它的横截面积是另一个的10000倍的。所以你要做的是让它们处于相同的传导条件：比较具有相同横截面积，相同的温度差，以及相同的长度的两个杆。然后再观察哪个杆能传导更多的热量。这取决于你所用的材料，这正是 κ 的作用。

21.7 热是分子动能的体现

过去，人们说热是热质，并且他们提出了热质守恒定律。你可以提出你想要的定律，但是你必须保证它有应用价值。任何反应中的 ΔQ 加起来是等于0，这似乎意味着这个热质守恒定律有用。但是随后人们慢慢发现，这种所谓的热质并不守恒，而且我们称作热的这个物质并不完全独立于我们学过的其他东西。

那么，你从哪里能得到线索呢？当我们学习力学的时候，我们曾经谈到两辆汽车进行完全非弹性碰撞——它们撞在了一起变成了一堆静止的废铁；最终，我们原有的势能和动能全没有了。我们不得不放弃，并说：“能量守恒定律不适用于这些非弹性碰撞。”另一方面，我们发现碰撞之后，车体变得很热。所以热也不守恒：碰撞中生成了热。还可以给出更多的线索。你拿一些炮弹，从一座高塔上丢下去。当它们撞击沙地时，会变热。或者你在一个加农炮上钻炮膛来引导炮弹，这正是伦福德1790年做过的事情，你会发现你必须不间断地向钻头上倒水让它不会变得过热。你会发现，伴随着机械能消失，物体开始发热，也就是热从无到有出现。所以，你会想，看起来好像消失的机械能和同时出现的热之间存在着某种联系。当你用度量可见的机械能的焦耳来度量热这种以肉眼看不见的能量时，机械能守恒和热的守恒可以同时归入一条很简单的能量守恒定律。如果事实确实如此，那我们必须给出焦耳和卡路里的转换关系。

焦耳做了如图21.7所示的实验。在一个绝热的容器里面装上水，容器中间有一根连着叶片且能够旋转的轴。在它的上方是一个悬挂着重块的滑轮，如图所示。有一根绳子缠绕着这根轴与重物相连，当重物下降时，轴会旋转起来。那些叶片就会搅拌容器中的水。现在，你能计算出有多少机械能散失了，对吧？这个重块一开始是静止的，当它下落时，它失去了大小为 Mgh 的重力势能。我们知道，重物最后得到的动能小于 Mgh。有几焦耳的机械能消失了，但是水被加热了。当水变热的时候，你可以通过测量水的质量和水的比热还有温度的上升来解出水吸收了多少热。然后你可以思考焦耳和卡路里的换算关系。你会发现1 cal等于 4.2 J，这就是**热功当量**。换句话说，如果你消耗了 4.2 J 的机械能，你可以得到用于加热的 1 cal 热。在汽车相撞的例子中，两辆车都有各自相应的用焦耳度量的动能，它们相互碰撞后静止。这说明，你把全部动能除以 4.2，就得到热 ΔQ 的大小了。然后这些热会使汽车温度上升，就是 $\Delta Q=mc\Delta T$，这里的 c 就是制造汽车的材料的比热。

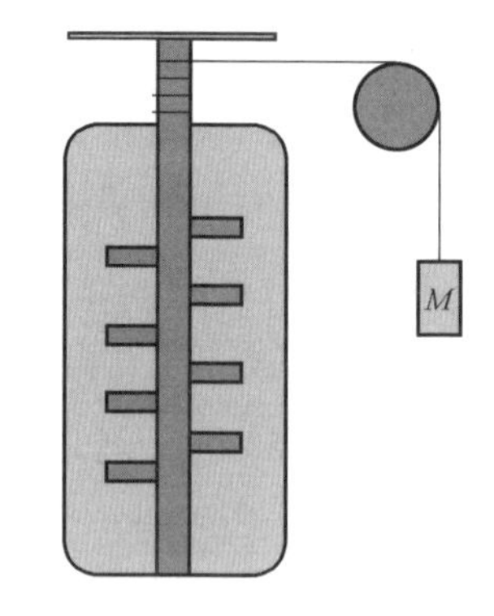

图 21.7　焦耳的实验发现了机械能和热之间的转换关系，4.2 kJ/kcal。随着重物的下降，叶片开始旋转并且加热这些容器里的水。重物失去的机械能变成热。（这里，我们假设其他设备不会吸收任何生成的热。）

在实际中，能量还会经由其他途径释放掉。你听见了撞击声：能量以声能的形式释放掉，且无法挽回。一些火花会出现：能量则以光能的形式释放掉。刨出这些以后，你最后会发现，卡路里值正好对应减少的焦耳数。

把热看成是能量的另外一种形式，可以挽救我们的能量守恒定律。假如你把热量用 4.2 J/cal 来换算的话，即使是在非弹性碰撞过程中，能量守恒定律也成立。我们为什么能够把热看作能量呢？当我们说小孩子非常有活力的，我们是在说小孩子一直前前后后地跑来跑去。能量和运动相联系。两辆车在前进，所以我们说它们具有动能。那么它们的势能呢？假如车子冲上山坡并减速，我们认为它具有势能。如果你放开它，它会退回来并且它的势能又转化成动能。所以大多数人都认为能量就是纯粹的动能。这也就是碰撞中消失的能量。但是，碰撞过程中你得到了热，所以你可以问问你自己，“热和动能是怎么联系的呢？”

我们只有在理解了万物都是由原子构成的道理之后，才能得到正确答案。事实表明，原子的动能就是我们所说的热。但是你必须要明确，如果我拿一罐冷气并扔向你，整个罐子在运动，但这不是我们说的热。它并不会由于整体的运动而变得更热。这是你肉眼所能看见的运动。我所讨论的是并没有运动的一罐冷气；但是它依旧具有分子动能，因为它内部的小分子在来来回回地运动着。如果你能够测出汽车中每个分子的动能，然后把动能相加，那么碰撞前后的动能和相等。唯一的不同是：开始时，每辆车都具有整体的宏观速度，这个速度肉眼可见。组成汽车的分子在这个基础上随机运动。另一辆车也同样如此。当它们撞在一起的时候，宏观的运动全部转化成了分子的热运动。

第22章 热力学Ⅰ

22.1 简要回顾

上一章我们介绍了温度这个可以被直观感受的概念，并将它量化，这样你不仅可以说这个物体比那个物体热，还可以具体地说出热的程度，即温度高了多少度。我们约定使用绝对温标即开尔文温标来表示温度，而且，对于气体温度计使用气体的压强和体积之积 PV 来度量温度 T。开尔文温标的起点（$T=0$）对应的摄氏温度为-273.16 ℃[㊀]，在这个温度下，稀薄气体的 PV 为零。换句话说，气体压强乘以体积等于某个常数乘以温度。这个温标的选择具有天然的优势，并且与气体的具体种类无关。我可以用某种气体，你也可以选择另一种气体，其他星球上的人还可以用其他不同种类的气体。当温度低于 $T=0$ 这个值时什么都没有了。

接下来我要提一下，人们最初相信热质说。热质说认为热的物体含有的热质多，冷的物体含有的热质少，热质从热的物体传到冷的物体，但总的热质是守恒的，可以借此解决一些热量测量问题。热质说把热提升成为一种不同于其他任何事物的新的、独立的实体。

然而，在力学研究中我们发现，热并非与其他事情毫无关联。把水放在炉子上可以使其升温，热流从火炉传到了水中，但是还可以用其他方法来加热水。如果你嗜好喝咖啡，我可以告诉你一种冲调咖啡的方法，虽然这种方法不是很经济，但是原则上它是可行的。买两辆法拉利，让它们高速相撞，然后把一壶水放在车顶。相撞后法拉利会变热，进而可以把壶中的水加热。这两辆车的动能发生了什么变化呢？它消失了。以前，我们可能会说，对于非弹性碰撞不能应用能量守恒定律。这个说法使我们避免了陷入困境。但是我们这里有了另一个问题：热质不守恒。因为两辆汽车的碰撞产生了额外的热。似乎是能量守恒定律与热质守恒这两者都不成立。幸运的是，如果将热视为能量的某种形式而计入，则两个守恒定律就可以协调起来了。尽管机械能消失了，但是一定的热出现了。以 1 J 的机械能你将换得多少卡的热呢？焦耳用他的装置做了这样的实验。他在转轴上安装叶片，利用重物下降带动叶片旋转搅动水，使水升温。令损失的机械能等于升温所需热量，他发现热功当量为 4.2 J = 1 cal。

㊀ 按国际通用说法，绝对零度对应-273.15℃。——译者注

22.2 玻尔兹曼常量和阿伏伽德罗常量

当我们说某个物体的温度更高时，在微观上我们表达的是什么意思呢？答案建立在世界万物都是由原子组成的客观事实上。

举一个简单的例子让温度参与进来。上一节讲到的气体温度计，PV 作的 T 函数绘制在图中为一条直线意味着 PV 的值与绝对温度 T 成正比。想一想应该把什么参数放入下面这个比例关系的右侧呢？

$$PV \propto T? \tag{22.1}$$

可以是气体的量。原子的量要更加准确一点。但现在假定你不知道原子，那么关于气体的量你指的是什么？可能是质量。原因是什么呢？我们知道如果一定量的气体在盒子里产生压强，你再加入同样多的气体，它就应该产生两倍的压强。事实正是如此。我们可以把气体的质量 m 加入比例关系中：

$$PV \propto mT \tag{22.2}$$

根据以往的经验，当这类描述普遍特性的因素包含进来以后，你还需要一个描述气体特性的比例系数 α。（在引入线膨胀系数时我们将重新命名这个比例系数以避免混淆。）所以，我们得到

$$PV = \alpha mT \tag{22.3}$$

通过实验我们发现，α 与气体种类有关，这与不同物质的比热容不同。但是不同物质的 α 与氢气的 α_H 之间存在一个有趣的关系。在讨论中为了突出重点，我们假定只有三种原子，氢、氦和碳，作为气体，它们总以原子（而不是分子）的形式出现。我们发现对于氦气来说 $\alpha_{He} = 1/4\alpha_H$，而对碳来说 $\alpha_C = 1/12\alpha_H$。换言之，气体体积不变时 1 g 的氦产生的压强与 1/4 g 的氢产生的压强相同，1 g 的碳产生的压强与 1/12 g 的氢产生的压强相同。

如果用 m_H、m_{He} 和 m_C 来表示 H、He 和 C 的质量，则前面的结果可以总结成如下形式：

$$PV = \alpha_H m_H T = \alpha_H \frac{m_H}{1} T \tag{22.4}$$

$$= \alpha_{He} m_{He} T = \frac{\alpha_H}{4} m_{He} T = \alpha_H \frac{m_{He}}{4} T \tag{22.5}$$

$$= \alpha_C m_C T = \frac{\alpha_H}{12} m_C T = \alpha_H \frac{m_C}{12} T \tag{22.6}$$

现在看来，气体的质量除以像 4 或者 12 等数字以后才给出对压强的等效贡献，如果采用除以数字后的新的标度质量，则对于所有的气体都可以使用相同的比例常数 α_H。新的标度质量的意义是什么？为什么标度因子正好是一个完美的整数？下面给出原因。因为细节非常繁琐，我们不详细讨论为什么是这样的。

• 所有的物体，包括气体，都是由原子组成的（也有分子，但是可以把它们当作原子）。

• 氢原子、氦原子和碳原子的质量成比例

$$\mathrm{H}:\mathrm{He}:\mathrm{C}=1:4:12 \tag{22.7}$$

因此在式（22.4）~式（22.6）中，每种气体的质量都除以了组成该气体的原子质量对应的比例系数。结果等于每个样品中原子的个数。换句话说，PV 与 T 乘以 N（样品中原子的个数）成正比，比例常数与气体无关。

因此我们可以给出：

$$PV=kNT \tag{22.8}$$

这里的新的常数 $k=1.38\times10^{-23}$ J/K，与气体无关，叫作玻尔兹曼常量。

记住，我们在讨论理想气体，其内部的原子的运动相互独立且原子间没有作用力。气体在密度低的情况下趋近于理想状态，原子与原子之间相对距离很大，原子间的作用力可以忽略不计。

在一个典型的气体样本中，气体原子的数目 N 非常大。比如我们所知的最轻的原子是氢，1 g 氢气含有 $N_A=6\times10^{23}$ 个氢原子。在这里，N_A 被称为阿伏伽德罗常量。(所以，N_A 等于 1 g 除以一个氢原子的质量。）就像一打一样它只是代表一个数字，也被叫作 1 摩尔(mol)。有时，摩尔这个词也被用来代表一个有 1 mol 原子数目的物质的量。因此，1 mol 碳的质量为 12 g。使用摩尔来计量原子数目是非常自然的一件事，就像用一打来衡量鸡蛋的数量，用光年来衡量宇宙间的距离，以及用千克来衡量人的质量一样。

物质的量用 n 来表示，其定义为

$$n=\frac{N}{N_A} \tag{22.9}$$

表示理想气体的 P，V 和 T 之间的关系的状态方程则变为

$$PV=NkT=nN_AkT \tag{22.10}$$

$$=nRT \tag{22.11}$$

其中

$$R=N_Ak=8.31\ \mathrm{J/(mol\cdot K)} \tag{22.12}$$

式中，$R=N_Ak$，为普适气体常量，约等于 2 cal/(mol · ℃)，很容易记忆并且对所有气体都一样。最初人们测量 R 的值并使用物质的量 n 来处理问题。后来人们发现气体是由单个原子组成的，于是从使用宏观参数 n 和 R 变为使用为微观参数 N 和 k。

22.3 绝对温度的微观定义

看一下公式 $PV=NkT=nRT$。这个方程存在微观的基础吗？换句话说，一旦我们相信原子的存在，我们就能理解为什么气体内部存在压强吗？出于这个目的，我

们考虑如图 22.1 所示的 $L\times L\times L$ 立方体内部的气体。立方体内部是某种气体且产生了一定的压强，现在我想知道这个压强的值。考虑立方体的那个有阴影的表面。它被固定在其他的表面上；否则，它将会因为气体的推动而飞起来。压强等于作用在这个面上的压力除以这个面的面积。原子不断地与内壁撞击，每次一个原子与表面撞击后，它的动量随之变化。谁改变了原子的动量？是立方体的内壁。内壁改变原子的运动方向，例如，如果原子迎面撞击到内壁上，会被以等大的速率弹回，如图所示。这就意味着原子给立方体内壁施加了一些力，同时这个内壁给了一个反向力将其推了回去。我感兴趣的是原子施加在内壁上的力。我想用作用在特定表面上的力除以它的面积得到压强。你会得到任意面的压强；在平衡态时得到的压强值将相等。

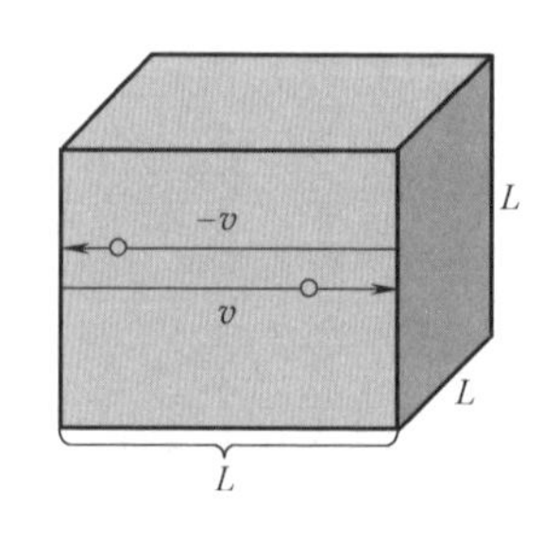

图 22.1　一个装有 N 个气体原子的立方体盒子。此图显示了一个原子以速度 v 撞击阴影面所示的内壁，然后被反弹后速度方向逆转。这里相应的动量变化是由于内壁给了原子一个力。而反过来原子给内壁的力的集体贡献形成压强。

我有 N 个原子，在盒子里随机地运动，每个原子都会与内壁碰撞，就像台球撞上台球桌的库边后被反弹回来一样，会再次与另一个库边碰撞。现在，这仍是一个非常复杂的问题，所以我们要做进一步的简化。假定 1/3 的原子沿着垂直于阴影面的方向从左到右或是从右到左运动，1/3 向上运动或是向下运动，还有 1/3 向纸内方向运动，或是朝纸外方向运动。当然，你应该在这些方向上分配相同数量的原子，因为从概率角度讲气体分子不会偏爱任意某个特殊的方向。所以 $N/3$ 的原子在阴影面及其相对的那个面之间往返运动。上图展现给你们的是一个侧面图。

原子受到的力等于动量的变化率：

$$F=ma=m\frac{\mathrm{d}v}{\mathrm{d}t}=\frac{\mathrm{d}(mv)}{\mathrm{d}t}=\frac{\mathrm{d}p}{\mathrm{d}t} \tag{22.13}$$

接下来我们假定所有的原子有相同的速率，把它记为 v。考虑一个往返撞击阴影面的特定原子，它的动量由 mv 变为 $-mv$，因此，动量的变化为 $2mv$。撞击发生的概率有多大呢？一旦它撞击到内壁就会被弹回，再去撞对面的内壁，然后再回来。这需要原子以速率 v 运动 $2L$ 的距离，所需的时间是 $2L/v$，与阴影面撞击的频率就是 $v/(2L)$。所以，

$$\begin{aligned}\frac{\mathrm{d}p}{\mathrm{d}t}&=\text{每次撞击改变的动量}\times\text{每秒撞击的次数}\\&=2mv\frac{v}{2L}\end{aligned} \tag{22.14}$$

这是由单个原子产生的力。这个力是不连续的，原子撞到内壁时，两者之间瞬

间有力的作用，然后就什么都没有了，直到你等到它返回后再次与内壁碰撞。如果这是唯一会继续发生的事情，那么大部分时间都将不会有压强，然后会突然产生瞬间较大的压强，然后又没有了。但是，幸运的是，立方体内部并非只有一个原子。大概有 10^{23} 个“小家伙”们在与墙壁碰撞。在很短的一段时间里，甚至在 10^{-5} s 里，仍有大量的原子撞击到内壁上。此时呈现出来的力的大小是连续的而不是断续的。由所有原子撞击内壁产生的平均力的大小是

$$\bar{F}=\frac{mv^2}{L}\frac{1}{3}N \tag{22.15}$$

另外 $2N/3$ 个原子的运动方向与我们考虑的内壁平行，所以这些原子不对我们关心的内壁产生压力。

我们已经接近尾声了。平均压强又是怎样得到呢？它是平均作用力除以这个表面的面积：

$$P=\frac{1}{3}N\frac{mv^2}{L\cdot L^2} \tag{22.16}$$

这个结果非常棒，因为 L^3 正好等于立方体的体积。我将它移到等式的另外一边后发现：

$$PV=\frac{1}{3}Nmv^2 \tag{22.17}$$

这就是微观理论要告诉你们的：如果你的原子全都只有一个速率，并且它们在空间里随机地运动，那么 1/3 的原子将往返于阴影标示的内壁和与之对应的那个内壁之间，然后得 $PV=Nmv^2/3$。实验中，你会发现 $PV=NkT$ 。所以，比较这两个表达式就会得出一个漂亮的结论：

$$\frac{1}{2}mv^2=\frac{3}{2}kT \tag{22.18}$$

这个意义深远的公式不仅仅证实了气体动理论和原子的存在，还第一次给出了温度的微观意义。我们所说的气体的绝对温度，乘以因子 $3k/2$ 后，正好是原子的动能。如果你把手放进一个装有某种气体的容器里并感到热，你所感受到的温度事实上就是原子的动能。现在我们明白了为什么绝对零度是绝对的。当你冷却气体时，原子的动能平稳地减少，但是你不能使原子的动能比不动时更低，不是吗？这是动能能够达到的最低值，这就是称之为绝对零度的原因。在那一点，所有的原子都停止了运动，这就是你感受不到压强的原因。现在，由于量子力学的出现，这些结论会有所修正，但是我们现在还不需要担心。在经典物理学中，当温度达到绝对零度时，所有的运动都停止了的说法是正确的。

所以，记住：绝对温度是用来衡量气体原子动能的。每一种理想气体，无论由什么组成，在给定的温度下，每个原子都有相同的动能，但速率可以不同。例如碳原子比氢原子重，所以它在同样的温度下运动得慢一点以保证有相同的动能。

22.4 物质与辐射的统计特性

气体原子可以在容器里随机运动。而在固体中，每个原子都有一个固定的位置。在一个二维固体上，原子排列成一个漂亮的矩阵，如一个正方形的网格或是形成一个晶格。它们并不是被锁定在网格里，而是围绕着格点做简谐运动。它们周围的势能就像一个装鸡蛋的盒子，在晶格格点上势能取最小值。如果一个原子在任何方向上偏离势能最低点，则会有一个回复力将其带回势能最低点。当 $T=0$ 时，所有的原子被固定在势能最低点。如果在这个位置，即这个势能最低点，有一个原子，我知道当我在 x 或者 y 方向走 100 个晶格间距的距离（这里我们考虑的是一个方形晶格）后，将会有另一个原子待在那个位置。这就是所谓的长程有序。如果你给这个固体加热，原子就开始振动。如果你将固体放在热盘上，热盘的原子就会撞到这些原子上，带动它们一起振动。它们的平均位置依旧显示长程有序。但是在一个热的物体里，原子在它们固定的位置周围振动得越来越剧烈。如果你不断地给它们提供能量，终将会没有什么足够大的力来阻止它们滑到其他的格点上去。这种现象一旦发生，整个固体就会被打散，因为原子没有理由再待在某个位置。它们开始到处游动，这就是我们所说的熔化。

液体更加微妙一些。如果你在小范围内看液体，原子间的距离非常小。局部来看，一个原子的周围环境是可以知道的。但是如果你走得远一点，我就不能给你指定一个精确位置去找到另一个原子。所以我们将液体的这种情况叫作短程有序、长程无序。理想气体是完全无序的。如果我告诉你有一个气体原子在这里，我不能告诉你哪里有另外一个原子。因为没有哪个原子与其他的原子存在相对固定的位置关系。

再回到气体，当然，1/3 的原子并不是全都在一个方向上运动。它们的运动方向是随机的。它们同样不会以一个固定的速率 v 运动。如果我给你一盒子 300 K 的气体，你机械地的代入式（22.18），计算出一个确定的 v，你将发现不是每一个原子都以这个速度运动。原子不仅仅在运动方向上是随机的，它们还可以以任何可能的速度运动。你从公式中得到的速度只是取其平均值。如果你有看见每个气体原子的能力并能测量出每个原子的速度，那么原子以速率 v 运动的概率 $P(v)$ 是什么形式呢？答案可以从图 22.2 中给出的那个典型的例子中找出，并有这样的形式：

$$P(v) \propto v^2 \mathrm{e}^{-\frac{mv^2}{2kT}} \tag{22.19}$$

它有一个确定的峰值，一个最有可能的速度（事实上应该说成速率）。平均动能遵守 $\frac{1}{2}mv^2=\frac{3}{2}kT$。式（22.19）称为麦克斯韦-玻尔兹曼速度分布律，尽管它应该叫作速率分布。这是气体中发生的事情的详细描述。一个给定的温度下不能确定地给出一个特定的速度，但可以选择一个依赖于参数 T 的特定 $P(v)$ 曲线图。读完

第 24 章之后，你将会更好地理解这个分布。

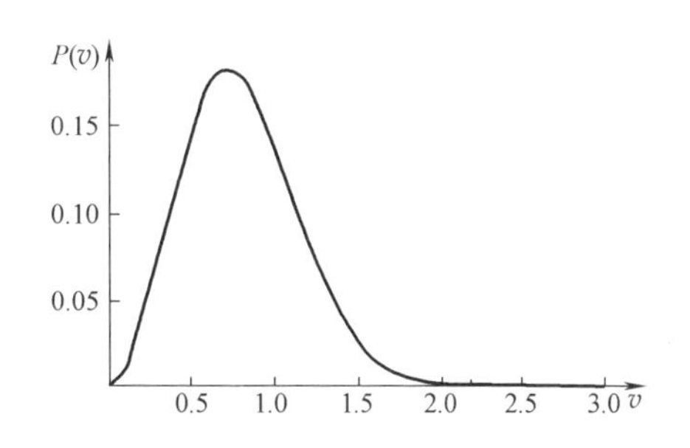

图 22.2 气体中一个原子的速率为 v 的概率 $P(v)\propto v^2 e^{-mv^2/(2kT)}$。

一点题外话：考虑一个盒子中的辐射，换句话说，考虑披萨烤箱的内部。清空里面所有的空气，烤箱还是热的，烤箱的内壁不停地发射电磁辐射。存在各种频率的电磁辐射，你可以问在每一个可能的频率范围内的能量是多少。你知道，在可见光频段内，每个频率对应一种颜色。所以问题变成红色光的能量是多少？蓝色光的又是多少？$P(\omega)$ 随 ω 的变化图看起来很像麦克斯韦-玻尔兹曼分布，称作普朗克分布。而对于原子，$P(v)$ 由温度、玻尔兹曼常量 k 和分子质量决定，$P(\omega)$ 是由温度、玻尔兹曼常量、光速和普朗克常量 $\hbar\simeq 10^{-34}$ J·s 决定。你给我一个温度，我将会画出另一个大致的钟形曲线。当你升高火炉的温度时，曲线的形状将会发生变化，峰值向频率高的方向移动。

总的来说，电磁辐射的温度暗示了能量在每个频率上的分布。而对于气体这意味着在原子速度上的分布。

大爆炸理论的一个预测是，宇宙大约形成于 138 亿年前。在最早期，宇宙的温度高得令人难以置信，然后随着宇宙的膨胀温度开始下降。今天，从目前的尺寸来看，它有一个确定的平均温度，它是宇宙大爆炸的余温。现在的温度意味着我们正处在大爆炸的“炉子”里。但是这个“炉子”的温度已经下降了许多亿年。现在宇宙的温度大约为 3 K。把你们的望远镜指向天空就可以确定这一点。当然，你们将可以从一颗星星或另一颗星星获得光。忽视掉所有小的亮点，让我们看向光滑的背景。从所有的方向看它应该都是一样的。画出辐射随 ω 的变化图形，你可以得到一个与 $T\approx 3$K 的普朗克分布曲线完美拟合的曲线。如果你要去星际空间，那里的温度就这么高。我们都生活在温度为 3 K 的环境中，而且随着宇宙的膨胀，温度还会进一步降低。

22.5 热力学过程

下面，我们详细地讨论热力学。我们只研究一个系统——气缸里的理想气体，如图 22.3 所示。它的压强和体积分别为 P_1 和 V_1，我将在 P-V 图的（P_1，V_1）处标记一个点，它代表气体的状态。气体的状态由点表示。每个点都代表处于平衡态的气体的可能状态。

上述的气体大体是由 10^{23} 个原子组成的。气体的微观状态由 10^{23} 个位置和 10^{23} 个速度确定，由牛顿力学知，这是现在可得到的最大的信息。有了位置和速度，根据牛顿定律，我可以预测它未来的状态。但是，当你研究热力学的时候，你并不是真的想关注其具体细节。你只关注它的宏观特性，这时你需要的是压强与体积。现在，你可能说“那么温度呢？”为什么我不让温度作为第三个轴？为什么温度不算一种特性？因为 $PV=NkT$。如果你有 P 和 V 的话就不需要我再给你 T 了。顺便说一下，$PV=NkT$ 仅适用于理想气体，理想气体是指原子与原子离得非常远以至于它们之间没有任何作用力，除非它们相撞。一般的情况（包括非理想气体），$PV=NkT$ 将被状态方程代替，这种情况下，P，V，T 之间的关系非常复杂。这里我们仅仅研究稀薄的理想气体。

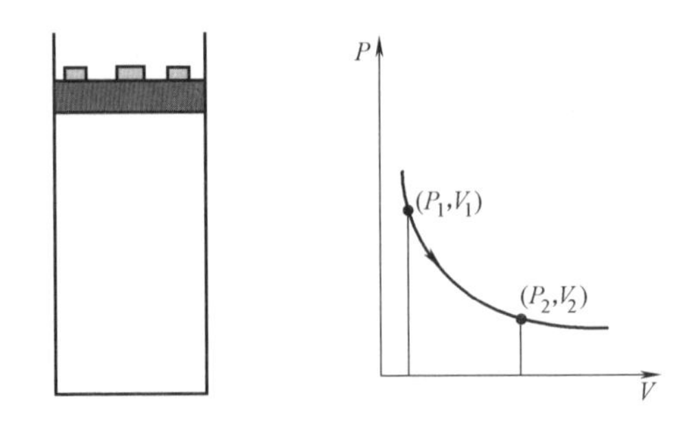

图 22.3　左边：一个装有活塞的气缸。砝码的重量与气缸内部气体的压强所提供的力平衡（大气压强被认为是 0 或者已经被加到了砝码上），体积 V 指的是活塞下的体积。右边：点（P_1，V_1）（代表气体的一个状态）和一个可能的准静态路径达到状态点（P_2，V_2）。为了准静态地移动，砝码必须用细小的沙子代替，它们可以被加上或移走。

再回来讨论气缸中的气体。在活塞的顶部有三个砝码，我突然拿走一个砝码，你认为会发生什么？活塞将会迅速上升，并上下来回振动几次。然后，在几分之一秒后，活塞稳定于一个新的位置（P_2，V_2）。这里的稳定，指的是一段时间后，我们将看不见任何肉眼可见的运动。那时，气体有了新的压强和体积。它从状态 1 到达了状态 2。那么，在开始与结束的两点之间到底发生了什么呢？你可能会说：“你看，如果这是起点，之后到达了那里，那它一定走过某个路径。”但事实并非如此，至少在这个过程中不是，因为如果你很突然地拿走 1/3 的砝码，那么有一个阶段活塞将会猛地向上冲，在这个阶段，气体并不处于平衡态。此时，你不能赋予气体某个确定压强。在底部的气体仍保持着之前的气压，它甚至都不知道上方的气体已经突然飞上去了。在顶部气体的压强比较小。我们管这种状态叫作非平衡态。因此，这个系统的状态已经不能用图中的点表示了。只有当气体最终稳定下来，当所有的气体都稳定下来给出确定的压强，你才能用点（P_2，V_2）表示它的状态。

22.6　准静态过程

现在，我们有一个小问题。我们有一些平衡态，但是当你想从一种平衡态变化到另一种平衡态的时候，系统就飞离了 P-V 图（无法用图中的点表示系统的状态了）。因此，你想找到某些方法，使得当你改变气体状态的时候，气体的状态仍然

可以用 P-V 图中的点表示。这时，我们就要引出一个概念——准静态过程。准静态过程尝试着达到两者兼顾：既改变气体的状态，又使气体状态可以一直用 P-V 图上的点来表示。你想让气体状态总是无限接近平衡态，所以你真正想要的不是放在活塞上的三个大“重物”而应该是许许多多细小的沙粒来产生压强。现在，移走一粒沙，活塞移动一段极小的距离，并且很快稳定了下来。确实，在这段微小的移动中，你仍然不知道它的变化过程，但是你可以肯定第二个位置与最初的位置极其接近。你再次移走一粒沙，你使沙子越来越少，等的时间也越来越长，以此确保系统处于平衡态。此时，从数学的角度，你可以将这些代表着很多平衡态的点用一条连续的线连起来。这就是准静态过程。我们的阐释并不仅仅在理论上有意义，因为很多真实速度下的过程近似于准静态过程。例如，你车里的内燃机，每分钟完成上千次的循环，在每一个瞬间，其中的气体足够接近于平衡态，所以可以用 P-V 图上的点来表示。

上述的准静态过程是可逆的，这意味着：当我拿走了一粒沙子，如果代表的点从 P-V 图上的一点移动到邻近的一点，那么，当我将沙粒放回时，它将会回到原来的位置。因此你可以来回地试。但是目前讨论的还只是个理想过程。因为如果有摩擦的话，拿走一粒沙，活塞将向上移动，然后当你将沙粒放回时，它不会回到原来的位置，你没法把汉普蒂·邓普蒂[㊀]放回去。因此由于摩擦等因素的存在，大部分过程都是不可逆的，即使过程完成得非常缓慢。在讨论中，我们假设理想的可逆过程存在。

以前，当我们在 xOy 坐标系中研究一个粒子时，我们仅仅讨论它从这儿移动到了那儿。它移动的速度不受限制。无论粒子移动得多快，它们都有自己的轨迹。但是，在热力学系统中，你不能让它们移动得非常快。它们包含大量原子并延展到一个大的区域，这些原子被诸如压强等宏观的物理量所描述。你不能在不等其他部分气体回应、调整并达到一个新的共同的压强或其他热力学变量的共同值时，就改变某一部分气体。

22.7 热力学第一定律

P-V 图中的每一个点都代表一种平衡态。在系统的每个状态中，我将定义一个新的变量 U，称为气体的内能。对于理想气体来说，内能简单指气体分子的动能。（对于非理想气体、固体和液体，U 是包括势能在内的所有能量。）因此，根据公式 $PV=NkT=nRT$ 可得

$$U=\frac{3N}{2}kT=\frac{3}{2}nRT=\frac{3}{2}PV \tag{22.20}$$

㊀ Humpty Dumpty，童谣中从墙上摔下跌得粉碎的蛋形矮胖子。——译者注

这意味着对于 P-V 图上的任意一点，有一个确定的内能。可以看出：理想气体的内能只与温度有关。这个结论非常重要，如果温度不变，那么气体的内能也不会改变。

注意符号的改变：在力学中，E 代表全部的能量，U 代表势能。现在 U 代表所有的能量。更糟的是，对于理想气体，热力学的 U 是动能。你不得不接受如此矛盾的符号。当学科的不同部分由不同的人创造时就会出现这样的情况。k 常用来代表劲度系数，也可表示光子的动量，现在用来表示玻尔兹曼常量！我们只能期望同一个符号的不同的定义不要出现在同一个讨论中。

下面我将讲讲热力学第一定律，它讨论的是有关于 P-V 图上的从状态 1 移动到状态 2 后会发生什么。内能的改变为 $\mathrm{d}U=U_1-U_2$。我们想知道是什么导致了气体内能的改变。有两种方式你可以去研究：你可以推动活塞对气体做功，或者将气体放在一个电炉上加热。我们知道如果把气体放在电炉上，气体将会变热，也就是温度会升高。如果温度升高，那么动能进而内能都会升高。当然你可以把它放在一个冷盘上，以此带走一部分热量。因此，

$$\mathrm{d}U=\Delta Q-\Delta W \tag{22.21}$$

如果气体做功，ΔW 就是正的；如果外界对气体做功，那么 ΔW 就是负的。至于 ΔQ，如果气体吸热则为正值，放热则为负值。

注意 U 的极小的变化用 $\mathrm{d}U$ 代表，而热量和功的微元用 ΔQ 和 ΔW 代表。原因会在后面给出。

气体做功的公式如何表示？如果气体逆着作用到它上面的压强膨胀，则

$$\Delta W=F\mathrm{d}x=PA\mathrm{d}x=P\mathrm{d}V \tag{22.22}$$

如果气体被压缩即 $\mathrm{d}x<0$ ，那么气体做负功。当这个公式被应用到气体上时，就推出了伟大的热力学第一定律：

$$\mathrm{d}U=-P\mathrm{d}V+\Delta Q \quad（热力学第一定律）\tag{22.23}$$

上述公式表达了能量的守恒。它说明气体能量的改变或者是由于外界有人推动活塞或被活塞推动，或者是气体被放在了一个热或冷的地方以至于气体吸收或放出了热量。将气体放在一个热或者冷的地方等同于让其吸收或放出能量，因为我们认为热量是能量的改变量。

如果将活塞固定使其不能移动，并将气体放在一个热盘上，那么 $P\mathrm{d}V$ 部分会消失，因为 $\mathrm{d}V=0$。由于热盘有很多快速运动的分子，当它们与缓慢运动的气体分子相撞后，通常慢的分子速率会变得快一些，快的分子速率会变慢一点。因此，就会有一些动能转移给了气体。假设将气体隔热，使热量不能被吸收或放出，并在此时增加或者减少体积，如果气体膨胀，$\mathrm{d}V$ 为正值，$-P\mathrm{d}V$ 则为负值，$\mathrm{d}U$ 也为负值。这是因为，分子向上撞击活塞，移动了活塞。请记住，提供一个力，不会消耗任何能量，但是一旦力的作用点移动了，就做了功。只有气体自身来为这个功“买单”，气体通过减少内能来提供这个功。相反，如果压缩气体，$\mathrm{d}V$ 为负值，同时

$dU=-PdV$ 为正，气体能量会增加。

现在，让我们估算当压强为 $P(V)$ 时，气体从一个点 V 到另一个临近的点 $V+dV$ 的过程中所做的功，如图22.4所示。这个所做的极小的功为 $dW=P(V)dV$，即图22.4中的阴影。同时，沿着宏观路径所做的功为

$$W_{1\to2}=\int_{V_1}^{V_2}P(V)dV \tag{22.24}$$

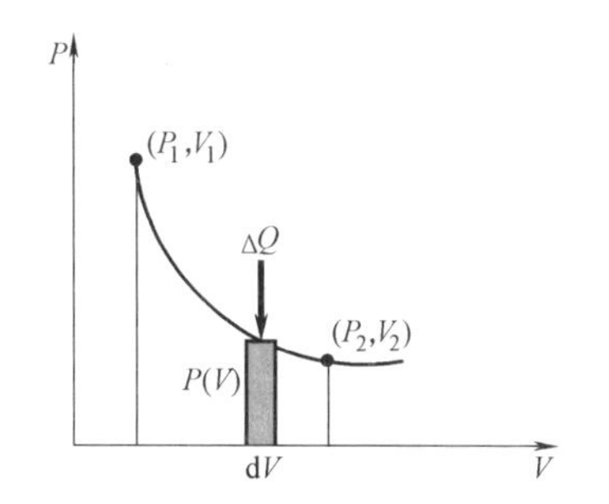

图22.4　体积变化一个微元 dV 的过程中，气体所做的功是阴影面积 $dW=P(V)dV$。如果这是一个等温过程，一些热 ΔQ 会从热库中流入系统来保持 T 和 U 不变。对于一个有限的过程，所做的功是 V 轴、曲线 $P(V)$ 和垂线 $V=V_1$，$V=V_2$ 所围成的面积。

功等于由函数曲线 $P(V)$，V 轴和垂线 $V=V_1$，$V=V_2$ 所围的面积。要得到一个解析表达式，你需要知道 P 作为 V 的函数的具体形式。下面，我们讨论一条等温线，一条在气体温度给定情况下的曲线。因为 $PV=nRT$，如果 T 是常数，PV 就是常数。将会得到一个直角双曲线：P 与 V 的乘积是个常数，所以当 P 增大时，V 减小，反之亦然。

我们想让气体沿着弧线 $P(V)=(NkT)/V$，以一种缓慢的准静态的方式从状态1变化到2。气体所做的功为

$$W_{1\to2}=\int_{V_1}^{V_2}P(V)dV=NkT\int_{V_1}^{V_2}\frac{dV}{V}=NkT\ln\frac{V_2}{V_1} \tag{22.25}$$

如果气体从状态2返回状态1，气体所做的功可以用同一面积表示，但是多了一个负号。我们规定如果向右积分面积为正值；向左积分，面积则为负值。当然，积分式（22.25）在两种情况下都是正确的，因为ln会根据 $V_1\leftrightarrow V_2$ 改变符号。

如果气体所做的功为 $W_{1\to2}$，那么吸收的热量是多少呢？再回顾一下热力学第一定律：

$$dU=\Delta Q-PdV \tag{22.26}$$

这部分气体不会改变它的温度，并且 $U=\frac{3}{2}NkT$ 暗示了 U 没有改变，因此，

$$\Delta Q=PdV \tag{22.27}$$

改变的每一步，气体吸收的热量为

$$Q=NkT\ln\frac{V_2}{V_1} \tag{22.28}$$

此时，气体内部发生了什么？当气体等温膨胀了一个小量时，思考一下活塞和砝码。这种膨胀如果在绝热情况下会冷却气体，因为膨胀消耗能量。但是，通过将其放在某种热库中，例如一个热盘上，气体的温度将保持不变为 T。因此，当气体试图冷却，热量 ΔQ 从热库中传来以保持温度不变，就像图22.4中垂直的箭头所

表明的那样。气体在这个过程中从下面（假定热库正好在那里）吸收热，同时做功抵抗上方的大气压和砝码。气体从一个地方获得能量，向另一个地方输出能量，将热转化为功，不改变自身的内能。

22.8 摩尔热容：c_v 和 c_p ㊀

当你讨论气体比热容时要非常小心，原因是这样的。对于液体和固体，给定 $dQ=mcdT$，我们定义比热容为单位质量的热容 $c=dQ/dT$。对于气体来说，方便计量的量不是质量而是物质的量。因为每个分子的能量确定，为 $\frac{3}{2}kT$，所以测量分子数或物质的量即可知道内能。现在有很多方法可以将能量注入气体，但是注意，我们从现在开始将用 1 mol，而不是 1 kg。考虑 1 mol 某种气体，所谓的摩尔热容是指将 1 mol 气体温度升高 1 K 所需要的能量。1 mol 气体的能量为 $U=\frac{3}{2}N_A kT=\frac{3}{2}RT$ 。根据热力学第一定律：

$$\Delta Q=dU+PdV \tag{22.29}$$

$$\frac{dQ}{dT}=\frac{dU}{dT}+P\frac{dV}{dT} \tag{22.30}$$

这里有一个问题，在吸收热量时，是否允许体积改变。它将决定摩尔热容的具体值。就是说，当一个固体被加热时，它膨胀得非常小，以至于我们可以不用考虑固体膨胀而抵抗大气压所做的功。但是，当你加热气体的时候，它的体积变化非常大，以至于它抵抗外部世界所做的功是不能忽视的。因此，热容依赖于你让体积如何变化。

考虑摩尔定容热容 c_v，即体积不变时的摩尔热容。通过将其放在一个热盘上，给气体加热。没有膨胀做功，所有的热直接转化成内能。令式（22.30）中的 $dV=0$ 和 $U=\frac{3}{2}nRT$ 中的 $n=1$：

$$c_v=\left.\frac{dQ}{dT}\right|_V=\frac{dU}{dT}=\frac{3}{2}R \tag{22.31}$$

摩尔定压热容 c_p，即压强不变时的摩尔热容，定义如下。某种气体的压强确定，给气体加热，但不固定活塞。让气体在相同的压强下自由膨胀。例如，气体被外部大气压强压缩，如果活塞想上升的话，你让活塞上升，来保持气体压强不变。如果它移动了一点，那么吸收的热一部分将去改变它的内能，另一部分用来做功 PdV。因此，现在

㊀ 摩尔定容热容和摩尔定压热容在国内分别用 $C_{V,m}$ 和 $C_{P,m}$ 表示。——编辑注

$$c_p = \frac{dQ}{dT}\bigg|_p = \frac{dU}{dT} + P\frac{dV}{dT} = \frac{3}{2}R + \frac{d(PV)}{dT} = \frac{3}{2}R + \frac{d(RT)}{dT}$$
$$= \frac{3}{2}R + R = \frac{5}{2}R = c_v + R \tag{22.32}$$

式中，P 为定值，在上面的运算过程中我们把它放入了 V 对 T 求导的等式里，并且使用了气体为 1 mol 时的等式 $PV = RT$。

你可能预料到 $c_p > c_v$，因为一些能量被用于气体膨胀做功了，只有剩下的用来提高温度。下式从具体数量上证明了你的推论。

$$c_p = c_v + R \tag{22.33}$$

最后，考虑下面比值，我们将在后续内容中用到它。

$$\gamma = \frac{c_p}{c_v} = \frac{5}{3} \tag{22.34}$$

注意：c_p 和 c_v 都与具体单原子气体的种类无关。所有的气体每摩尔都有相同的热容或摩尔热容。然而，每克气体并不会有相同的热容，因为同为 1 g 的两种不同气体，将会有不同的物质的量或原子数。

最后说明：上面所有结果都是针对单原子气体给出的，它们的每个个体都可以看作是点模型，并且仅存在平动动能。拿它与双原子分子气体（即分子是由两个原子组成，像一个哑铃）相比。“哑铃”的动能由两部分组成，就如我们之前学过的那样。它可以绕某一个轴旋转，并且它的质心可以在空间平动。所以，它的内能包括两部分：质心的平动动能和它自身的转动动能。一些分子还可以振动。此时 γ 的值对于它们来说就不再是 5/3 了。

第23章 热力学Ⅱ

23.1 循环和状态参量

我们从热力学第一定律开始，

$$dU=\Delta Q-\Delta W=\Delta Q-PdV \tag{23.1}$$

式（23.1）表明，气体内能的增量 dU 等于吸收的热 ΔQ 减去系统对外所做的功 $\Delta W=PdV$。为什么我们有时候用 Δ 来表示一些无穷小量，而有时候用 d 呢？

这与这些量仅仅是无穷小量还是与一个状态参量的改变量相对应有关，状态参量是取决于气体状态的某个函数，例如 P 和 V。考虑内能 U，它是状态参量。这意味着在 P-V 图上任意一点内能都有确定的值。如果我们让气体状态转一圈又回到开始的位置，内能将回到其初始值。这与我们所选择的路径无关：只要返回开始的位置，内能就会返回原值。因此在图 23.1 中，如果从某一点（P，V）开始绕着阴影区域顺时针转一圈并返回到原处，则 U 也回到 $U(P,\ V)$。例如，对于理想气体，$U=\frac{3}{2}PV$，dU 是这个函数由于状态发生微小变化而改变的量。在任意一点（P，V）气体的内能存在于气体内部。如果你能够窥见气体内部并把所有分子的动能加在一起，就能得到系统内能的值。

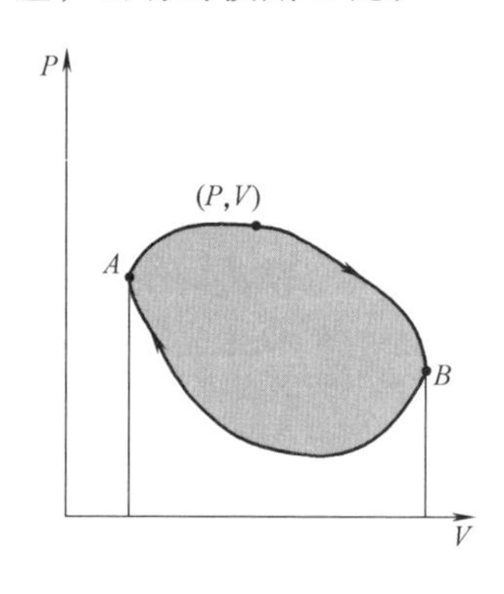

图 23.1　P-V 图上，沿一个闭合环路气体所做的功等于曲线所包围的面积。在 AB 段气体膨胀对外做功，在 BA 段气体收缩外部对气体做功（负值），阴影区域面积为两者的代数和。

对于功 W 来说这就不适用了。不能说气体处于某一状态时具有多少功。因为它不对应于系统内部的任何量。考虑一下当我们沿着图 23.1 中的闭合曲线走一圈会发生什么呢？做了多少功？从上一章中我们知道，当曲线不闭合，过程沿体积增大的方向进行时，做的功等于曲线下的面积，当过程沿体积减小的方向进行时做的功等于曲线下面积的负值。对于闭合区域，过程沿上方曲线进行时，从 A 到 B 的方向，做的功为曲线下方的面积。然后，沿下方的曲

线进行时，从 B 到 A，则需要减去相应曲线下的面积。代数值即为阴影区域的面积。写为

$$W_{循环} = \oint P(V)\,\mathrm{d}V \tag{23.2}$$

如果对于每一个状态都对应一个确定的 W 的值，就会出现这样的问题：系统增加了 $W_{循环}$的功但回到了相同的状态！所以对于系统的每一个状态并没有对应的 W；与 U 不同，W 不能表示成 $W(P, V)$ 这样的函数。此外，我们可以说微小变量 ΔW 是系统做功，这只是一个数值。

如同 W 一样，没有 $Q(P, V)$ 这样的函数与系统的状态相对应。你不可能说窥见系统内部然后说"我看见这里有一些热。"让我来证明一下。假设存在刚才所说的 Q 对应系统的状态。然后请你回避后我让气体沿闭合曲线循环一圈。因为 $U(P, V)$ 返回了初始值，系统对外做功为 $W_{循环}$，系统的 Q 应该增加了 $W_{循环}$。然后把你叫回来，请问现在系统的热是多少呢。你会告诉我初始的值因为系统的状态没有变化，但是 Q 已经在这个过程中增大了闭合曲线所围成的面积的数值。所以尽管我们经常说给系统增加了多少卡路里的热 ΔQ，但 Q 不是一个状态参量。

总而言之，只有当 $F(P, V)$ 是状态参量时才能用 $\mathrm{d}F$ 来代表该函数在移到附近点时的改变量。

23.2 绝热过程

我们已经考虑过等温过程的做功情况：$W^{\mathrm{T}}_{1\to2} = NkT\ln(V_2/V_1)$。对于等温情况，你把气体放在一个给定温度 T 的热库上，当体积改变时，为了保持 T 不变气体会吸收或释放部分热。压强 P 不变的过程叫作等压过程。这时体积功很容易计算：$W^{\mathrm{P}}_{1\to2} = P(V_2 - V_1)$，就等于一个长为 P、宽为 $V_2 - V_1$ 的长方形的面积。

现在考虑绝热过程，这时气体和外界没有热交换，所以 $\Delta Q \equiv 0$。想象一下把这家伙（气体）包围在毯子中进行操作。考虑图 23.2 中 A 点，等温条件下膨胀到同一条等温线上 $T = T_1$ 的 B 点。同样的，在 A' 点气体以 $T = T_2$ 等温膨胀到 C 点。T_1 和 T_2 哪个温度更高呢？让 A' 恰好在 A 的正下方。两点所对应的体积相同但是与 A' 对应压强较小，所以 $PV = NkT$ 较小。则 $T_2 < T_1$。

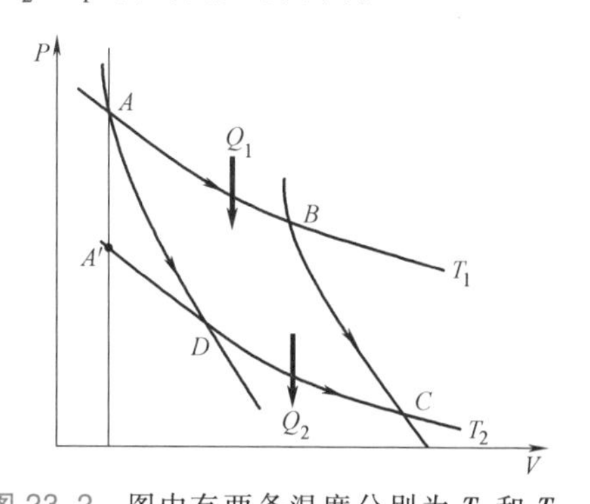

图 23.2 图中有两条温度分别为 T_1 和 T_2 的等温线和两条与它们相交的绝热线。在绝热线上的压强 P 随体积的增加下降得更快，因为外界对其不提供能量。

但是设想从 A 开始让气体绝热膨胀。气体克服外力膨胀但是不吸收热。这将消耗气体内能来做功，内能减少，则温度 T 降低。

气体将从一条等温线依次降低到另一条等温线，直到在一个较低的温度下停止，例如等温线 T_2上的 D 点。也可以这么说，增加相同的体积绝热过程中压强下降得更迅速（绝热线比等温线更陡）。变化规律将不再是 $P\propto 1/V$，而是更为陡峭。绝热方程是怎样的？P 作为 V 函数的形式是什么样呢？

这取决于热力学第一定律。首先结合绝热的条件，$\Delta Q=0$，由热力学第一定律得到

$$\Delta Q=\mathrm{d}U+P\mathrm{d}V=0 \tag{23.3}$$

这个方程联系了绝热过程中 U 的改变和 V 的改变。已知 $U=\frac{3}{2}nRT$，可推出 $\mathrm{d}U=\frac{3}{2}nR\mathrm{d}T=nc_v\mathrm{d}T$。运用 $PV=nRT$ 可以得到

$$nc_v\mathrm{d}T+\frac{nRT}{V}\mathrm{d}V=0 \tag{23.4}$$

消去 n，整理方程，得

$$\frac{c_v}{R}\frac{\mathrm{d}T}{T}+\frac{\mathrm{d}V}{V}=0 \tag{23.5}$$

注意到因为 n 被消去，我们可以从分析 1 mol 气体开始。

这个方程不仅仅直观证明了我们的猜测——如果体积增大（$\mathrm{d}V>0$），则温度降低（$\mathrm{d}T<0$）——它也量化了在绝热膨胀（或者在相反的条件绝热压缩）下的温度改变量 $\mathrm{d}T$。然而，我们要做的是将 $\mathrm{d}V$ 和 $\mathrm{d}P$ 联系起来，来观察绝热条件下的 P-V 曲线。暂时不考虑这个目标，先得到一个 V 和 T 的关系，因为随后这将非常有用。可以用 $PV=RT$ 来消除上述结果中的 T。

对等式 23.5 积分，积分的区间为从 1 状态到 2 状态，我们得到

$$\frac{c_v}{R}\ln\frac{T_2}{T_1}+\ln\frac{V_2}{V_1}=0 \tag{23.6}$$

整理，得

$$\ln\left(\left[\frac{T_2}{T_1}\right]^{c_v/R}\cdot\frac{V_2}{V_1}\right)=0 \tag{23.7}$$

$$\left[\frac{T_2}{T_1}\right]^{c_v/R}\frac{V_2}{V_1}=1 \qquad \text{（用到了 } \ln 1=0\text{）} \tag{23.8}$$

$$T_2^{c_v/R}V_2=T_1^{c_v/R}V_1 \tag{23.9}$$

可以改写为

$$T^{c_v/R}V=C \tag{23.10}$$

这里 C 是对应连接状态 1 和 2 之间的绝热线上的一个常数。对于理想的单原子气体，c_v/R 的值是$\frac{3}{2}$，但是现在我们仍然用目前的形式。

为找出绝热曲线对应的压强与体积间的函数关系，我们从下面等式中消去 T：

$$T^{c_v/R}V=C \tag{23.11}$$

$$\left[\frac{PV}{R}\right]^{c_v/R}V=C \tag{23.12}$$

$$P^{c_v/R}V^{(1+c_v/R)}=C'\text{（第二个常数）} \tag{23.13}$$

$$PV^{\frac{c_v+R}{c_v}}=C''\text{（两边同时做 }R/c_v\text{次方运算）} \tag{23.14}$$

C'' 为另一个常数。

最后，我们得到熟悉的形式：

$$P_1V_1^{\gamma}=P_2V_2^{\gamma}=PV^{\gamma}=C \tag{23.15}$$

此处

$$\gamma=\frac{c_v+R}{c_v}=\frac{c_p}{c_v} \tag{23.16}$$

这里 P 和 V 表示绝热线上的一般的点。我们已经把式（23.14）中最后一个常量 C'' 重新命名为 C。它不是一个像光速那样的普适常量，不能在书中查到它的值。它的值与具体的气体样品有关。（当我们说一个质点的能量是常量时，它与玻尔兹曼常数 k 那样的普适常量不同，它指的是这个特殊的质点在特定的轨迹上是一个常量，即当它高度升高时，速率减小。这里的绝热过程中，当气体的压强减小时，它的体积增加，PV^{γ} 保持常量 C 不变，与特定的样品有关。）

现在，我们计算绝热过程中气体所做的功，即计算从图 23.2 中的 B 到 C 过程中的功：

$$W_{B\to C}^{Q=0}=\int_{V_B}^{V_C}P(V)\,\mathrm{d}V \tag{23.17}$$

$$=\int_{V_B}^{V_C}CV^{-\gamma}\,\mathrm{d}V \tag{23.18}$$

$$=\left[C\frac{V_C^{1-\gamma}}{1-\gamma}-C\frac{V_B^{1-\gamma}}{1-\gamma}\right] \tag{23.19}$$

$$=\left[P_CV_C^{\gamma}\frac{V_C^{1-\gamma}}{1-\gamma}-P_BV_B^{\gamma}\frac{V_B^{1-\gamma}}{1-\gamma}\right] \tag{23.20}$$

$$=\frac{P_BV_B-P_CV_C}{\gamma-1} \tag{23.21}$$

在倒数第二步中我们用到的等式 $C=P_CV_C^{\gamma}=P_BV_B^{\gamma}$。

23.3　热力学第二定律

下面进入热力学的最后一部分，在我看来这是最美的一部分。我们先考虑下面的几个例子。自然界中存在一些看似不违反已知定律却从来没有发生过的过程，比如说焦耳实验。在盛有水的容器上装一个带有叶片且可以旋转的轴，用一根绳子吊一个重物绕过滑轮，当重物下降时轴开始旋转，然后容器中的水变热。你把这个过程拍成视频，假定视频记录了包括单个分子运动的所有细节。然后把视频倒着播放，你会看到什么现象？突然，重物开始向上运动，轴逆向旋转，同时水开始变冷。这个过程没有违反任何一个已学过的包括热力学第一定律在内的所有物理定律。当重物下落、同时水变热时，轴和叶片系统对水做了一定量的功，水的能量增加。在相应的逆过程中，水的能量变小同时重物上升，水对系统做了等量的功。但是，尽管微观上没有什么值得惊讶的事情发生，逆过程好像从来没有发生过。如果只观察水分子和叶片分子之间的碰撞过程，在微观上你无法知道这个视频是正序播放的还是倒序播放的；所有的碰撞都遵从牛顿定律、能量和动量都守恒。为什么满足所有力学定律的逆过程在真实生活中不会发生呢？

这里还有另一个例子。考虑桌子上的黑板擦。我给它一个力，它向前移动了一段距离然后停止。桌子和黑板擦都变热。把这个过程拍摄下来，然后倒序播放。你会发现桌子和黑板擦冷却下来，同时黑板擦向后运动，速度变快。你可能禁不住笑起来，但是现在你还没有笑的理由。因为视频倒放显示的过程不违背你学过的任何物理定律，它仅仅超出了你从日常生活经验中获得的预期。在逆过程中，把所有的分子停下来，然后反向，沿相反的方向以相反的速度运动。在正过程和逆过程中，桌子的分子与黑板擦的分子之间的碰撞都遵守所有的力学定律。

上面我们考虑的两种情况有一个共同的特点，那就是动能可以容易地转化成热，但是逆过程不能轻易发生。

现在考虑一个不同类型的例子。一个带隔板的盒子被隔板分成两室，在其中一室中放入气体分子。然后我把隔板拿掉并等一小会儿。气体将充满整个盒子。这就像从瓶子中漏出的香水那样。现在我把分子的运动拍成视频然后倒着播放。在逆向播放的视频中，充满整个盒子的气体突然收缩并集中在盒子左侧一半的空间中。这个过程不违反所有的力学规律，但是该过程一定不会发生。

我拿一个热的铜块和一个凉的铜块，把其中的一个放在另一个上面，并与外部环境绝热。一个小时以后，发现它们都变成了温热。这没什么。但是现在如果我等足够长的时间，这两块温热的铜块也许会突然变成一热一凉的两块。这个过程好像从来不会发生。热可以自发地从高温物体传到低温物体，但是从来不会自发地从低温物体传到高温物体。热从低温物体传到高温物体并不违反能量守恒定律。当相同量的热从低温物体传到高温物体时，什么都没有违反，但是这个过程好像从来不会发生。

这种不违反已知定律但在自然界中从来不会发生的事情可以给出很多很多。由于我们不能用已知的物理定律来解释禁止这些过程发生的原因，因此我们把它上升成为一个新的定律。这个新定律可以说所有这类过程都是被禁止的。但这样的说法不是一个好的定律。因为这类过程的清单有好几英里长。

神奇的是，有一个定律，用一句话就可以定量又定性地告诉你哪些事情可以发生哪些事情不会发生。这就是热力学第二定律。它是什么形式呢？我们需要先引入一个特定的物理量叫熵。第二定律可以表述为：孤立系统的总熵不减。如果叶片轮向相反的方向旋转，重物上升，水变凉，你会发现总熵会减小。这就是它被禁止的原因。如果你把一个鸡蛋掉在地上溅了一地板，它不会重新合起来回到你的手里。因为这个过程还是会让总熵减小。两个等温的铜块突然变成一热一冷的两个的例子也是这样，还有其他的被禁止的过程都一样。

这个伟大的定律是在一个叫作卡诺（Sadi Carnot）的工程师的研究之后提出的。人们并不是都清醒地认识到自己的研究的重要性并宣称："我正在发明一个伟大的定律。"你只需要做好自己的事情，但是当你偶然发现一个大问题时你要认识到它的重要性，就像阿基米德在他的浴缸中做的那样。卡诺考虑一个关于热机（比如蒸汽机）的非常现实的问题。你有一些煤，把它们燃烧后煮一些水，把水变成水蒸气，水蒸气推动活塞，活塞再转动轮子使火车向前运行。蒸汽机中发生的事情可以用图23.3中的左图来描述。热 Q_1 从温度为 T_1 的高温热库进入热机，热机输出机械功 W 并向温度为 T_2 的低温热库放出 Q_2 的废热。对于蒸汽机的情况，T_1 是炉子的温度，Q_1 是煤燃烧所产生的热；T_2 一般是室温。如果你有机会见到过蒸汽机，你会看到从它的侧面会放出大量热的蒸气。这就是 Q_2。需要注意的是，我们定义从热机中出来的 Q_2 为正值。

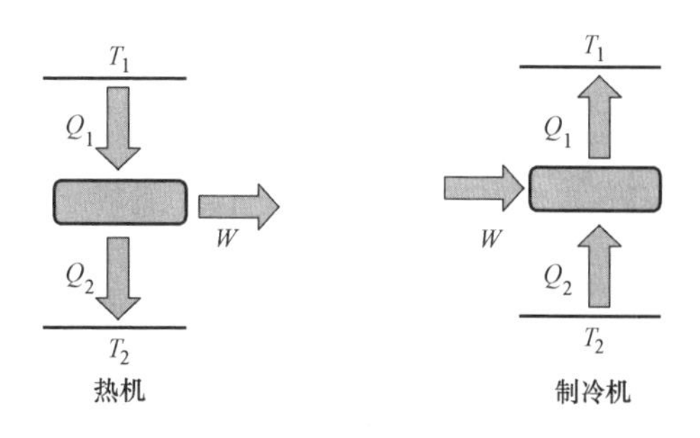

图23.3 一个热机（左图）从温度为 T_1 的热库吸收 Q_1 的热，对外做 W 的功，向温度为 T_2 的低温热库排放 Q_1 的热。制冷机（右图）则是另一种运行方式：输入 W 的功把 Q_2 的热从低温热源 T_2 传导到高温热源 T_1。

热机循环运行，也就是说它可以一遍又一遍地重复上述的过程（吸收热 Q_1，做功 W，放热 Q_2）。

汽油机也有相应的这些过程。

在图的右侧是一个被称作制冷机的设备：它从低温地方（冷冻室）吸收 Q_2 的热，外部对它做 W 的功（由插座供电驱动压缩机），然后向环境（你的厨房）中释放 $Q_1=Q_2+W$ 的热。在后面制冷机会有重要的作用，但是现在我们回到热机的讨论。

由热力学第一定律，热机做的功（它转变成了火车或者汽车的动能）为

$$W=Q_1-Q_2 \tag{23.22}$$

我们定义一个叫作效率的物理量 η，它等于你的功 W 除以提供的热 Q_1：

$$\eta=\frac{W}{Q_1}=\frac{Q_1-Q_2}{Q_1}=1-\frac{Q_2}{Q_1} \tag{23.23}$$

所有的热机都吸收热，部分热用来做功，其余的热被作为废热排放到外面。因为有热排出来，热机的效率小于1。为什么我们不建立一个不用向低温热库排放废热的热机呢？为什么不把所有的热全部转化成功呢？对于在两个热库 T_1（这里提供热）和 T_2（在这里排出废热）之间建立的最有效的热机，卡诺给出了一个伟大的论证。他告诉我们：效率 η 有一个上限，这个上限小于1。

效率 η 的极限是什么？卡诺是怎么得到它的？这需要先给出一个假定。卡诺的假定是老版本的热力学第二定律，它和提及熵的现代版本完全等价。卡诺定律是这样的：你不能制造一个这样一个热机，它的唯一效果是把热从低温物体传到高温物体而不引起其他变化。

但是我们已经发现热不能自发地从冷的地方流向热的地方；这也是为什么两块放在一起的温热铜块不能突然变成一热一凉的两块铜块的原因。卡诺想要说的好像是这不会发生的原因是他假定这不会发生。事实上，从这个假设出发我们可以给出熵的概念，利用这个概念我们只需给熵加一个限制就可以宣布所有的被禁止的过程都不合法。

我们可以容易地把热从高温物体传到低温物体：只需要用一个金属杆把它们连起来并等待一会儿即可。其唯一的效果就是把热从高温物体传到低温物体。这是万物的自然秩序。卡诺所说的是我们不可能建立一个奇妙的装置其唯一效果是把热从低温物体传到高温物体。这看起来是一个合理的假设，我们想知道可以从这个假设推出什么。这个假设要求你必须向低温热库放出部分废热，这就给热机的效率设置了一个上限。由这个假设可以演绎出各种形式的热力学第二定律，最后都归结为以熵的语言来描述的那个。

23.4 卡诺热机

图23.4是卡诺设计的热机。考虑一个温度为 T_1 的等温线上有两点 A 和 B。在 $T_2<T_1$ 处画出第二条等温线。我们知道绝热线比等温线陡。所以我们分别从 A、B 两点做两条绝热线与第二条等温线相交于 C、D 两点。然后让理想气体经历 A-B-C-D-A 的循环过程。这就是卡诺循环。我们用下面方法来实现 AB 过程，把装有气体的气缸放在温度为 T_1 的热库上，然后慢慢拿走活塞上面的沙粒使活塞等温膨胀到体积 B。在到达 B 点后，把气体与外部绝热（图中右侧系统周围的盒子代表绝热层）。然后，拿走更多的沙子。现在它在没有能量输入的情况下膨胀。沿着绝热线 BC 到达 C 点温度降低为 T_2。然后，你把它放在低温热库 T_2 上并慢慢把沙子放回到活塞上，直到系统到达 D 点。最后让气体绝热并放上更多的沙子直到系统状态回到 A。很明显，PV 图上等温线和绝热线相交的方式是这个过程存在的基础。

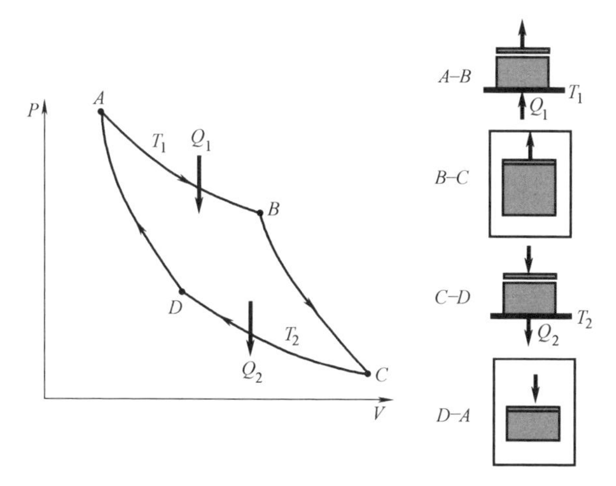

图 23.4 以热机形式运行的卡诺循环，它也可以逆向运行变成制冷机形式运行。$A\to B$ 过程为等温膨胀，温度为 T_1，这个过程中系统从高温热库吸收 Q_1的热。$B\to C$ 过程时绝热膨胀，系统温度降为 T_2。（系统周围的盒子代表绝热层。）$C\to D$ 过程为等温压缩过程，温度为 T_2，这个过程中系统向低温热库排出 Q_2的废热。最后，$D\to A$ 绝热压缩，完成一个循环。

卡诺热机的一个重要特点是它是可逆的。可逆的原因是在过程的每一个阶段，系统都几乎处于平衡态。如果你拿走活塞上的沙子，活塞上升，则你也可以把沙子放回去让活塞回到原位置。如果沿某个方向运行时吸收了部分热，那么沿相反的方向运行时也可以放出热。因此，它也可以逆向运转变成一个制冷机（见图 23.4）其过程为 A-D-C-B-A。由于外界对制冷机做了 W 的功，它将在低温热库吸收 Q_2的热，并在高温热源放出 Q_1的热。你可能会说："你违反了第二定律。你让热从低温热库传到了高温热库！"但这不是所发生的唯一事情。因为某个地方的压缩机做了功。在某个大坝上面的水流下来产生了电，同时你也付了电费的账单。事情往往不像平常看起来那么简单。热从低温热库传到高温热库而没有其他事情发生的过程是不被允许的。

你会发现，当完成一个循环以后，系统的状态回到了起点 A。这意味着你可以一遍又一遍地实现这个循环，其中的 Q_1、Q_2和 W 对应于单个循环。这就是卡诺热机有用的原因。（你可以制造一个一次性的热机，把全部的热转化成功：在气缸中放入高温气体，放开活塞任由其上升并举起一定的重物，在这个过程中气体自身的温度下降。你把一部分热全部转化成了功，但是整个系统并没有复原。我们感兴趣的是那些循环运行的热机。）卡诺的问题是："这个热机的效率是多少？"你可能琢磨为什么会有人对这样原始粗糙的热机的效率 η 感兴趣。在我解释之前我们先来计算热机效率 η。

为找出 $\eta=1-\dfrac{Q_2}{Q_1}$我们需要 Q_1和 Q_2，因为 AB 是等温过程，输入的热 Q_1等于 AB

段所做的功 $W^{T_1}_{A\to B}$：

$$Q_1 = W^{T_1}_{A\to B} = nT_1 \ln \frac{V_B}{V_A} \tag{23.24}$$

同样，

$$Q_2 = W^{T_2}_{D\to C} = nT_2 \ln \frac{V_C}{V_D} \tag{23.25}$$

这里 Q_2中出现了初始体积和末态体积之比$\frac{V_C}{V_D}$而不是$\frac{V_D}{V_C}$，这是因为我们已经规定 Q_2为排出的热。因此，有

$$\eta = 1 - \frac{Q_2}{Q_1} = 1 - \frac{nT_2 \ln \frac{V_C}{V_D}}{nT_1 \ln \frac{V_B}{V_A}} \tag{23.26}$$

首先可以看到，分子分母上的 n 可以消去，这是因为效率不应该依赖于我们给出的气体的量。如果我们把气体的量变成两倍，我们只需要把 Q_1、Q_2和 W 变为两倍。我们还可以看到如果下式成立的话，还可以消去分子分母中的对数项：

$$\frac{V_B}{V_A} = \frac{V_C}{V_D} \tag{23.27}$$

最后我们得到化简后的最终结果：

$$\eta = 1 - \frac{T_2}{T_1} \tag{23.28}$$

在后续的讨论中，我将用η 来表示最大效率。

现在证明式（23.27）。从式（23.11）中可以看到绝热过程中 $VT^{c_v/R}$是一个常量，也就是说，取绝热线上的两个点 x 和 y，我们有

$$V_x T_x^{c_v/R} = V_y T_y^{c_v/R} \tag{23.29}$$

把它应用到两对点 $x=B$，$y=C$ 和 $x=A$，$y=D$ 上，因为 A 和 B 的温度为 T_1，C 和 D 的温度为 T_2，我们得到

$$V_B T_1^{c_v/R} = V_C T_2^{c_v/R} \tag{23.30}$$

$$V_A T_1^{c_v/R} = V_D T_2^{c_v/R} \tag{23.31}$$

两式的左边和左边、右边和右边分别相除得到式（23.27）。

我用理想气体做了一个循环，发现它的功能的确像一个非常原始的热机，因为它吸收一定的热 Q_1，放出一定的热 Q_2，并对外做功 $W = Q_1 - Q_2$，其大小可以通过由循环所围成的面积给出。所做的功与吸的热的比正好仅取决于高温热库的温度和低温热库的温度。它不取决于气体本身。

我将表明上面计算出的效率是理论上能够达到的上限。不存在效率比卡诺热机

的效率更高的热机，就算是2013年设计建成的也不行。这个分析让我联想到了相对论。为了向你显示为什么在一个运动参考系中时间会慢下来，我给出了一个非常简单的时钟，它是由上下两个反射镜和穿梭在它们之间的一束光组成。这不是你想象中的时钟，但你可以明白它为什么会慢下来。但是，你知道每个时钟都必须以同样的方式慢下来，因为在一个运动的火箭中所有的时钟都必须以相同的速度运行。否则，你就可以通过比较这两个时钟的快慢来确定你所在的参考系是否在运动。同样，如果你有一个非常原始粗糙的热机，并且你可以证明它的效率最高，你会发现这就是所有的热机效率的上限。

卡诺的论证基于他提出的一个假设，即唯一的效果是把热从冷的物体传到热的物体的过程是不存在的。你不得不承认卡诺的假设，我们接受它唯象地有效。有了这个假设，卡诺将向你证明不存在比卡诺热机效率更高的热机。

卡诺热机的关键是它是可逆的。这意味着从 A 点出发的卡诺热机，可以退回到 D 点然后 C 点然后 B 点然后再回到 A 点。如果卡诺热机逆向运转，则它就像一个制冷机：在 T_2 处吸 Q_2 的热，外部对它做功，然后在 T_1 处放出 Q_1 的热。我们正是要用这个逆向运转的卡诺热机来说明不存在比卡诺热机效率更高的热机。

这里有一个具体的演示可以方便地帮我们实现目的。假定我们作为演示的卡诺热机工作在两个温度分别为 T_1 和 T_2 的热库之间，吸收100 cal的热，用20 cal的热来做功，并放出80 cal的废热。这是一个特殊的例子，效率 $\eta=\frac{W}{Q_1}=\frac{20}{100}=0.2$。现在，如果你说你有一个更高效的热机，你真正的意思是，如果在相同的温度下运行，你的热机可以吸收100 cal的热同时对外做超过20 cal的功，比如说40 cal，只向外排出60 cal的废热。如图23.5中方框内左侧所示。为了反驳你的观点，我找一个卡诺热机，大小是原来的两倍，然后我让它逆向运转。别忘了，这里的效率没有增加，只是它的气体变成了原来的两倍。我们称之为2×卡诺热机*，如图23.5中方框内右侧所示，这个卡诺热机用来干什么呢？它将从低温热库中吸收160 cal的热，需要外部对它做40 cal的功，然后向高温热库放出200 cal的热，如图23.5中方框内右侧所示。我需要一个逆卡诺热机（制冷机）大小为原来两倍的原因很简单：在每次循环中你的热机对外做40 cal的功；我的制冷机需要40 cal的功来运行。我们可以直接用你的热机来驱动我的制冷机。你的热机对外输出功，我的制冷机需要外部对它做功，我把我的制冷机变成原来的2倍后刚好和你的热机输出的功相匹配。

现在，让我们画一个盒子把这两个热机装起来，不去看它们具体是什么。在一个完整的循环结束，所有的一切都完成后，我们发现所有的气体和所有活塞都回到了开始时的状态。我们不需要给这个组合机器通电，因为左边的热机正好驱动右边的制冷机。我观察了低温热库，发现它净损失了100 cal的热：进来了60 cal出去了160 cal。我再观察高温热库，发现进来了200 cal的热同时出去了100 cal。所以最后看来，组合机器等价于一个单一的这样的机器，它在每次循环中把 100 cal 的热从温度为 T_2 的低温热库传给温度为 T_1 的高温热库，除此以外在宇宙中的任何其他地方没有再发生其他的变化。这是不允许的。因此，你认为你有一个热机比卡诺热机更有效的说法是错的。

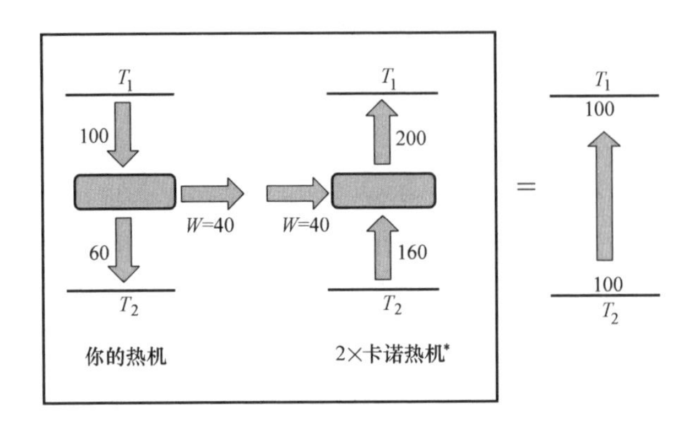

图 23.5　如果你有一个效率比卡诺热机的效率高的热机，我们可以把你的热机和一个卡诺热机（逆向运转并扩容）结合到一起做成一个机器，这个机器的唯一效果是把热从低温热库转移到高温热库。这里的卡诺热机吸收 100 cal 的热同时对外做 20 cal 的功，排出 80 cal 的热。那个假定的竞争对手，吸收 100 cal 的热同时对外做 40 cal 的功，排出 60 cal 的热。如方框内左半图所示。那个称为 2×卡诺热机 * 的热机是方框内的右半图，它是由原卡诺热机逆向运转并扩容两倍而得到的。两个机器组合在一起（用方框框起来的部分）等价于第三个机器的效果，方框外右侧图。它把 100 cal 的热从低温热库转移到高温热库而不引起其他任何变化。

上面例子中我给出的只是一组有代表性的数字。只要你的热机比我的热机效率高，你可以选择任何一组其他数字：你的热机输出功可能是 30 cal 而不是 40 cal。如果这样的话，我会找一个尺寸为原来 3/2 的标准卡诺热机并让它逆向运转。你的热机所输出的 30 cal 的功刚好驱动我的制冷机，然后你会发现在一个循环内有 50 cal 的热从低温热库流到了高温热库，除此以外在宇宙中的任何地方没有再发生其他的变化。这就是为什么原始粗糙的卡诺热机却成了所有热机的标准。得到这个结果的关键是卡诺热机是可逆的。

卡诺热机工作的基础是理想气体。由它的可逆性我们能够证明不存在任何比卡诺热机更高效率的热机。现在考虑其他以任何物质为工质的可逆热机。我们已经知道它的效率不可能比卡诺热机更高。我们也可以证明它也不可能比卡诺热机的效率低。为了证明这一点，重复我们前面的论证，但不同的是这里让这种非卡诺可逆热机逆向运转，而让卡诺热机正向运转，组合在一起后，也可以将热从低温热库传输到高温热库而不引起其他的变化。例如，如果低效率但可逆的热机吸入 100 cal 的热，只对外做 10 cal 的功，你可以让它逆向运转，然后用尺寸为原来一半的卡诺热机来驱动它。这个卡诺热机吸入 50 cal 的热，对外做 10 cal 的功，你可以验证两者结合的效果是在每次循环中将 50 cal 的热从低温热库转移到高温热库中，并且不产生其他的影响。这是不允许的。唯一可以接受的结果是所有的可逆机的效率都相等，卡诺热机是我们深入研究过的其中之一。由于实际过程中能量损失不可避免，实际热机的效率永远低于这个最大值。

23.4.1　运用卡诺热机定义温度

我们已经得出

$$\eta=1-\frac{T_2}{T_1} \tag{23.32}$$

这里的温度 T 由理想气体状态方程 $PV=NkT$ 定义。利用下面给出的可逆热机，我们可以引入一个绝对温度 T，这个温度不依赖于任何具体的物质。

我们用下面的关系来定义任意两个物体的温度 T_1 和 T_2 的比例：

$$\eta=1-\frac{T_2}{T_1} \tag{23.33}$$

这里 η 是运行在两个温度 T_1 和 T_2 之间的可逆热机的效率，我们知道它与热机的具体运行过程以及具体的工作物质都无关。接下来我们定义水的三相点对应的绝度温度为 273.16。

假定你给我一桶某种液体。为了找到它的绝对温度 T_B，我将在这桶液体（高温热库）和一桶处于三相点的水（低温热库）之间运行一个可逆热机。测出它的效率 η，求解下式最后求出温度 T_B：

$$\eta=1-\frac{273.16}{T_B} \tag{23.34}$$

这里我假定 $T_B>273.16$。如果这个假定不对，我们可以把高温热库和低温热库对调。热机可以做得任意小，使它在运行过程中不会影响桶内液体的温度。

下面先离开实际应用领域重新回到我们前面提到的理论问题上来，即如何利用卡诺的结果来定义熵，单个熵增加定律如何把所有的像温热物体自发变成热和冷两部分这种禁止发生的过程都宣告为不合法。

Yale

第24章 熵与不可逆性

24.1 熵

正如前面说的那样，在结尾的这章，我们将从卡诺对于热机效率的实际考虑过渡到熵的概念。

在计算卡诺热机的效率时，发现从热库 T_1 吸收的热量与向热库 T_2 释放的热量之比为（见图 23.4）

$$\frac{Q_2}{Q_1}=\frac{T_2}{T_1} \tag{24.1}$$

我们将之改写为

$$\frac{Q_1}{T_1}-\frac{Q_2}{T_2}=0 \tag{24.2}$$

式中，Q_1是在 AB 过程中从高温热库吸收的热量，Q_2是在 CD 过程中向低温热库放出的热量。

式（24.2）中加上两个零是没有关系的：

$$\frac{Q_1}{T_1}+0+\left(-\frac{Q_2}{T_2}\right)+0=0 \tag{24.3}$$

式中的四项分别对应着卡诺循环的四个部分。AB 过程的贡献是$\frac{Q_1}{T_1}$，Q_1是从高温热库 T_1 吸收的热量；绝热过程 BC 贡献了第一个 0；CD 过程的贡献是$-\frac{Q_2}{T_2}$，Q_2是向低温热库 T_2 放出的热量；最后的绝热过程 DA 贡献了最后一个 0。

我们改变一下符号规则，统一地定义 ΔQ_i 为系统吸收的热量，并将式（24.3）改写为如下形式：

$$\sum_i \frac{Q_i}{T_i}=0 \tag{24.4}$$

式中，求和是指对环路中不同的段进行求和。

式（24.4）是整个熵概念的核心。它告诉我们在能量 U 之外还潜藏着另外一个状态参量。记住，当我们经过一个循环回到初态时，状态参量会回到其初态值。内能是状态参量，因为如果经过一个循环后回到相同点（P，V），U（对于理想气体为 $U=\frac{3}{2}PV$）仍为原来的值。如果循环由若干分立的过程 i（就像卡诺循环那样）组成，令 dU_i为 i 过程的增量，则可以写出

$$\sum_i dU_i = 0 \tag{24.5}$$

对于任意连续循环，有

$$\oint dU = 0 \tag{24.6}$$

与此相反，如果将循环中的 ΔQ_i相加，得到的是这个循环所围的面积，是循环过程中系统对外界所做的功。因此，Q 不是状态参量。

现在，我们看公式（24.4）。它表明尽管循环中的 ΔQ_i之和不为零，但是如果将每个 ΔQ_i除以 T_i再求和，则结果为零。这提示我们按如下定义给出一个新参量，也就是系统的熵。

熵是系统的状态参量，它的增量为

$$dS = \left.\frac{\Delta Q}{T}\right|_{\text{可逆}} \tag{24.7}$$

其中，ΔQ 是可逆吸热，也就是说，系统应无限地接近平衡态。

根据这个定义，经过任一卡诺循环，熵均回到初始值：

$$\sum dS_i = 0 \tag{24.8}$$

然而，要拥有状态参量的桂冠，公式（24.8）应该对任何循环都成立，而不是只对卡诺循环成立。换言之，我们想要

$$\oint dS = 0 \tag{24.9}$$

对于所有循环均成立。这恰恰是正确的。这个证明（你可以跳过此证明）基于这样的事实：热不能全部变为功而不产生其他效果。因为它意味着 $\eta=1$，违背了卡诺的结论。

现在，我们证明，对于任意循环都有 $\oint dS=0$。设系统经过如图 24.1 所示的循环，图中有个温度为 T_0的辅助热库。在循环上取一小段过程 i。若此过程中的吸热为 ΔQ_i，则设想它是由一个卡诺制冷机供给的，这个制冷机工作于热库 T_0和系统此时的温度 T_i之间。工作过程中，制冷机从热库 T_0吸收的热量为 ΔQ_{0i}，所需的功为 ΔW_i。卡诺制冷机满足

$$\frac{\Delta Q_{0i}}{T_0} = \frac{\Delta Q_i}{T_i} \tag{24.10}$$

将之对闭合回路求和（在有些段，例如图中的 j 段，ΔQ_i 和 ΔQ_{0i} 可以是负值），得

$$\frac{Q_0}{T_0}=\oint\frac{\mathrm{d}Q}{T} \tag{24.11}$$

式中，Q_0是从那个热库吸收热量的总值。如果 Q_0为零，我们就求得了所要的结果

$$\oint\frac{\mathrm{d}Q}{T}=\oint\mathrm{d}S=0 \tag{24.12}$$

我们将看到，的确如此。（表示 dS 时，我们用的是 dQ/T，而不是 $\Delta Q/T$，因为该比值代表微分。）

如果 $Q_0>0$，则意味着热库失去了热量。因为系统和所有辅助的卡诺机都已经复原，根据能量守恒，这部分热量一定由卡诺机和我们的系统全部转化为了等量的功，即 $\eta=1$，而这是不可能的。如果 $Q_0<0$，我们可以使整个过程反向进行（因为对于卡诺机和我们的循环，所有步骤都是可逆的），这样的 Q_0符号就为正，出现如同前面一样的矛盾。

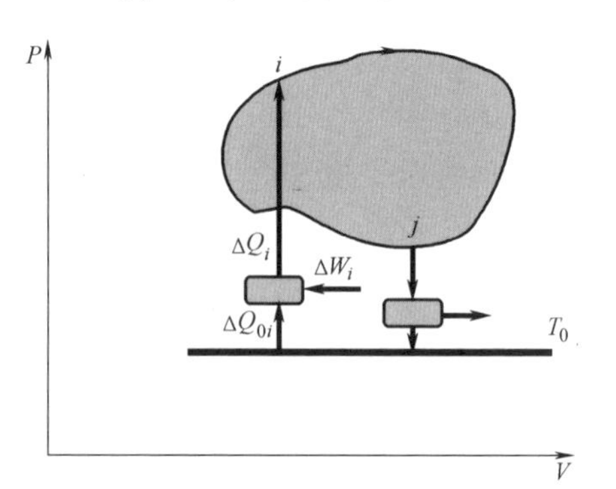

图 24.1　系统进行准静态循环。系统在 i 段吸热 ΔQ_i，该热量来自工作于系统现在的温度与热库 T_0之间的卡诺制冷机。制冷机所需要的功是 ΔW_i。若 $\Delta Q_i<0$，例如 j 点处，热量由卡诺热机吸出系统并向热库 T_0放出该热量。

即使没有跟我们一起进行上面的证明，你也一定注意到了，如果要用$\dfrac{\Delta Q}{T}=\mathrm{d}S$将 ΔQ 与 dS 联系在一起，那么交换的热量 ΔQ 必须是可逆的。

这样，现在就有了两个状态参量 U 和 S。我们只定义了 S 的增量，要确定它的值，还需要一个常数，就像势能那样。因此我们可以自由地选定某个点（P_0，V_0）的熵为 S_0，要求任意（P，V）点的熵，可以对 $\mathrm{d}S=\dfrac{\mathrm{d}Q}{T}$的增量从（$P_0$，$V_0$）到（$P$，$V$）求和。我们可以任意地选择路径，因为每个点都有确定的 S 值，而且两点间的熵差与连接它们的路径无关。

总之，我们知道 S 是状态参量，其增量由式（24.7）来定义。我们还不知道这个量 S 的意义，它与 ΔQ、dV、dU 不同，对于这些量我们有直觉。但是，即使是在从前，人们（像鲁道夫·克劳修斯）就已经认识到："还有一个变量没有被开发出来。我们也许还没有完全了解它的意义，但是它是状态参量，所以我们最好认真地对待它。"

我们改写一下第一定律，采用 S 进行描述：

$$\mathrm{d}U=\Delta Q-P\mathrm{d}V \tag{24.13}$$

因为 U 是状态参量，因此 dU 与热量如何进入系统无关。我们设热量的交换是可逆的，这样有

$$dU = TdS - PdV \tag{24.14}$$

从数学上讲，可以认为 U 是 S 和 V 的函数，且

$$T = \frac{\partial U}{\partial S} \tag{24.15}$$

$$P = -\frac{\partial U}{\partial V} \tag{24.16}$$

因为我们现在关注的是 S，所以将第一定律写为

$$dS = \frac{1}{T}dU + \frac{P}{T}dV \tag{24.17}$$

此方程告诉我们 S（对于一定量的气体，如 197 mol）是宏观量的函数，如体积 V、能量 U，且

$$\left.\frac{\partial S}{\partial U}\right|_V = \frac{1}{T} \qquad \left.\frac{\partial S}{\partial V}\right|_U = \frac{P}{T} \tag{24.18}$$

要记住这两个方程。

在我们了解熵 S 的含义前，我要你利用下面这个公式，实际计算几个过程的熵变：

$$dS = \left.\frac{dQ}{T}\right|_{可逆} \tag{24.19}$$

先看质量为 m 的冰在 0 ℃时的熔化问题。我们必须将潜热 $L = 80$ cal/g 可逆地给系统，也就是用温度为 $(0+\varepsilon)$ ℃ $(\varepsilon \to 0)$ 热库为系统提供热量，使冰水混合物的系统充分吸热，达到水增多一点儿的新平衡态。一直这样做，直到所有的冰在此温度下全部熔化，

$$S_2 - S_1 = \int_1^2 \frac{dQ}{T} = \frac{mL}{T_{冰}} (\text{cal/K}) \tag{24.20}$$

式中，$T_{冰} = 237.16\text{K}$ 。

在这个简单的例子中，T 固定，等于 $T_{冰}$，所以它可以提出到积分号的外面，积分的结果为 mL。

接下来，我们考虑稍微复杂一些的情况：将质量为 m 的水加热，使其温度由 T_1 升高到 T_2。熵变为

$$S_2 - S_1 = \int_1^2 mc_{水} \frac{dT}{T} = mc_{水} \ln \frac{T_2}{T_1} \tag{24.21}$$

再次强调，记住热量应该可逆地进入系统：你不能将温度为 T_1 的水猛地倒入温度为 T_2 的锅中。相反，你将它与一连串的热库接触，每个热库的温度都比前一个热库的温度高一个无限小量，水有足够的时间与每个热库达到平衡，最终使水的温度

从 T_1 升高到 T_2。

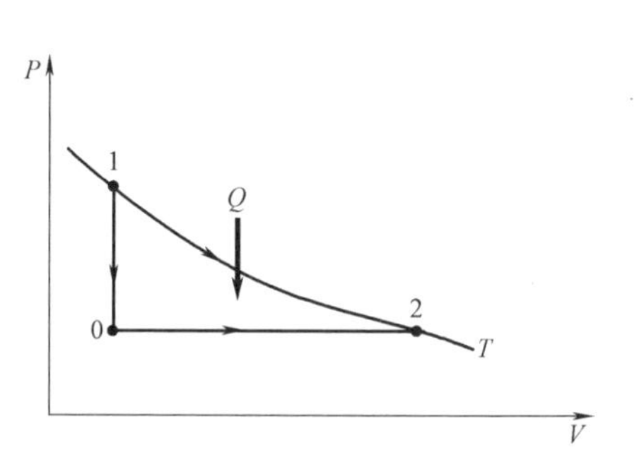

图 24.2　1、2 点的温度相同，均为 T，对 $\frac{dQ}{T}$ 积分来计算熵变，积分路径为等温或其他路径，如过 0 点的那条路径。

如果你将水冷却降温，也可以用这个方程，但结果是负值，因为 $T_2<T_1$。

最后我们计算气体的熵变，其结果非常有意义。温度为 T 的气体等温膨胀，体积从 V_1 增大到 V_2，如图 24.2 所示。

与冰熔化时类似，温度 T 为常量，可以放到积分号的外面：

$$S_2-S_1=\int_1^2\frac{dQ}{T}=\frac{1}{T}\int_1^2 dQ=\frac{Q}{T} \tag{24.22}$$

式中，Q 是气体吸收的总热量。因为等温过程中，U 是定值，Q 等于气体所做的功，因此

$$S_2-S_1=\int_1^2\frac{dQ}{T}=\int_1^2\frac{PdV}{T}=\int_1^2\frac{nRTdV}{VT}=nR\ln\frac{V_2}{V_1} \tag{24.23}$$

如果每个点都有唯一的熵，那么 1、2 两点的熵差与我们怎样由 1 到达 2 无关。因此，如果不沿等温路径的话，我们可以顺着 P 轴下降到达 0 点，该点与 1 点的体积相同，即 $V_0=V_1$ 且 $P_0=P_2$。熵变为

$$S_0-S_1=nc_v\int_{T_1}^{T_0}\frac{dT}{T}=n\frac{3R}{2}\ln\frac{T_0}{T_1}=n\frac{3R}{2}\ln\frac{T_0}{T}\quad（因为\ T_1=T） \tag{24.24}$$

$$S_2-S_0=nc_p\ln\frac{T_2}{T_0}=n\frac{5R}{2}\ln\frac{T}{T_0}\quad（因为\ T_2=T） \tag{24.25}$$

$$S_2-S_1=n\frac{3R}{2}\ln\frac{T_0}{T}+n\frac{5R}{2}\ln\frac{T}{T_0}$$

$$=n\frac{3R}{2}\ln\frac{T_0}{T_0}+n\frac{2R}{2}\ln\frac{T}{T_0}=nR\ln\frac{T}{T_0} \tag{24.26}$$

$$=nR\ln\frac{V_2}{V_1}\quad（用到了\frac{T}{T_0}=\frac{T_1}{T_0}=\frac{P_1V_1}{P_0V_0}=\frac{P_1}{P_2}=\frac{V_2}{V_1}） \tag{24.27}$$

这里用到了由图 24.2 得到的许多等式：$T=T_1=T_2$，$V_1=V_0$ 和 $P_0=P_2$。因此，求熵变时，我们可以随意选择路径。通常，我们选择最容易的路径。

记得我告诉过你们，在这个世界上许多许多现象似乎都是被禁止的。许多事情只可能以某种方式发生，而不能以其他方式发生，我们问是什么规律禁止了这些事情的发生。现在我来表述支配这一切的伟大定律。

24.2　第二定律：熵增加原理

热力学第二定律表明，

$$\text{对于孤立系统 } \mathrm{d}S \geqslant 0 \tag{24.28}$$

你见到这个定律了，一个伟大的定律：对于孤立系统，任何使总熵减小的过程都是被禁止的。

现在我们必须看看这个定律是怎样禁止那些不被允许的过程的。首先考虑第二定律的卡诺版本：不存在这样的过程，热从低温物体传到高温物体而没有在任何地方引起任何变化。我们先来计算这样一个过程的熵变。用一根导热良好的轻棒（它本身吸收的热量可以忽略）与两个热库短暂接触，热库的温度恒定，分别为 T_1 和 T_2。热库总是处于平衡的，且温度恒定，利用公式

$$\mathrm{d}S = \left.\frac{\mathrm{d}Q}{T}\right|_{\text{可逆}} \tag{24.29}$$

设热量 ΔQ 从 T_1 传到 T_2，

$$\mathrm{d}S = -\frac{\Delta Q}{T_1} + \frac{\Delta Q}{T_2} = \Delta Q\left[\frac{1}{T_2} - \frac{1}{T_1}\right] \tag{24.30}$$

如果 $T_1 > T_2$（从高温到低温），那么 $\mathrm{d}S>0$，过程被允许；然而如果 $T_1 < T_2$（从低温到高温），那么这个过程是不被允许的。注意能量是守恒的，但是熵是增加的：尽管两者获得的能量相等且符号相反，但是它们的熵变却并非如此。

接下来考虑这样的问题。某个质量为 m 的铜块温度为 T_1，另有一铜块质量与它相同，温度为 T_2，两者彼此隔离。每个铜块都有各自确定的熵。现在使它们彼此进行热接触，并保证它们不与其他任何物体进行热交换。由于对称性可知两者最终共同的温度为 $T^* = \frac{1}{2}(T_1 + T_2)$。能量当然是守恒的，我们实际上就是据此求出的 T^*。但是，来看看熵。

可以天真地想，也许这个组合系统的 $\mathrm{d}S=0$，因为系统与其他物体之间没有热量交换，故 $\Delta Q = 0$，那么，按照公式（24.29）就可得这个结论。这是错误的，因为这不是一个可逆过程，当两个温度不同的物体突然接触在一起，系统内各处不能达到平衡态。有一段时间，系统处于非平衡态，失控了，甚至无法整体定义其温度。

然而，经过较长一段时间后，它们稳定下来，温度为 T^*，它们一定会具有确定的熵，并且我们可以问它们最后的熵是多大。要计算熵，我们并不关心实际的过程，而是想象每块铜经过一系列步骤从其初态温度到达末态温度，而每一步都在平衡态附近，因而铜块有确定的熵，且这些熵变 $\mathrm{d}S$ 可以利用公式（24.29）来计算。

打个比方。假设你站在一座山上的 1 点处，高度为 h_1。你步行到一个新的位

置 2。我想要知道你在前后两点的高度差 $h_2 - h_1$。很简单，它等于你走出的每一步的高度差之和。假设，你现在不是从 1 走到 2，而是利用你的瑜伽技巧在 1 处消失，然后重新出现在 2 点。尽管在这个穿越过程中，你是不可见的，但是你的初态和末态之间的高度差是确定的。不过，这次不能通过将你每步的高度差相加而得到所要求的高度差了，因为你并没有一步步地从这里走到那里，你消失了，然后又出现了。但是，很简单，我可以亲自从 1 走到 2，将每步的高度差相加，从而求出那两点间的高度差。我可以任意选择连接 1、2 两点的路径。我的步行就像学过的可逆路径，用以计算熵，而你的瑜伽行程就是实际的不可逆过程。

所以，我们想象温度低的那块铜块与一系列的热库相接触而升温，每个热库的温度都比前一个高一点点，因此铜块一直在平衡态附近，温度缓慢地升高到 T^*。采用类似的方法使温度高的铜块降温，温度缓慢地降低到 T^*。利用比热，它们的熵变为：

$$S_{末} - S_{初} = mc\int_{T_1}^{T^*}\frac{\mathrm{d}T}{T} + mc\int_{T_2}^{T^*}\frac{\mathrm{d}T}{T} \tag{24.31}$$

$$= mc\left(\ln\frac{T^*}{T_1} + \ln\frac{T^*}{T_2}\right) = mc\ln\frac{T^{*2}}{T_1 T_2} \tag{24.32}$$

现在，我们来证明这个熵变是正的。在每个阶段，当我们通过吸取出 ΔQ，使温度高的铜块降低一点点温度，并且给予热量 ΔQ，使温度低的铜块升高一点点温度时，熵变都是正的，这是因为相比于放出的热量，吸收的热量所除以的那个温度更低。

要完全地证明 $S_{末} - S_{初}$ 为正的话，我们得证明 $T^{*2} > T_1 T_2$。这等效于这样一个问题：$\frac{1}{4}(T_1 + T_2)^2 > T_1 T_2$ 成立吗？整理这个式子，问题变为：“$(T_1 - T_2)^2 > 0$?”答案当然是肯定的。

所以，当冷热相遇生成高低适中的温度，系统的熵增加。由此得到，如果物体的温度自发地变化，分成为冷热两个部分，那么系统的熵就会降低，因此，这种过程是不会发生的。这就是为什么温水不会自动地分为冷热两部分的原因。这种温度的自动区分并不违背能量守恒定律，但是它违背熵增加原理。所以向着一个方向的演化是被允许的，因为熵是增加的，但是相反的方向不被允许，因为那对应着熵的自动减小。

最后，我们来看由图 24.3 描述的过程。

状态 1 描述的是：一个绝热容器被隔板分为两部分，气体均匀地分布在左侧，处于平衡态。状态 1 对应于 P-V 图上的一点。现在，我突然将隔板移走。在一段时间内，气体失控了，不再处于平衡态。隔板移走后的瞬间，气体没有确定的压强，左侧非零，而右侧为零，它还是真空。这就是为什么气体会从 P-V 图上消失。等待足够长时间后，气体又会处于平衡态了，如状态 2 所示。

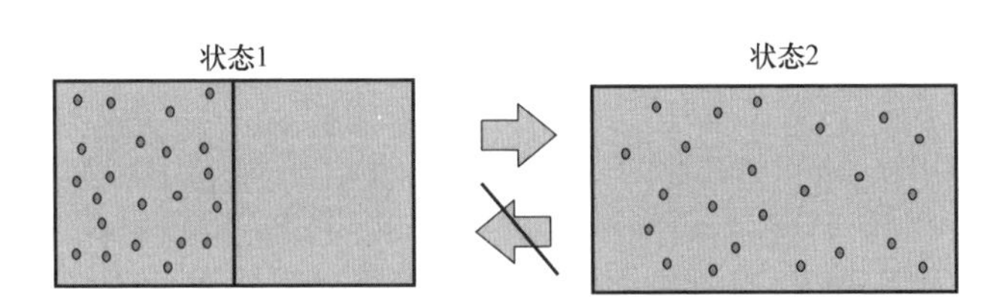

图 24.3 （左图）气体初态处于带有隔板的绝热容器左侧。（右图）隔板被突然撤掉后，气体膨胀，充满整个容器。如果我们将这个过程拍成电影，并且倒放这个电影，气体将返回到左侧。但是，这是违背第二定律的。

现在该如何计算熵变呢？如果你说："好，因为容器是绝热的，所以 $\Delta Q=0$，那么根据 $\mathrm{d}S=\frac{\Delta Q}{T}$，过程的熵变为零。"那么你又错了。这不可能是正确的答案。如果 2 和 1 的熵相同，那么系统就可以毫无障碍地自发退回到 1。但是我们知道这个过程，即 2→1，永远都不会自发地进行，你不可能将这个"妖怪"再放入瓶子中去。

所以，对于向真空的"自由膨胀"过程，熵一定会增加。我们不能盲目地使用公式 $\mathrm{d}S=\frac{\Delta Q}{T}$ 计算熵变，因为实际过程是突然发生的，中间阶段远离平衡态，而使用此公式时，过程必须是可逆的，不能远离平衡态：

$$\mathrm{d}S=\frac{\Delta Q}{T}\bigg|_{\text{可逆}} \tag{24.33}$$

我们该怎样做呢？答案是与两个铜块的情形一样：忘记实际过程，使系统通过一系列的可逆步骤从初态达到末态。

因为气体末态的那些点一定会出现在 P-V 图上，所以求熵变时，我们以可逆过程连接初、末两个状态。

虽然任何可逆路径均是可以的，但是有一个路径最简单，因为初、末态的温度是相同的。道理在于：气体膨胀过程中不对真空做功，且容器绝热，也不与外界交换热量。因此对于理想气体来说，$U_1=U_2$，由此推出 $T_1=T_2$。所以，可以用等温线连接起点和终点。由方程（24.23）得，等温膨胀的熵变为

$$S_2-S_1=nR\ln\frac{V_2}{V_1} \tag{24.34}$$

在这个实验中，计算熵变的方法是忘记实际过程，而按下面的过程进行。对于初态气体，用一个活塞封住它，在活塞上施加反向压强，与内部压强平衡，让气体一直与温度为 T 的热库进行热接触，缓慢地膨胀。对于所有阶段，热库的熵变 $\mathrm{d}S$ 与系统的熵变之和为零，因为它们的温度基本相等，且两者 ΔQ 的绝对值相同，符号相反。（我说温度"基本"相等，这是因为热库的温度要比气体的高一点点，使

得气体可以吸热。）在这一过程中，整个气体与热库组成的系统的总熵根本没有变化。气体获得的熵与热库损失的熵相等。但是，我只想求气体获得的熵。我将这样的可逆过程作为求气体熵变的手段，因为该熵变就是气体在非可逆过程中增加的熵。

当温度分别为 T_1 和 T_2 的两块铜进行热接触后，最终温度为 $T^*=\frac{1}{2}(T_1+T_2)$，绝热膨胀的故事与之相同。对于实际的不可逆过程，两个铜块与外界是绝热的，这个系统的总熵增大，此时系统就是两个铜块。在这种情况下，$\Delta S_{系统}=\Delta S_{两铜块}$。然而，求 $\Delta S_{两铜块}$ 时，我们编制了一个可逆过程，一整套热库登场，将两铜块的温度带到了末态值。此处，两铜块获得的熵与实际过程中的相同。但是整体[⊖]的熵变为零，在每个阶段，热库的熵变与两铜块的熵变严格相等，因为热传导是在与温度基本相等的热库与铜块之间进行的。

24.3　统计力学和熵

我最后要根据统计力学从微观上解释熵的含义，并简要介绍统计力学的核心思想。

考虑气体的自由膨胀的特例，$V_1=V$，$V_2=2V$。由方程（24.34），我们得到

$$S_2-S_1=nR\ln\frac{V_2}{V_1}=nR\ln 2 \tag{24.35}$$

注意：n 是物质的量，是一个宏观量。例如，等于氢气质量的克数或者是碳气体的克数除以 12。普适气体常数为 $R=2\ \text{cal/(mol·K)}$，同样是与宏观描述有关。

我们知道气体是由原子组成的，基于这种微观描述，我们可以将方程（24.35）改写为

$$S_2-S_1=nR\ln\frac{V_2}{V_1}=Nk\ln\frac{V_2}{V_1}=Nk\ln 2 \tag{24.36}$$

我们用到了 $R=N_A k$ 以及原子的数量 $N=nN_A$。早在证明原子存在之前，人们就发现了公式 $S_2-S_1=nR\ln\frac{V_2}{V_1}$，你回想一下，其推导过程中并未用到原子的概念。在方程（24.36）中，原子的数目第一次出现在熵的公式中。利用 N 改写这个公式需要用到原子的概念。从此观点出发，或利用某个其他方法，玻尔兹曼由单个原子的行为预言了气体的熵公式。这是统计力学的核心，是热力学的微观基础。

真正的微观理论需用牛顿定律确定每个原子的演化，进而尽最大可能细致地描述气体的状态。实际上，要处理 10^{23} 个原子这样庞大的数据，既计算不出来，也吃

⊖ 是指所有热库与两铜块构成的系统。——译者注

不消。就在这里，统计力学出场了，其目标更务实、更可信。

统计力学仅关注气体的下列属性：能量 U、体积 V 和粒子的数量 N。尽管在微观上粒子的运动是随机的，这里那里地飞奔，彼此间相互碰撞，并且与容器的器壁碰撞，但是这三个参数不变，可以很容易地采用宏观方法进行测量，包括 N 在内，它等于气体的质量除以一个原子的质量，假定已经通过别的微观方法测出了原子的质量。与此相反，单个原子的动量和坐标永远是变化的。

更引人注目的是，统计力学中，气体平衡态的熵仅仅由这三个不变的宏观量决定。玻尔兹曼关于熵 $S(U, V, N)$ 的公式是如此重要，所以将之刻在了他的墓碑上。物理学家去维也纳时，首先要参观的不是音乐厅，而是玻尔兹曼的墓碑，充满敬意地再次重温他的公式。这个公式是对他一生工作的总结。公式是这样的：

$$S(U, V, N)=k\ln\Omega(U,V,N) \tag{24.37}$$

式中，$\Omega(U, V, N)$ 是不同的微观状态的数目，或者说与宏观性质，即 U，V，N，对应的微观状态的数目。我们将证明对于体积从 V_1 到 V_2 的自由膨胀过程，它可以给出正确的熵变公式。

第一步是计算气体微观状态的数目。为此，我们必须先知道什么是微观状态。一个微观状态由一堆数据来描述，这些数据对气体的一个状态给出了完整且详尽的充分表达。利用这些数据，可以根据牛顿定律确定系统的运动。因此，一个微观状态就是所有原子的坐标和动量的集合。我们要计算的是这样一些微观状态的个数，对于每个微观状态，原子的坐标被限制在体积为 V 的空间内，而原子的动量值要满足使各个原子的动能之和为 U 的条件。

为了更好地理解将要得出的结论，你首先要掌握这些：设系统由 N 个成员（我们的例子中，这个成员指的就是原子）组成，而每个成员可以有 m 个状态，并与其他成员的行为无关，那么系统可以有的总状态数为 $m\times m\times\cdots\times m=m^N$。例如，一枚硬币有正反两个面（$m=2$），如果我抛三枚（$N=3$）硬币，可以得到 $2^3=8$ 个结果。如果我掷42个骰子，可以得到 6^{42} 个结果。你一定要掌握这一点。

出于教学需要，这里就不计算 S 随 N 变化的一般关系了。但是我们会发现，只要 N 是恒定的，那么 S 对于 U 和 V 的偏导数就可确定无误地求出，且它们毫无疑问地验证了玻尔兹曼熵的确与热力学中由 $PV=NkT$ 和 $U=\frac{3}{2}NkT$ 所得到的一致。

首先考虑空间坐标。在我们的描述中，原子被视为一个点。如果我们令位置的可能数目等于体积 V 内可能的点数，那么无论 V 是什么值，答案都是无穷多。所以我们这样做，想象将这个空间分为许多体积为 a^3 的微小单元，a 是很小的值，由我们对原子位置精确度的要求决定。比如说，我们可以取 $a=10^{-6}\mathrm{m}$。在体积 V 内，有 V/a^3 个单元，我们将它们编号为 $i=1, 2, \cdots, V/a^3$。我们将原子记为 A，B 等等，并且给出每个原子所在的单元。设 A 在 $i=20$ 单元内，B 在 $i=98000$ 单元内，等等，这就是一个微观分布。我们可以将它们放入其他单元中去，假使我们交换它们，如 $A \to B \to C \to D \to A$，就构成了一个新的分布（除非两个原子在一个单元之中）。因此，当气体被隔板限制在体积为 V_1 的空间中，那么这 N 个原子中的每一个都有 V_1/a^3 个可能的单元位置，故

$$\Omega_1 = \left(\frac{V_1}{a^3}\right)^N \tag{24.38}$$

且

$$S_1 = k\ln\left(\frac{V_1}{a^3}\right)^N = Nk\ln\frac{V_1}{a^3} \tag{24.39}$$

如果气体膨胀后的体积为 V_2，那么

$$S_2 = k\ln\left(\frac{V_2}{a^3}\right)^N = Nk\ln\frac{V_2}{a^3} \tag{24.40}$$

注意：S 依赖于单元的大小 a^3。如果 a 变化，由于有 $\ln a^3$ 项，S 会随之变化一个常数。在量子力学给出独特的单元大小之前，这是不可避免的。但是，a 的变化并不影响熵变的大小，就如同如果在势能函数中加一个常数，应用能量守恒 $K_1 + U_1 = K_2 + U_2$ 这个方程不会受到任何影响一样。

但是这个结果还有问题。原子的状态不仅仅取决于其位置，还与动量 p 有关。上面给出的每个 Ω 应该再乘上一个因子 $\Omega_p(U)$，它是气体在给定 U 时可取的动量状态的数目。再次，我们将可能的动量分为相同大小的单元。尽管原子可以占据气体所在容器中的任意单元，与其他空间单元无关，现在与之不同的是，原子只能采用特定的动量组态，以确保求和后得到的气体总动能等于定值 U。

因此，公式为

$$\Omega = \left(\frac{V_1}{a^3}\right)^N \times \Omega_p(U) \tag{24.41}$$

$$S(U,V) = Nk\ln\frac{V_2}{a^3} + k\ln\Omega_p(U) \tag{24.42}$$

幸运的是，在这个例子中，我们不用求 $\Omega_p(U)$ 的值，因为自由膨胀过程中 U 是不变的，所以 $\Omega_p(U)$ 也不改变。它在 $S_2(U, V_2) - S_1(U, V_1)$ 的差值中被减掉了。稍后，我们将针对一般 U 改变的过程计算 $\Omega_p(U)$。

熵变为

$$S_2 - S_1 = Nk\ln\frac{V_2}{a^3} - Nk\ln\frac{V_1}{a^3} = Nk\ln 2 \tag{24.43}$$

在这个例子中，它与 a 无关，并与我们在知道原子概念之前由热力学得到的结果一致！只不过在早期，$S_2 - S_1$ 是以宏观属性物质的量 n、宏观参量和普适气体常数 R 表达出来的：

$$S_2-S_1=nR\ln\frac{V_2}{V_1} \tag{24.44}$$

由于计算熵变时不必考虑 a，为了教学需要，我们有时令 a^3 等于体积的一半。在这种情况下，每个原子只有两个位置：左侧或右侧。如果开始时原子都在左侧（隔板没有被移走时），那么只有一种分布，$\Omega_1=1$，$S_1=0$，然而如果两个位置都可以选择（隔板被移走了），则 $\Omega_2=2^N$，$S_2=Nk\ln2$，且 $S_2-S_1=Nk\ln2$，与以前的计算结果相同。

如果每个平衡态都有确定的熵（为一个常数），那么"平衡态时 S 最大"这句话是什么含义呢？

由自由膨胀的进行过程可以很好地解释这个问题。初态气体处于平衡态，占据容器的左侧，熵为 S_1。如果我们不管它，那么，什么都不会变化，包括 S_1 在内。现在，我们去掉了隔板或者是限制，新的平衡态出现了。熵增加原理表明新状态的熵 S_2 大于旧状态的熵 S_1。系统处于平衡态时熵不会增加，而当维持系统状态的某些外界条件发生了变化，出现新的平衡态时，熵增加。换言之，由于我们去掉了对系统的约束（隔板），使得初始被限制于旧平衡态的系统可以处于新的平衡态，所以熵变化了。移走了一些限制，只可能提供更多的选择（或者还和原来一样），这就是熵为什么要么增大要么不变的原因。我们稍后还会谈及这个话题。

还有一个例子。在一个容器中，两种不同的气体 A 和 B 被分隔为体积相等的两部分。这两部分气体稳定下来，处于平衡态，它们的总熵 $S_{初}$ 是确定的，其值不随时间变化。现在，我们去掉限制，也就是隔板。在无隔板的条件下，彼此在空间上分隔的气体并不是平衡态，气体在混合过程中会发生宏观的变化，在某段时间内，系统没有确定的熵值。最终，系统达到了新的平衡态，两种气体，均匀地分布于整个容器中，且有 $S_{末}>S_{初}$。

统计力学，特别是 $S=k\ln\Omega$ 给我们的帮助如下：

• 为我们提供了熵的微观基础，它比 $dS=\frac{\Delta Q}{T}$ 更丰富，可以得到与热力学相同的结果，正如自由膨胀的例子所示。

• 更清晰地诠释了熵在自发过程中增加（或保持不变）的原因：去除限制后，可获得 Ω 更大的状态。

• 解释了为什么 $A\to B$ 可以自发地进行，而 $B\to A$ 不行：因为与宏观态 A 相比，实现宏观态 B 的方法更多。

• 给平衡态以更深刻、更精确的图像。移走隔板后，气体均匀地分布于容器中。这种均匀的密度对应于热力学中的平衡态。统计力学告诉我们通常会是这样的，与此同时，系统也会以一定的概率稍微偏离平衡态，这是由如下经典统计力学唯一的假设决定的。

统计力学的假设：孤立系统处于平衡态时，每个可能的微观状态具有相同的概率。

正是这个假设确保去掉限制后，自发过程的熵将增大。较少的限制意味着更多可能的微观状态。

对于理想气体，为了说明这个假设的其他含义，我们设每个原子只有两个位置状态：左侧或右侧。共有 2^N 个微观状态，且所有的微观状态都以相同的概率出现。但是，这并不意味着宏观测量取各种值的概率都相同。右侧粒子所占的比重 $f=\frac{n}{N}$ 为宏观变量。每个 f 出现的概率不等。如果所有的粒子都在容器的左半部分，那么 $n=0$ 且 $f=0$。它只能由一种方法实现。就像你掷了 10^{23} 个硬币，全部是正面朝上——这是可能的但却又是极其不可能的。如果右侧有一个粒子，即 $n=1$，那么有 N 种方法来实现它，因为你有 N 个选择，决定谁将是那个奇特的原子。因此，与所有粒子都在左侧的情形相比，这种情形出现的可能性是它的 N 倍。更一般的是，右侧有个 n 原子，左侧有 $N-n$ 个原子，根据基本的组合方法，实现这种分布可选用的方法的数目为

$$\Omega(N,n)=\frac{N!}{n!(N-n)!} \tag{24.45}$$

因此，$f=\frac{n}{N}$ 出现的可能性是 $f=0$（即所有的原子都位于容器的左半部）的 $\Omega(N,n)$ 倍。

当 n 增大时，$\Omega(N,n)$ 也随之增大，在 $n=\frac{1}{2}N$ 时达到最大值，为

$$\Omega=\Omega_{\max}=\frac{N!}{\frac{N}{2}!\frac{N}{2}!} \tag{24.46}$$

超过这个中点后，Ω 减小，在 $n=N$ 时为 1。图 24.4 所示的是 $\Omega(30,n)$。从图 24.4，我们可以说出，对于 30 个原子组成的气体，原子按左右分布的概率是多大。如果每个 n 的取值都是允许的，这就意味着平衡时气体的密度将是不均匀的，且其值不会仅仅取决于 U 和 V。但是，统计力学不允许存在这种情形，对于典型的气体 $N\approx10^{23}$，这种情形也不会出现。现在这种分布在 $f=0.5$ 处出现了非常尖锐的峰，因此出现严重偏离 50/50 分布的可能性小到可以忽略不计。可以证明，通常 f 对 $\bar{f}=0.5$ 的偏离不会超过 $1/\sqrt{N}$

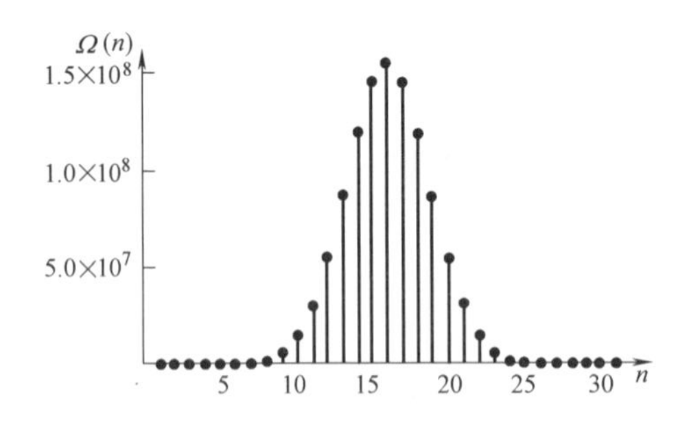

图 24.4　微观位形的数目随右侧粒子数目 n 的变化，左侧粒子数目为 $N-n$。图中 $N=30$。

的数量级。因此，f 的取值范围为 $f=\bar{f}\pm\frac{1}{\sqrt{N}}$。同样，对于平均值 $\overline{P}$ 的偏离是存在的，但是相对来说非常小。若 $N\to\infty$，那么在 $PV=NkT$ 中，可以将 $\overline{P}$ 与 P 等同起来。

一般来说，平衡态时，宏观观测量获得某个值的可能性与相应的微观分布的数目成正比。

现在，回到关于熵的讨论。我们通常这样讲，熵是系统无序度的量度。**如果容器中有块隔板**，那么很自然，两种气体可以在此容器中被分隔开，各占据容器体积的一半。但是，如果将隔板去掉，面对新出现的可能性，这种情况就太不自然而且过于极度有序了。这初始的有序性，源于预先的设计，将很快自发地演化为两种气体完全混合的状态。打开了隔板便可以使气体混合在一起，这就增加了无序度。在学术上，一个宏观态所具有的微观分布的数目（取对数）就是这个宏观态无序度的量度。去除限制后，自发地发生了从有序到无序的演化，这是因为实现无序的方法远远比有序要多得多。

还有一个例子。你拿一个带有竖直隔断的容器，在一侧倒入清水，另外一侧倒入红色的水。你得到了一个很有序的状态。只要隔断存在，这个状态便会一直维持下去。现在，你将隔断移走，红色的水与清水很快就混合在了一起，因为红色的粒子没有理由永远只待在右侧。混合物最终呈粉色。这种无序的分布是不可避免的，因为保持粉色的方法远远比保持分立颜色的要多很多。同理，粉色自动地分立为红色和无色，也就是从混乱变为有序，是极不可能的，它指向熵减小的方向。

尽管由混合变分离似乎是不被熵增加原理所允许的，但是并未受到严格地禁止，只是不可能性占压倒性的地位。例如，你在房间的一侧，而所有空气分子都位于房间另一侧的概率约为 $1/(2^{10^{23}})$。不过，你不必紧张，在宇宙将来可以存在的岁月里，它不太可能会出现。热力学第二定律是统计定律，但是当它说什么事情是“不可能的”，就是说它“如此地劣势，如此地可笑，如此地不可能，你把它忘了吧，在整个宇宙的历史中，它不会出现。”

要明白一件事情：孤立系统的一部分的熵可以减少。而整个孤立系统的总熵不能减少。所有的生命都是熵减少的例子：番茄从肥沃的土地中萌芽出来就是一个高度的有序过程，熵的确在减少。但是，如果你关注其外的世界，就会发现其他地方的熵会有更多的增加。或者以你的冰箱的冷冻室为例：你的冰箱从冷冻室中吸收热量，冷冻室内熵减小，但是房间中的其他地方熵增加得更多，因为冰箱后部释放出了热量。如果将所有物体均考虑在内，孤立系统的总熵会增大或保持不变，绝不会减少。

24.4　理想气体的熵：纯微观分析

设某理想气体由 N 个原子组成，体积为 V，能量为 U，现在，我们利用玻尔兹曼熵公式计算它的熵（可以加上一个常量）。假设 N 为定值，但是 U 和 V 可以变化。我们要求的量是 $S(U, V)$。

理想气体的能量全部为动能，与粒子的位置无关。我们必须求与 U 和 V 相对应的状态数 $\Omega(U, V)$ 的对数。

我们已经知道

$$\Omega(U,V)=\left(\frac{V}{a^3}\right)^N\times\Omega_p(U) \tag{24.47}$$

式中，V/a^3 为每个原子可占据的位置的数量；$\Omega_p(U)$ 是内能为 U 的气体中，动量微观分布的数目。（计算自由膨胀的熵变时，膨胀前后内能不变，因此，我们忽略了 $\Omega_p(U)$。现在 U 可以变化，所以需要计算 $\Omega_p(U)$，这使得我们的工作会更艰苦一些。）

内能为（对容器内每个原子的所有可能组态）

$$U=\sum_{i=1}^{N}\frac{1}{2}m\ |\boldsymbol{v}_i|^2=\sum_{i=1}^{N}\frac{|\boldsymbol{p}_i|^2}{2m}=\sum_{i=1}^{N}\frac{p_{ix}^2+p_{iy}^2+p_{iz}^2}{2m} \tag{24.48}$$

式中，$\boldsymbol{p}=m\boldsymbol{v}$ 是动量。

现在我们构造一个 $3N$ 维的矢量 $\boldsymbol{P}$：

$$\boldsymbol{P}=(p_{1x},p_{1y},p_{1z},p_{2x},\cdots,p_{Nz}) \tag{24.49}$$

它不过是 N 个动量矢量 $\boldsymbol{p}_i$ 的 3 个分量的集合。如果我们将 $\boldsymbol{P}$ 的分量重新编号为 $j=1, \cdots, 3N$，则

$$\boldsymbol{P}=(P_1,P_2,\cdots,P_{3N}) \tag{24.50}$$

这就是说，

$$P_1=p_{1x},P_2=p_{1y},P_3=p_{1z},P_4=p_{2x},\cdots,P_{3N}=p_{Nz} \tag{24.51}$$

内能可以写成

$$U=\sum_{j=1}^{3N}\frac{P_j^2}{2m} \tag{24.52}$$

不考虑位置的话，原子的动量可以取满足式（24.52）的任意值。所以我们必须看看满足条件的动量值有多少个。我们将该条件改写为

$$\sum_{j=1}^{3N}P_j^2=2mU \tag{24.53}$$

这是 $3N$ 维空间中半径为 $R=\sqrt{2mU}$ 的超球方程，就像

$$x^2+y^2=R^2 \qquad \text{为圆或者1维球} \tag{24.54}$$

或

$$x^2+y^2+z^2=R^2 \qquad \text{为普通的球或者2维球一样} \tag{24.55}$$

在数学文献中，$d=2$ 的圆和 $d=3$ 的普通球都被叫作球，周长和表面积都统称为面积。对于我们熟悉的这两个例子，面积是 $2\pi R$ 和 $4\pi R^2$。对于半径为 R 的 d 维球，借助量纲分析可得，其面积按 R^{d-1} 关系变化。在我们的问题中，$R=\sqrt{2mU}$ 且 $d-1=3N-1\approx 3N$。如果将各个动量分为大小为 b^3 的单元，就像 a^3，很小且可以任

意选取，那么气体可能具有的总状态数为

$$\Omega(V,\ U)=V^{N}\ U^{\ 3N/2}F(m,\ N,\ a,\ b) \tag{24.56}$$

式中，我们专注于它随 U 和 V 的变化，将其他因素 m，a，b 和 N 合并，写入了函数 $F(m,\ N,\ a,\ b)$。我们不需要详细地了解 F，因为我们仅要将

$$S=k\ln\Omega=k\left[N\ln V+\frac{3}{2}\ N\ln U\right]+k\ln F(m,N,a,b) \tag{24.57}$$

对 U 和 V 求偏导，而 F 对此没有贡献。偏导数为

$$\left.\frac{\partial S}{\partial V}\right|_{U}=\frac{kN}{V} \tag{24.58}$$

$$\left.\frac{\partial S}{\partial U}\right|_{V}=\frac{3kN}{2U} \tag{24.59}$$

由方程（24.18），上面的两个导数分别等于$\frac{P}{T}$和$\frac{1}{T}$，这是由热力学得到的相应结果。于是

$$\frac{kN}{V}=\frac{P}{T}\qquad \text{也就是 } PV=NkT \tag{24.60}$$

$$\frac{3kN}{2U}=\frac{1}{T}\qquad \text{也就是 } U=\frac{3}{2}NkT \tag{24.61}$$

这样，从玻尔兹曼熵公式我们可以得到理想气体**状态方程**。

通过进一步的工作我们也可以得到 Ω 随 N 的分布。结果很有意思，但是我不在这里做了，留给你们自己研究此题目。

对于玻尔兹曼公式，我们给出两个最后的说明。

第一，

$$S=k\ln\Omega \tag{24.62}$$

不仅适用于理想气体，它适用于任何热力学系统。然而，除了一些理想模型以外，Ω 的值几乎无法计算出来。

第二，对于两个独立系统，

$$\Omega=\Omega_1\times\Omega_2 \tag{24.63}$$

这是说，两个系统可能的微观状态数等于每个系统可能的微观状态数之积，这个结果使得总熵是相加的：

$$S=S_1+S_2 \tag{24.64}$$

24.5　熵最大原理的说明

我已经解释过为什么对平衡态才能定义熵，并且它在平衡态时最大的问题了。我通过一些例子重新对此进行讨论。

有一个带有绝热隔板的箱子，左半部分和右半部分中充满气体，能量分别为$U_1{}^0$和$U_2{}^0$。采用很直观的记号，系统初态的熵为

$$S_{1+2}^0 = k\ln[\Omega_1(U_1{}^0)\cdot\Omega_2(U_2{}^0)] \tag{24.65}$$

箱子左右两侧的温度不一定相同，但是这无所谓，因为隔板是绝热的。现在，我们假设这个隔板是导热的，这样，两侧气体可以交换能量了。

直觉上，我们认为能量的传递会在两侧温度相同时停止。另一方面，根据统计力学，末态的熵是最大的。我们来证明这两者等效。

我们看怎样由统计力学求总能量U_0的最终分配：

$$U_0 = U_1^0 + U_2^0 \tag{24.66}$$

新平衡态的熵为

$$S_{1+2} = k\ln\left[\sum_{U_1=0}^{U_0}\Omega_1(U_1)\cdot\Omega_2(U_2 = U_0 - U_1)\right] \tag{24.67}$$

式中，对所有可能的能量U_1求和，从最低值（设其为零）到最大值U_0。由于隔板的限制，初态熵只是上面求和中的一项，$U_1 = U_1{}^0$和$U_2 = U_2{}^0$。

取消了限制，总能量可以在左右两侧任意分配。显然，末态熵会增加，因为求和号内所有新增的项均为正值。但是，关键不是出现了更多的项，而是通常会出现一些个别的项，它们比初始的$\Omega_1(U_1^0)\cdot\Omega_2(U_2^0)$大很多，大出天文数字的量级。最大的那项可以这样求：将乘积$\Omega_1(U_1)\cdot\Omega(U_2 = U_0-U_1)$对$U_1$求导。设$U_1^*$为该乘积为最大值时的$U_1$，且$U_2^* = U_0-U_1^*$。我们对于该乘积的对数求最大值，得

$$0 = \frac{\mathrm{d}\ln[\Omega_1(U_1)\cdot\Omega_2(U_2=U_0-U_1)]}{\mathrm{d}U_1} \tag{24.68}$$

$$= \left.\frac{\mathrm{d}\ln\Omega_1(U_1)}{\mathrm{d}U_1}\right|_{U_1^*} + \left.\frac{\mathrm{d}\ln\Omega_2(U_2)}{\mathrm{d}U_2}\right|_{U_2^*}\frac{\mathrm{d}U_2}{\mathrm{d}U_1} \tag{24.69}$$

$$= \frac{1}{kT_1} - \frac{1}{kT_2} \qquad \left(因为\frac{\mathrm{d}U_2}{\mathrm{d}U_1} = \frac{\mathrm{d}(U_0-U_1)}{\mathrm{d}U_1} = -1\right) \tag{24.70}$$

换言之，最大项对应的能量分布为两侧的温度相等。这验证了我们的判断，若隔板导热，那么两侧温度相等与熵最大是同义的。

当能量逐渐远离U_1^*，乘积$\Omega_1(U_1)\cdot\Omega(U_2 = U_0-U_1)$迅速下降。所以，$\Omega_{1+2}$，这两部分的和，“或这条曲线下的面积”，等于$\Omega_{\max}\cdot\mathscr{W}$。$\mathscr{W}$是某个有效宽度，为$U_0$的一小部分，而$U_0$为$U_1$可取的最大值。我们将看到$\mathscr{W}$的具体形式无关紧要。接下来，有

$$\Omega_{1+2} = \Omega_1(U_1^*)\cdot\Omega(U_2^*)\cdot\mathscr{W} \tag{24.71}$$

$$S_{1+2} = k\ln\Omega_1(U_1^*) + k\ln\Omega_2(U_2^*) + k\ln\mathscr{W} \tag{24.72}$$

$$\approx S_1(U_1^*) + S_2(U_2^*) \tag{24.73}$$

相比于前两项，我们舍去了$\ln\mathscr{W}$项，对于$N = 10^{23}$的系统，两项的典型数量级为

$N\ln U$［见方程（24.57）］。在统计力学中，通常可以用最大的那项代替各项的和（或者用函数的最大值代替曲线下的面积），取对数后误差可以忽略不计，而取对数是最终一定要做的。从物理上讲，对于我们这个例子，尽管能量在两侧的分配可以有各种方法，但是，要找到宏观上不同于取最大值的那些分配方法，几乎是不可能的。可以看到，我们将各部分的和近似为其中的主要项（引起的对数误差完全可以忽略），只有在这种近似下，Ω_{1+2}才等于各个Ω之积，S_{1+2}才等于各部分的熵之和。

让我们对提到的数字有个感觉。设初态两侧的理想气体内各有N个原子，右侧的温度和能量是左侧的三倍：

$$U_1{}^0 = U \quad U_2{}^0 = 3U \tag{24.74}$$

由公式（24.57），初态有绝热隔板时的熵为

$$S_{\text{初态}} = \frac{3Nk}{2}\left[\ln\frac{U}{N} + \ln\frac{3U}{N}\right] + \text{不受隔板影响的各项} \tag{24.75}$$

末态两侧温度均为T，两侧能量均为$2U$，熵为

$$S_{\text{末态}} = 2\times\frac{3Nk}{2}\left[\ln\frac{2U}{N}\right] + \text{相同的不受影响的各项} \tag{24.76}$$

熵变为

$$S_{\text{末态}} - S_{\text{初态}} = \frac{3Nk}{2}\ln\frac{4}{3} \tag{24.77}$$

对于$N=10^{23}$，这意味着可能的组态数之比为

$$\frac{\Omega_{\text{末}}}{\Omega_{\text{初}}} = \left[\frac{4}{3}\right]^{3N/2} \approx 10^{1.87\cdot 10^{22}} \tag{24.78}$$

请你自己证明：如果导热板是可移动的，熵取最大值时，整体体积的分配要满足

$$\frac{P_1}{kT_1} = \frac{P_2}{kT_2} \tag{24.79}$$

因为$T_1=T_2$，所以该条件退化为$P_1=P_2$。

24.6　吉布斯形式

约西亚·威拉德·吉布斯是生长于美国本土的最伟大物理学家。他在耶鲁度过了自己的一生，他的父亲是宗教语言教授。在耶鲁，他获得了学士和博士学位，成了教师，从事教学直至1903年去世。他是一位思想异常深刻和富于原创力的物理学家，还似乎一直都是个谦虚、慷慨和愉快的人。在他对于数学、物理学、化学所做出的众多贡献中，我将讲一讲他对玻尔兹曼统计力学的另一种处理方法。

回忆一下，玻尔兹曼研究了一个孤立系统，能量是守恒的。他假设与这个能量对应的每一个可能的微观状态都具有相同的概率。核心函数是熵

$$S(U)=k\ln\Omega(U) \tag{24.80}$$

式中，$\Omega(U)$ 为系统的能量等于 U 时所具有的可能状态数。（在我们的讨论中，V 和 N 为定值。）当内部的约束去掉后，系统就会向着熵最大的方向演化。绝对温度由偏导数给出：

$$\frac{\partial S}{\partial U}=\frac{1}{T} \tag{24.81}$$

可以将之改写为

$$\frac{\partial \ln\Omega}{\partial U}=\frac{1}{kT} \tag{24.82}$$

玻尔兹曼利用统计力学描述了能量恒定为 U 的孤立系统。与玻尔兹曼不同，吉布斯描述的是温度恒定的系统，这通过使系统与温度恒定为 T 的热库达到热平衡来实现。例如：设要研究的系统是气体，可将气体充入导热容器中，再将这个容器放入温度为 T 的巨大炉子内。

由于与热库接触，所以系统的能量可以没有限制地变化。设系统处于特定的状态 i，能量为 ε_i，现在我们的目标是求系统处于此状态的概率 $P(i)$，并且寻找熵最大原理的相应表述。

不需要做新的假设。系统和热库合在一起就是个孤立系统，其总能量恒定为 U_0。对总系统运用玻尔兹曼方法就可以得到所有的结果。

设能量为 U 的热库所具有的可能状态数为 $\Omega_R(U)$。系统最低的能量状态标记为 0，为方便起见，设其相应的能量为 $\varepsilon_0=0$。当系统处于这个特定的 0 态时，热库的能量等于总能量 U_0，它可以是 $\Omega_R(U_0)$ 个态中的一个。这样，系统加热库可以是 $1\times\Omega_R(U_0)$ 个态中的一个。如果系统处于某个 i 状态，能量为 $\varepsilon_i>0$，那么，系统加热库的状态数减少为 $1\times\Omega_R(U_0-\varepsilon_i)$ 个。对于这个联合系统来说，每个状态的概率都是相等的，所以，系统处于状态 i 与状态 0 的概率之比为

$$\frac{P(i)}{P(0)}=\frac{1\times\Omega_R(U_0-\varepsilon_i)}{1\times\Omega_R(U_0)} \tag{24.83}$$

将等式两侧取对数，再进行如下运算：

$$\ln\left[\frac{P(i)}{P(0)}\right]=\ln[\Omega_R(U_0-\varepsilon_i)]-\ln[\Omega_R(U_0)] \tag{24.84}$$

$$=-\frac{\partial\ln\Omega_R(U)}{\partial U}\bigg|_{U_0}\varepsilon_i+\frac{1}{2}\frac{\partial^2\ln\Omega_R(U)}{\partial U^2}\bigg|_{U_0}(\varepsilon_i)^2+\cdots \tag{24.85}$$

$$=-\frac{\varepsilon_i}{kT}+\cdots \tag{24.86}$$

从式（24.85）到式（24.86），用到了热库温度 T 的定义［式（24.82）］

$$\frac{\partial\ln\Omega_R(U)}{\partial U}=\frac{1}{kT} \tag{24.87}$$

且仅保留了泰勒级数中的第一项，舍弃了其他项。$1/(kT)$ 的二阶导数和接下来的高阶导数都为零，因为按规定，热库的温度 T 为常数，无论系统的能量为多大。（就好像为了测量体温，将温度计放入口中，由此引起的体温降低可以忽略不计。）记住：我们不要求系统本身很小，只要求热库较之非常非常地巨大。

方程（24.86）两侧取反对数，得到比值

$$\frac{P(i)}{P(0)}=\mathrm{e}^{-\varepsilon_i/kT} \tag{24.88}$$

由这个概率的比值，我们可以得到绝对概率 $P(i)$（对于所有 i 的和为1）：

$$P(i)=\frac{\mathrm{e}^{-\varepsilon_i/kT}}{Z} \tag{24.89}$$

式中，

$$Z=\sum_i \mathrm{e}^{-\varepsilon_i/kT} \tag{24.90}$$

我们称 $Z=Z(T)$ 为**配分函数**，$\mathrm{e}^{-\varepsilon_i/kT}$叫作**玻尔兹曼权重**。

从 $Z(T)$ 可以得到很多有意思的量。例如，平均能量

$$\overline{U}=\sum_i \varepsilon_i P(i)=\frac{\sum_i \varepsilon_i \mathrm{e}^{-\varepsilon_i/kT}}{Z} \tag{24.91}$$

$$=\frac{kT^2\frac{\partial}{\partial T}\left[\sum_i \mathrm{e}^{-\varepsilon_i/kT}\right]}{Z}=kT^2\cdot\frac{1}{Z}\cdot\frac{\partial Z}{\partial T} \tag{24.92}$$

$$=kT^2\frac{\partial \ln Z(T)}{\partial T} \tag{24.93}$$

如果准确地知道 $Z(T)$ 形式，就可以通过微分求出平均能量。$Z(T)$ 要比 $\Omega(U)$ 容易计算得多，因为对 i 求和不必受到能量的限制。

我们来看一个例子。设容器内理想气体的体积为 V，与温度为 T 的热库接触。仅选择一个原子为系统，将气体的其余部分和热库作为一个新热库的一部分。（吉布斯的方法适用于任意大小的系统，回顾上面的推导过程可以自己证明这点。）它的配分函数为

$$Z_1(T)=\frac{1}{a^3}\int_{box}\mathrm{d}x\mathrm{d}y\mathrm{d}z\cdot\frac{1}{b^3}\int_{-\infty}^{\infty}\int_{-\infty}^{\infty}\int_{-\infty}^{\infty}\mathrm{d}p_x\mathrm{d}p_y\mathrm{d}p_z\exp\left[-\frac{p_x^2+p_y^2+p_z^2}{2mkT}\right] \tag{24.94}$$

$$=VT^{3/2}f(m,\ k,\ a,\ b) \tag{24.95}$$

式中，$f(m,\ k,\ a,\ b)$ 与 T 无关，因此这个函数不会影响平均能量。对 p 做积分时，引入替换变量 $w_x=p_x/\sqrt{T}$等，将每个 p 积分写为 $T^{\frac{1}{2}}$乘以对相应的 w 的积分，这个积分中不含 T。现在，对于一个原子，有

$$\overline{U}_1 = kT^2 \frac{\partial \ln Z_1(T)}{\partial T} \tag{24.96}$$

$$= kT^2 \frac{\partial [\ln T^{3/2} + \ln V + \ln f(m,k,a,b)]}{\partial T} \tag{24.97}$$

$$= \frac{3}{2} kT \tag{24.98}$$

对于含有 N 个原子的理想气体，若原子间无相互作用，那么

$$\overline{U}_N = \frac{3}{2} NkT \tag{24.99}$$

在吉布斯的方法中，T 是定值，而 U_N 可能涨落，$\overline{U}_N$ 是其平均值。可以证明，若 $N \to \infty$，与 $\overline{U}_N$ 相比较，相对于 $\overline{U}_N$ 的偏离可以忽略不计。这个平均值，其涨落可以忽略不计(相对的)，正是热力学中的内能 U，统计力学为它奠定了微观基础。

应用于系统和热库的**熵最大原理**，可以只用这个系统本身表述为如下形式：对于与温度为 T 的热库达到平衡的系统，当其内部的限制被去除后，系统的演化向着**自由能 $F(T)$ 减小**的方向进行，自由能的定义为

$$F(T) = -kT\ln Z \tag{24.100}$$

我就不在这里证明了，希望你们现在受到了启发，愿意自己研究这个专题。

24.7 热力学第三定律

热力学第三定律表明，当温度接近于绝对零度时，所有系统的熵趋于零。我们没有时间深入讲解热力学第三定律了。对于这一断言，你会意识到应该考虑量子力学，因为经典统计力学中定义的熵表达式中存在一个常数。在量子理论中，系统的状态是分立的、可数的。由方程（24.88）可见，当 $T \to 0$ 时，任何能量高于基态(被选作 $\varepsilon_0 = 0$）的概率均为零，系统只有一个可能的量子态，它的熵 $S = 0$。这个定律对于所有有限大的系统均成立。有时，无限大的系统可能有多重基态。基于物理方面的考虑可以证明，如果系统处于基态中的一个态，它绝不会演化到其他的态。

《耶鲁大学开放课程：基础物理》分上、下两卷，本书为上卷，内容包括牛顿力学、相对论、流体、波动、振动以及热力学的基础理论。本书可作为高等学校理工科专业学生的教材或参考书，也适用于优秀的高中生及自学人员。

北京市版权局著作权合同登记　图字：01-2014-7477 号。

图书在版编目（CIP）数据

耶鲁大学开放课程：基础物理. 力学、相对论和热力学/（美）R. 尚卡尔（R. Shankar）著；刘兆龙，李军刚译. —北京：机械工业出版社，2017.5（2023.12 重印）

书名原文：Fundamentals of Physics：Mechanics，Relativity，and Thermodynamics（The Open Yale Courses Series）

“十三五”国家重点出版物出版规划项目

ISBN 978-7-111-56654-0

Ⅰ. ①耶…　Ⅱ. ①R… ②刘… ③李…　Ⅲ. ①牛顿力学-高等学校-教材②相对论-高等学校-教材③热力学-高等学校-教材　Ⅳ. ①O3②O412.1③O414

中国版本图书馆 CIP 数据核字（2017）第 086227 号

机械工业出版社（北京市百万庄大街 22 号　邮政编码 100037）

策划编辑：张金奎　责任编辑：张金奎　责任校对：肖　琳

责任印制：单爱军

北京虎彩文化传播有限公司印刷

2023 年 12 月第 1 版第 5 次印刷

169mm×239mm · 20.5 印张 · 1 插页 · 410 千字

标准书号：ISBN 978-7-111-56654-0

定价：69.80 元

凡购本书，如有缺页、倒页、脱页，由本社发行部调换

电话服务

服务咨询热线：010-88379833

读者购书热线：010-88379649

封面无防伪标均为盗版

网络服务

机 工 官 网：www.cmpbook.com

机 工 官 博：weibo.com/cmp1952

教育服务网：www.cmpedu.com

金 书 网：www.golden-book.com